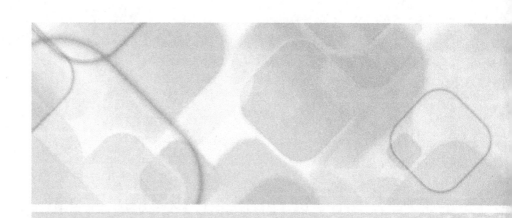

高等学校"十三五"规划教材

有机合成化学

李有桂　主编

化学工业出版社

·北京·

本书共分 8 章，先以化学键为主线讲述了 C—C 键、C—N 键、C—O 键、碳杂键的构建方法，然后介绍氧化还原反应和官能团的保护。最后用几个全合成实例说明有机合成化学中逆合成分析法、化学键的构建、官能团转化及保护和脱保护的方法。

本书内容丰富，实用性强，可作为大中专院校化学化工类专业的教学参考书，也可作为考研指导书，亦可供从事化学、化工及其他相关行业科技人员、供销人员参考使用。

图书在版编目（CIP）数据

有机合成化学/李有桂主编. —北京：化学工业
出版社，2016.5（2025.2重印）
高等学校"十三五"规划教材
ISBN 978-7-122-26534-0

Ⅰ.①有⋯　Ⅱ.①李⋯　Ⅲ.①有机合成-合成化学-
高等学校-教材　Ⅳ.①O621.3

中国版本图书馆 CIP 数据核字（2016）第 052981 号

责任编辑：宋林青　　　　　　　　　　　　　文字编辑：孙凤英
责任校对：吴　静　　　　　　　　　　　　　装帧设计：关　飞

出版发行：化学工业出版社（北京市东城区青年湖南街 13 号　邮政编码 100011）
印　　装：北京科印技术咨询服务有限公司数码印刷分部
787mm×1092mm　1/16　印张 13　字数 320 千字　2025 年 2 月北京第 1 版第 3 次印刷

购书咨询：010-64518888　　　　　　　　　售后服务：010-64518899
网　　址：http://www.cip.com.cn
凡购买本书，如有缺损质量问题，本社销售中心负责调换。

定　　价：28.00 元

前　言

当前，有机化学从基础理论到实验方法都有了巨大的进展。世界上每年人工合成的近百万个新化合物中约70％以上是有机化合物，即是通过有机合成的方法得到的。其中有很多的有机化合物因具有特殊功能而用于医药、生命科学、材料、能源、农业、石化、交通、环境科学等与人类生活密切相关的行业中，直接或间接地为人类提供了大量的必需品。

有机合成化学是有机化学中最重要的基础学科之一，它是创造新的有机分子的主要手段和工具。发现新反应、新试剂、新方法和新理论是有机合成的创新所在。自1828年德国化学家维勒用无机物氰酸铵成功地制备了有机物尿素以来，近190年来，有机合成化学得到了迅速发展。有机合成发展的基础是各类基本合成反应，不论合成多么复杂的目标分子（Target Molecule，缩写为TM），其全合成可通过逆合成分析法（Retrosynthetic Analysis）把TM切断为若干个结构单元（Building Block），这些结构单元可以通过基本反应来获得。每个基本反应均有它特殊的反应功能，合成时可以设计和选择不同的起始原料（Starting Material），用不同的基本合成反应，获得同一个复杂有机分子目标物，起到异曲同工的作用，这在现代有机合成中称为"合成艺术"。

目前针对高年级本科生和研究生的有机合成方面的教材有很多，各有特色。本教材在保证"科学性、先进性和实用性"的前提下，在多年的教学实践基础上，通过精心选择和组织，突破传统的有机合成化学教材的编写模式，采用依照不同化学键的构建进行分章节的新的教材编写体系。

本书共分8章，主要讲述了C—C键、C—N键、C—O键、碳杂键的构建方法。接下来介绍了氧化还原反应和官能团的保护。最后用几个全合成实例说明有机合成化学中逆合成分析法、化学键的构建、官能团转化及保护和脱保护的方法。

本书由合肥工业大学李有桂（第1、3、5、7章）和吴祥（第2、4、6、8章）两位老师分工合作完成。

鉴于学术水平和时间有限，以及编者个人经验和风格的差异，书中定有不少欠妥和疏漏之处，恳请读者与专家批评指正。

编者
2016年1月

目 录

第3章　C—N 键的形成　/059

第4章　C—O 键的形成　/080

第5章 碳杂键的形成 / 101

第 6 章　氧化还原反应 / 121

第 7 章　官能团的保护 / 147

第 1 章

概　述

有机合成化学是用较简单的化合物或单质经化学反应合成有机物的一门科学，也包括把复杂原料降解为较简单化合物。它是有机化学的核心组成部分，是人类认识世界、改造世界、创造美好未来的强有力工具。1828 年，德国化学家 F. Wöhler 首次用无机物——氰酸铵合成了动物代谢产物尿素，揭开了有机合成的帷幕。德国化学家 H. Kolbe 首次把"合成"这个术语引进化学，并于 1845 年合成了乙酸，从此有机合成化学得到迅速发展。

有机合成一直是有机化学工作者关注的重点之一。当我们需要某种有机物，而自然界中没有该有机物或产量很低时，我们常常会采用有机合成的方法来得到该有机物，而合成的原料往往是自然界中产量较高价格较低的初等原料。比如随处可见的塑料在自然界中却难以找到现成的，其主要成分为树脂，可用树脂合成；而天然树脂的产量并不高，于是便采用石油分馏产物来合成树脂。如此便形成了一条合成链条："石油分馏产物→合成树脂→塑料"。由此可以看出有机合成的目的是利用丰富、廉价的原料合成稀有的、应用更广的化合物，实现利益的最大化。有机合成一个化合物的原因是多种多样的，如确定一个天然提取物的绝对构型，探究一个化合物的物化性质、生物学性质，验证一个合成方法的适应性等等。

◎ 1.1　逆合成分析

可以有很多方法来合成一个目标化合物。怎样来合成这个目标化合物？首先要对这个目标化合物进行分析。分析的方法有正向分析和逆向分析，正向分析是指从原料出发，找出合成所需的中间体，逐步推向合成的目标有机物；逆合成分析法是从合成产物的分子结构入手，采用"切断一种化学键"分析法，来得到所需合成原料（合成子，英文名：Synthon）的方法。通俗地说逆向分析是将目标化合物倒退一步寻找上一步反应的中间体，而这个中间体，又可由上一步的中间体得到，以此类推，最后确定最适合的基础原料和最终的合成路线。逆合成分析法是当今有机合成化学的重要手段之一，于 20 世纪 60 年代由哈佛大学教授 E. J. Corey 提出，Corey 教授因此获得了 1990 年诺贝尔化学奖。

怎样才能实现逆合成分析？首先要具有扎实的官能团化学知识和目标分子的结构知识。目标分子中存在的化学键可以给出构建它们的合成信息，目标分子中的官能团之间的关系可能给出特别的合成策略（Synthetic Strategy）。分析目标分子中的每一个化学键及每一个官能团是至关重要的，分析的过程中要提出"有没有一个更好的方法来构建这个化学键或生成这个官能团？"这个问题，把这些可以构建的化学键断开就可以揭示目标分子母体分子的结构，这样就能实现逆合成分析。其次是连接，按照"哪里切哪里连"的原则，把逆合成分析得到的结构按照正向合成从小分子原料开始，通过合理的有机化学反应构建化学键和官能团，最终实现目标化合物的生成。目标分子中化学键的切断有时能给出合成策略，那么这个化学键在有机合成化学上叫作关键键（Key Bond）或策略键（Strategy Bond），它们可以提供一个成功合成的线索。

发现目标分子中官能团之间的关系、分子内的对称元素（Symmetric Element）及基本结构单元这些因素对切断目标分子中化学键是非常有用的。进行逆合成分析时发现目标分子含有潜在的环状结构，这对于构建可能隐藏在分子内的环结构是一个有效的方法。目前，逆合成分析可以采用计算机辅助的方法来进行，这大大提高了逆合成分析效率。

符号"⇒"用来表示一个切断（Disconnection），也就是合成反应的反方向。"合成子"这个词又是用来描述子结构或者在合成步骤中的有效成分的。

下面用两个例子来说明逆合成分析方法。

[例1] 用苯和适当的无机试剂为原料合成1，3，5-三溴苯。

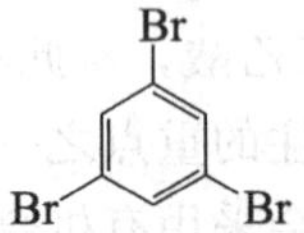

通过已知原料，结合原料的性质及原料所能衍生的与目标物结构相似的中间产物，若能由目标产物倒推至该中间产物，则路线设计成功。逆合成分析思路如下：

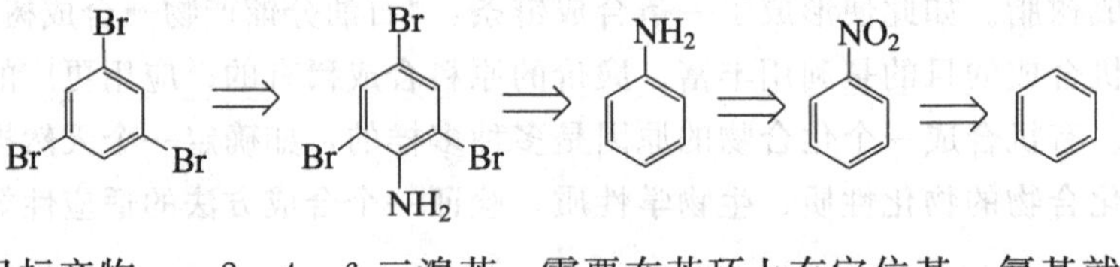

为了得到目标产物——2，4，6-三溴苯，需要在苯环上有定位基，氨基就是一个合适的定位基，其原因有：①氨基是邻对位定位基；②氨基可以通过重氮化去除。其合成路线（Synthetic Route）如下：

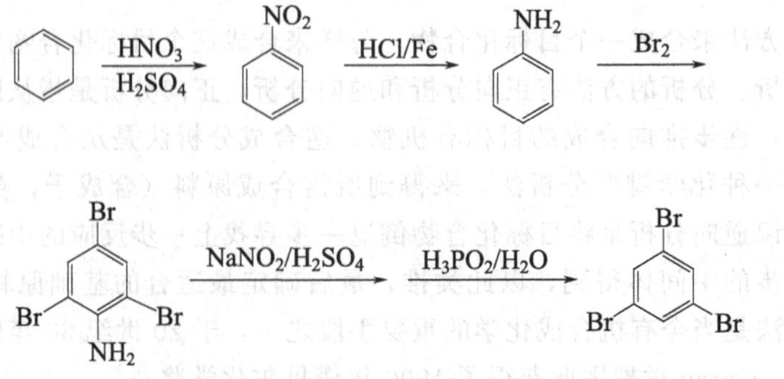

首先苯与 HNO_3/H_2SO_4 进行硝化反应得到硝基苯，再用 HCl/Fe 进行还原得到苯胺，氨基为邻、对位定位基，与目标产物相似，与 Br_2 发生溴代反应生成 $2，4，6$-三溴苯胺，最后通过重氮化反应脱去氨基得到 $2，4，6$-三溴苯。

此例也可看出：熟练掌握各种有机反应类型、每种官能团的性质、每种反应能达到的目的、官能团之间的转换反应等都是有机合成化学的重点。

[例2] 非那西汀（Phenacetin）的合成

从非那西汀的分子结构可以看出：此分子结构的基本结构单元是苯酚或苯胺，分子中还含有醚键、酰胺键等化学键，分子基本骨架是苯酚还是苯胺，按照常识，苯酚作为基本骨架更合适些。在进行逆合成分析时不仅要考虑化学键的形成，同时还要考虑官能团的变化。通常情况下，氨基很难或者说不能直接被引入到富电子芳香环上，那么可以先通过硝化和亚硝化，然后再还原的方法进行间接的引入。此分子结构中含有醚键和酰胺键，存在着是酚羟基先进行醚化反应还是氨基先进行乙酰化反应的问题。下面是其逆合成分析路线：

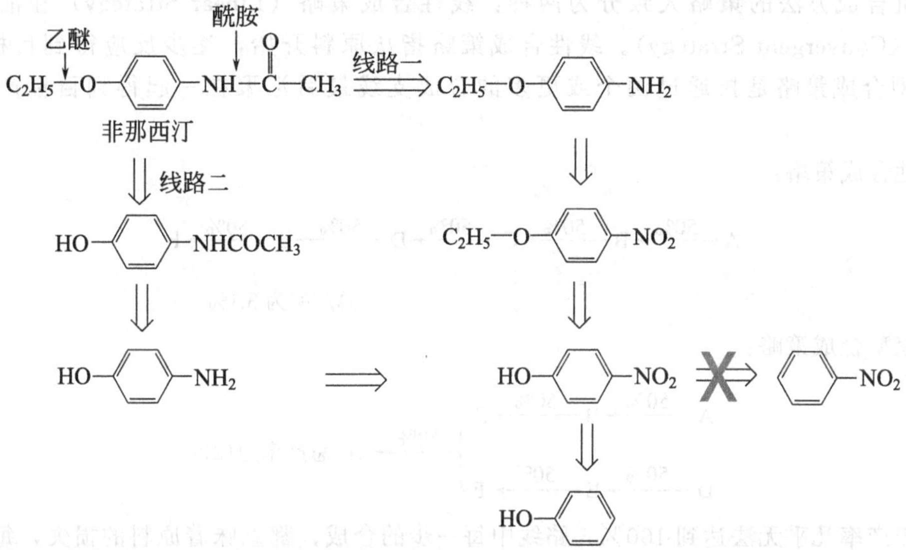

逆合成分析线路有 2 条：线路一是以苯酚为原料，先进行硝化反应，然后醚化，再还原，最后进行酰胺化反应得到目标产物；线路二也是以苯酚为原料，先合成对硝基苯酚，然后还原生成对羟基苯胺，再进行酰胺化，最后进行醚化反应得到目标产物，在酰胺化反应时酚羟基存在着生成酚酯的可能，显然合成线路一优于合成线路二。

◉ 1.2 有机合成方法

有机合成中的每一步化学反应都要求使用合适的化学试剂与适当的反应条件来得到最高产率、最高纯度的化合物。有时候从文献中可以找到合成中间体的方法，这种状况下通常会因循前例采用那些方法而不是另起炉灶自行设计。但是，大部分的中间体都是以前从来没有被合成过的，因此就必须要借助研究合成方法的工作者开发出一般性的合成方法。

一个合成方法要能够给出高产率以及能够应用在不同种类的分子合成中，这样才能被广泛地使用在全合成中。研究合成方法通常包括三个主要阶段：开发、最优化、研究合成方法的应用性以及限制。对于化学试剂的反应性的知识与经验是开发合成方法不可或缺的条件。

最优化指的是对于一两个分子试验不同的反应条件（温度、溶剂、反应时间等等）直到获得最佳的产率与纯度。接着研究者会把最优化的合成方法使用在一系列的分子上来探讨这一合成方法的应用性以及限制。

◎ 1.3 合成路线的评判

有机合成的关键在于合成的线路。一条好的线路可以实现利益的最大化。而合成线路的研究，也就成了有机合成的精髓所在。评价一条好的线路也有标准，具体有如下几个方面的标准。

① 反应步骤尽可能少。

有机合成方法的策略大致分为两种：线性合成策略（Linear Strategy）和汇聚型合成策略（Convergent Strategy）。线性合成策略指从原料开始，逐步反应得到目标分子，而汇聚型合成策略是指通过两个或更多的合成支线最后汇聚在一起得到目标产物，如下所示：

线性合成策略：

$$A \xrightarrow{50\%} B \xrightarrow{50\%} C \xrightarrow{50\%} D \xrightarrow{50\%} E \xrightarrow{50\%} F$$

总产率为 3.1%

汇聚型合成策略：

$$A \xrightarrow{50\%} B \xrightarrow{50\%} C$$
$$D \xrightarrow{50\%} E \xrightarrow{50\%} F$$
$$\xrightarrow{50\%} G \quad 总产率为 12\%$$

由于产率几乎无法达到 100%，路线中每一步的合成，都意味着原料的损失，每一步骤的产率叠乘，得到的总产率将非常低。如每一步反应的产率为 50%，经过 5 步反应，线性合成策略的总产率仅为 3.1%，而汇聚型合成策略的产率为 12%，可见汇聚型合成策略优于线性合成策略。

在制备具有生物活性的化合物时，用汇聚型合成策略更为灵活。当一条支线不变时，另一条可以有多种变化方式。不仅如此，在两个或多个基团不能共存于一个分子或分子中含有十分活泼的基团时，采用汇聚合成策略十分有用。在制备同位素标记的分子时，汇聚合成策略更具有安全性和经济性。

② 每一步的产率尽可能高。

如果上述线性合成策略的每一步的产率为 51%，则总产率约为 3.45%，产量提高了11.3%。在工业上，每一步的产率提高都会带来高额的利润。

③ 反应条件（温度、时间、催化剂等）尽可能温和。

较难达到的反应条件意味着成本增高，利润降低，故反应条件应尽可能温和。

④ 原料、试剂尽可能廉价、易得；低价的原料意味更高的利润。

⑤ 绿色环保，废料可作他用或可回收等。

常见的有机合成术语

有机合成反应中有很多专业术语，如区域专一性反应（Regiospecific Reaction），其指的是反应完全发生在一个反应中心；区域选择性反应（Regioselective Reaction）指的是主要发生在一个反应中心。立体专一性反应（Stereospecific Reaction）指的是反应生成单一立体化学结构的产物；而立体选择性反应（Stereoselective Reaction）是指反应产物中其中一个立体异构体是主要产物。对映专一性反应（Enantiospecific Reaction）是指反应仅生成一个对映体；而对映体选择性反应（Enantioselective Reaction）是指反应生成一个主要的对映异构体。

保护基团（Protecting Group 或 Protective Group）是指被引入分子用来掩盖反应中心以使反应发生在分子的其他部位的基团。活化基团（Activating Groups）是指能被引入分子用来提高特定反应中心的活性而使反应生成一种特定的化合物的基团。

全合成（Total Synthesis）是指从简单易得的起始物料来合成天然产物的有机合成，而半合成（Partial Synthesis）是指从一个易得的天然化合物合成较大的天然化合物的有机合成。

反应历程（Reaction Mechanism）：反应所经历的过程的总称，即原料通过化学反应变成产物所经历的全过程，也称为反应机理或反应机制。

亲核试剂（Nucleophilic Reagent）：在离子型反应中提供一对电子与反应物生成共价键的试剂，路易斯碱都是亲核试剂。

亲电试剂（Electrophilic Reagent）：在离子型反应中从反应物接受一对电子生成共价键的试剂，路易斯酸都是亲电试剂。

过渡态理论（Transition State Theory）：也称活化络合物理论，是关于反应速度的一种理论。该理论假定反应物分子在互相接近的过程中先被活化形成活化络合物即过渡态，过渡态再以一定的速率分解为产物，反应物 → 过渡态 → 产物。用反应进程图表示反应物到产物所经过的能量要求最低的途径。

过渡态（Transition State，TS）：反应物与产物之间的中间状态，在反应进程图中位于能量最高处。很不稳定，不能用实验方法来观察，只能根据结构相近则内能相近的原则，对它的结构做一些理论上的推测或假设。

速率控制（Speed Control）：也称动力学控制（Dymanic Control），对于可逆的可向多种方向进行的反应，利用反应速率快的特点来控制产物。降低反应温度或缩短反应时间往往有利于速率控制的反应。

平衡控制（Balance Control）：也称热力学控制（Thermodynamic Control）。对于可逆的可向多种方向进行的反应，利用达到平衡时进行控制。提高反应温度或延长反应时间则通常有利于平衡控制的反应。

同位素标记（Isotope Label）：利用同位素标记反应物（通常是部分标记），反应后测定产物中同位素的分布的一种实验方法。可使我们知道反应发生在什么部位。是研究反应历程的重要方法之一。

同位素效应（Isotope Effect）：在化学反应中，H 与 D 的反应速率不同的现象。以

KH/KD 之比来表示。同位素效应可为确定多步反应中的定速步骤提供依据。

有机锂化合物（Organolithium Compound）：也称有机锂试剂。有机锂和有机镁（Organomagnesium）的化合物有许多相似之处。它们都溶于乙醚和其他醚类溶剂中，它们的化学性能相似，凡是有机镁能发生的反应，有机锂化物都可以发生，它还比有机镁化物活泼一些，格氏试剂（Grignard Reagent）不能起的反应，有机锂化物则可能进行。但由于有机锂比较贵，凡是能用有机镁的反应，就不必用有机锂化物。当然有时必须用有机锂化物才能完成的反应除外。锂、镁的电负性比钠、钾要大，C—Li 键和 C—Mg 键都是极性共价键，因此这两种金属的有机化合物的反应活性要温和些；使用起来也就更方便；并且，它们又具有多样的反应性能，几乎可用来制备各类有机化合物，这也就是有机锂和有机镁在有机合成中广泛应用的原因。

反应中间体（Reactive intermediate）：也称活性中间体，多步有机反应中活泼的中间产物。

碳正离子（Carbocation）：含有带有正电荷的三价碳原子的原子团。

碳负离子（Carbanion）：碳原子上带有负电荷的活性中间体。

超酸（Super Acid）：一般指酸性特强、超过 98％硫酸的酸性、比普通的无机强酸酸性高 $10^6 \sim 10^{10}$ 倍的酸性溶液。

碳质酸（Carbon Acid）：一些与碳原子相连的氢具有一定的酸性，称为碳质酸，也称碳氢酸。碳质酸的酸性一般很小。其共轭碱是碳负离子杂化效应，由于原子杂化状态的不同，对物质性质产生不同的影响。因为这种不同的影响是由于杂化轨道中 S 轨道成分的不同所造成的，所以也叫 S-性质效应。例如在烷、烯、炔中，与不同杂化状态的碳原子相连的氢原子质子化离去的难易程度，即酸性的强弱是不同的，所生成的碳负离子的稳定性也不同。

自由基（Free Radical）：也叫游离基，自由基是共价键均裂的产物，带有未成对的孤电子，也是重要的活性中间体，碳自由基中心碳原子为三价，价电子层有七个电子，而且必须有一个电子为未成对的孤电子。

碳烯（Carbene）：也称卡宾，亚甲基及其衍生物的总称。碳烯中心碳原子为中性两价碳原子，包含有六个价电子，四个价电子参与形成两个 σ 键，其余两个价电子是游离的。最简单的碳烯为：CH_2，也称为亚甲基。碳烯也是一类重要的活性中间体，是非常活泼的反应中间体。

乃春（Nitrene）：也叫氮烯，是一价氮的活性中间体。最简单的氮烯为 H—N：，也叫亚氮，是氮烯的母体，其他氮烯为 H—N：的衍生物。氮烯即 H—N：及其衍生物的总称。氮烯是碳烯的氮类似物，其结构和反应与碳烯相似。

苯炔（Benzyne）：也叫去氢苯（Dehydrobenzene），苯环亲核取代反应中的活性中间体。

S_N1 反应（S_N1 Reaction）：单分子亲核取代反应，"S_N" 是 Substitution Nucleophilic（亲核取代）的缩写，"1" 表示单分子。

S_N2 反应（S_N2 Reaction）：双分子亲核取代反应，"2" 表示双分子。

邻基参与（Neighboring Group Participation）：邻近基团的参与作用，邻基参与的结果或促进反应速率异常增大，或导致环状化合物的生成，或限制反应产物的构型。

邻基促进（也叫邻助效应，Neighboring Group Effect）：邻基参与使反应速率加快的现象称为邻基促进或邻助效应。

π 络合物（π-Complex）：在芳烃的亲电取代反应中，亲电试剂与芳环上离域的 π 电子微弱的结合生成的中间产物。

σ络合物（σ-Complex）：在芳烃的亲电取代反应中，亲电试剂与芳环上的一个碳原子以σ键相连接，苯环的环状共轭体系遭到破坏，环上四个π电子离域在环的其他五个碳原子上。σ络合物是一个离域的碳正离子，很活泼，它失去质子完成亲电试剂反应。σ络合物生成的一步是亲电试剂反应历程的定速步骤。

锌离子（Onium Ion）：三元环状正离子，是反应的活性中间体。简单的和非共轭的烯烃与卤素、次卤酸、醋酸汞的加成反应中都有相应的锌离子生成，决定了加成反应是反式加成。

◎ 1.5 有机合成反应类型

从有机合成反应机理来说，有机合成反应可分为离子型反应、自由基反应和协同反应。

(1) 离子型反应

共价键发生异裂时，成键电子集中在一个碎片上，产生正负离子，再由正负离子与进攻试剂之间进行的反应，称为离子型反应。共价键异裂产生的正负离子，是在外界供给能量的条件下产生的中间体，非常活泼，一般不能稳定存在。

离子型反应一般在酸、碱或极性物质（包括极性溶剂）催化下进行。根据反应试剂的类型不同，又可以分为亲核反应和亲电反应。

共价键断裂时，成键的电子对完全转移给其中的一个原子或原子团。

$$A : B \longrightarrow A^+ + : B^-$$

例如：$CH_3Cl \longrightarrow CH_3^+ + : Cl^-$

这种断裂方式称为异裂（Heterolytic Cleavage），异裂生成带相反电荷的离子。反应一般发生在极性分子中，需要酸碱催化或极性条件。离子是反应过程中生成的又一种活性中间体，它很不稳定，一旦生成立即和其他分子进行反应。其反应历程不同于无机物（如无机盐类）瞬间完成的离子反应。这种由共价键异裂生成离子而进行的反应称为离子型反应。有机化合物经由离子型反应生成的有机离子有正碳离子或负碳离子。

正碳离子能与亲核试剂如^-ROH、$^-NH_2$、^-OH、^-CN 等进行反应，由于亲核试剂进攻正碳离子而引起的反应称为亲核反应（Nucleophilic Reaction）。亲核反应又分为亲核取代反应和亲核加成反应。相反，负碳离子能与亲电试剂如$^+NO_2$、$AlCl_3$等进行反应，由亲电试剂进攻负碳离子所引起的反应称为亲电反应（Electrophilic Reaction）。亲电反应可分为亲电取代反应和亲电加成反应等。

(2) 自由基反应

自由基反应又称游离基反应，是自由基参与的各种化学反应。自由基电子壳层的外层有一个不成对的电子，对增加第二个电子有很强的亲和力，故能起强氧化剂的作用。大气中较重要的为 OH·自由基，能与各种微量气体发生反应。在光化学烟雾形成的化学反应中，有许多自由基反应，在链反应中起了重要的引发、传递和终止过程的作用。有许多自由基是中间产物，如过氧化氢自由基（$HO_2·$）、烷氧基自由基（$RO·$）、过氧烷基自由基（$RO_2·$）、酰基自由基（$RCO·$）等。

自由基反应有五种基本类型：①受光照、辐射或过氧化物等作用，使分子键断裂而产生自由基的反应；②自由基和分子起反应产生新的自由基和分子的反应；③自由基和分子起反应产生较大自由基的反应；④自由基分解成小的自由基（和分子）的反应；⑤自由基彼此之间的反应。在酸雨形成、臭氧层破坏和大气光化学反应过程中都与自由基反应有关，因此自由基反应已成为大气化学研究的重要内容。

自由基反应是通过化合物分子中的共价键均裂成自由基而进行的反应，反应大致分为三个阶段。

① 链引发 通过热辐射、光照、单电子氧化还原法等手段使分子的共价键发生均裂产生自由基的过程，如：

$$Cl_2 \longrightarrow 2Cl \cdot$$

② 链增长 引发阶段产生的自由基与反应体系中的分子作用，产生一个新的分子和一个新的自由基，新产生的自由基再与体系中的分子作用又产生一个新的分子和一个新的自由基，如此周而复始、反复进行的反应过程。

$$Cl \cdot + CH_4 \longrightarrow \cdot CH_3 + HCl$$
$$\cdot CH_3 + Cl_2 \longrightarrow Cl \cdot + CH_3Cl$$

③ 终止 两个自由基互相结合形成分子的过程称为终止。

$$Cl \cdot + Cl \cdot \longrightarrow Cl_2$$
$$Cl \cdot + CH_3 \longrightarrow CH_3Cl$$
$$CH_3 \cdot + \cdot CH_3 \longrightarrow CH_3 - CH_3$$

除上述外，自由基还可发生裂解、重排、氧化还原、歧化等反应。自由基反应一般都进行得很快。这类反应在实际生产中应用很广。如氯化氢的合成、汽油的燃烧、单体的自由基聚合等。

(3) 协同反应

协同反应又称一步反应，是指发生反应的分子（单分子或双分子）发生化学键的变化，反应过程中只有键变化的过渡态，一步发生成键和断键，没有自由基或离子等活性中间体产生。

简单说协同反应是一步反应，可在光和热的作用下发生。协同反应往往有一个环状过渡态，如双烯合成反应经过一个六元环过渡态，不存在中间步骤。即指旧键的断裂和新键的生成同时发生于同一过渡态的一步反应过程。

反应中没有中间体生成。协同反应遵守分子轨道对称守恒原理，即反应物和产物的分子轨道对称性在反应过程中是守恒的。周环反应就是一类重要的协同反应。

● 1.6 有机合成化学中常见的保护基、试剂名称及其缩写

1.6.1 保护基

Ac   acetyl（乙酰基）

Ad	1-adamantyl （1-金刚烷基）
Bn	benzyl （苄基）
Boc	*t*-butoxycarbonyl （叔丁氧羰基）
Bz	benzoyl （苯甲酰基）
Cbz 或 Z	benzyloxycarbonyl （苄氧羰基）
DEM	diethoxymethyl （二乙氧基甲基）
DMPM	3，4-dimethoxybenzyl （3，4-二甲氧基苄基）
Fcm	ferrocenylmethyl （二茂铁基甲基）
Fmoc	9-fluorenylmethoxycarbonyl （9-芴基甲氧羰基）
Im	imidazol-1-yl or 1-imidazolyl （咪唑基）
MOM	methoxymethyl （甲氧基甲基）
PMB 或 MPM	*p*-methoxybenzyl 或 *p*-methoxyphenylmethyl （对甲氧苄基）
Ms	methanesulfonyl or mesyl （甲磺酰基）
TBDMS 或 TBS	*t*-butyldimethylsilyl （叔丁基二甲基硅基）
TBDPS	*t*-butyldiphenylsilyl （叔丁基二苯基硅基）
TBS 或 TBDMS	*t*-butyldimethylsilyl （叔丁基二甲基硅基）
Tf	trifluoromethanesulfonyl （三氟甲磺酰基）
TFA	trifluoroacetyl （三氟乙酰基）
TIPS	triisopropylsilyl （三异丙基硅基）
TMS	trimethylsilyl （三甲基硅基）
TPS	triphenylsilyl （三苯基硅基）
Tr	triphenylmethyl 或 trityl （三苯甲基）
Ts 或 Tos	*p*-toluenesulfonyl （对甲苯磺酰基）
Z 或 Cbz	benzyloxycarbonyl （苄氧羰基）

1.6.2 试剂

9-BBN	9-borabicyclo [3.3.1] nonane 〔9-硼杂双环 [3.3.1] 壬烷〕
CAL	candida antarctica lipase （南极假丝酵母脂肪酶）
CAN	candida antarctica （南极假丝酵母）
CAN	ceric ammonium nitrate （硝酸铈铵）
cod	cyclooctadiene （环辛二烯）
CSA	camphorsulfonic acid （樟脑磺酸）
DBU	1，8-diazabicyclo [5.4.0] undec-7-ene 〔1，8-氮双环 [5.4.0] 十一碳-7-烯〕
DCC	dicyclohexylcarbodiimide （双环己基碳二亚胺）
DDQ	2，3-dichloro-5，6-dicyano-1，4-benzoquinone （2，3-二氯-5，6-二氰基-1，4-苯醌）
DIBAL-H	diisobutylaluminum hydride （二异丁基氢化铝）
DMAP	4-*N*，*N*-dimethylaminopyridine （4-*N*，*N*-二甲氨基吡啶）

DME	1，2-dimethoxyethane（1，2-二甲氧基乙烷）
DMF	N，N-dimethylformamide（N，N-二甲基甲酰胺）
DMS	dimethyl sulfide（二甲硫醚）
DMSO	dimethyl sulfoxide（二甲亚砜）
EDTA	ethylenediaminetetraacetic acid（乙二胺四乙酸）
HMDS	1，1，1，3，3，3-hexamethyldisilazane（1，1，1，3，3，3-六甲基二硅胺）
HOAt	7-aza-1-hydroxybenzotriazole（7-氮-1-羟基苯并三唑）
HOBT	1-hydroxybenzotriazole（1-羟基苯并三唑）
LAH	lithium aluminum hydride（四氢铝锂）
MCPBA	m-chloropetoxybenzoic acid（间氯过氧苯甲酸）
ms	molecular sieves（分子筛）
MTBE	t-butyl methyl ether（叔丁基甲基醚）
NBS	N-bromosuccinimide（N-溴代丁二酰亚胺）
NMM	N-methylmorpholine（N-甲基吗啉）
NMO	N-methylmorpholine N-oxide（N-甲基吗啉氮氧化物）
NMP	N-methylpyrrolidinone（N-甲基吡咯烷酮）
PCC	pyridinium chlorochromate（吡啶铬酸盐）
Pyr	pyridine（吡啶）
TBAF	tetrabutylammonium fluoride（四丁基氟化铵）
TEA	triethylamine（三乙胺）
TFA	trifltioroacetic acid（三氟乙酸）
TfOH	trifluoromethanesulfonic acid（三氟甲磺酸）
THF	tetrahydrofuran（四氢呋喃）
THP	tetrahydropyran（四氢吡喃）
TPAP	tetrapropylammonium perruthenate（四丙基过钉酸铵）

习题

1. 给下列化合物进行合理的切断并给出等效试剂。

2. 对下列化合物进行逆合成分析并写出合成路线。

① 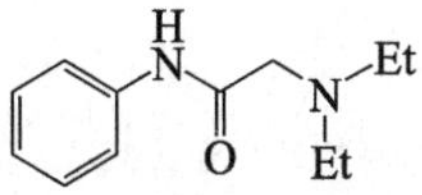
② 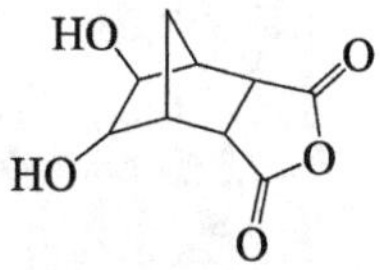
③ 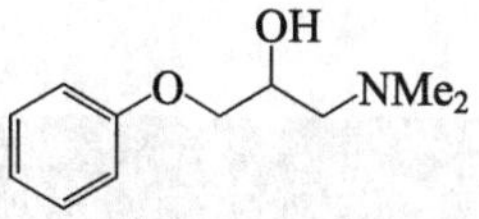

3. 请用逆合成分析法对下列化合物进行分析，设计出合理的合成路线。

① 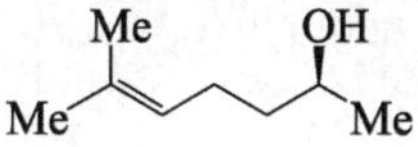
② 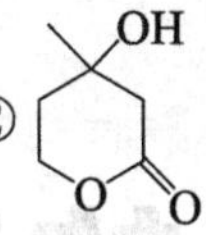
③ 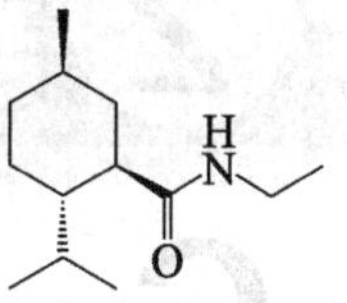

第2章

C—C 键的形成

碳碳键的合成方法学研究是有机合成方法学中最重要的部分之一，它包括碳碳单键和碳碳重键的合成方法学，这些合成方法学在有机合成特别是合成复杂的有生理活性的天然产物中非常重要。形成碳碳键的方法有离子型反应、自由基型反应以及周环反应。离子型反应有非稳定碳负离子（有机金属）、稳定化碳负离子（烯醇负离子）和碳正离子；自由基型反应包括了自由基以及卡宾；周环反应则包括了电环化反应、环加成反应和 σ 重排反应。

2.1 有机金属法和叶立德法

2.1.1 有机金属法

当碳原子和像金属那样具有更高电正性的元素成键时，这个碳原子就会被极化而带负电（$C^{\delta-}—M^{\delta+}$）。在有机金属化合物中，碳原子可以作为亲核试剂与一个缺电子中心发生反应。这些有机金属化合物则可以通过在烷基卤化物（卤代烃）的碳-卤键中间插入金属原子后制备而来。起始的烷基卤化物中的碳原子相较于卤原子带更多正电性，碳-卤键以 $C^{\delta+}—X^{\delta-}$ 的形式被极化。在有机金属化合物中，碳原子的极性发生反转，这使得碳原子的反应特征也发生反转。因此，这些有机金属化合物在合成反应中具有举足轻重的作用。值得注意的是，有些有机金属化合物的金属-碳键以均裂的方式发生断裂，属于自由基反应。

在合成反应中，有机金属化合物的反应价值一定程度上依赖于该化合物的亲核反应活性，而该亲核活性则取决于特定金属-碳键的离子特性。一般而言，所连的金属的正电性越大则该有机金属试剂越活泼。有机金属钾、钠化合物的碳-金属键属离子性，具有类似于盐的特性，不溶于非极性溶剂，电正性较小的镁、锌等有机化合物的碳-金属键基本上是共价的，可溶于非极性溶剂如乙醚。合成反应中重要的金属化合物中使用到的典型金属主要有锂、钠、镁、锌、钙、铜和锡。钯在催化反应中起到至关重要的作用，至于其他金属则不太常用，其中包括铝、钛、铬、铁、钴和镍。

$$C^{\delta-}—M^{\delta+} \quad M：Li、Na、K、Mg、Al、Zn、Cu、Hg 等$$

$$反应活性：RK>RNa>RLi>RMg>RAl>RZn>RCu>RHg$$

表 2-1　金属的电负性

金属名称	K	Na	Li	Mg	Al	Zn	Cu	Hg
金属的电负性	0.82	0.93	0.98	1.31	1.61	1.65	1.90	2.00

此外，金属可以改变与碳负离子发生反应的中心原子的缺电子特性。例如，像镁这样的金属可以与羰基中的氧原子络合，进而增加了羰基碳原子的缺电子程度。

sp^2 和 sp 杂化碳中的"s"成分特性较 sp^3 杂化碳增强，这就意味着电子将更加紧密地排布在原子核的周围。因此，sp^2 和 sp 碳负离子的形成会更加容易。例如，下列化合物的酸性（$RH \rightleftharpoons R^- + H^+$）逐渐增强，$CH_3—H$（$sp^3$ 碳）$< CH_2=CH—H$（sp^2 碳）$<$ $HC\equiv C—H$（sp 碳）。因此，含有乙烯基和乙炔基比相应的 sp^3 的化合物更容易形成有机金属化合物。

一些有机金属试剂中带有稳定碳负离子的原子或官能团，例如，（三甲基硅基）甲基氯化镁（Me_3SiCH_2MgCl）中，硅原子可以通过 3d 轨道与碳负离子 $\sigma*$ 反键轨道相互作用，进而对负电荷起稳定作用。Reformatsky 试剂（$BrZnCH_2CO_2Et$）中的羰基通过烯醇化合物 [$CH_2=C(OZnBr)OEt$] 来稳定碳负离子。

制备一个金属有机化合物的最普通的方法就是有机卤化物与金属直接反应，如碘甲烷与镁反应制备格氏试剂，卤代烃的活性顺序为 $RI>RBr>RCl$。溶剂（如 Et_2O、THF）在反应一开始的过程中不起作用，但其对有机金属衍生物的稳定性具有重要作用。乙醚与格氏试剂中的镁配位，进而稳定该化合物。

$$RX + Mg \xrightarrow{Et_2O} RMgX \quad \begin{array}{c} Et \quad Et \\ \diagdown O \diagup O \diagdown \\ RMgX \\ \diagup O \diagdown O \diagup \\ Et \quad Et \end{array}$$

有机金属化合物可以与其他金属盐反应，发生金属的交换。这种交换对改变有机金属衍生物中碳的反应活性具有很大的价值。

$$2MeMgX + CdCl_2 \xrightarrow{Et_2O} Me_2Cd + 2MgXCl$$

一些碳氢键具有足够的酸性，与金属或金属碱如氨基钠反应生成有机金属衍生物，炔烃和环戊二烯可以发生类似反应。环戊二烯阴离子有六个 π 电子，具有一定的芳香稳定性。

2.1.1.1　有机镁（Grignard）试剂

格氏试剂是重要的有机合成试剂，可以与许多物质如醛、酮、酯、酰卤、腈、环氧乙烷等发生反应（如下所示）。

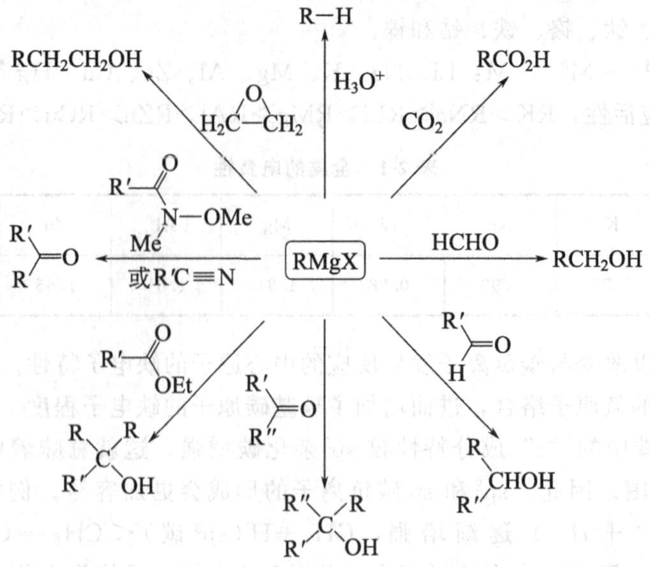

这些反应中的大多数都得到产物醇，因此当目标分子中存在醇羟基官能团时，逆合成分析过程中通常会考虑使用这类反应。然而，格氏试剂与二氧化碳反应时会停留在羧酸阶段，主要是因为产物羧酸盐（RCO_2^- MgX^+）中的阴离子阻止了格氏试剂衍生而来的亲核试剂（R^-）的进一步进攻。

为了使格氏加成反应在中间体阶段终止来制备醛或酮，化学家们设计出许多新型反应。这些反应过程中通常生成了不会被亲核试剂继续进攻的羰基等价物，如氨基缩醛基和亚氨阴离子。在反应的后处理过程中，醛或酮则被释放出来。

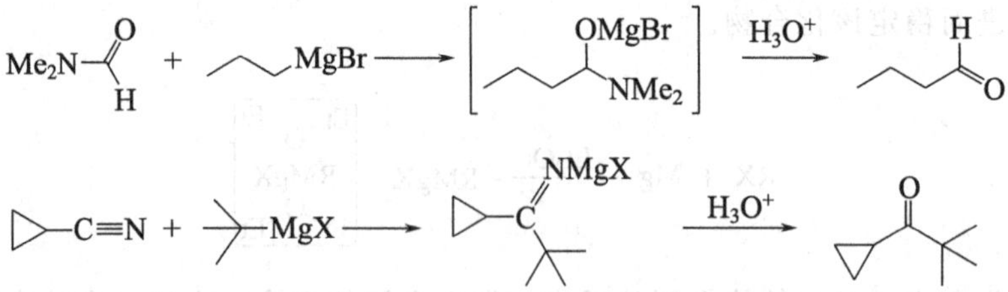

格氏试剂与环氧化合物反应，会在醇羟基的 β 位形成一个新的碳碳键，致使格氏试剂的碳链得到延长。

格氏试剂在制备其他有机金属试剂时也很重要。例如，和四氯化硅（$SiCl_4$）反应时，可以生成二烷基氯硅烷和三烷基氯硅烷并可以最终生成完全烷基化硅烷（R_4Si）。该反应可以用于制备三甲基氯硅烷（一种引入三甲基硅基保护基的试剂）和四甲基硅烷（核磁共振的基准物）。三苯基磷则是从三氯化磷和苯基溴化镁反应制备得到。

当羰基存在较大位阻时，格氏试剂的加成反应可能不会发生，取而代之的是还原反应。2,4-二甲基-3-戊酮（二异丙基酮）含有一个大体积的异丙基，与含有大体积基团的格氏试剂2-丙基溴化镁反应时，经过还原反应生成了2,4-二甲基-3-戊醇。然而，加成反应活性更大、空间需求更小的有机锂化合物则可以成功进行该加成反应。

(1) 格氏反应的立体化学

在一个开链体系中，碳碳单键可以自由旋转。与羰基相连的碳原子上的不同取代基的相对大小和立体化学，能够影响到对羰基加成的立体化学。这些基团可以被标记为 L（大）、M（中）、S（小）。反应过程中的优势构象可能是由与羰基氧的相互作用，或者大体积基团和剩下的烷基决定。

在羰基氧和路易斯酸如镁盐络合的情况下，羰基氧的相互作用决定了反应构象，羰基上的氧和大基团处于反式（*anti*）。亲核试剂从取代基位阻最小的那一侧进攻缺电子的碳。

如果相连的取代基和羰基氧发生配位作用或者形成氢键，这也会决定优势构象。

当大基团（L）的性质决定结果时，优势构象则可能是该基团 L 处在和 R 基以及羰基氧等距的位置上（Felkin-Anh 模型）。亲核试剂从位阻小的侧面进攻羰基，以和 C—O 键呈 107°的角度接近碳原子。

当羰基处在一个环状体系中时，该试剂的进攻方式由环上取代基的相互作用决定。甲基卤化镁和环酮反应时，更趋向于生成甲基处于平伏键的叔醇。

(2) 格氏反应中金属盐的作用

格氏试剂中加入金属盐可以改变最终的反应结果。格氏反应中加入二氯化钴可以生成自由基。3-苯基丙烯基氯和甲基氯化镁的反应过程中发生该情况。不添加金属盐，主要的反应产物是亲核取代得到的 1-苯基-1-丁烯；同时伴随着一小部分二聚物 1,6-二苯基-1,5-己二烯的生成。加入二氯化钴后，1,6-二苯基-1,5-己二烯则变成了主要产物。

$$R—Mg—Hal + CoCl_2 \rightleftharpoons R—Co—Cl + Cl—Mg—Hal$$

$$R· + ·CoCl$$

$$PhCH=CHCH_2Cl + MeMgBr \longrightarrow PhCH=CHCH_2Me + (PhCH=CHCH_2)_2$$

$$PhCH=CHCH_2Cl + ·CoCl \longrightarrow PhCH=CHCH_2· \longrightarrow (PhCH=CHCH_2)_2$$

甲基碘化镁转变为有机镉试剂（Me_2Cd）后，和酰氯反应得到酮羰基化合物，这提供了一个制备甲基酮的方法。主要原因是，二甲基镉不会与孤立的羰基发生加成反应。

金属盐的添加会影响到格氏试剂与不饱和酮的加成反应。铜盐有利于 1,4-加成而铈盐有利于 1,2-加成。异佛尔酮和甲基碘化镁反应时生成 67％收率的叔醇，而当加入氯化亚铜时会获得 83％收率的 1,4-加成产物。

$$EtO_2C(CH_2)_8COCl \ + \ Me_2Cd \longrightarrow EtO_2C(CH_2)_8COMe$$

2.1.1.2　有机锂试剂

有机锂试剂是由烷基卤与金属锂的反应或金属交换反应制备。有机锂试剂比格氏试剂活性更大而且位阻需求更小。例如 2,4-二甲基-3-戊酮与异丙基锂的反应。另一个说明有机锂活性大的例子是其与二氧化碳的反应。与格氏试剂生成羧酸不同，有机锂试剂有足够的亲核性，与羧酸锂盐加成得到酮。中间体缩醛锂 $[R_2C(OLi)_2]$ 保护羰基而防止其进一步反应。

有机锂试剂与环己酮类化合物加成的立体化学与格氏试剂反应类似，在与位阻较小的酮反应时，从平伏键方向进攻生成直立键的醇。在有机锂的加成反应中，无机盐的加入可以提高立体化学选择性。例如，甲基锂与 4-叔丁基环己酮的加成反应中，加入一当量的高氯酸锂后，羟基处于直立键位置的产物的比例大为增加。

| 不加 LiClO$_4$ | 65% | | 35% |
| 1 mol LiClO$_4$ | 92% | | 8% |

2.1.1.3　有机铜和有机铜锂试剂

有机金属试剂与 α，β-不饱和酮可能发生 1,2-或 1,4-加成。有机铜（RCu）和有机铜锂试剂（R_2CuLi）是 1,4-共轭加成最常用的试剂。简单的有机铜试剂（RCu）活性相对较低。虽然格氏试剂与催化量的一价铜盐已经应用在反应当中，但使用更为广泛的试剂是有机铜锂（R_2CuLi）。有机铜锂与亲电试剂反应的次序如下：RCOCl＞RCHO＞ROTs＞R—环氧化物＞R—I＞R—Br＞R—Cl＞RCOR′（R：可以是伯、仲、叔烷基，芳基或杂芳基）。在三甲基氯硅烷存下，更容易发生 1,4-加成，因为三甲基氯硅烷捕获烯醇中间体而将反应停止在烯醇硅醚阶段。

对于多环体系的化合物，有机铜锂试剂的 1,4-加成反应是立体专一性的，利用这一特性可以实现天然产物立体选择性的合成。

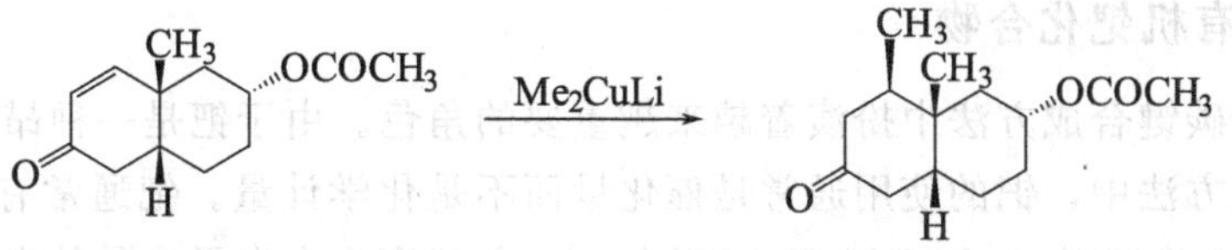

在软硬酸碱方面，铜是典型的软酸。当它与一个硬酸，如三氟化硼乙醚结合时，活性得到增强。结合后的试剂在环氧化合物的开环方面具有特别的作用。

烷基铜锂试剂还可以与卤代烃发生偶联反应，增长碳链。卤代烃中可以有酯羰基、氰基等不饱和基团。

$$R_2CuLi + R'X \longrightarrow R—R' + RCu + LiX$$

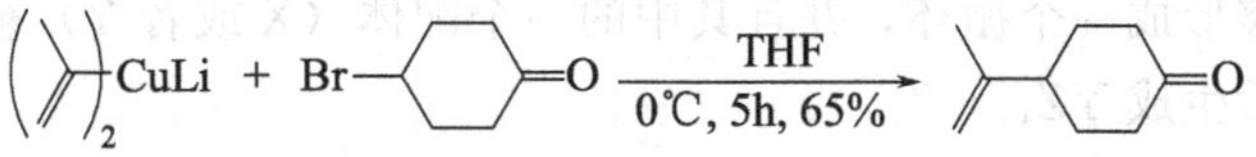

2.1.1.4 有机锌试剂

有机锌试剂在有机合成中同样非常重要。尽管它比有机锂和有机镁的活性低，但可以通过路易斯酸或配体的催化作用来实现对醛羰基的加成。有机锌试剂可以通过多种方法合成得到，如有机锂或格氏试剂的金属交换，或者通过活化的锌与卤代烃的氧化加成。有机锌试剂在对映选择性的加成反应中起着特别重要的作用。

二乙基锌是第一个被发现和制备的有机锌化合物，可以通过卤代烷烃和金属锌反应后，蒸馏纯化得到。二乙基锌在手性催化剂的作用下，可以很好地实现对不饱和键的对映选择性加成。

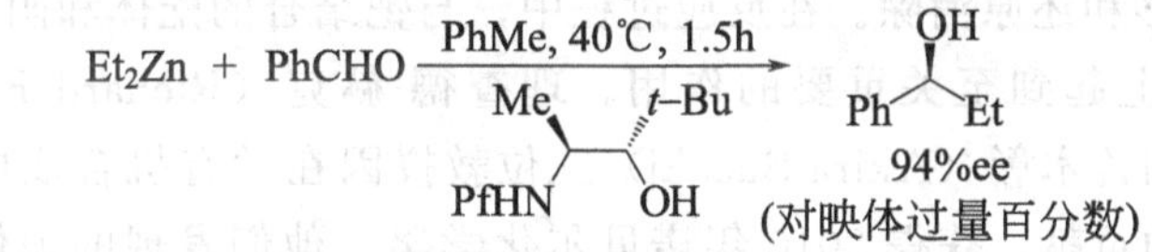

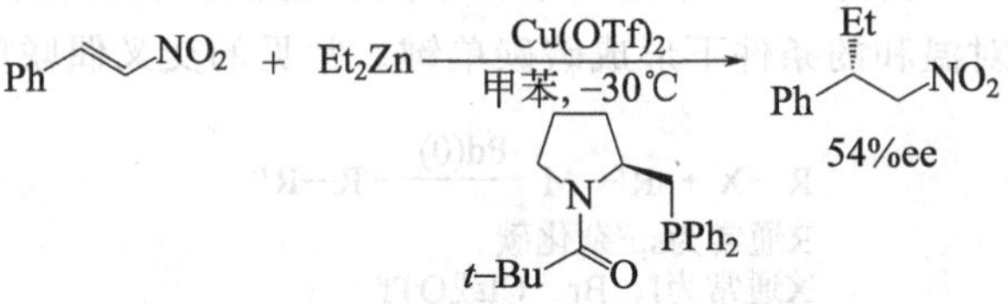

二乙基锌与二碘甲烷很快反应生成 ICH_2ZnEt，并进一步生成 $(ICH_2)_2Zn$，两者都能很好地与双键加成形成三元环化合物。

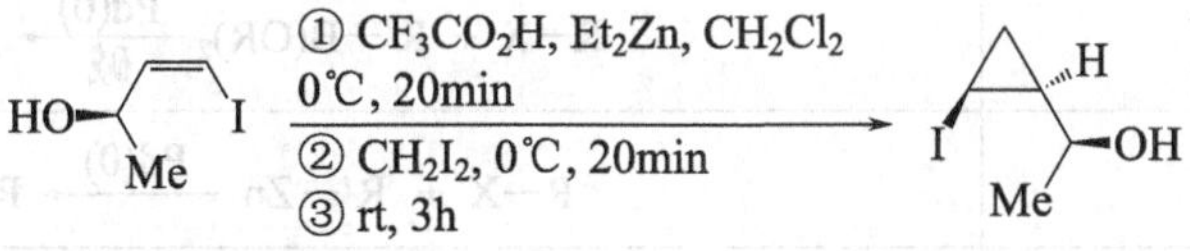

烯丙基锌试剂可以在水溶液中制备得到。与醛酮羰基发生加成后，通常得到多取代的化合物，这表明，在反应过程中锌与羰基络合，经过六元环中间体进而完成对羰基的加成。这类反应通常称为锌参与的 Barbier 反应。

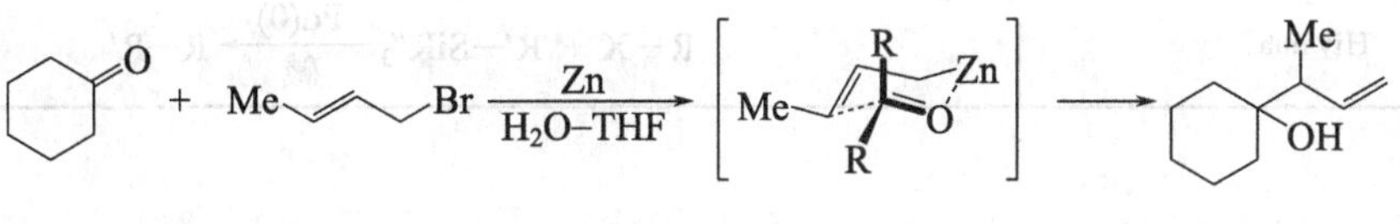

2.1.1.5 有机钯化合物

钯在近代碳碳键合成方法中扮演着越来越重要的角色。由于钯是一种昂贵的金属，所以在最有用的合成方法中，钯的使用通常是催化量而不是化学计量。钯通常有两种价态，0价和Ⅱ价〔例如，$Pd^0(PPh_3)_4$和$Pd^{II}Cl_2(PPh^3)_2$〕。前者有十个电子在最外电子层，所以0价钯能够形成稳定的18电子结构。四配位钯（Ⅱ）络合物则拥有相对稳定的16外层电子结构。

在氧化加成反应中，四(三苯基磷)钯能将0价钯插入碳卤键中，0价钯被氧化成Ⅱ价钯。这个反应的通式可以写作：

$$Pd（0）+ X—Y \longrightarrow X—Pd(Ⅱ)—Y$$

在这个反应的逆反应，就是所谓的还原消除反应中，X和Y之间形成新的键并且0价钯再生。如果这能够形成一个循环，并且其中的一个配体（X或者Y）被基团Z取代，发生钯催化的偶联反应后生成YZ。

金属交换过程发生在很多有用的反应中。0价钯加成到烯烃和随后还原消除步骤中的β-氢消除，是碳钯化重要用途的实例。

$$Pd(0) + X—Y \xrightarrow{氧化加成} X—Pd(Ⅱ)—Y \xrightarrow[ZM]{金属交换} Z—Pd(Ⅱ)—Y \xrightarrow{还原消除} Y—Z + Pd(0)$$

(1) 交叉偶联反应

钯可以催化芳香烃或烯烃卤代物（及其等价物）与有机金属化合物的交叉偶联反应。有机金属化合物包括了有机镁试剂、有机锌试剂以及铜、锡和硼等化合物。该反应过程包括了氧化加成、金属转移和还原消除。在反应过程中，与钯结合的配体和阴离子在决定反应速率以及反应平衡方向上起到至关重要的作用。理查德-赫克（Richard F. Heck）、根岸荣一（Ei-ichi Negishi）和铃木彰（Akira Suzuki）三位教授因在"有机合成中钯催化下的交叉偶联反应"方面作出的贡献，获得2010年诺贝尔化学奖。他们发现的钯催化交叉偶联反应具有高度的选择性且在相对温和的条件下形成碳碳单键。常见的交叉偶联反应如表2-2所示：

$$R—X + R'—M \xrightarrow{Pd(0)} R—R'$$

R通常为sp^2杂化碳
X通常为I、Br、Cl或OTf
R'和M的性质取决于偶联反应

表2-2 常见的交叉偶联反应

Suzuki-Miyaura	$R—X + R'—B(OR)_2 \xrightarrow[碱]{Pd(0)} R—R'$
Negishi	$R—X + R'—Zn \xrightarrow{Pd(0)} R—R'$
Stille	$R—X + R'—SnR''_3 \xrightarrow{Pd(0)} R—R'$
Kumada	$R—X + R'—MgX \xrightarrow{Pd(0)} R—R'$
Hiyama	$R—X + R'—SiR''_3 \xrightarrow[碱]{Pd(0)} R—R'$

| Sonogashira | $R-X + R'-\!\!\!\equiv\!\!\!\xrightarrow[\text{Cu(I), 碱}]{\text{Pd(0)}} R-\!\!\!\equiv\!\!\!-R'$ |
| Heck | $R-X + R'\!\!\diagup\!\!\xrightarrow{\text{Pd(0)}} R\diagdown\!\!\diagup\!\!\diagdown_{R'}$ |

Suzuki-Miyaura 反应（铃木-宫浦反应），是指在零价钯配合物的催化下，有机卤化物（及其等价物）和有机硼试剂进行的交叉偶联反应。有机硼试剂常见形式为硼酸或硼酸酯。乙烯基硼酸可以通过炔烃的硼氢化反应制备得到。这类反应对于不同的官能团具有很强的耐受性，且含硼副产物能够容易地利用强碱除去。该反应也可用于芳香族化合物的烷基化反应。C—H 键的插入无需卤代芳烃进行起始反应，极大程度地提高了原子利用效率。

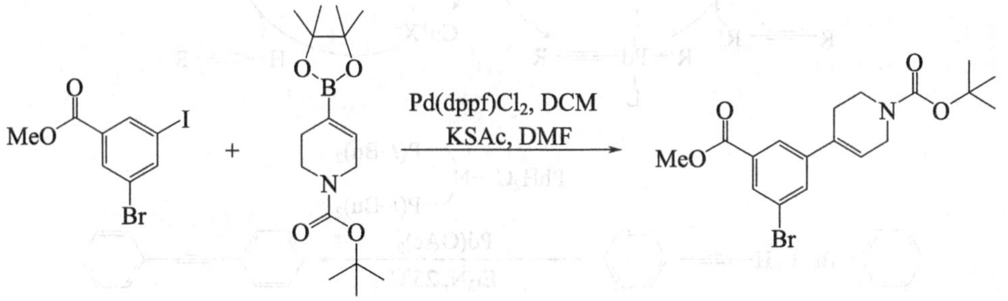

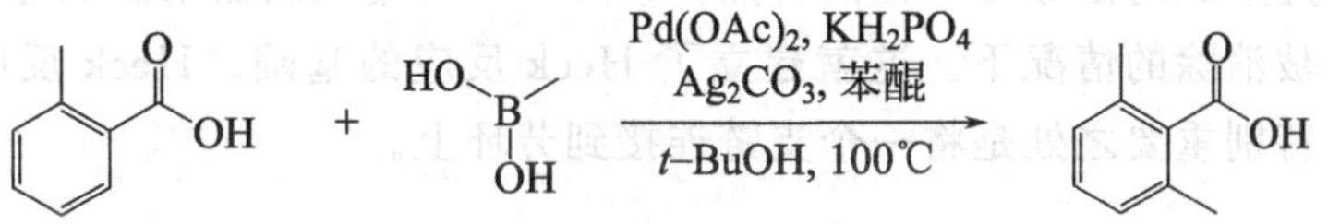

Negishi 偶联反应是有机锌试剂作为起始物与卤代烃发生的偶联反应，生成新的碳碳键。该反应可与卤代烃上的各种官能团兼容，如酮、酯、胺和腈等。

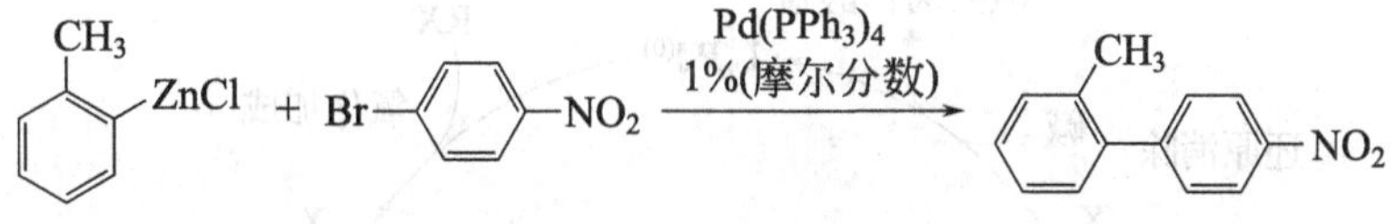

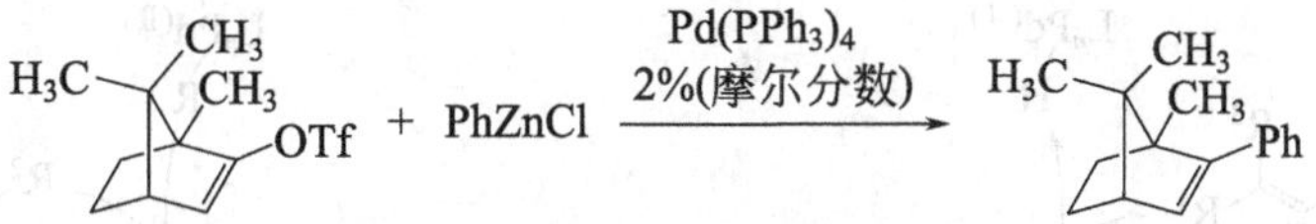

Stille 偶联反应使用的是锡试剂。乙烯基锡与溴代烯烃相偶联，即使生成更多取代的烯烃，其构型也可以得到保持。在合成抗生素衣霉素的过程中，一系列的官能团，如羟基、环氧、酮羰基、烯胺和酰胺等可以在反应体系中相兼容。

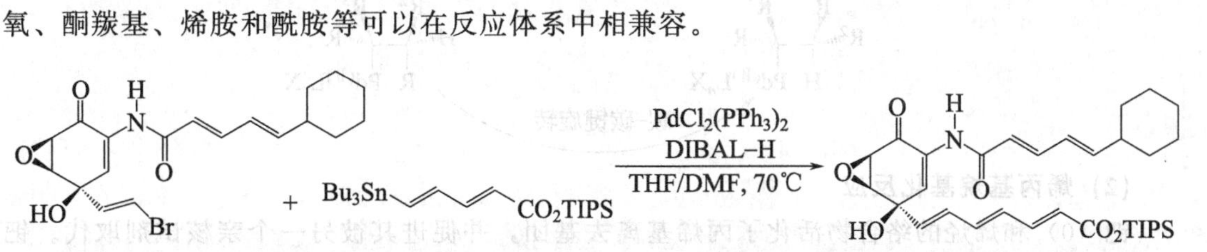

衣霉素

在 Sonogashira 偶联反应中，炔基铜参与了金属转移反应。在没有铜催化剂的情况下，许多氨基膦催化剂也同样可以催化偶联反应。

$$R \!-\!\!\!\equiv\!\!\!- H + R'\!-\!X \xrightarrow[\text{碱}]{Pd, Cu} R \!-\!\!\!\equiv\!\!\!- R'$$

R' = 芳基，乙烯基
X = I, Br, Cl, OTf

为了体现烯烃形成时区域专一性的特点，该反应的应用范围被限制在那些仅有一个 β-H 并且能够很容易被消除的情况下。这就建立了 Heck 反应的基础。Heck 反应是芳基钯和烯烃的偶合反应，特别重要之处是将一个支链连接到芳环上。

(2) 烯丙基烷基化反应

钯（0）和烯烃的络合物活化了丙烯基离去基团，并促进其被另一个亲核试剂取代。钯催化的烯丙基烷基化反应是一类形成碳碳键的重要反应，π-烯丙基-钯络合物是该反应的关键中间体。通过手性配体可以实现不对称烯丙基烷基反应，在构建新的碳碳键的同时，构建了新的手性中心。

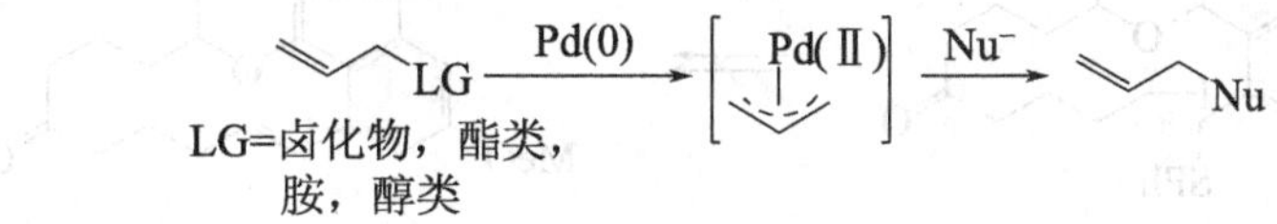

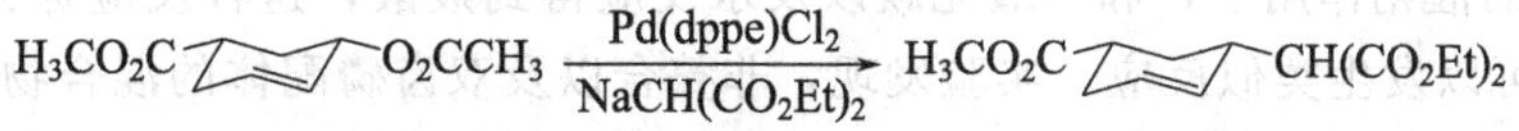

$$H_3CO_2C \diagdown \diagup O_2CCH_3 \xrightarrow[\text{NaCH(CO}_2\text{Et})_2]{\text{Pd(dppe)Cl}_2} H_3CO_2C \diagdown \diagup CH(CO_2Et)_2$$

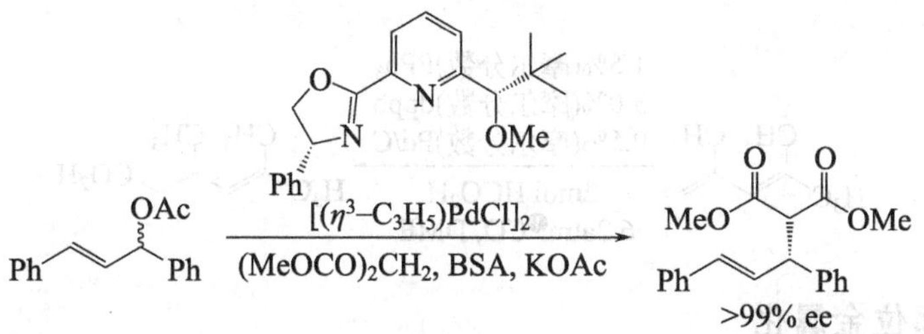

(3) 钯催化羰基化反应

芳基和烯基卤化物在温和条件下的钯催化羰基化反应，是合成羰基化合物非常有用的合成方法。与大多数钯催化生成碳-碳键的反应一样，钯催化羰基化反应可与各官能团兼容。其反应过程是，芳基和烯基卤化物先和 Pd(0) 发生氧化加成反应生成芳基或烯基钯配合物，然后 CO 插入到钯-碳键之间，最后在醇、水或胺等试剂的亲核进攻下，形成了相应的酯、羧酸和酰胺。在合成芳醛、酸、酯和酰胺时，钯催化的效果优于有机锂和格氏试剂的反应效果。芳香的或 α,β-不饱和的羧酸或酯就是芳基或烯基卤化物在水或醇中通过羰基化反应制得的。

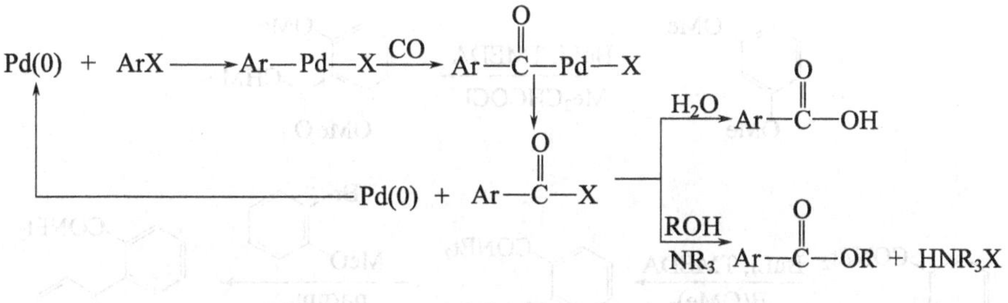

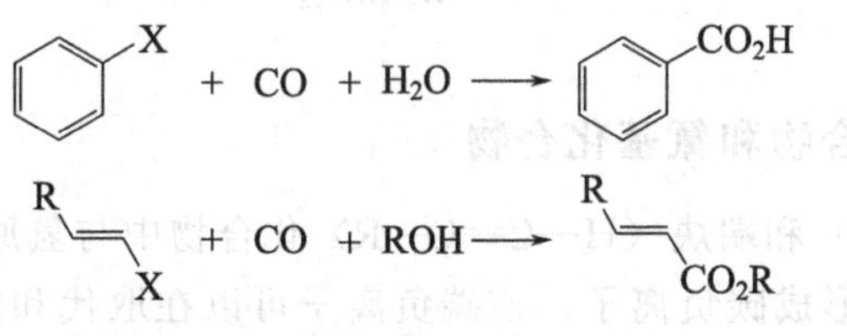

在玉米烯酮合成中，产物酯由含有多官能团的芳基碘化物的羰基化反应制得。值得注意的是，原料醇分子中的烷基碘部分是不参与反应的。

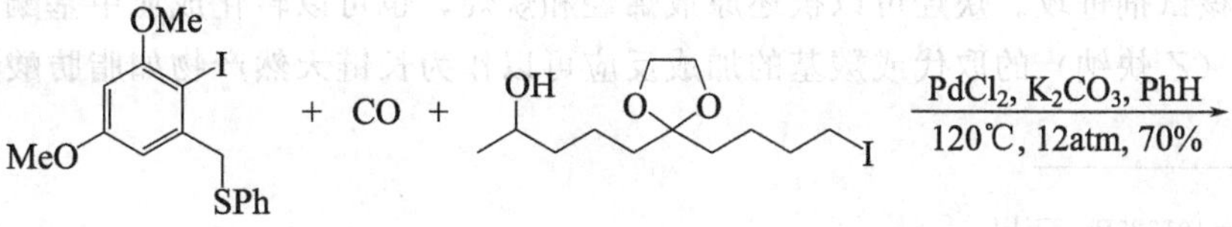

烯烃在钯的催化作用下，和一氧化碳以及水反应得到羧酸，这种反应称为氢羧化反应。1,3-丁二烯也可以发生类似反应，实验发现，非螯合以及双齿磷配体的混合物在该反应中起到关键作用。

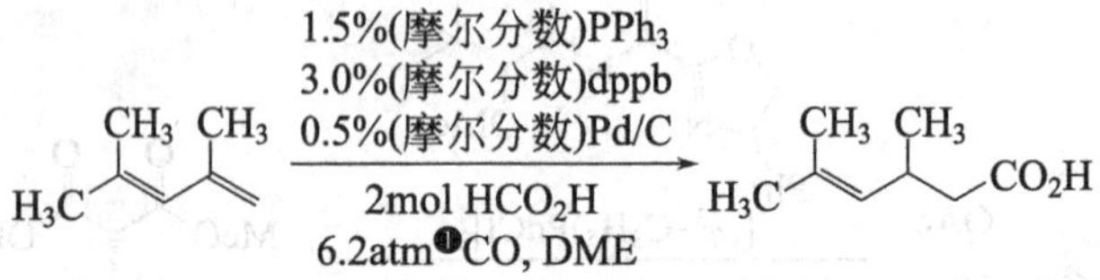

2.1.1.6 邻位金属化

sp^2 C—H 键比 sp^3 C—H 键更具酸性这个事实，奠定了邻位金属化反应在芳香取代物形成和合成使用中的基础。当芳环上连有醚或氨基这些可以和丁基锂这样的烷基锂中的锂配位的基团时，烷基碳负离子可以从芳环的邻位夺去一个质子产生邻位金属化的芳基锂，同时产生了易挥发的丁烷，得到的芳基碳原子则是个强亲核试剂。值得注意的是，这是 sp^2 键的反应而不是芳环上 π 电子的反应。因此，1,3-二甲氧基苯（间苯二酚二甲醚）在 C2 位置可以被酰化，而不是 C4 位置上的典型的亲电取代反应。这表明这些反应在制备 1,2-而不是 1,4-取代化合物时的重要意义。导向的邻位金属化反应可以制备硼酸，从而进一步发生 Suzuki 反应生成二苯基衍生物。

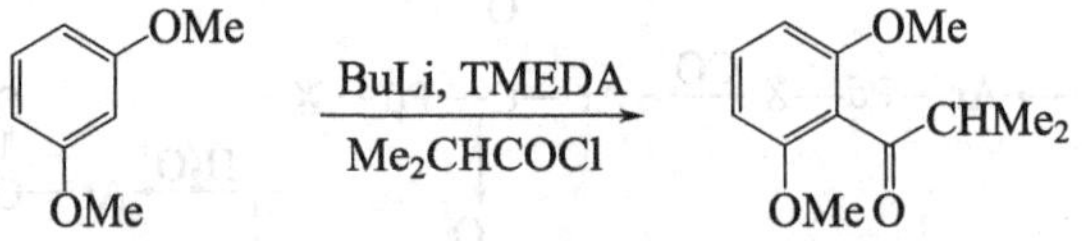

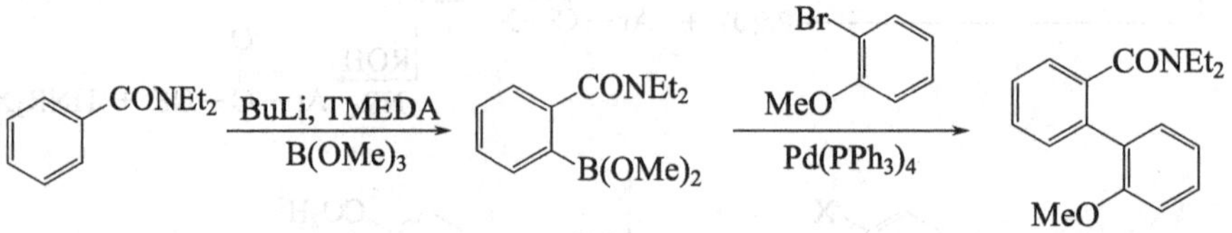

2.1.1.7 炔基化合物和氰基化合物

氰化氢（H—C≡N）和端炔（H—C≡C—R）化合物中与氢原子相连的碳原子是 sp 杂化，其有足够的酸性来形成碳负离子，该碳负离子可以在取代和加成反应中用来形成新的碳-碳键。炔基和氰基的作用不仅仅体现在新碳-碳键的形成方面，更重要的是可以发生后续转化。氰化物可以被水解成酸或者被还原成胺类化合物，同时缺电子的碳原子还可以作为受体被其他亲核试剂进攻。炔烃可以被还原成烯烃和烷烃，也可以转化成亚甲基酮。

炔基钠（乙炔钠）的取代或羰基的加成反应可以作为长链天然产物如脂肪酸、类胡萝卜

---

❶ 1 atm＝101325Pa，下同。

素的连接部分。炔基钠和酮反应后进一步修饰可以来合成维生素 A 的一个中间体。此外，铜可以催化炔基的氧化偶联。

乙氧基乙炔的锂盐和钠盐可以与羰基化合物发生加成反应，得到炔基醚部分氢化后转化为乙烯基醚，水解反应后将会生成醛。

2.1.2　叶立德法

2.1.2.1　膦叶立德

膦盐在强碱（如 NaH）的作用下发生卤化氢的消除，会形成碳负离子。该碳负离子被相邻的带正电荷的膦所稳定，形成一种具有极性的物质，被称为 Ylide（叶立德）。具有亲核性的碳负离子可以与缺电子中心物质如羰基发生反应，加成后形成极性中间体，随后形成氧杂的四元环中间体。该加合物分解之后，伴随着三苯氧膦的消去，生成了具有特定构型的烯烃，该反应称之为 Wittig 反应。该反应的驱动力源于磷氧键形成时的高负焓值。

膦叶立德由三级膦与卤代烃反应，经强碱（如丁基锂）处理而得，一般均不经离析而直接用于后续合成反应，由于有相反电荷共存于共价键分子内，使之表现出若干独特性质。因为由许多不同的卤化物制得，因此酮类化合物可以转化为一系列的不饱和化合物。

不同的膦叶立德

$$Ph_3\overset{+}{P}CH(CH_2)_nMe \quad Ph_3\overset{+}{P}\overset{-}{C}HOMe \quad Ph_3\overset{+}{P}\overset{-}{C}HCO_2Me \quad Ph_3\overset{+}{P}\overset{-}{C}HPh \quad Ph_3\overset{+}{P}\overset{-}{C}HCH=CH_2 \quad Ph_3\overset{+}{P}\overset{-}{C}HC\equiv N$$

甲氧基亚甲基 Wittig 试剂反应得到的产物，不稳定的烯醇醚中间体在酸的作用下，转化为醛类。这种方法可以将酮类化合物转变为同系的醛类化合物。

通过 Wittig 反应羰基可以区域专一性地转化为烯烃，与之相反的是，羰基发生格氏反应后生成的叔醇发生脱水，则会生成双键位置不同的烯烃混合物。

虽然 Wittig 反应具有区域专一性，但不是立体专一性。形成的烯烃的几何构型取决于膦叶立德的活性和金属（尤其是锂）盐。当活泼的叶立德与醛反应时，形成的氧膦烷的几何构型由叶立德的进攻方式决定。上述反应易得到顺式烯烃。另一方面，如果 Wittig 碳负离子被相邻羰基的电荷离域而稳定，那么加成的第一步是可逆的，形成了最稳定的中间体。氧杂的四元环中间体分解后产生反式烯烃。

稳定的叶立德可由 Wadsworth-Emmons 改进的膦酸盐获得。溴乙酸乙酯和三乙基亚磷酸加热反应，形成膦酸盐，其可以看作是丙二酸二乙酯膦的类似物。在碱（如氢化钠）的存在下，得到的碳负离子可以与羰基进行加成。中间体分解后形成不饱和酯和磷酸盐。传统的 Wittig 反应中，通常很难将三苯氧膦从常见的烯烃产物中分离出去。Wadsworth-Emmons 反应中磷酸盐阴离子的形成有利于膦类化合物的除去。

在 Wadsworth-Emmons 反应中，通过优化条件，如使用 KHMDS 和 18-冠-6-醚，可以主要得到 Z 式产物。例如，通过条件控制，可以分别得到檀香醇的 Z 式和 E 式异构体。

羰基的 Wittig 亚甲基化的一种替代方法是使用 Tebbe 试剂［氯化双（5-茂二甲基铝甲基钛）］，主要被用于羰基的乙烯基化反应，这个反应也称之为 Tebbe 成烯反应。它可以将醛、酮、酯或者酰胺分子中的羰基转变成为多一个碳的末端烯。Tebbe 试剂较高的反应性和反应中使用弱碱的特点，使得它与邻位有手性碳原子的醛发生反应时也能够保持原有的构型，不产生消旋化影响。

另一种替代方法是使用双（环戊二烯基）二甲基钛（二甲基二茂钛，Petasis 试剂）。该试剂可由双（环戊二烯基）二氯化钛和甲基锂或是甲基格氏试剂（MeMgX）制备，它和羰基反应是亚甲基取代氧。反应中其他产物是甲烷和双（环戊二烯基）氧化钛。钛氧键的形成有利于该反应的进行。和 Tebbe 试剂相比，它具有稳定性和重复性等优点，不含有路易斯酸性强的铝，且反应更加温和。

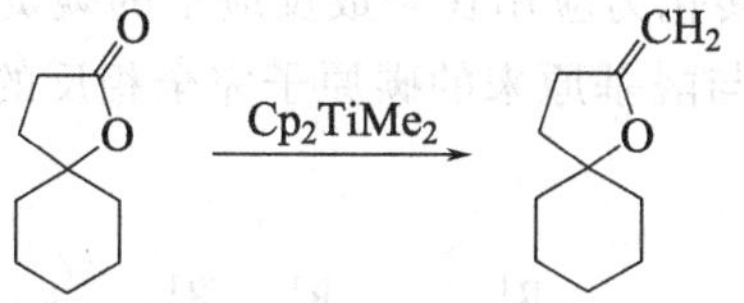

$$\xrightarrow{\text{Cp}_2\text{TiMe}_2}$$

2.1.2.2 硫叶立德

硫代替磷，两者经历了完全不同的模式。二甲基亚甲基硫和二甲亚砜亚甲基这两种硫叶立德常用于反应之中。二甲基亚甲基硫叶立德的反应活性比二甲亚砜亚甲基叶立德更活泼，但稳定性更差。在与 α,β-不饱和羰基化合物进行反应时，二甲基亚甲基硫叶立德主要得到环氧化合物，而二甲亚砜亚甲基叶立德则通过共轭加成得到环丙烷化合物。

二甲基亚甲基硫叶立德　　　　　二甲亚砜亚甲基硫叶立德

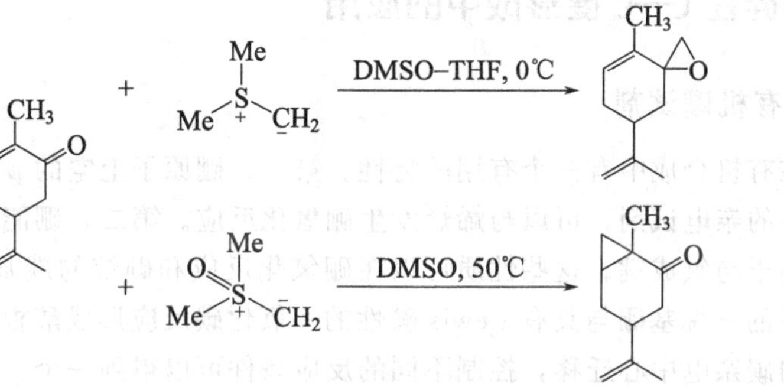

$$\xrightarrow{\text{DMSO-THF, 0℃}}$$

$$\xrightarrow{\text{DMSO, 50℃}}$$

这两种叶立德都能和酮反应生成环氧化合物，但是产物的立体化学可能不同。由二甲亚砜叶立德加成反应得到的中间体和由羟醛缩合反应得到的 β-羟基酮结构相类似。这个加成反应是可逆的，因此，通过类推可得知二甲亚砜叶立德的加成是受热力学控制。在一个环酮的加成反应中，带有亚砜基团的碳原子处于 e 键构型，并且生成的环氧化合物含有一个处于 e 键的碳碳键。另一方面，二甲基亚甲基硫叶立德的加成反应是不可逆的，并且受动力学控制进而从直立键方向进攻。

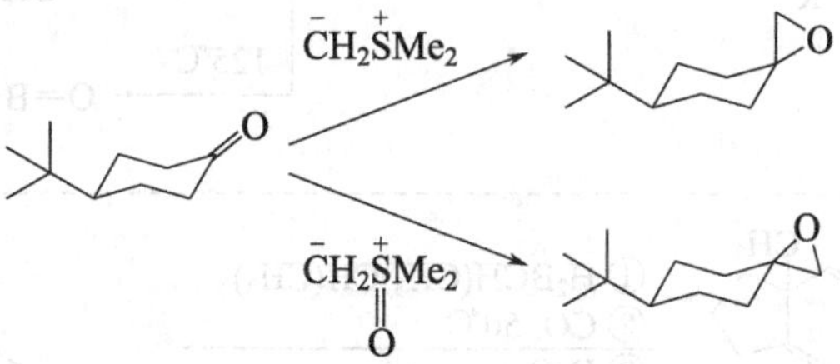

二甲基亚甲基硫叶立德可以与活泼的烷基化试剂如烯丙基或苄基溴反应，生成烯烃。该反应经历了叶立德的烷基化以及随后的消除过程。

$$\text{RH}_2\text{C}-\text{X} + \text{H}_2\text{C}=\text{S}^+(\text{CH}_3)_2 \longrightarrow \text{RCH}_2\text{CH}_2\text{S}^+(\text{CH}_3)_2 \longrightarrow \text{RHC}=\text{CH}_2$$

硫原子稳定相连碳负离子的能力不限于硫盐和亚砜盐。硫醚，尤其是1,3-二硫缩醛，可以提供合成中有用的稳定的碳负离子。二硫缩醛来源于羰基化合物。由乙醛制备得到的1,3-二硫缩醛（1,3-二噻烷）可以转化为应用在合成反应中的碳负离子。从醛基衍生而来的1,3-二噻烷形成的碳负离子表现出与醛基原来的碳原子完全相反的反应特征。它从一个缺电子的碳变成了一个富电子的碳。

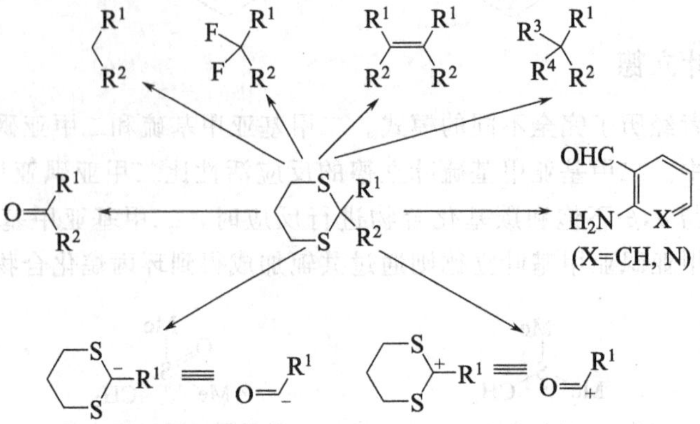

2.1.3 硼和硅在 C—C 键形成中的应用

2.1.3.1 有机硼试剂

硼化合物在有机合成中有三个有用的特性。第一，硼原子上空的 p 轨道的存在意味着硼原子是一个很好的亲电试剂，可以与烯烃发生硼氢化反应。第二，硼能够稳定相邻的碳负离子。第三，硼易于与氧成键。这些性质可以在硼氢化反应和硼烷的羰基化反应中体现出来。具有 Lewis 酸性的三烷基硼与具有 Lewis 碱性的一氧化碳反应形成酸根型配合物，而后硼原子上的烷基可向碳亲电中心迁移，控制不同的反应条件可以得到一个、两个、三个烷基迁移的产物，分别为醇、醛和酮、叔醇。

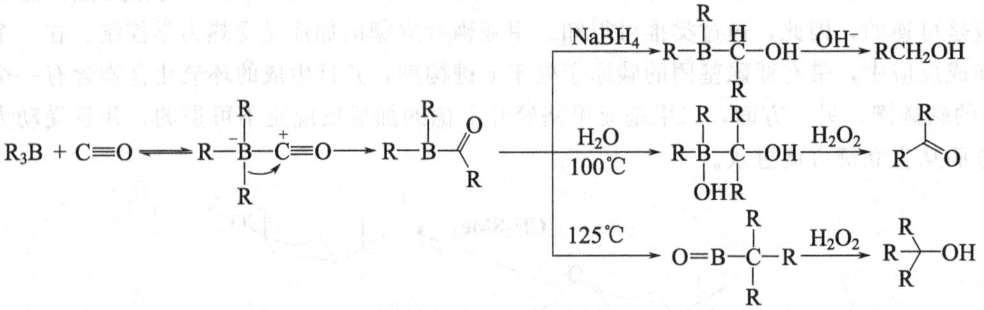

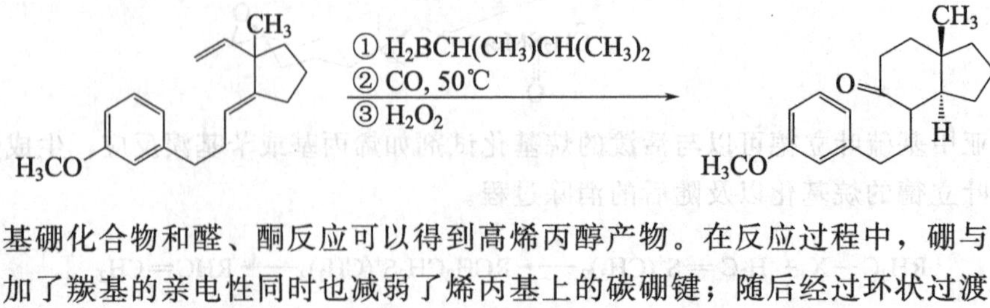

烯丙基硼化合物和醛、酮反应可以得到高烯丙醇产物。在反应过程中，硼与羰基氧首先络合，增加了羰基的亲电性同时也减弱了烯丙基上的碳硼键；随后经过环状过渡态，烯丙基

硼的 γ 位形成新的碳碳键同时双键位置发生迁移；通过乙醇胺的交换酯化后，得到高烯丙醇产物。

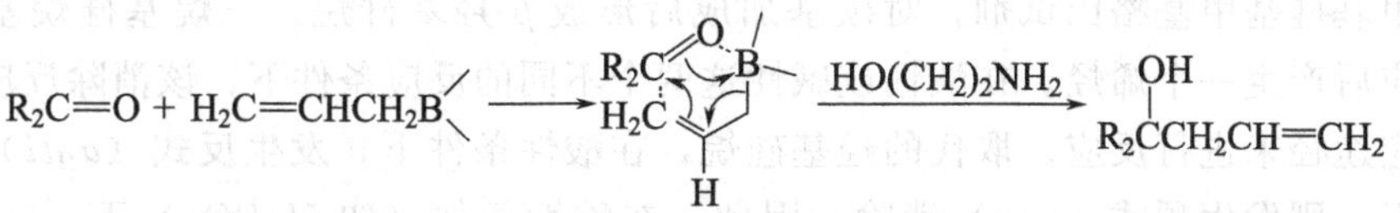

$$R_2C=O + H_2C=CHCH_2B \longrightarrow [\text{环状过渡态}] \xrightarrow{HO(CH_2)_2NH_2} R_2C\text{—}CH_2CH=CH_2$$
$$\overset{OH}{|}$$

根据烯丙基双键几何构型的不同，环状过渡态的机理可以有效推测最终产物的相对立体构型。E- 和 Z-2-烯烃硼酸酯与醛反应，可以分别得到反式和顺式产物。在环状过渡态中，醛羰基的取代基处于平伏键的位置。

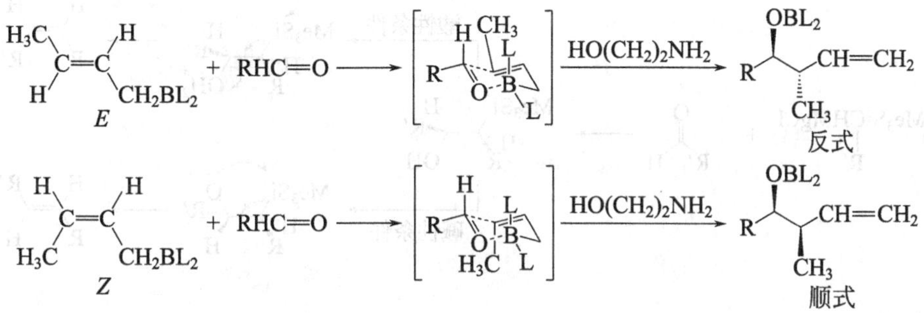

该方法也可应用到具有光学活性的烯丙基硼化合物中，其与醛羰基反应，可以对映选择性地得到高烯丙醇产物。

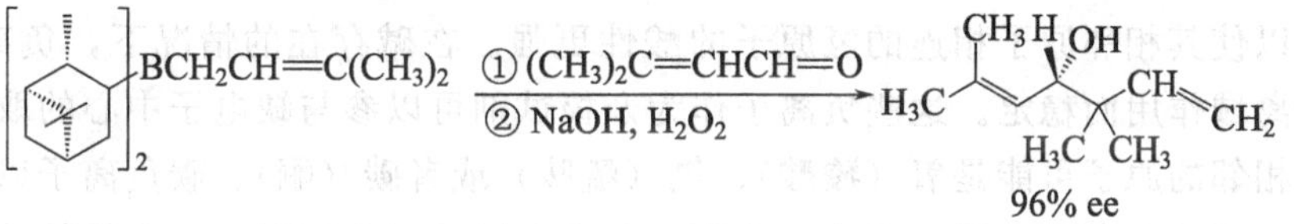

96% ee

2.1.3.2 有机硅试剂

硅元素的电正性比碳元素强，所以碳硅键以 $Si^{\delta+}$—$C^{\delta-}$ 的形式强烈极化。硅可以稳定 α-碳负离子。同时，它可以有效稳定 β-碳正离子，该特性更加有用，因为这能决定亲核试剂和乙烯基硅烷或烯丙基硅烷之间一系列化学反应的区域选择性。

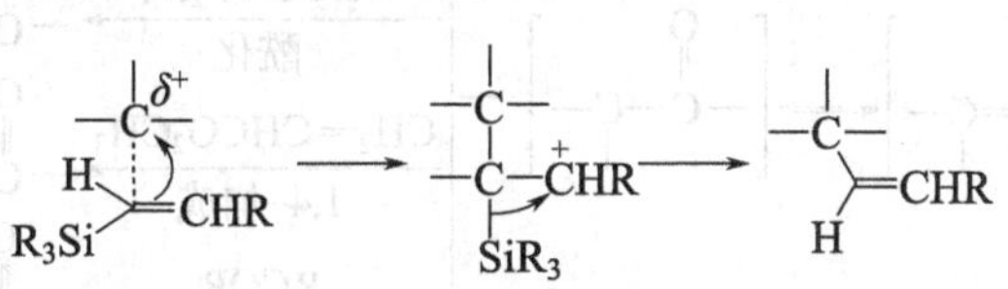

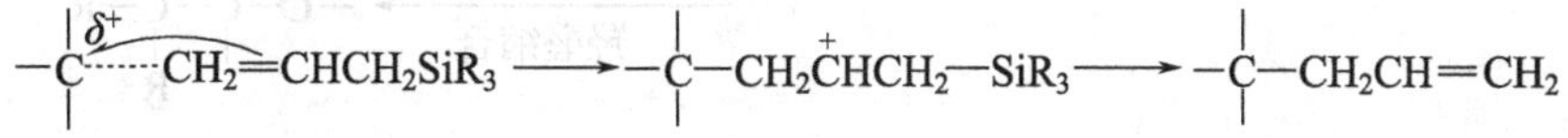

此外，许多涉及有机硅化合物的化学反应要通过断裂其他弱的化学键来形成强的 Si—O 键或者更强的 Si—F 键来实现。

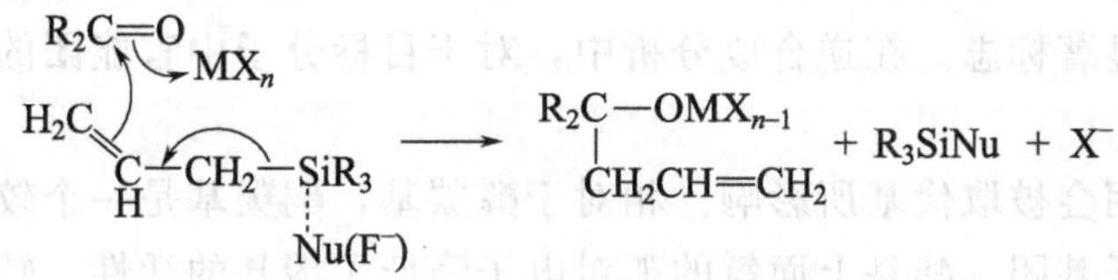

基于 Peterson 反应的烯烃的合成与 Wittig 反应有很多相似之处。尽管硅稳定的碳负离子的应用相比于磷或硫衍生而来的碳负离子的应用较少，但是在立体化学方面有许多明显的优势。三甲基硅基甲基格氏试剂，对羰基加成后形成 β-羟基硅烷。三烷基硅烷基和羟基进行消除反应后产生一个烯烃。在酸性或碱性这两个不同的反应条件下，该消除反应会按照两种不同反应途径来进行反应。取代的羟基硅烷，在酸性条件下，发生反式（anti）消除；在碱性条件下，则发生顺式（syn）消除。因此，在酸性条件（如 H_2SO_4）下，5-(三甲基硅基)-4-辛醇的苏式异构体进行反应产生了 cis-辛烯；在碱性条件（如 NaH）下，上述反应则产生了 trans-辛烯。

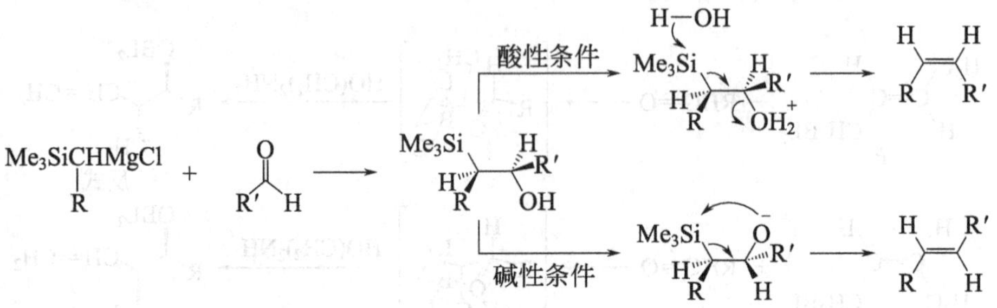

◎ 2.2　碳负离子法

　　羰基可以使其相邻原子相连的氢原子的酸性更强。在碱存在的情况下，负离子形成后，因为羰基的离域作用而稳定。这些负离子作为亲核试剂可以参与缺电子中心的取代和加成反应。与羰基相邻的原子可能是氧（羧酸）、氮（酰胺）或者碳（酮）。碳负离子以稳定的烯醇负离子的共振形式而存在。当亲核的碳负离子与缺电子的碳反应时，一个新的碳碳键就形成了。常见的反应如下：

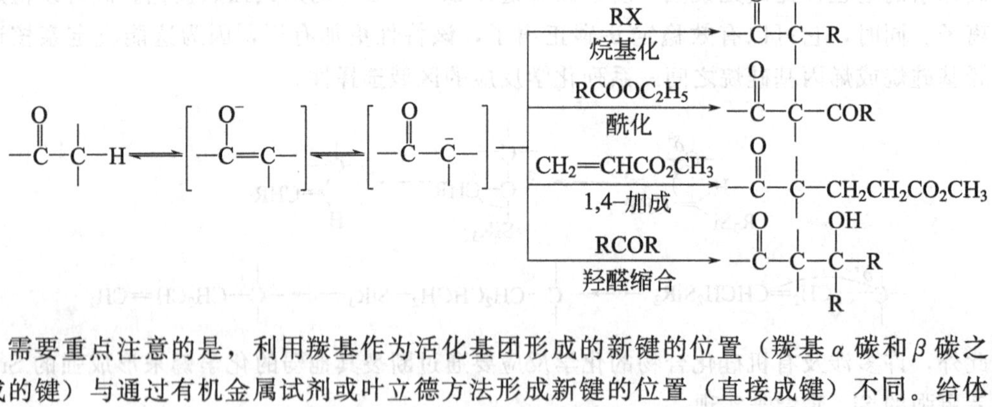

　　需要重点注意的是，利用羰基作为活化基团形成的新键的位置（羰基 α 碳和 β 碳之间新生成的键）与通过有机金属试剂或叶立德方法形成新键的位置（直接成键）不同。给体的活化基团和受体的缺电子中心官能团相对于形成的新键之间的位置，是将该反应作为合成策略应用于有机合成的显著标志。在逆合成分析中，对于目标分子中官能团的相对位置的识别是非常有用的。

　　羰基的酸化作用会被取代基所影响。相对于醛羰基，酮羰基是一个较弱的活化基团，这是因为烷基是供电子基团。酯基上面氧的孤对电子降低了羰基的活性。转化为酸酐后，由于第二个羰基"锁定"了孤对电子进而恢复了羰基的活化作用。

当有两个或者三个羰基活化同一个 C—H 键时，效果是叠加的并且氢的酸性更强，这可以通过在生成相对应的碳负离子所需要的碱的强度反映出来。

上述内容中，羰基一直被当作活化基团来使用，然而，这种特性并不仅限于羰基，还有许多其他有用的活化基团应用在合成之中。这些基团跟相应的含氧酸有着明显的相关性。因此，可以将硝基（—NO₂）与硝酸，亚砜基（ S=O）和亚硫酸，砜基（ SO₂）和硫酸，膦酸酯 [P（O）（OR）₂] 和磷酸进行比较。

羰基活化基团的氧原子也可以被其他原子（如氮原子）所替换。因此，亚氨基（=NH）和氰基（—C≡N）可以作为很好的活化基团。在合成反应中，这些活化基团是碳负离子的来源，通过它们自身或和彼此联合对碳氢键进行双活化进而产生碳负离子。

β-二酮　　　β-酮酸酯　　　丙二酸酯

硝基化合物　　亚砜　　膦酸酯　　氰基化合物

许多化合物存在互变异构体。羰基与烯醇是互变异构体，脂肪族硝基和它的酸式结构是互变异构体。这些化合物互变异构的平衡点在决定官能团的反应活性上是非常重要的。比如，很多 β-甲酰酮主要是以羟基亚甲基异构体的形式存在。当进行烷基取代反应时，碳原子或氧原子都有可能发生反应。

互变异构体

2.2.1 烯醇负离子

羰基化合物的去质子是形成相应烯醇负离子的基本方法，因此所使用的碱是该反应中的关键。酮的 α-H 具有一定酸性，在碱的作用下的去质子化是一个可逆平衡，其反应速率常数即为酮的 α-H 的酸解离常数与所使用碱的解离常数的比值。因此通过比较羰基化合物和碱在 ROH 和 DMSO 中的酸性强弱即可判断该羰基化合物是否可用该碱形成烯醇负离子。

$$C—H + B^- \rightleftharpoons B—H + C^-$$

$$K = \frac{[B—H][C^-]}{[C—H][B^-]} = \frac{\dfrac{[C^-][H^+]}{[C—H]}}{\dfrac{[B^-][H^+]}{[B—H]}} = \frac{K_{a(C—H)}}{K_{a(B—H)}}$$

在质子溶剂中，简单的烷基酮与氢氧负离子或伯醇负离子反应时，仅有部分的酮发生烯醇化（$K<1$）；与碱性强一些的叔丁醇负离子反应时，酮与烯醇式趋于平衡（$K\approx1$）；与碱性更强的氨基碱反应时，$K_{a(C-H)}\ll K_{a(B-H)}$，因此完全转化为烯醇化合物。

$$RCCH_3 + RCH_2O^- \rightleftharpoons RC=CH_2 + RCH_2OH \qquad K<1$$

$$RCCH_3 + R_3CO^- \rightleftharpoons RC=CH_2 + R_3COH \qquad K\approx1$$

$$RCCH_3 + R_2N^- \rightleftharpoons RC=CH_2 + R_2NH \qquad K\gg1$$

不对称的二烷基酮在去质子的过程中，由于酮羰基两边都有 α-H，可以在两个方向脱质子，因此会形成混合物。该混合物的组成通过调节烯醇负离子形成的反应条件，可以分别得到动力学和热力学控制的产物。当产物的组成是由脱质子的速度控制时，烯醇的比例由动力学控制。如果两种不同的烯醇负离子能快速互变，两者将建立平衡，烯醇的比例由热力学控制。不同的反应条件对生成物的比例有着非常大的影响：在非质子溶剂中，使用强碱如二异丙胺氨基锂或六甲基二硅基氨基锂，温度较低时形成双键取代基少的烯醇（动力学控制）；在质子溶剂中，而使用相对较弱的碱，温度较高时得到的是双键取代基多的烯醇（热力学控制）。

$$R_2CHCCH_2R^1 \xrightarrow{B^-} R_2C=C-CH_2R^1 + R_2HCC=CHR^1$$

$$\frac{[A]}{[B]}=\frac{k_a}{k_b} \qquad\qquad \frac{[A]}{[B]}=k_{\overline{\Psi}}$$

通过改变反应条件，可以区域选择性地合成特定的烯醇化合物。

动力学控制(LDA, 0℃)　　99%　　　　1%
热力学控制(NaH)　　　　26%　　　　74%

同时，还需要制备特定 E 式或 Z 式的烯醇化合物。羰基取代基 R 的大小对于 E 式或 Z 式构型烯醇化合物的比例有着巨大影响。此外，使用的强碱的取代基的大小以及其立体电子效应对其比例也有影响。将在后面讨论羟醛缩合反应的立体选择性。

$E:Z$

R＝C$_2$H$_5$　　　70:30　　　　　　B＝LDA　　　77:23
CH(CH$_3$)$_2$　　40:60　　　　　　LTMP　　　85:15
C(CH$_3$)$_3$　　　2:98　　　　　　LTMP + LiBr　　99:1

2.2.2 烯醇醚

烯醇醚提供了一种生成碳负离子的替代方法。烯醇醚（如三甲基硅基烯醇醚）断裂后，能够区域专一性地生成碳负离子。在合成过程中烯醇醚可以将烯醇化这一步骤从碳碳键形成的过程中分离出来。烯醇存在两种可能，一是快速形成的动力学稳定的烯醇而另一种是热力学稳定的烯醇，通过改变条件可以得到所需要的烯醇醚。在一定条件（如非质子）下，烯醇负离子产生后不会再发生平衡的移动，从而发生区域专一性的反应。烯醇醚和烯胺形成碳碳键的反应将会在后面的章节中讨论。

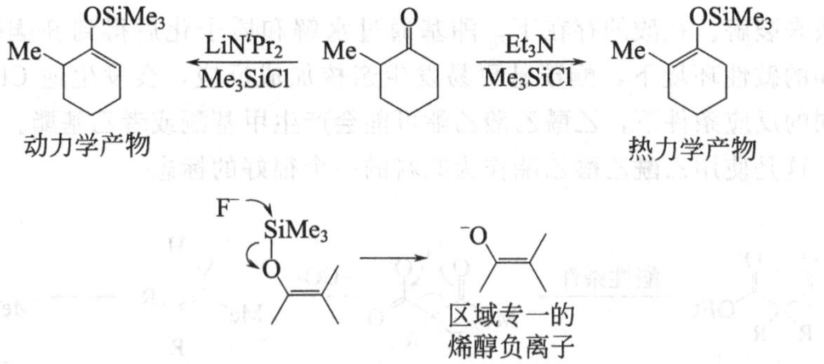

OSiMe3
Me
LiN^iPr2
Me3SiCl
O
Me
Et3N
Me3SiCl
OSiMe3
Me
动力学产物
热力学产物
F⁻
SiMe3
O
⁻O
区域专一的
烯醇负离子

许多涉及羰基活化的碳负离子的反应都是可逆的，反应过程的可逆性也就意味着，通过筛选反应条件最终得到的是热力学控制的产物。因此，尽管一个分子中存在多个潜在的反应位点，但可以通过改变反应条件获得单一的产物。

如果预先制备得到烯醇衍生物，则在反应中会有区域专一性和立体专一性的优势。如果起始的酮是不对称的，烯醇可以通过区域专一性的方式得到。开链的烯醇可能会存在 E 式和 Z 式两种构型，这两种构型可能与缺电子的碳以不同的方式发生反应。化学家们已经发展出一些区域专一性制备特定烯醇化合物并把它们制备成烯醇醚或烯胺的方法。上面已经讲到，通过转化为烯醇硅醚，可以将动力学或热力学稳定的烯醇化物进行分离纯化。同时，可以将特定的烯醇化合物应用于有机合成之中。

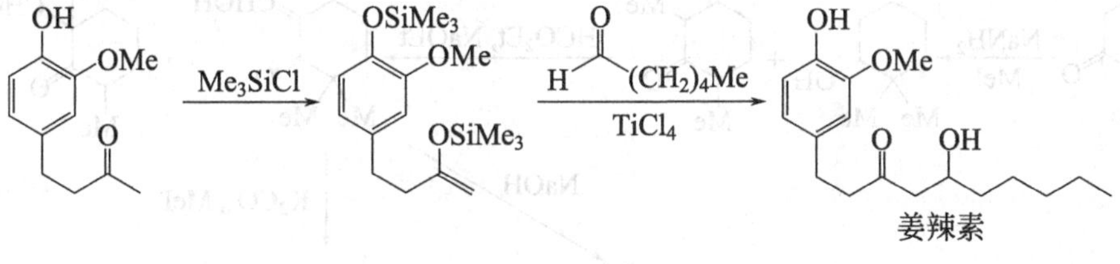

OH
OMe
O
Me3SiCl
OSiMe3
OMe
OSiMe3
O
H
(CH2)4Me
TiCl4
OH
OMe
O
OH
姜辣素

2.2.3 烷基化反应

烯醇负离子与卤代烷烃的亲核取代反应称为烷基化反应。醛、酮、酸、酯和硝基化合物等都可以有效地发生烷基化反应。酮化合物进行烷基化反应时存在两个问题。第一是，避免烯醇负离子加成到非离子化的酮羰基上时的自身缩合反应；第二是，确保不对称酮进行烷基化反应时的区域专一性。第一个问题的解决办法是，通过使用足够的强碱来确保所有的羰基化合物都变成烯醇负离子。二异丙基氨基锂（LDA）或者叔丁醇钾经常被用作强碱，虽然它们是强碱，但氮原子和氧原子因为足够的空间位阻而表现出非常弱的亲核性，因此不会对卤代烷烃发生取代反应。解决区域专一性的一个方法是，应用上文已经提到的烯醇硅醚。另一个解决办法则是引入第二个辅助羰基来提高反应活性。

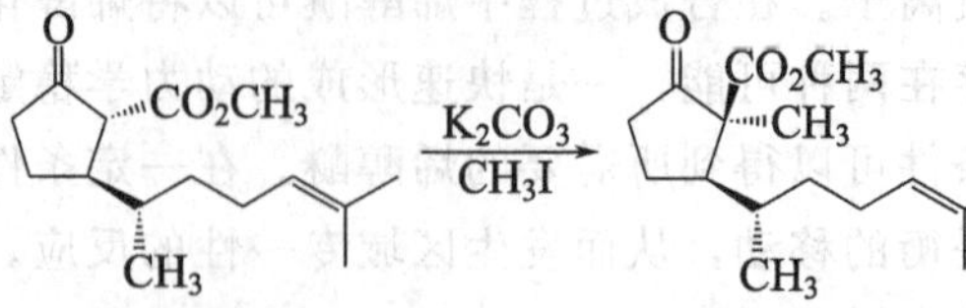

一旦烷基化反应发生后，辅助羰基可以通过碳负离子反应的可逆性来脱除。β-酮酯可以通过两种方法来裂解。在酸的存在下，酯基通过水解和质子化后得到 β-酮酸，随后进一步脱羧。在温和的碱性环境下，酮羰基更易发生亲核加成反应，会发生逆 Claisen 缩合反应。因此，在不同的反应条件下，乙酰乙酸乙酯可能会产生甲基酮或者乙基酯。乙酰基存在于目标结构中时，这是使用乙酰乙酸乙酯作为原料的一个很好的标志。

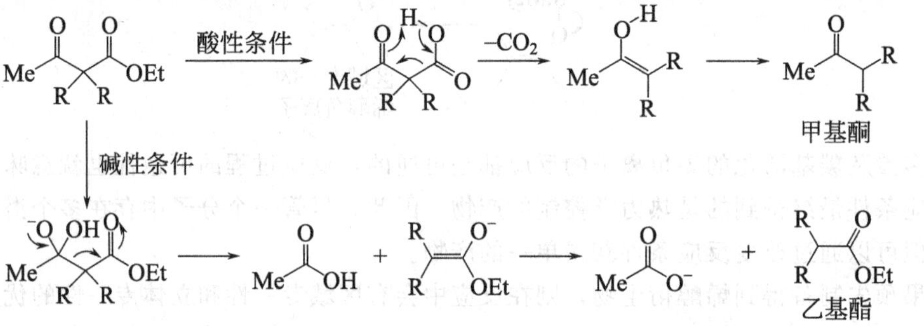

由 2-甲基环己酮制备 2,2,6-三甲基环己酮和 2,2-二甲基环己酮的反应阐明了烷基化反应的应用。在这个反应中，进一步引入甲酰基，当甲酰基转化为羟甲基的钠盐后，可以将异构体进行分离。这个离子化的钠盐是水溶性的，而非烯醇化的二羰基化合物不溶于水。

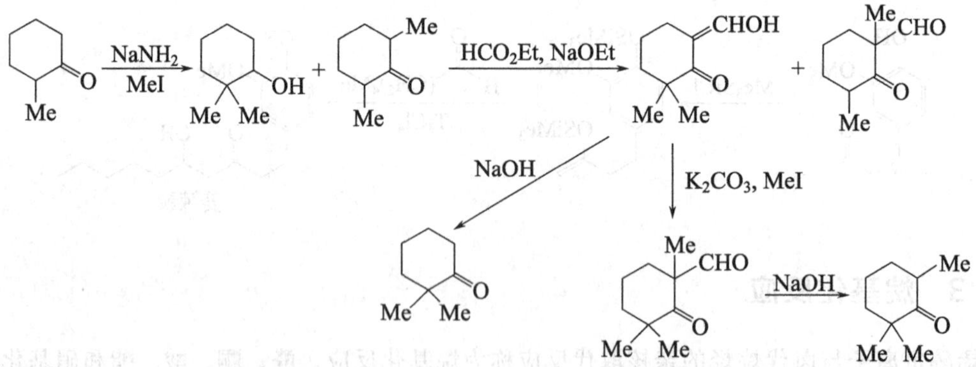

在碳负离子的取代反应中，环氧可以是一个离去基团，并且可以用于乙酰环丙烷的制备。第一步中，乙酰乙酸乙酯和 1,2-环氧乙烷发生烷基化反应，环氧乙烷中的氧负离子参与了分子内的酯基的水解反应并生成乙酰基丁内酯。丁内酯和盐酸水解后得到 β-酮酸，β-酮酸经过脱羧生成氯代酮，其发生分子内的烷基化反应后生成了乙酰环丙烷。

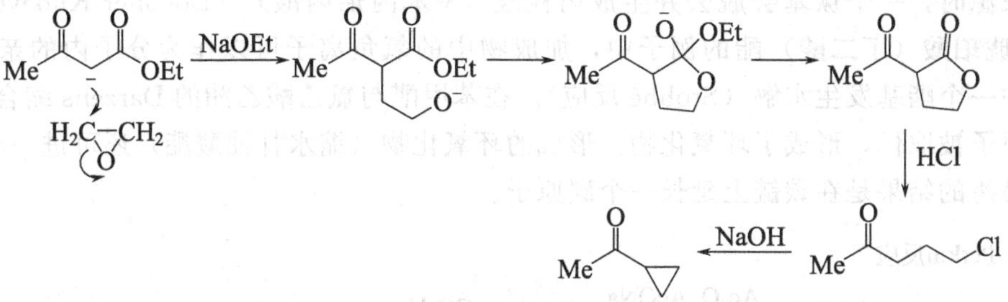

2.2.4 烯醇负离子在羰基加成反应中的应用

羰基，不仅可以将相邻的氢的酸性增强而产生碳负离子，还可以提供一个能够发生加成反应的缺电子中心。根据羰基成分性质的不同，这些反应有三大类型。根据起始加成产物的最终结果，每一种类型都有很多种变化。这三种主要类型如下：①羟醛缩合。在这个反应中，缺电子碳是醛或酮，产物是 β-羟基酮或 α,β-不饱和酮。②Claisen 酯缩合。在这个反应中，缺电子碳是酯羰基碳，产物是 1,3-二酮或 β-酮酯。③Michael 加成。在这个反应中，缺电子碳是 α,β-不饱和酮的 β-碳，产物是 1,5-二酮。

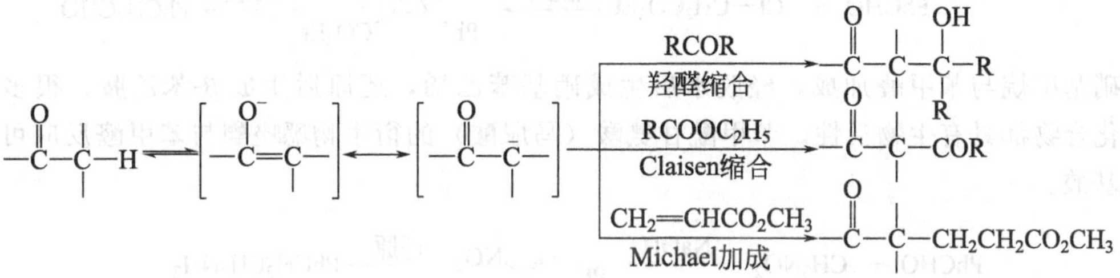

在这些反应中，需要重点注意的是新生成的键与活化羰基以及受体羰基之间的相对位置。分析上述羟醛缩合和 Claisen 酯缩合的目标产物后发现，羰基和羟基或者另一个羰基处于 1,3 位。目标分子中的两个羰基处于 1,5 位，这是应用 Michael 加成反应的一个特征性标志。在应用这些反应设计合成路线时，必须确保仅生成所需的碳负离子，并且反应发生在最亲电的或生成热力学最稳定产物的缺电子中心上。

2.2.4.1 羟醛缩合

羟醛缩合反应，是指两个羰基化合物，通过第一个化合物的羰基与第二个化合物的羰基 α-H 原子进行缩合，形成 β-羟基醛（酮）的反应。在一些情况下，会继续发生脱水反应，生成不饱和羰基化合物。

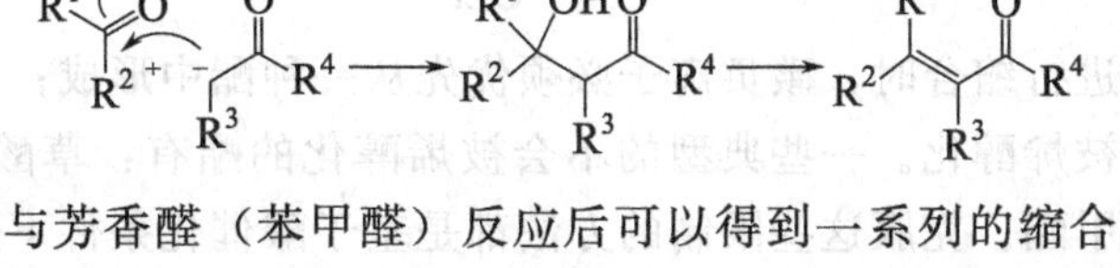

不同的碳负离子与芳香醛（苯甲醛）反应后可以得到一系列的缩合产物。这些反应中很多是相当普通的，由发现或发展它们的化学家的名字来命名而被人们所熟知。通过中间体的不同形式可以将这些反应区别开来。底物中有芳香环时，加成物中连接芳环的一端通常会发生脱水反应，生成共轭烯烃。

芳香醛与脂肪酸酐在相应羧酸盐作用下生成不饱和酸（Perkin 反应）。当丙二酸是碳负离子的来源时，一个羧基会脱去并生成肉桂酸（3-苯丙烯丙酸）（Doebner-Knoevenagel 反应）。在琥珀酸（丁二酸）酯的例子中，加成物中的氧负离子可以作为分子内的亲核试剂，促使其中一个酯基发生水解（Stobbé 反应）。在苯甲醛与氯乙酸乙酯的 Darzens 缩合反应中，一个氯原子被取代，形成了环氧化物。形成的环氧化物（缩水甘油酸酯）还可进一步反应生成醛，最终的结果是在碳链上延长一个碳原子。

Perkin反应

$$PhCHO \xrightarrow{Ac_2O,\ AcONa} Ph\diagup CO_2H$$

Doebner-Knoevenagel反应

$$PhCHO \xrightarrow[\text{哌啶}]{CH_2(CO_2H)_2,\ 吡啶} Ph\diagup CO_2H$$

Stobbé反应

$$PhCHO + \begin{array}{c} H_2C-CO_2Et \\ | \\ H_2C-CO_2Et \end{array} \xrightarrow{t-BuOK} \begin{array}{c} Ph \diagup CO_2Et \\ CO_2H \end{array}$$

Darzens反应

$$PhCHO + Cl-CH_2CO_2Et \xrightarrow{NaOEt} \underset{Ph \quad CO_2Et}{\overset{O}{\triangle}} \xrightarrow{NaOH} PhCH_2CHO$$

硝基甲烷与苯甲醛加成，经脱水后生成硝基苯乙烯，还原后生成 β-苯乙胺，很多苯乙胺类化合物都具有生物活性。苯甲酰甘氨酸（马尿酸）的衍生物噁唑酮与苯甲醛反应可以生成氨基酸。

$$PhCHO + CH_3NO_2 \xrightarrow{NaOH} Ph\diagup NO_2 \xrightarrow{还原} PhCH_2CH_2NH_2$$

$$PhCHO + \underset{Ph}{\overset{O}{\underset{N}{\bigcirc}}} \xrightarrow{NaOEt} \underset{Ph}{\overset{PhCH \quad O}{\underset{N}{\bigcirc}}} \longrightarrow \underset{NH_2}{PhCH_2CHCO_2H}$$

2.2.4.2 Claisen 缩合

烯醇碳负离子和酯反应生成 1,3-二酮的 Claisen 缩合反应已经得到了广泛的应用。两分子的乙酸乙酯自身缩合可以制备乙酰乙酸乙酯。

$$\underset{Me}{\overset{O}{\parallel}}OEt + \underset{H_2C}{\overset{O}{\parallel}}OEt \longrightarrow \overset{O^-\quad O}{\underset{OEt}{\diagdown}}OEt \longrightarrow \overset{OH\quad O}{\diagdown}OEt$$

当两种不同的酯进行缩合时，碳负离子必须优先从一种酯中形成；提供缺电子中心的另一种酯，则应不容易被烯醇化。一些典型的不会被烯醇化的酯有：草酸二乙酯、甲酸乙酯、碳酸二甲酯、苯甲酸甲酯。克服这些限制的方法都是基于酸催化条件下烯醇醚和烯胺的乙酰化反应。

二酯化合物的分子内 Claisen 缩合形成环的反应就是被人们所熟知的 Dieckman 环化。这是制备环戊酮和环己酮的一个有用的方法。环化产物是很稳定的，但在质子条件下会发生烯醇化，这些烯醇化合物也可以进一步发生烷基化。小环化合物则不能通过 Dieckman 环化反应来形成。

二腈化合物可用同样的方法制备 β-亚氨基腈化合物，它们可以水解生成 β-酮酸和脱羧产物。尽管该反应受到环尺寸的限制，但通过一个高度稀释的方法（Thorpe-Ziegler 反应），该反应可以形成中等和大尺寸的环状化合物。

2.2.4.3 Michael 加成

Michael 加成反应是碳负离子对 α，β-不饱和酮的 β 位的加成反应。丙二酸二乙酯的碳负离子与富马酸二乙酯加成，生成了 1,1,2,3-四羧酸四乙酯基丙烷，这是 Michael 加成的一个实例。Michael 加成反应也可以用来构建环状体系。众所周知的 Robinson 环化反应，就是以环己酮负离子对甲基乙烯基酮的 Michael 加成为基础，接着发生分子内的羟醛缩合反应。该反应已经被广泛用于甾族化合物和萜类化合物的合成。

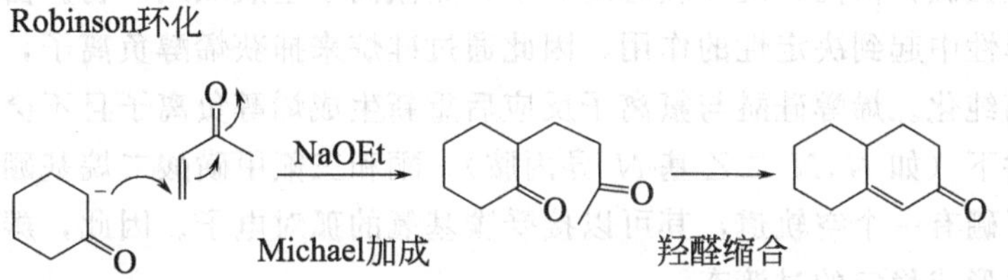

2.2.5 缩合反应的立体化学

烯醇金属盐和醛的反应涉及一个六元环椅式过渡态（Zimmerman-Traxler 过渡态），在该过渡态中金属与烯醇负离子和醛中的氧同时络合。过渡态的优势构象中，烷基取代基 R^1-R^3 处于平伏键的位置。烯醇盐可能形成 "E" 或 "Z" 的几何构型。"E" 式异构体加成到醛羰基时形成最稳定的椅式中间体，得到反式的非对映异构体。另一方面，"Z" 式异构体与羰基加成时形成顺式的非对映异构体。

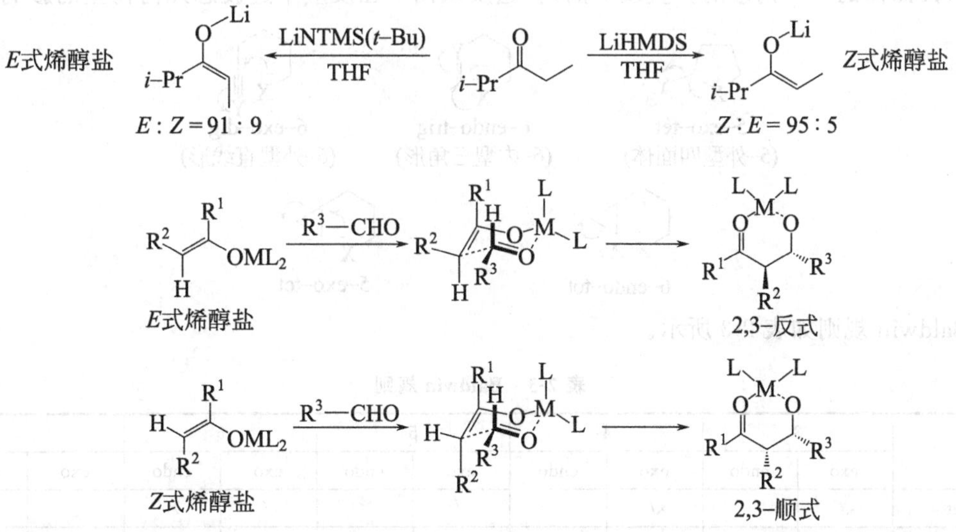

Reformatsky 反应中，溴代酯首先转化为锌的烯醇盐，再进一步与酮加成。锌与两个氧同时络合，形成稳定的过渡态。

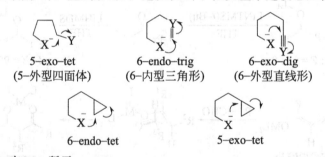

在热力学控制的平衡条件下（弱碱，长反应时间），缩合反应主要给出反式产物。然而，在动力学控制（强碱，低温，短反应时间）下，更倾向于生成顺式产物。由于烯醇的几何构型在非对映选择性中起到决定性的作用，因此通过硅烷来捕获烯醇负离子，从而对特定的烯醇硅醚进行分离纯化。烯醇硅醚与氟离子反应后重新生成烯醇负离子且不会发生异构。

在碱性条件下（如 N,N-二乙基-N-异丙胺），酮和三氟甲磺酸二烷基硼可以制备得到烯醇硼酸酯。由于硼有一个空轨道，其可以接受羰基氧的孤对电子。因此，羟醛缩合反应在温和条件下就可以形成稳定的过渡态。

2.2.6 环化反应

碳负离子的成环反应实现的可能性，取决于中间体形成时键角或成键距离是否有严重的扭曲变形。Baldwin 规则是有机化学中脂环族化合物关环反应可行性的参考规则，尤其适用于第二周期的元素关环生成 3～7 元环的反应。按照这个规则，关环反应中有三个重要的因素。第一个因素是生成环的大小，这反映出环的张力的影响。第二个因素是相对于新环缺电子受体部分的键所指的方向，这反映了负离子进攻的方向。第三个因素是缺电子部分的杂化类型（四面体的，三角形的，直线形的），这反映出了在反应中过渡态几何构型的影响。

5-exo-tet
(5-外型四面体)

6-endo-trig
(6-内型三角形)

6-exo-dig
(6-外型直线形)

6-endo-tet

5-exo-tet

Baldwin 规则如表 2-3 所示。

表 2-3　Baldwin 规则

	3		4		5		6		7	
	exo	endo	exo	endo	exo	endo	exo	endo	exo	endo
tet	√		√		√	×	√	×	√	×
trig	√	×	√	×	√	×	√	√	√	√
dig	×	√	×	√	√	√	√	√	√	√

注：√有利于成环；×不利于成环。

下例开环以有利的 4-exo-tet 方式进行。

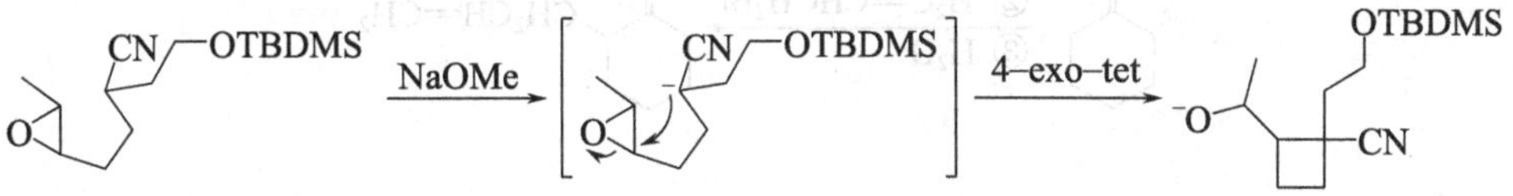

但是，这种选择性是可以改变的，它还取决于取代、有无催化等情况。在下例中，碳负离子进攻取代基较小的碳，因此通过 5-exo-tet 方式发生环化。

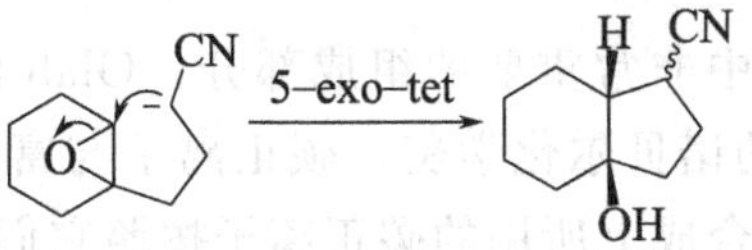

2.2.7 手性烯醇化合物

当烯醇化合物进行羟醛缩合时，尽管会产生潜在的手性中心，但通常会形成外消旋混合物。然而，通过引入一个手性辅助基团，可以实现非对映选择性的羟醛缩合反应。一旦生成新的手性中心，就可以将辅助基团脱除。从氨基酸（缬氨酸）和氨基醇（去甲黄麻碱）中衍生而来的手性辅助基团（噁唑烷酮）已经在合成中得到应用，同时，由 Mukaiyama 等首先发展的硼-烯醇盐已经是公认的高效通用的立体选择性中间体。

噁唑烷酮手性辅基

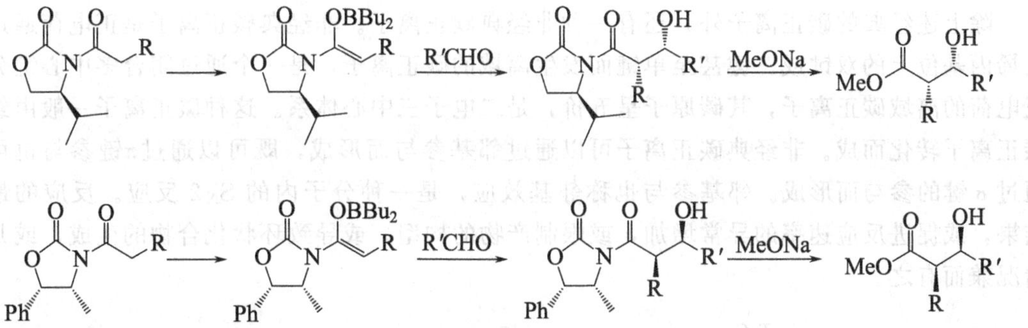

2.2.8 烯胺化合物

烯胺化合物是醛或酮与二级胺失水缩合形成的一类不饱和化合物。常用的二级胺为四氢吡咯、吗啉和六氢吡啶，它们的反应性依次递减。在热力学控制下，吡咯烷烯胺可由酮制备。为了减少空间位阻和增加 N—C=C 系统的平面性以及加强氨孤对电子与双键的共轭效应，不对称酮与二级胺反应时，反应将趋向于形成含取代基最少的烯胺化合物。在温和条件下，烯胺的 β-碳与卤代烷发生烷基化反应生成亚胺，酸性水解后得到酮。烯胺可以与醛和酮缩合，也可以与酰氯发生酰基化反应。烯胺与不饱和酯的反应已经应用到很多环化反应中。

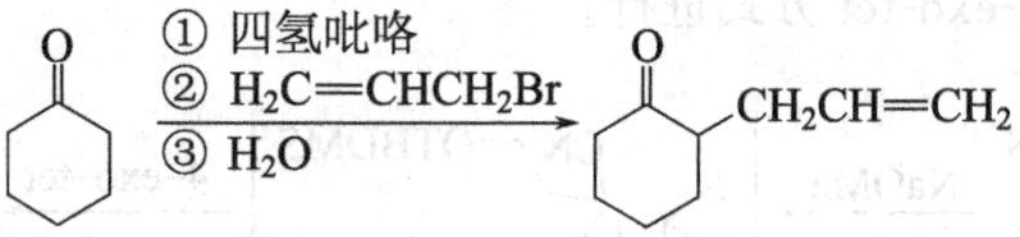

① 四氢吡咯
② H₂C=CHCH₂Br
③ H₂O

⊙2.3 碳正离子法

碳正离子化学是有机化学中非常重要的组成部分，Olah 由于发现了超强酸中稳定存在的碳正离子而获得了 1994 年的诺贝尔化学奖。碳正离子与富电子体系如烯烃、烯醇醚、烯胺以及芳胺反应形成碳碳键。合成上所用的碳正离子按照它们的氧化程度分为三类。第一类是烷基碳正离子，可以通过卤代烷、醇、环氧化物或者胺的异裂反应，或者烯烃的质子化制备得到。如果碳正离子的后续反应相对较慢，伯仲碳正离子会发生异构化，产生更稳定的叔碳正离子。第二类是由醛、酮或缩醛的断裂产生。这些碳正离子因为氧原子上的孤电子对而十分稳定。因此，它们发生重排反应的可能性比较小。最后一类是在 Lewis 酸催化作用下，羧酸衍生物断裂而来的酰基氧碳正离子。氧原子上孤对电子的共振稳定化作用再次限制了这些酰基氧碳正离子的重排。

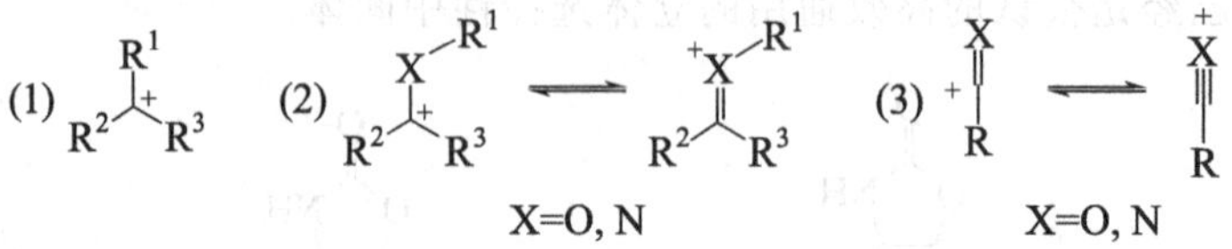

2.3.1 非经典碳正离子

除上述经典的碳正离子外，还有一种非经典碳正离子。非经典碳正离子是正电荷通过不在烯丙基位上的双键或三键甚至单键而发生离域的碳正离子，是一个通过闭合多中心键分布正电荷的离域碳正离子，其碳原子呈五价，是二电子三中心体系。这种碳正离子一般由经典碳正离子转化而成。非经典碳正离子可以通过邻基参与而形成，既可以通过π键参与也可以通过σ键的参与而形成。邻基参与也称邻基效应，是一种分子内的 S_N2 反应。反应的最终结果，或促进反应速率的异常增加，或限制产物的构型，或导致环状化合物的生成，或几种情况兼而有之。

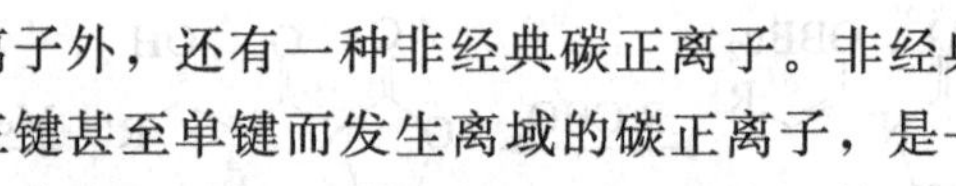

经典碳正离子　　非经典碳正离子

2.3.2 烷基碳正离子：Friedel-Crafts 烷基化反应

烯烃与碳正离子的亲电加成是形成碳碳键的重要方法，碳正离子可能来源于烯烃、醇或卤代烷烃。烯烃与碳正离子亲电加成后，产生了新的碳正离子中心，随后可能发生重排或聚合。烯醇硅醚可以增加烯烃的亲电活性，同时阻止反应过程中新生成的碳正离子的进一步反应。

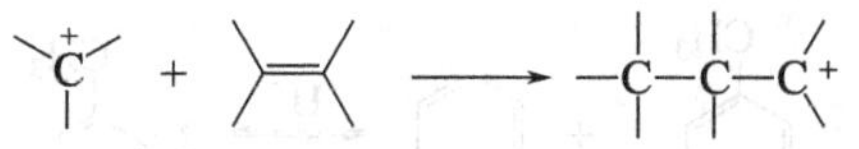

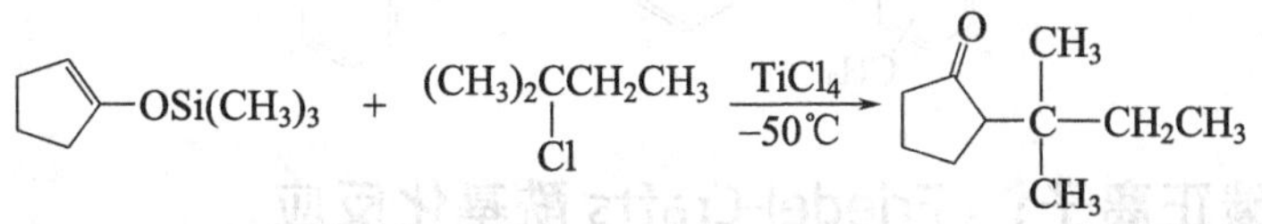

碳正离子引发的多烯环化，可以一步生成多个新的碳碳键，同时构建含有多个环系的化合物，是合成化学中非常重要的方法。Brønsted（布朗斯特）酸和 Lewis（路易斯）酸都可以促进该反应的发生。

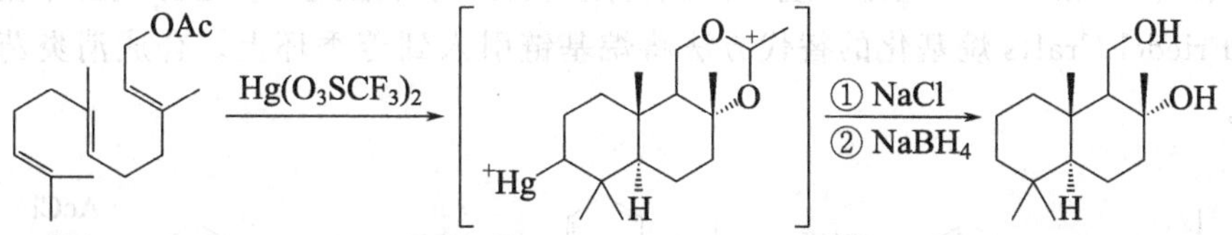

在芳环的 Friedel-Crafts 烷基化反应中，所用的催化剂是 Brønsted 酸，如硫酸、磷酸；Lewis 酸如三氯化铝、三氯化铁或四氯化锡。这些反应发生在没有取代基或富电子活化的芳环上。当芳环上引入烷基后，由于烷基是供电子基团，芳环上的电子云密度增加，使芳环更加活泼，更加容易发生亲电取代反应，因此苯在烷基化时生成的单取代烷基苯很容易进一步发生反应生成二取代烷基苯或多取代烷基苯。当然，像硝基苯这样缺电子非活化的芳环是不能成功发生 Friedel-Crafts 烷基化反应的。

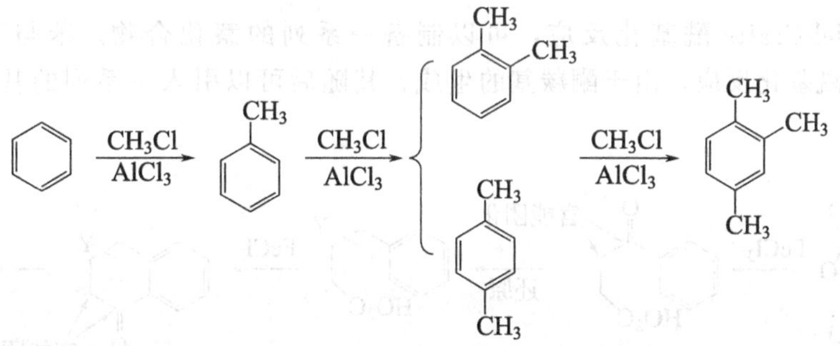

在反应过程中，碳正离子容易发生重排，如苯与 1-氯丙烷反应时，主要生成枯烯（异丙基苯）。

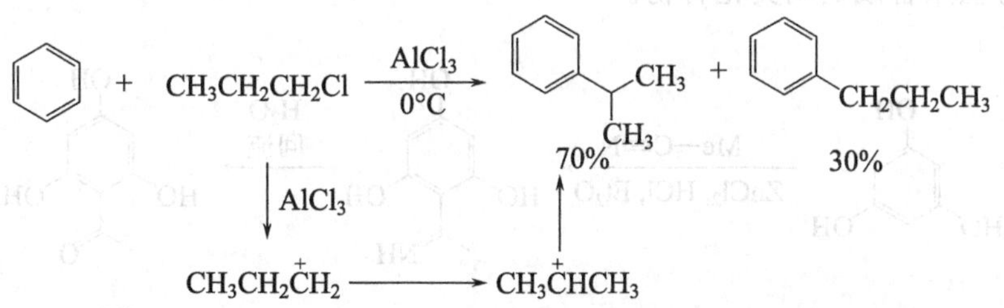

Friedel-Crafts 烷基化反应是可逆的，烷基苯在强酸的催化下能够发生烷基的歧化和转移。当苯过量时，则有利于发生烷基的转移，使多烷基苯向单烷基苯转化。利用这一性质，在制备单取代烷基苯时，可使副产物的多烷基苯与苯发生烷基转移，即脱烷基再与苯进行烷基化，以增加单取代烷基苯的收率。

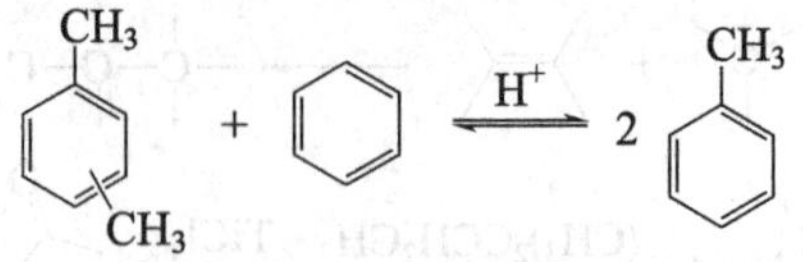

2.3.3 酰基碳正离子: Friedel-Crafts 酰基化反应

酰基碳正离子,可以通过酰氯和 Lewis 酸(比如三氯化铁和三氯化铝)来制备。另一种方法是通过酸酐和浓硫酸或多聚磷酸反应来制备。酰基正离子可以与烯烃或者芳香环反应。由于酰基碳正离子很少发生重排反应,因此将酰基引入芳环后进一步还原到亚甲基,该方法可以作为 Friedel-Crafts 烷基化的替代方法将烷基链引入到芳香环上。合成消炎药布洛芬的路线如下。

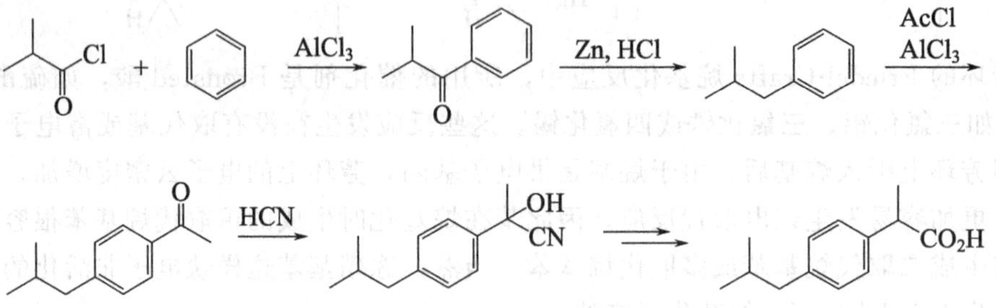

布洛芬

通过 Friedel-Crafts 酰基化反应,可以制备一系列的萘化合物。苯与丁二酸酐发生 Friedel-Crafts 酰基化反应,由于酮羰基的生成,其随后可以引入一系列的基团,从而制备多取代的萘。

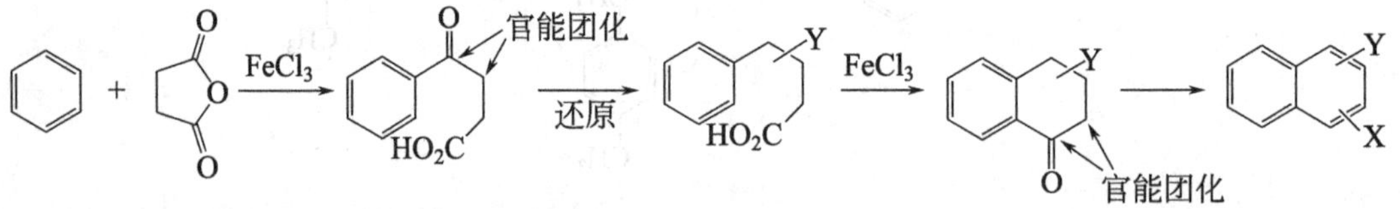

乙腈与氯化锌反应可以生成酰基碳正离子的等价物亚胺阳离子。Gatterman-Hoesch 反应应用上述方法来合成黄酮类化合物。

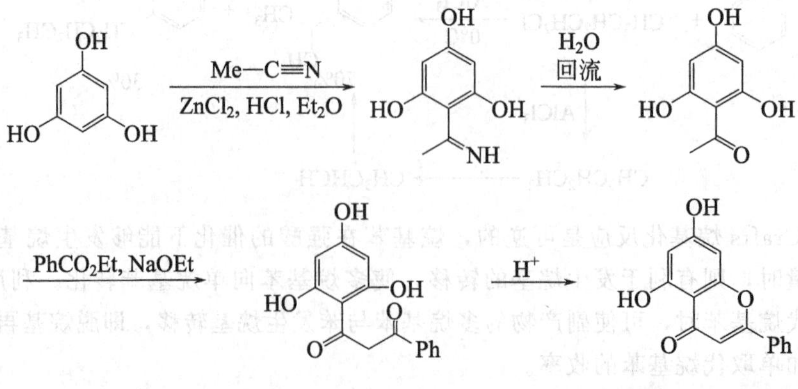

2.3.4 醛和酮衍生的碳正离子

Prins 反应中，缩醛形成碳正离子后被加到烯烃上，形成新的碳碳键。其与羰基 ene 反应有一定的区别。

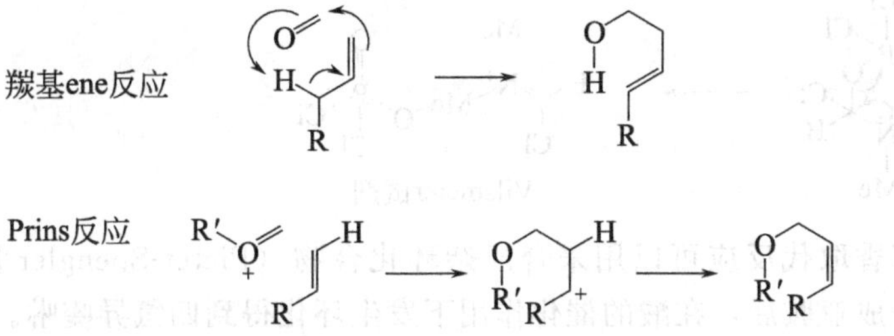

芳烃与甲醛及氯化氢作用的氯甲基化反应（Blanc 氯甲基化反应），也遵循上述相同的反应过程。

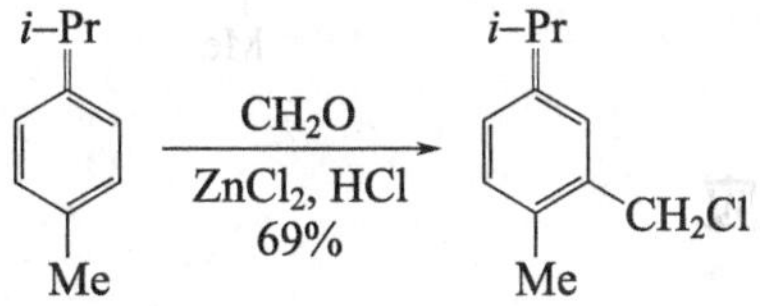

β-酮芳基酰胺和芳香酯类化合物的酮羰基质子化后，发生分子内 Friedel-Crafts 反应，可以用来合成杂环化合物如喹啉和香豆素。

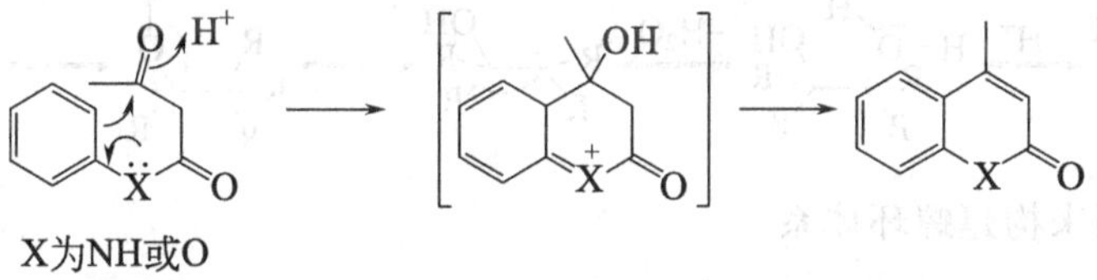

X为NH或O

酮、甲醛和二级胺的 Mannich 反应，是酸催化的碳正离子反应的另一个例子。Mannich 反应是三组分反应，包括甲醛、二级胺和烯醇酮。甲醛与二级胺在酸的催化作用下生成亚胺阳离子。其作为亲电试剂可以与富电子的烯醇酮形成一个新的碳碳键。得到的 Mannich 碱很容易发生消除，生成 α, β-不饱和酮。Eschenmoser 盐（$CH_2 = NMe_2^+ I^-$），可以与富电子的烯烃（如烯胺）发生类似的反应。

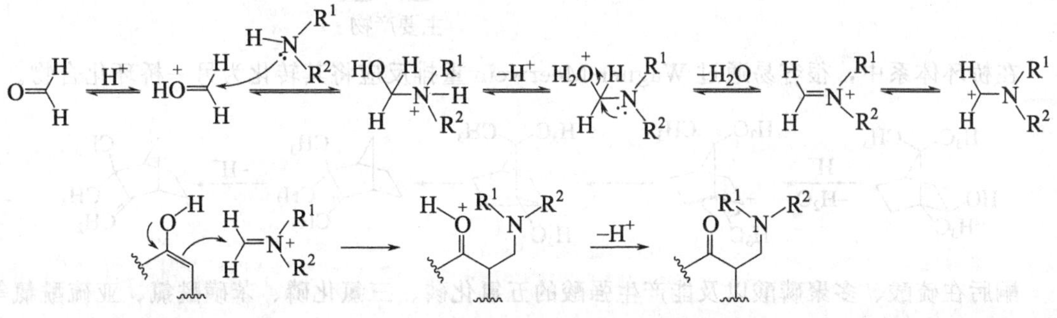

Vilsmeier 反应，是三氯氧磷与二甲基甲酰胺反应生成盐后进一步与烯烃反应，该反应也经历了相类似的过程。

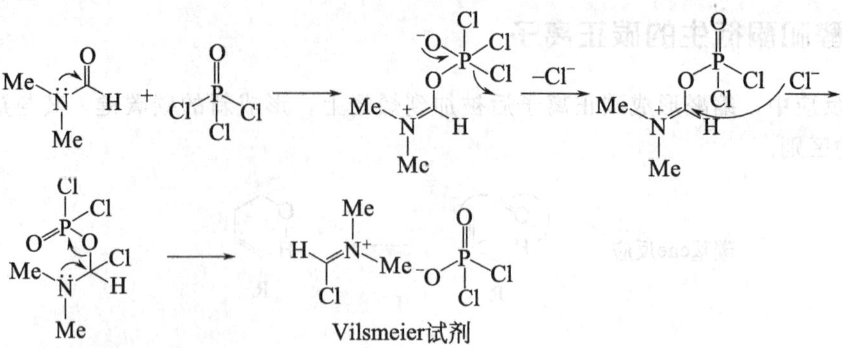

Vilsmeier试剂

亚胺盐的芳香取代反应可以用来合成杂环化合物（Pictet-Spengler 反应）。例如，β-苯乙胺与乙醛缩合成亚胺后，在酸的催化作用下发生环化得到四氢异喹啉。

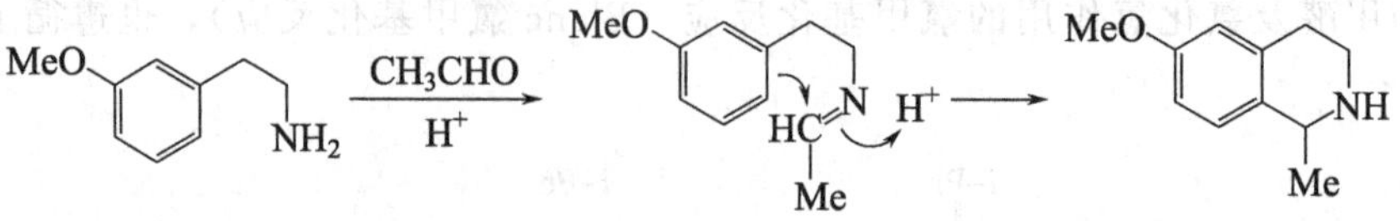

2.3.5　酸催化的重排反应

碳正离子中间体的重排反应在合成中广泛应用。1,2-二醇，特别是对称的二元醇（频哪醇），通过酮的还原二聚制备得到，在酸的催化作用下发生频哪醇的重排得到频哪酮。

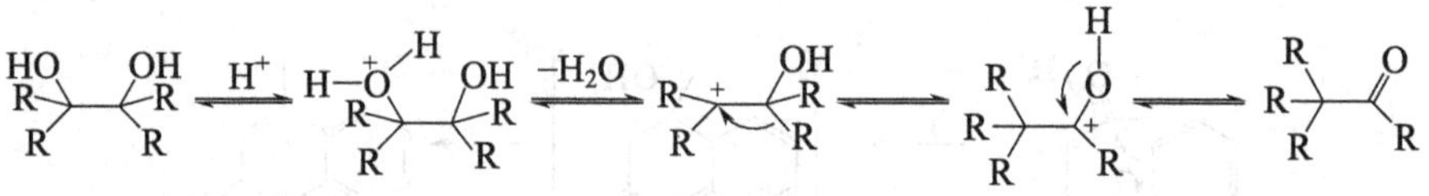

该反应可以用来构建螺环体系。

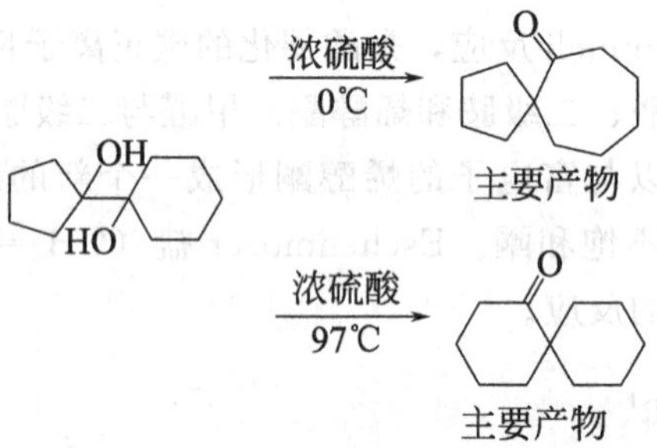

在桥环体系中，很容易通过 Wagner-Meerwein 重排反应将其转化为另一桥环化合物。

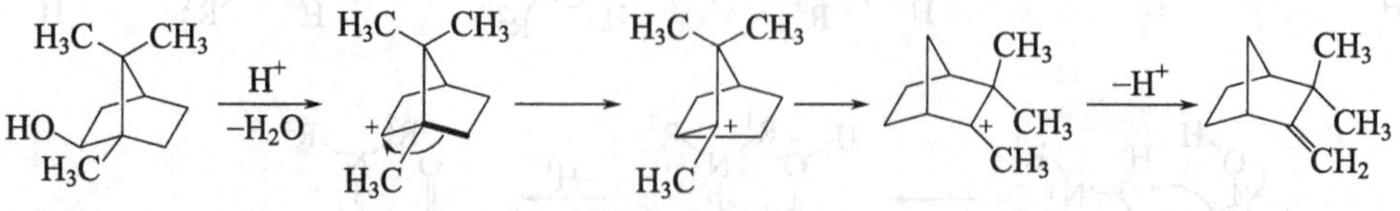

酮肟在硫酸、多聚磷酸以及能产生强酸的五氯化磷、三氯化磷、苯磺酰氯、亚硫酰氯等作用下发生重排，生成相应的取代酰胺的反应称之为 Beckmann 重排。如环己酮肟在硫酸作用下重排生成己内酰胺。

$$\text{(cyclohexanone oxime)} \xrightarrow{\text{H}_2\text{SO}_4} \text{(caprolactam)}$$

其反应过程是，肟首先发生质子化，然后脱去一分子水，同时与羟基处于反位的基团迁移到缺电子的氮原子上，所形成的碳正离子与水反应得到酰胺。

$$R'\!-\!\underset{\underset{OH}{\parallel}}{C}\!-\!R \xrightleftharpoons{H^+} R'\!-\!\underset{\underset{OH_2}{+\parallel}}{C}\!-\!R \longrightarrow \left[R'\!-\!N\!=\!\overset{+}{C}\!-\!R \xrightleftharpoons R'\!-\!\overset{+}{N}\!\equiv\!C\!-\!R \right]$$

$$\xrightarrow{H_2O} R'\!-\!N\!=\!\underset{\underset{+OH_2}{\parallel}}{C}\!-\!R \xrightleftharpoons{-H^+} R'\!-\!N\!=\!\underset{\underset{OH}{\parallel}}{C}\!-\!R \xrightleftharpoons R'\!-\!\underset{\underset{H}{\parallel}}{N}\!-\!\underset{\underset{O}{\parallel}}{C}\!-\!R$$

◎ 2.4 自由基和周环反应

2.4.1 碳自由基反应

碳自由基是一个包含非成对电子的 p 轨道的三价物种，通过碳和另外一个原子之间的化学键的均裂而生成。由于碳碳键、碳氮键、碳氧键和碳卤键的均裂解离能相当高且几乎没有外部的溶剂化稳定作用，因此许多自由基反应，是由较弱的化学键均裂后产生的自由基引发并将自由基转移到碳原子上。典型的引发剂是过氧化苯甲酰和偶氮二异丁腈。前者是利用氧—氧之间弱的化学键来生成自由基，后者则是利用易于生成氮气且生成的自由基易被腈基的氮所稳定。此外，光化学反应、氧化还原作为引发反应（如 Kolbe 电解）、偶氮化合物的热分解、活泼金属（Li、Na、K、Mg 和 Zn 等）引发并产生负离子自由基的还原反应以及低价金属离子（Cu^+、Sm^{2+} 和 Ti^{2+} 等）还原缺电子的碳原子中心等反应都能产生自由基。

烯烃的聚合阐明了许多自由基反应的历程。起始阶段，引发剂（例如偶氮二异丁腈）在加热条件下分解得到自由基，其加到烯烃上生成一个烯碳自由基。链增长阶段，新生成的烯碳自由基反复地进攻烯烃分子。最后，在链终止阶段，自由基有可能与另一个活性链自由基相结合或者夺取一个氢原子。

在合成中有用的自由基反应有偶联反应、加成反应和取代反应。最传统的偶联反应之一是 Kolbe 电解羧酸。羧酸阴离子脱去一个电子随后脱去二氧化碳，生成烷基自由基，二聚后可以生成多种有机化合物。二氧化碳的形成促使了碳碳化学键的均裂。

$$RCOO^- \xrightarrow[\text{阴极}]{-e} RCOO\cdot \longrightarrow R\cdot + CO_2$$

酚类化合物的氧化偶联已经引起广泛关注。氧化剂（如铁氰化钾）夺去酚负离子的一个电子后，生成芳环可以离域稳定的自由基，其在邻位和间位具有很强的活性。这样的两个自由基发生偶联产生新的碳碳化学键。

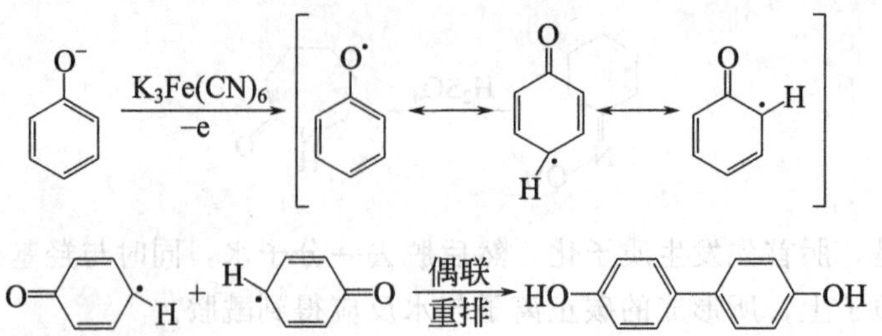

无论是金属铜还是铜盐，都具有自由基的特性，可以参与自由基偶联反应。芳基碘化物发生 Ullmann 偶联后生成联芳基化合物。Pschorr 合成菲的过程中，重氮盐在碱性条件下释放出一分子氮气后生成了自由基中间体，随后发生了分子内的偶联反应。重氮盐的相关偶联反应也会生成联苯化合物。

$$\mathrm{Ar{-}X} \xrightarrow{\mathrm{Cu^{(0)}}} [\mathrm{Ar{-}X}]^{\bar{\cdot}} + \mathrm{Cu^{(I)}} \longrightarrow \mathrm{Ar\cdot} + \mathrm{Cu^{(I)}X} \longrightarrow \boxed{\mathrm{Ar{-}Ar}}$$

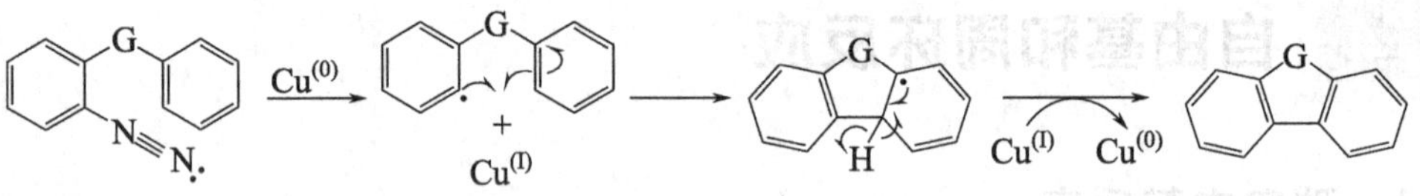

很多还原反应也会生成自由基，发生偶联反应后生成新的碳碳键。镁通过单电子转移步骤来还原酮。由于镁对氧具有很强的配位作用，它能够将两个自由基拉得足够靠近从而易于发生二聚，得到 1,2-二醇或频哪醇（Pinacol 偶联反应）。目标分子中存在这样的对称元素时，可以用该自由基偶联的方法合成二醇化合物。

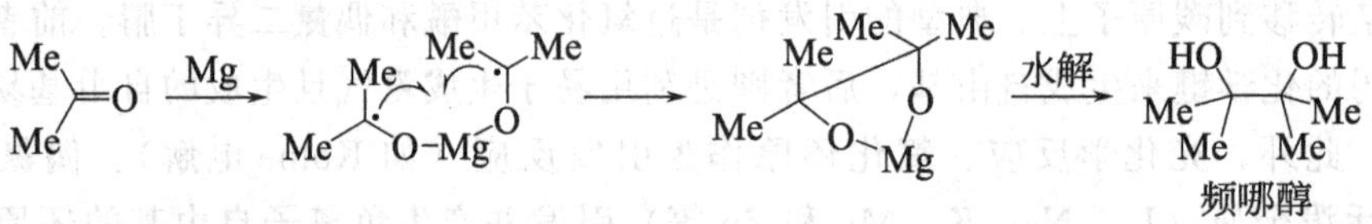

羧酸酯化合物被钠还原后，发生偶姻缩合（Acyloin）可以生成环状化合物。

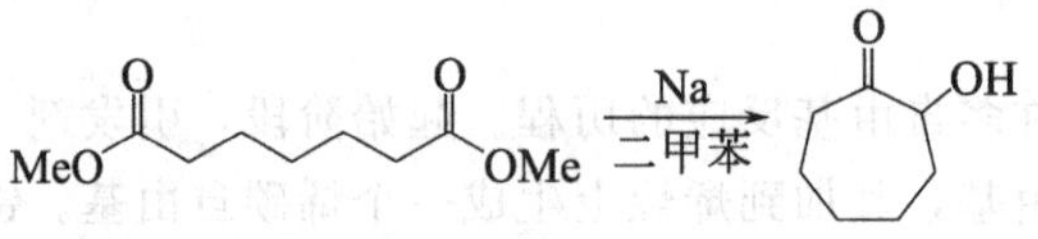

在低价钛的作用下，醛酮发生 McMurry 偶联反应生成了烯烃化合物。McMurry 偶联反应可用于合成紫杉醇的骨架。

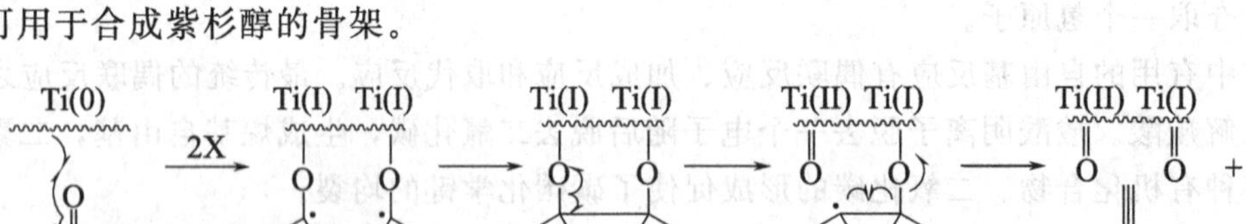

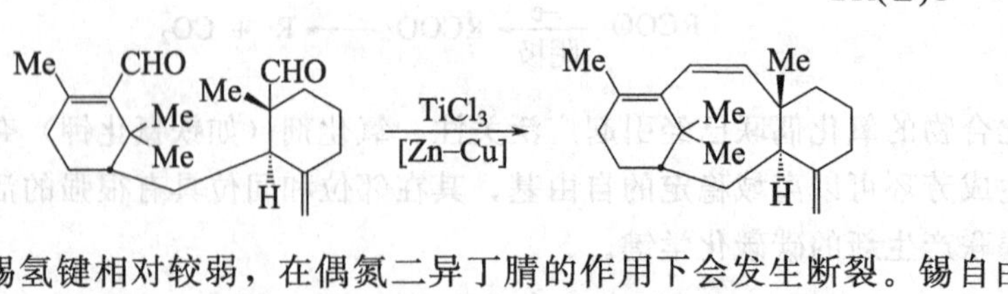

三丁基锡烷的锡氢键相对较弱，在偶氮二异丁腈的作用下会发生断裂。锡自由基会从碳

卤键中夺取一个卤原子从而形成碳自由基。该碳自由基随后与分子内合适位置的亲自由基中心如烯烃发生加成反应。新生成的碳自由基可能会从另一分子的三丁基锡烷中转移一个氢原子，从而完成整个反应循环。

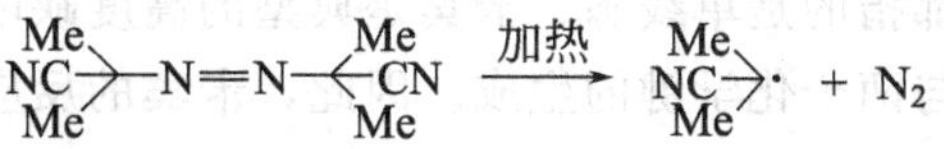

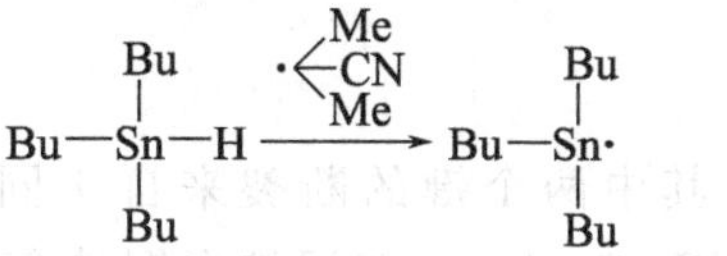

分子内的自由基加成反应通常会生成五元环。5-己烯基自由基是一类重要的自由基，可以用来合成含有甲基取代基的五元环化合物。在构建天然产物毛皮伞素 A 的骨架中，化学家巧妙地实现了自由基连续的羰基化合环。

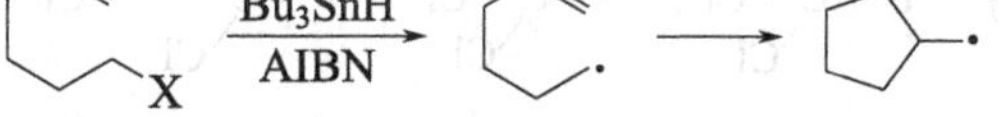

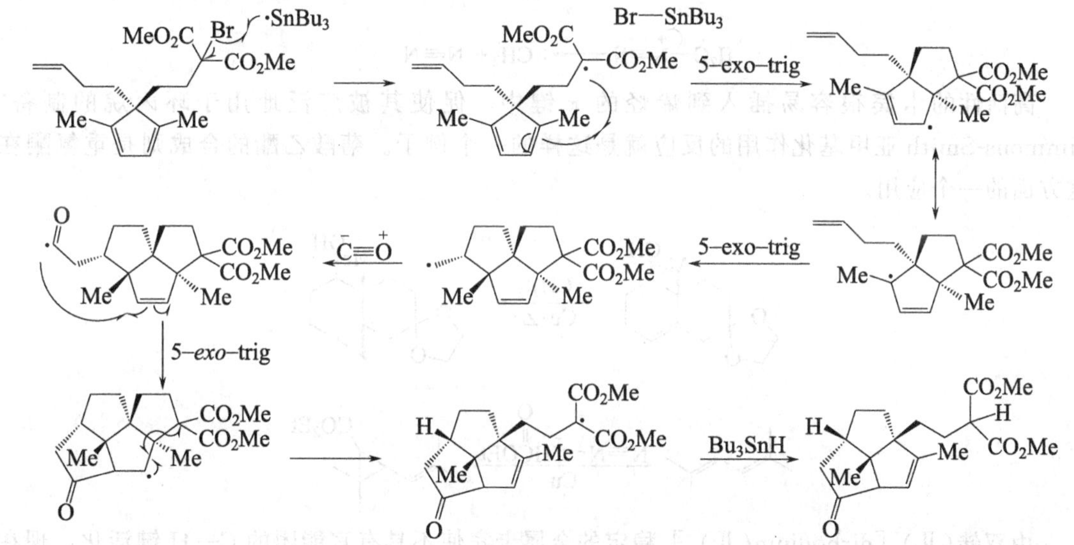

此外，含有碳氮双键的化合物也可以参与自由基环化反应，生成新的碳碳键并构建新的环系。亚胺、肟醚和腙等化合物都含有碳氮双键，由于肟醚和腙的氮原子上的取代基能够稳定生成的氮自由基，因此一定程度上比亚胺的反应更为活泼。发生环化反应后，得到氮原子上有取代基的化合物。

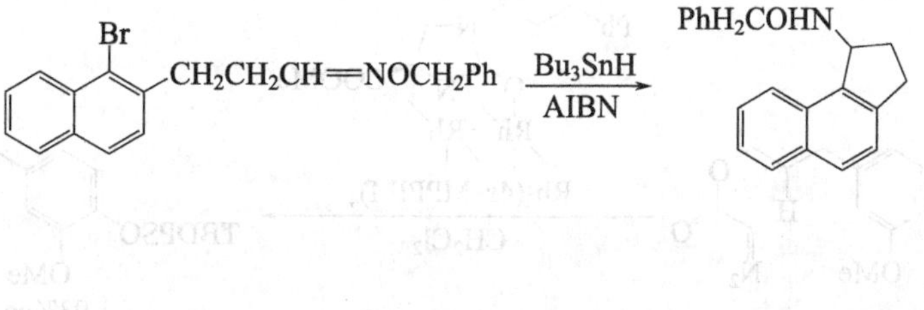

2.4.2 卡宾

卡宾（carbene），又称碳烯（R_2C：），只有 6 个价电子，是一个电中性的二价碳原子，在这个碳原子上有两个未成键的电子。这两个未成键的电子，可以处于自旋相同的三线态（triplet），而分别占据两个原子轨道；也可以处于自旋相反的配对状态——单线态（singlet）。单线态的一对电子协同参与反应，对各种键的插入成了卡宾最常见的反应，因此，当提及"卡宾"时，都指的是单线态。卡宾是典型的高度缺电子的活性中间体。为了实现八偶体，它必须同时参与两个化学键的生成。因此，卡宾的反应许多都涉及了在两个原子之间或者 π 键的插入反应。

2.4.2.1 卡宾的生成

卡宾是由 α 消除得到，其中两个键的断裂来自于同一个碳原子。氯仿和强碱（如NaOH）反应生成二氯卡宾（$Cl_2C:$）。二碘甲烷在铜锌合金的催化下消除碘后生成锌稳定的卡宾。重氮甲烷失掉一个氮可以生成卡宾。脂肪族重氮化合物的分解尤其是重氮酮的分解，也可以生成卡宾。

$$HO^- \cdots H-\overset{Cl}{\underset{Cl}{C}}-Cl \longrightarrow \overset{Cl}{\underset{Cl}{C}}-Cl \longrightarrow :C\overset{Cl}{\underset{Cl}{}} + Cl^-$$

$$Zn + I_2CH_2 \longrightarrow I-Zn-CH_2-I \longrightarrow :CH_2 + ZnI_2$$

$$H_2\overset{-}{C}-\overset{+}{N}=N \longrightarrow :CH_2 + N\equiv N$$

高活性的卡宾很容易插入到烯烃的 π 键中，促使其被广泛地用于环丙烷的制备。Simmons-Smith 亚甲基化作用的反应就是这样的一个例子。菊酸乙酯的合成则是重氮酮在这方面的一个应用。

由双铑（Ⅱ）［dirhodium（Ⅱ）］稳定的金属卡宾使不具有官能团的 C—H 键活化，现在已经成为极重要的合成方法。特别是分子内金属卡宾对 C—H 键插入，例如对于 β- 和 γ-内酰胺 C—H 键插入，是构建众多碳环和杂环天然产物化合物最重要的战略选择，而且常常具有很好的区域及立体选择性。

Rh$_2$(4s-MPPIM)$_4$

93%ee
68%收率

基于重氮甲烷可以转化为卡宾，Arndt-Eistert 反应可以将羧酸链延长一个碳。重氮甲烷与酰氯反应后生成重氮酮，重氮酮在银盐的作用下分解并失掉一分子氮，生成卡宾后重排生成烯酮（Wolff 重排），烯酮进一步醇解生成羧酸酯。

2.4.2.2 金属卡宾的类型

虽然卡宾不能直接和金属反应，但卡宾能和金属结合形成配合物而稳定。过渡金属卡宾配合物可用通式 $L_n M = CR_2$ 表示，它在形式上含有 $M = C$ 双键。过渡金属卡宾配合物有两种不同的键合方式，分为 Fischer 型和 Schrock 型卡宾配合物。Schrock 型卡宾配合物又称为亚烷基配合物（Alkylidene Complex）。

Fischer 型卡宾有如下几个特征：①金属通常富电子，低氧化态；②形成 Fischer 型配合物的金属一般是中、后期电负性较强的过渡金属，比如 Fe、Mo、Cr、W、Ru、Rh、Au 等；③形成配合物的配体是 π 电子接受体（一氧化碳是典型的 Fischer 型卡宾配体）；④卡宾碳原子上接有 π 电子给予体取代基 R，卡宾碳上的取代基 R 至少含一个电负性大的杂原子 O 或 N；⑤这一类的卡宾碳带 δ^+ 电荷，具有亲电性，易受亲核进攻。主要进行环丙烷化，对单键插入，烯烃复分解和亲核取代等反应。目前，Fisher 型卡宾的应用要比 Schrock 型卡宾重要且广泛得多。

Fischer型卡宾
弱d~pπ反馈
强σ键合

Schrock 型卡宾有如下几个特征：①金属为高氧化态；②形成 Schrock 型配合物的金属一般是前过渡金属，比如 Ti（Ⅳ）、Ta（Ⅴ）；③配体不是 π 电子接受体，而是强 δ^- 或 π^- 电子给予体（比如烷基、茂基）；④卡宾碳原子上无 π 电子给予体 R 基团；⑤这一类的卡宾碳带 δ^- 电荷，具有亲核性，易受亲电进攻。富电子的 Schrock 型卡宾碳原子更倾向于对缺电子中心进行亲核加成等反应，这一点上类似于 Wittig 试剂中的膦叶立德。

Schrock型卡宾
弱pπ~d反馈
强σ键合

2.4.2.3 烯烃复分解

烯烃复分解反应，是指在金属催化下的碳-碳重键的切断并重新结合的过程。按照反应过程中分子骨架的变化，可以分为五种情况：开环复分解、开环复分解聚合、非环二烯复分解聚合、关环复分解以及交叉复分解反应。这一反应的重要性体现于它在包括基础研究、药物及其他具有生物活性的分子合成、聚合物材料及工业合成等各个领域的广泛应用。2005年，法国石油研究院的 Yves Chauvin 博士、美国加州理工学院的 Robert H. Grubbs 博士和麻省理工学院的 Richard R. Schrock 博士因在发展烯烃复分解反应所作的突出贡献而获得诺贝尔化学奖。

有些金属如钌可以以配合物的形式稳定卡宾。比如，钌与苯基卡宾形成配合物。这个钌配合物和一些相关化合物可以催化烯烃复分解反应。该反应中，两烯烃 a═b 和 c═d 之间，成键部分互相发生交换生成 a═c 和 b═d。其中一个产物（如乙烯）易从其他产物中分离出来，促使反应继续进行直至完全。整个反应过程包括了四元金属环丁烷的形成，卡宾配合物的互换和一个碳的离去。新生成的钌卡宾配合物可以重复进行环加成，最终放出一个乙烯分子。

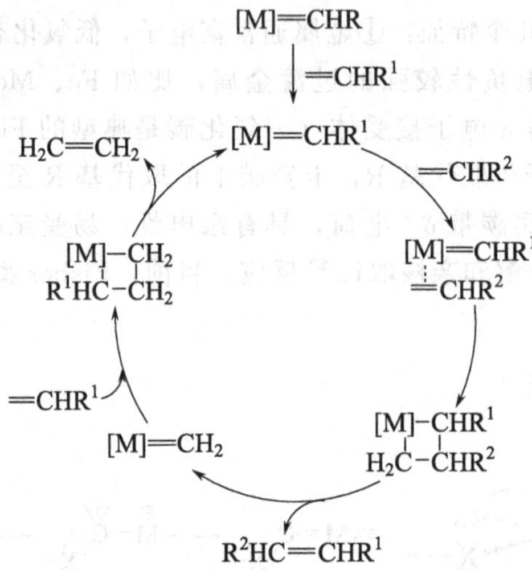

这个反应在有机合成中的主要用途是关环复分解反应（RCM）。

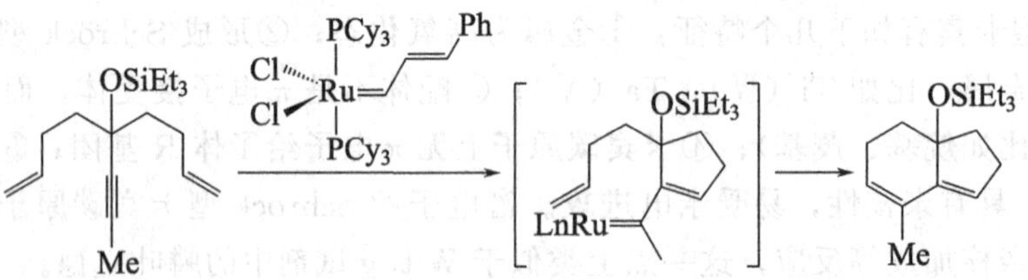

2.4.3　周环反应

周环反应中反应键的断裂和形成同时发生，不受溶剂、催化剂等影响，它的反应机理既非离子型又非自由基型，而是通过一个环状过渡态进行的，反应具有较高的立体选择性。1965 年，伍德瓦德（R. B. Woodword）和霍夫曼（R. Hofmann）提出分子轨道对称性守恒的规则，人们才对这类反应有了较充分的认识，并能预言周环反应发生的可能性及立体选择性。1981 年，福井谦一日和霍夫曼因相关工作而获得诺贝尔化学奖。

2.4.3.1　电环化反应

电环化反应是指链型共轭体系的两个尾端碳原子之间 π 电子环化形成 σ 单键的单分子

反应或其逆反应，反应的结果是减少了一个 π 键，形成了一个 σ 键。电环化反应在加热或光照条件下进行，分别得到具有不同构型的产物。在加热或光照条件下，两尾端原子采取两种不同的旋转方式：①两尾端原子都按顺时针方向或都按逆时针方向旋转，即所谓顺旋方式；②一个尾端原子按顺时针方向旋转，另一个按逆时针方向旋转，即所谓对旋方式。在链型共轭体系的电环化反应中，尾端原子的旋转方向取决于共轭碳原子的数目和热或光的作用。根据分子轨道对称守恒原理，此反应的选择规则为：在包含 $4n$（n 为任意整数）个共轭碳原子的电环化反应中，其热反应按顺旋方式进行，光反应按对旋方式进行；而在包含 $4n+2$ 个共轭碳原子的电环化反应中，其热反应按对旋方式进行，光反应按顺旋方式进行。利用前线轨道理论、分子轨道相关图、芳香过渡态理论等方法都可以很好地解释周环反应包括电环化反应的立体选择性及不同条件下反应的可能性。

2.4.3.2　环加成反应

环加成反应是在光或热的条件下，两个或多个不饱和分子通过双键相互加成生成环状化合物的反应。环加成反应在反应过程中不消除小分子，只生成 σ 键且没有 σ 键的断裂。通过环加成反应，两个共轭体系分子的端基碳原子彼此头尾相接，形成两个 σ 键，使这两个分子结合成一个较大的环状分子。环加成反应也是应用分子轨道对称守恒原理讨论立体化学特征的典型反应。在环加成反应中形成 σ 键时，对于每一对端基的碳原子都可以按照同面或异面的方式进行。如果共轭多烯反应物有取代基，则产物分子可能具有不同的、可辨认的立体化学结构特征。按分子轨道对称守恒原理可确定环加成反应进行的主要方式如下：当两个反应分子中共轭碳原子数之和为 4 的整数倍时，热化学反应主要按同面-异面或异面-同面方式进行，光化学反应主要按同面-同面或异面-异面方式进行；当两个反应分子中共轭碳原子数之和为非 4 整数倍的偶数时，则热化学反应主要按同面-同面或异面-异面方式进行，光化学反应主要按同面-异面或异面-同面方式进行。

双烯体和亲双烯体之间的 Diels-Alder 反应，是形成新的碳碳键的主要合成方法。产物的区域和立体化学是由轨道对称性守恒规则决定的。环戊二烯与马来酸酐或 1,4-苯醌的 Diels-Alder 反应，是典型的双烯体和亲双烯体的 [4+2] 环加成反应。Diels-Alder 反应在合成桥环、顺式稠环和六元环中特别有效。

环戊二烯上取代基的立体化学可能影响亲双烯体加成时的面选择性。Corey 内酯在前列腺素的合成中有重要作用。乙酰丙烯腈与甲氧基甲基环戊二烯进行环加成反应的立体化学由取代基甲氧基甲基决定，内酯化合物中四个不对称中心的三个产生于这一步。

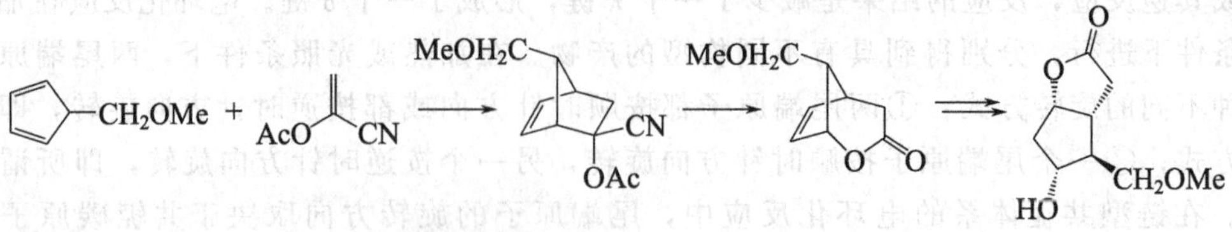

烯酮与烯烃的 [2+2] 环加成反应是构成四元环的有效方法，同时环加成产物环丁酮是有机合成中重要的合成子。橙花基丙酮转化到相应的酰氯，通过三乙胺消去成烯酮后发生分子内的 [2+2] 环加成反应，可以得到环丁酮，进一步还原以中等产率得到 $\beta\text{-}cis\text{-}$香柑油烯。

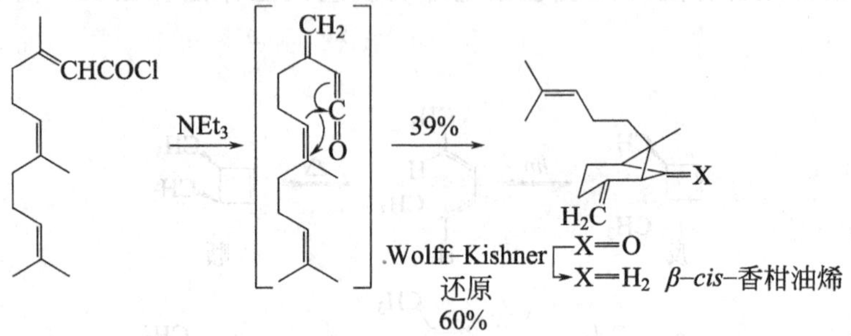

烯烃与烯烃的 [2+2] 环加成反应是最简单的环加成反应。在加热条件下是对称禁阻的；而在光反应条件下，该环加成反应则是对称允许的。该方法同样是构建环丁烷的重要方法。

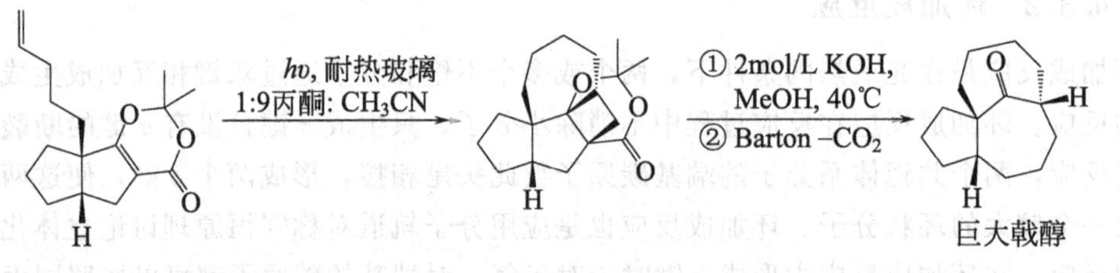

1,3-偶极环加成是合成杂环化合物和形成碳碳键的非常有用的方法。1,3-偶极子通常被定义为 a—b—c 的结构类型以便描述。它具体可以分为两种结构形式：①烯丙基阴离子结构；②炔丙基/丙二烯阴离子结构。烯丙基阴离子结构有两种共振结构，其中中心原子 b 可以是氮、氧或硫原子。炔丙基/丙二烯阴离子结构式是直线形的，其中心原子被限定为氮原子。

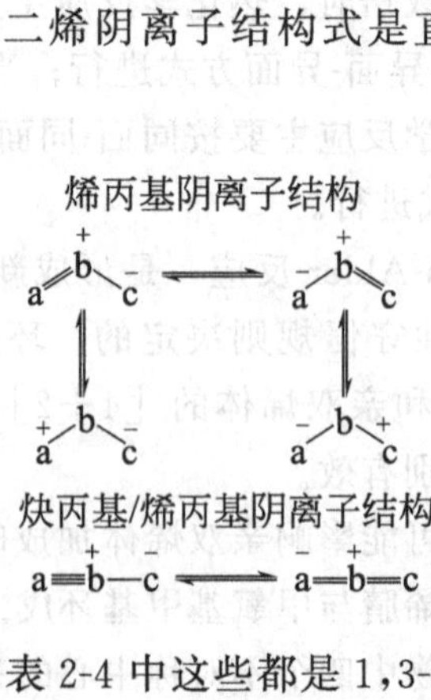

烯丙基阴离子结构

炔丙基/烯丙基阴离子结构

1,3-偶极子的种类很多，例如表 2-4 中这些都是 1,3-偶极环加成反应中常用的化合物。

表 2-4　1，3-偶极环加成反应中常用的化合物

Diazoalkane 重氮烷	Nitrile oxide 氧化腈
$:\overset{+}{N}=\overset{..}{N}-\overset{-}{C}R_2 \longleftrightarrow :N=\overset{+}{N}=\overset{-}{C}R_2$	$R\overset{+}{C}=\overset{..}{N}-\overset{-}{\overset{..}{O}}: \longleftrightarrow RC\equiv \overset{+}{N}-\overset{-}{\overset{..}{O}}:$
Azide 叠氮	Azomethine ylide 亚甲胺叶立德
$:\overset{+}{N}=\overset{..}{N}-\overset{..}{\overset{-}{N}}R \longleftrightarrow :N=\overset{+}{N}=\overset{-}{\overset{..}{N}}R$	$R_2\overset{+}{C}-\overset{..}{N}-\overset{-}{C}R_2 \longleftrightarrow R_2C=\overset{+}{N}-\overset{-}{C}R_2$
	$\qquad\qquad R \qquad\qquad\qquad R$
Nitrile ylide 腈叶立德	Nitrone 硝酮
$R\overset{+}{C}=\overset{..}{N}-\overset{-}{C}R_2 \longleftrightarrow RC\equiv \overset{+}{N}-\overset{-}{C}R_2$	$R_2\overset{+}{C}-\overset{..}{N}-\overset{-}{\overset{..}{O}}: \longleftrightarrow R_2\overset{+}{C}=\overset{..}{N}-\overset{-}{\overset{..}{O}}:$
	$\qquad\qquad\quad O \qquad\qquad\qquad\quad O$
Nitrile imine 腈亚胺	Carbonyl oxide 羰基叶立德
$R\overset{+}{C}=\overset{..}{N}-\overset{-}{\overset{..}{N}}R \longleftrightarrow RC\equiv \overset{+}{N}-\overset{-}{\overset{..}{N}}R$	$R_2\overset{+}{C}-\overset{..}{\overset{..}{O}}-\overset{-}{\overset{..}{O}}: \longleftrightarrow R_2\overset{+}{C}=\overset{..}{\overset{..}{O}}-\overset{-}{\overset{..}{O}}:$

　　分子内的环加成反应同样非常有用，生成新的碳碳键同时构建新的环系。此外，与 Diels-Alder 反应类似，Lewis 酸催化剂也可以促进 1，3-偶极环加成反应。

2.4.3.3　σ 迁移反应

　　σ 迁移反应是反应物一个 σ 键沿着共轭体系从一个位置转移到另一个位置的一类周环反应。通常反应是分子内的，同时伴随有 π 键的转移，但底物总的 π 键和 σ 键数保持不变。在 σ 迁移反应中，原有 σ 键的断裂、新 σ 键的形成以及 π 键的迁移都是经过环状过渡态协同一步完成的。一般情况下 σ 迁移反应不需催化剂，但少数反应会受到路易斯酸的催化。

（1）Ene 反应

　　Ene 反应，也被叫作 Alder-ene 反应或烯反应，是一个带有烯丙基氢的烯烃和一个亲烯体之间发生的重排反应。光学活性的烯烃与马来酸酐反应时，光学活性得以保持，这表明该反应是一个协同反应过程。

X=Y 为 C=C，C≡C，C=O，C=S，C=N，N=N，N=O

（2）[3，3]-σ 重排反应

　　Cope 重排，是 1，5-二烯类化合物在受热条件下发生 [3，3]-σ 迁移的反应，同时生成新的碳碳键，在立体化学上表现为经过椅式环状过渡态。3-羟基-1，5-二烯的氧杂 Cope 重排反

应，在反应中具有多样性，重排的初产品是烯醇，然后变为醛或酮。

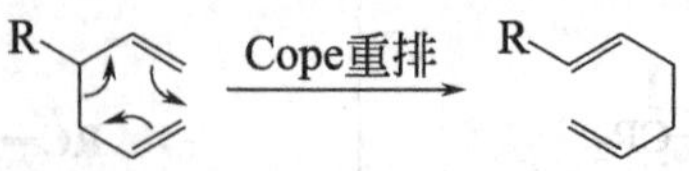

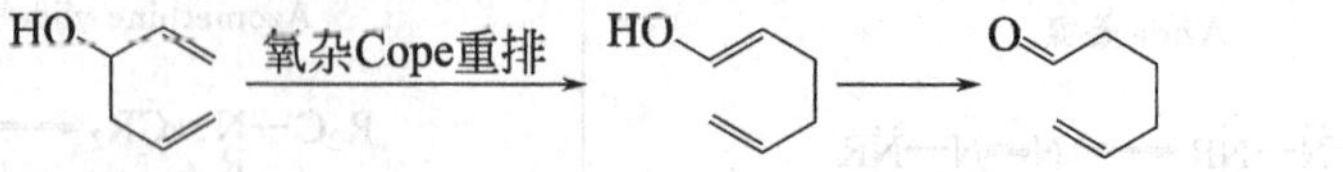

这些重排反应经常应用于倍半萜烯的合成以及一些中等尺寸环状化合物的构建。

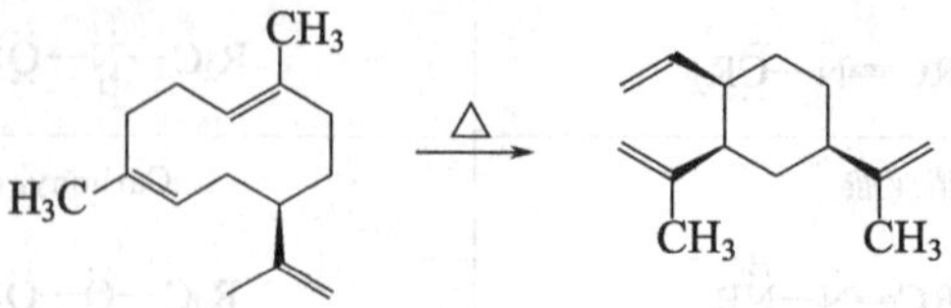

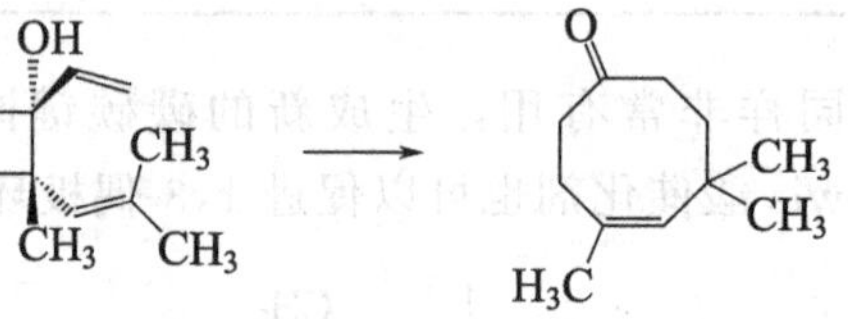

Claisen 重排反应，是所有 σ 迁移反应中最具有合成价值的反应，特别是反应中得到了有机化合物最重要的官能团羰基，有利于进一步的合成衍生。一般来讲，烯醇类或酚类的烯丙基醚在加热条件下发生分子内重排，生成 γ,δ-不饱和醛（酮）或邻（对）位烯丙基酚的反应，称为 Claisen 重排。扩展开讲，凡是含有两个双键且一个双键与杂原子（如 O、S、N 等）有共轭关系的化合物在加热条件下发生的重排反应，统称为 Claisen 重排。如果 1,5-二烯中含有一个氧原子，则重排反应后会生成一个羰基。重排反应中，1,5-二烯的双键也可以是芳香环的一部分，如烯丙基苯酚醚的 Claisen 重排。愈创木酚烯丙醚通过这种途径可以合成丁香油酚，需要注意的是，烯丙醚的 γ 位碳原子将连接到芳环上。

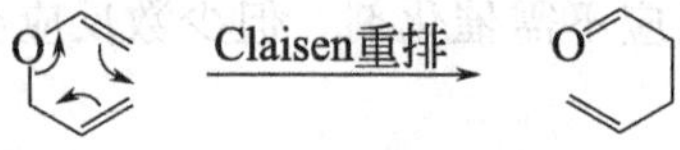

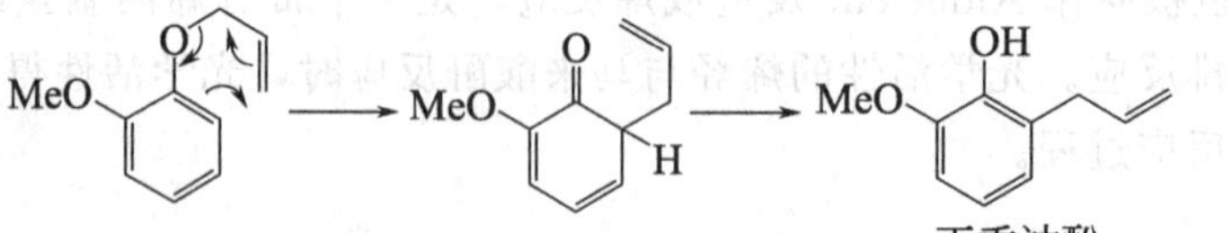

丁香油酚

除了传统的 Claisen 重排，还有很多扩展反应。Ireland-Claisen 重排，烯丙酯转化为烯酮缩醛硅醚后，发生 [3,3]-σ 重排生成不饱和酸。Bellus-Claisen 重排，烯丙基醚、胺以及硫醚等与烯酮反应后的加成物重排为 γ，δ-不饱和酯、酰胺及硫酯。Claisen-Eschenmoser 重排，中性条件下，*N*,*O*-烯酮缩醛发生重排后生成 γ,δ-不饱和酰胺。Johnson-Claisen 重排，烯丙醇与原甲酸酯在酸性条件下缩合，发生重排后生成 γ,δ-不饱和酯。Carroll 重排，是指 β-酮酯重排后生成 β-酮酸，进一步脱羧得到 γ,δ-不饱和酮。

Ireland-Claisen重排

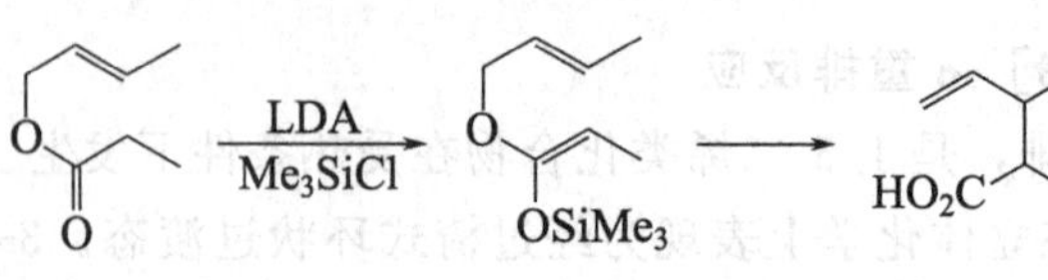

Bellus–Claisen重排

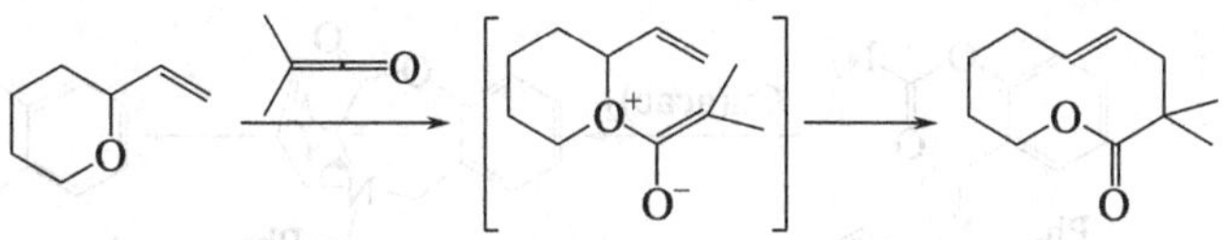

Claisen–Eschenmoser重排

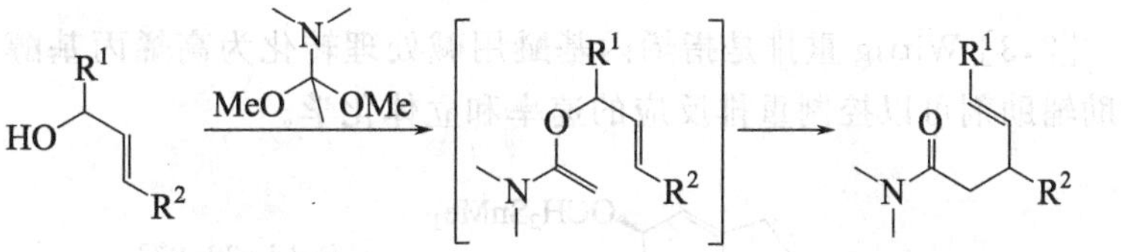

Johnson–Claisen重排

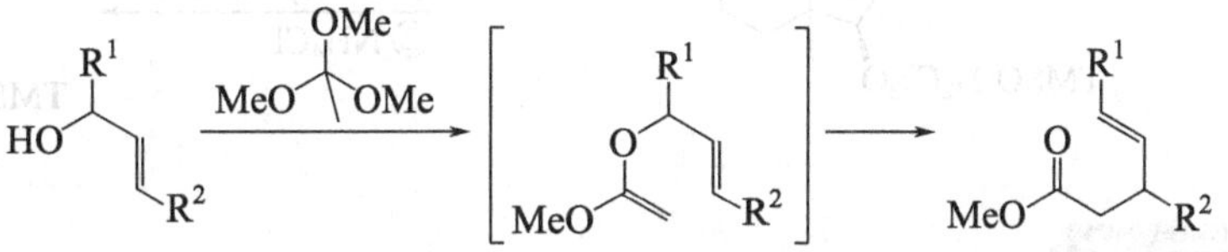

Carroll重排

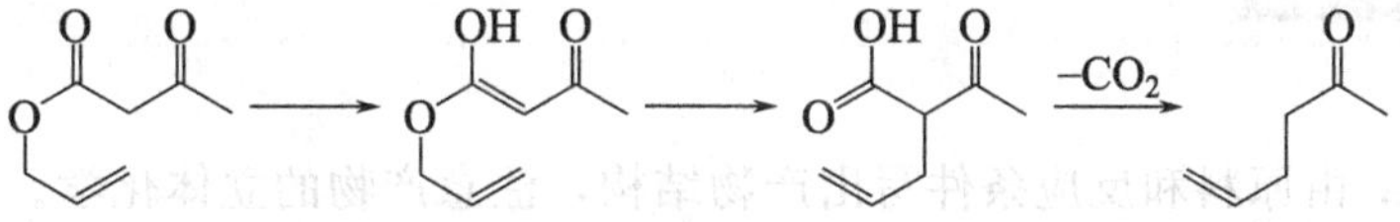

(3) [2,3]-σ 重排反应

[2,3]-σ 重排反应有两种类型：中性型和阴离子型。烯丙基亚砜、亚硒砜和氮氧化物的重排反应是中性型；烯丙基硫叶立德和铵叶立德的重排反应也属于这一类型。阴离子型的 [2,3]-σ 重排反应不多，烯丙基醚的重排反应是其中主要的一种。

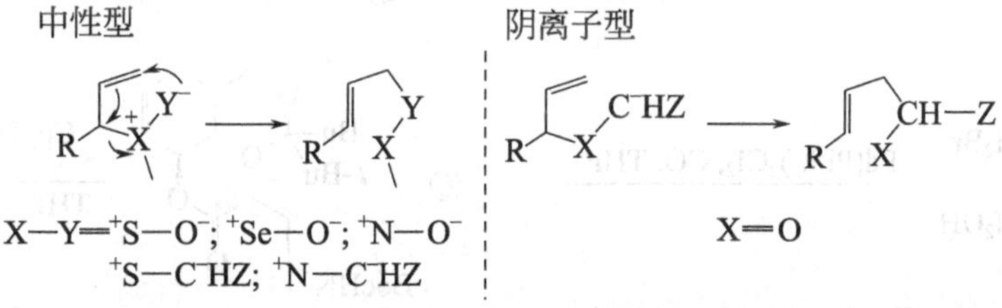

中性型　　　　　　　　　　　　　阴离子型

$$X—Y=^+S—O^-;\ ^+Se—O^-;\ ^+N—O^-;$$
$$^+S—\overset{-}{C}HZ;\ ^+N—\overset{-}{C}HZ$$

$$X=O$$

烯丙基硫叶立德很容易发生 [2,3]-σ 重排反应。烯丙基锍盐去质子化后，烯丙基能够稳定新生成的碳负离子，从而生成硫叶立德。硫醚与重氮化合物的原位烷基化也可以生成硫叶立德。金属催化剂与重氮化合物生成金属卡宾后，与硫醚反应同样可以生成硫叶立德。

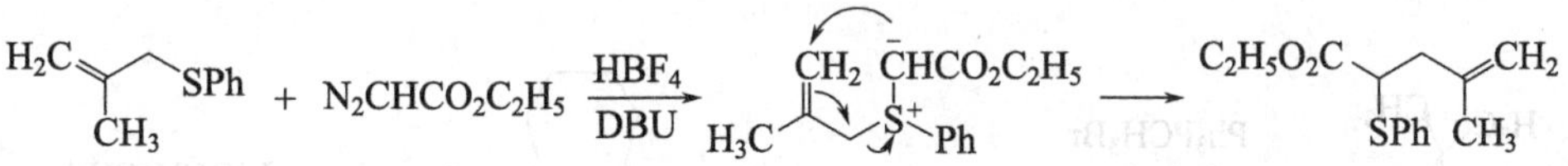

季铵盐中氮原子上的一个取代基的 α 碳上连有稳定碳负离子的基团时，可以在碱性条件下生成铵叶立德，从而发生 [2,3]-σ 重排反应。通过金属卡宾中间体，也可以生成铵叶立德。

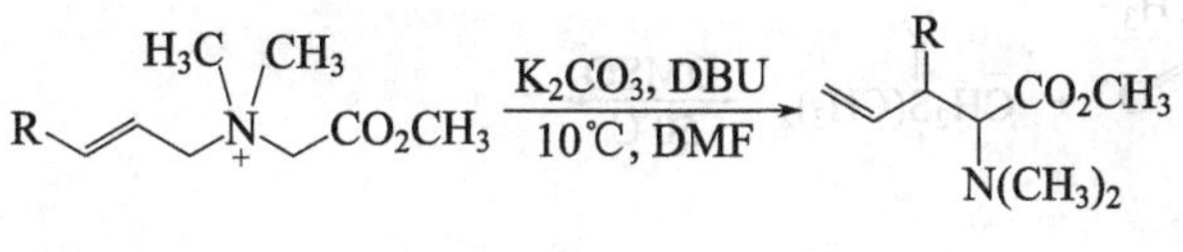

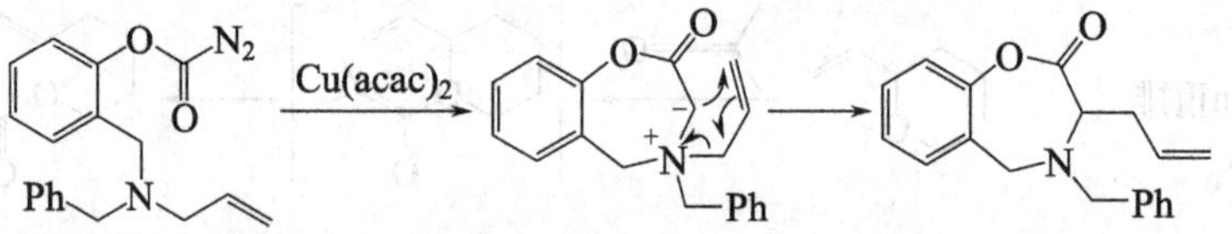

[2,3]-Wittig 重排是指烯丙基醚用碱处理转化为高烯丙基醇，是阴离子型的重排反应，借助辅助剂可以控制重排反应的速率和立体化学。

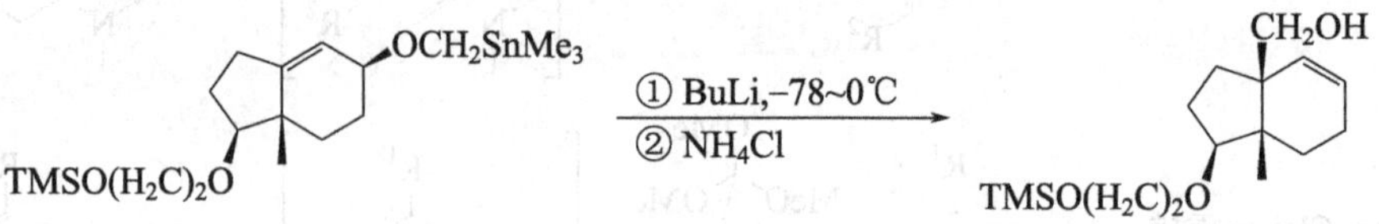

◎ 习题

1. 由原料和反应条件写出产物结构，注意产物的立体化学。

①
$$\xrightarrow[\substack{\text{THF/乙醚/戊烷} \\ -120℃}]{t\text{-BuLi}} \xrightarrow{PhHC=O}$$

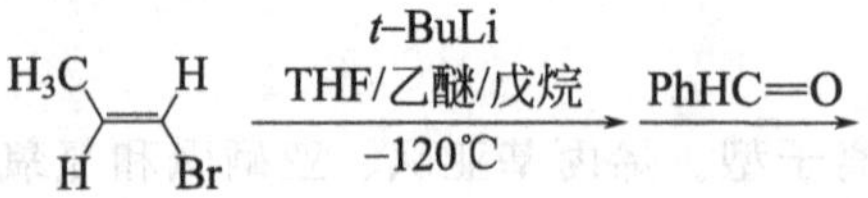

②
$+ (CH_3)_2CHCN \xrightarrow[25℃]{苯} \xrightarrow{H_2O}{HCl}$

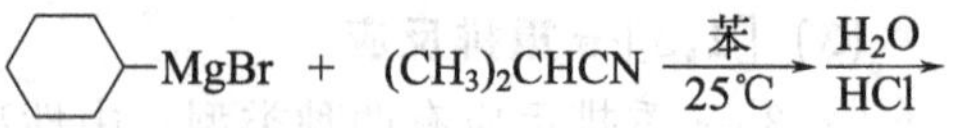

③ $PhCO_2CH_3 + CH_3CHBr_2 \xrightarrow[\text{TMEDA, 25℃}]{Zn,\ TiCl_4}$

④
$+ BrCH_2CO_2Et \xrightarrow{Zn,\ 苯} \xrightarrow{H^+}$

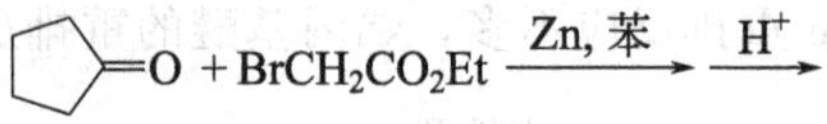

⑤
$$\xrightarrow{Pd(PPh_3)_2Cl_2,\ CO,\ THF}$$

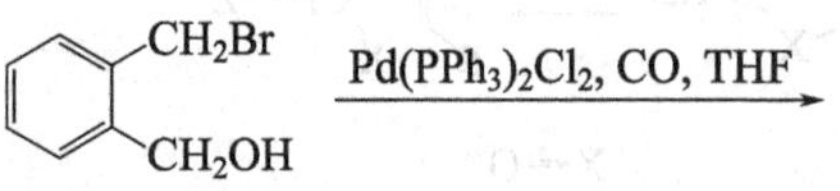

⑥
$$\xrightarrow[\text{THF, }-40℃,\ 12h]{Cp_2Ti\diagup{}\!\!\!\backslash AlMe_2 \atop Cl}$$

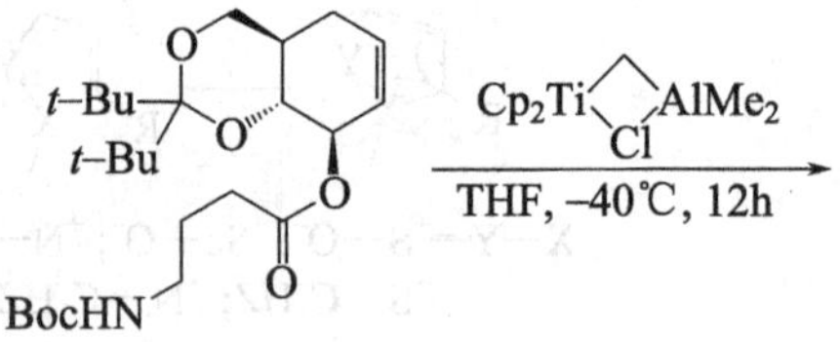

⑦
$+$ $\xrightarrow{Pd(PPh_3)_4,\ NaOH}$

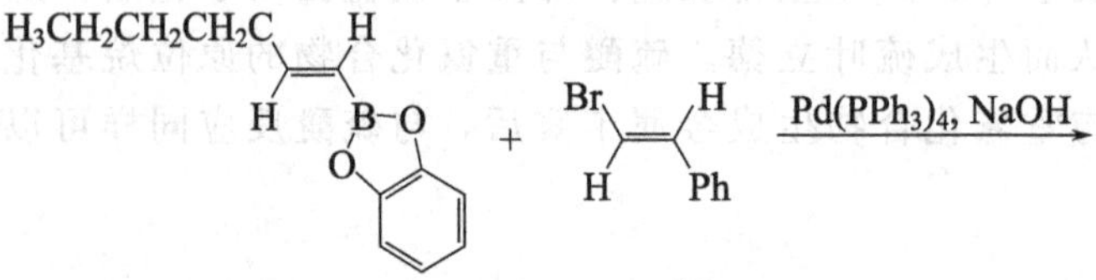

⑧
$$\xrightarrow[100℃,\ 2h]{Ph_3PCH_3Br \atop KOt\text{-Bu}}$$

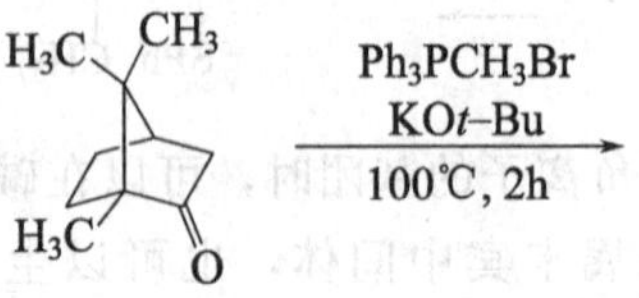

⑨
$$\xrightarrow[\text{苯–THF–HMPA}]{LiOCH(CH_3)_2}$$

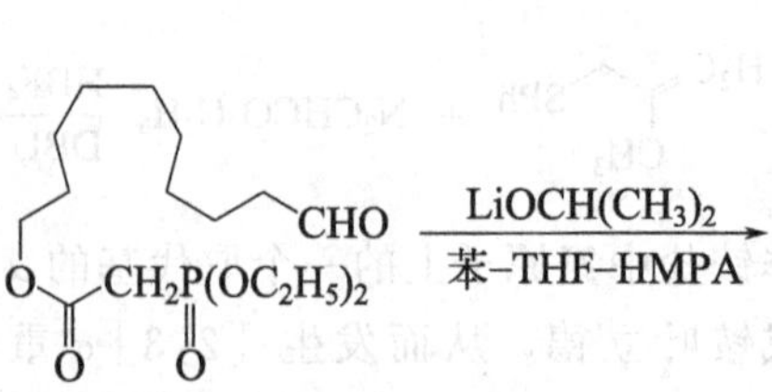

⑩
$+ {}^-CH_2S(CH_3)_2 \xrightarrow[50℃]{DMSO}$

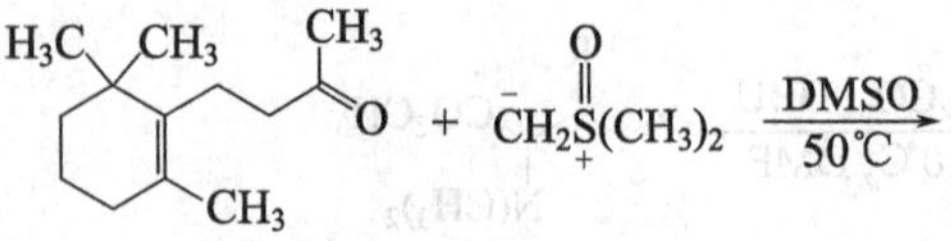

⑪ H_3C—...—CO_2CH_3 + $(CH_3)_2\overset{-}{C}\overset{+}{S}Ph_2$ $\xrightarrow[-20℃]{DME}$

⑫ (structure) $\xrightarrow{① (CH_3)_3SiCHOCH_3 \ (Li)}{② KH}$

⑬ (structure) $\xrightarrow{H_2B-C(CH_3)_2CH(CH_3)_2}$ $CH_2=CHCO_2C_2H_5$ $\xrightarrow{① CO, 50℃}{② H_2O_2, AcO^-}$

⑭ $CH_2(CO_2C_2H_5)_2$ + $BrCH_2CH_2CH_3Cl$ $\xrightarrow{NaOEt}$

⑮ (structure with OTMS, CH_3) $\xrightarrow{① R_4N^+F^-, THF}{② PhCH_2Br}$

⑯ $PhC=CH_2$ (OTMS) + $(H_3C)_2C=O$ $\xrightarrow[0℃]{TiCl_4}$

⑰ (N,N-dimethylaniline) + H_3C—... CHO (N-CH_3) $\xrightarrow{POCl_3}$

⑱ (oxazolidinone structure, ODMB) + (TBDMSO, OCH_2Ph aldehyde, CH_3, CH_3) $\xrightarrow[Et_3N]{Bu_2BOTf}{-78℃}$

⑲ (structure with CH_3, CH_2CH_2CH=CH_2, OH, H_3C) $\xrightarrow{HCO_2H}$ ⑳ (structure with H_3C, CH_2CH_2CHO, CH_2, H_3C, CH_3) $\xrightarrow{CH_3AlCl_2}$

㉑ (structure OH, O_2CC_6H_4NO_2, OH) $\xrightarrow{HC(OCH_3)_3, SnCl_4}$ ㉒ (N—CO_2C_2H_5, Br, O) $\xrightarrow{NaOCH_3}$

㉓ (structure H, O, H_3C, OH, CH_3, H_3CO) $\xrightarrow{多聚磷酸}$ ㉔ (benzene) + (lactone) $\xrightarrow{AlCl_3}$

㉕ (structure Me, CHO, CHO, H_3C) $\xrightarrow[THF]{TiCl_4, Zn}$ ㉖ (bicyclic lactone, I) $\xrightarrow{Bu_3SnH, AIBN}{H_2C=CHCO_2CH_3}$

㉗
(structure: THPO-cyclopentane with H₃C, H, isopropenyl CH₂, vinyl, OC₂H₅, Br groups)
$\xrightarrow[80℃]{Bu_3SnH,\ AIBN}$
㉘
(structure: pyran ring H₃C, CH₃, CO₂CH₃, H)
$\xrightarrow{230℃}$

㉙
(diene with OAc and CH₂CH₃)
$+\ H_2C=CHCHO$
$\xrightarrow[\text{甲苯},\ -10℃]{BF_3,\ Et_2O}$

㉚
(structure: H₃C, HO, H, CH₂CH(CH₃)₂)
$\xrightarrow{(CH_3)_2NC(OCH_3)_2\ \ CH_3}$

㉛
(isoquinoline N⁺–O⁻) $+$ (H₃C, H, CO₂CH₃ alkene) $\longrightarrow$

㉜
(cyclohexene with CH₂O₂CCH₂CH₃ and C(CH₃)₃)
① LDA, $-78℃$, THF
② t-BuMe₂SiCl, HMPA
③ 50℃
$\longrightarrow$

㉝
TBDMSO (structure with H₂C, O, CH₂, CH₃)
$\xrightarrow{n\text{-BuLi},\ -20℃,\ 45min}$

2. 在三步或三步以内写出从起始原料到产物的转化过程，其中所用试剂为有机金属试剂。

(epoxide H₃C—CH₃) $\longrightarrow$ (pyranone H₃C, CH₃, O, =O)

3. 写出反应所用的试剂、反应条件以及可能经过的历程。

(steroid structure with H₃C, CH₃, O, =O, lactone) $\longrightarrow$ (steroid structure with H₃C, CH₃, O, =O)

4. 解释如下反应中主要生成内酯化合物的原因。

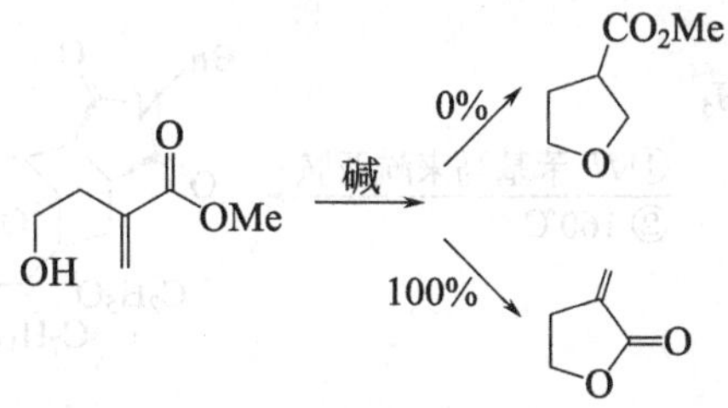

5. 下述底物在亲电环化反应中生成了两个异构体，请解释原因。

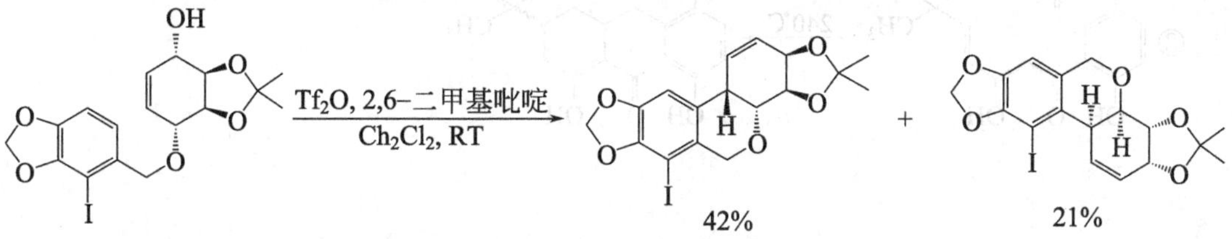

42%   21%

6. 写出下列反应可能经过的历程。

①

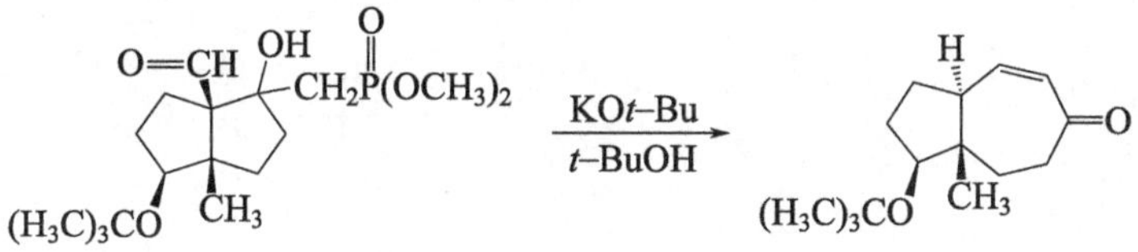

②

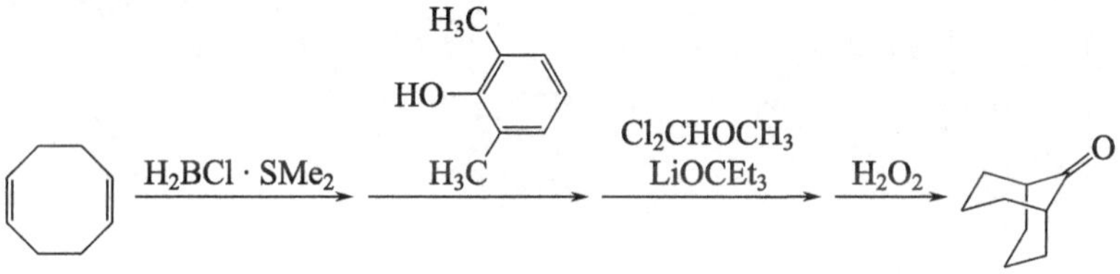

③

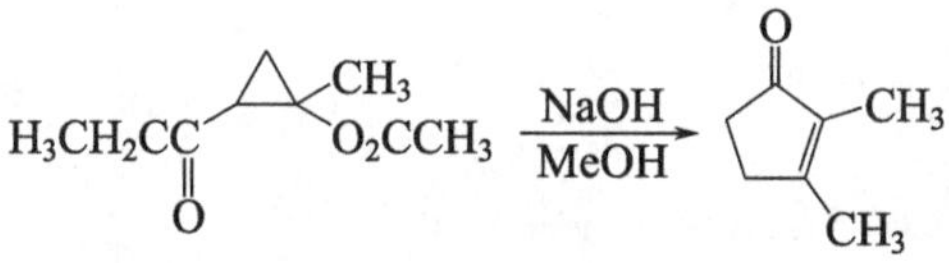

④

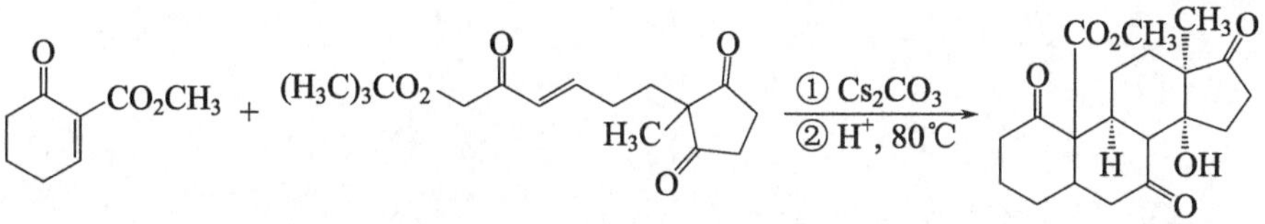

⑤

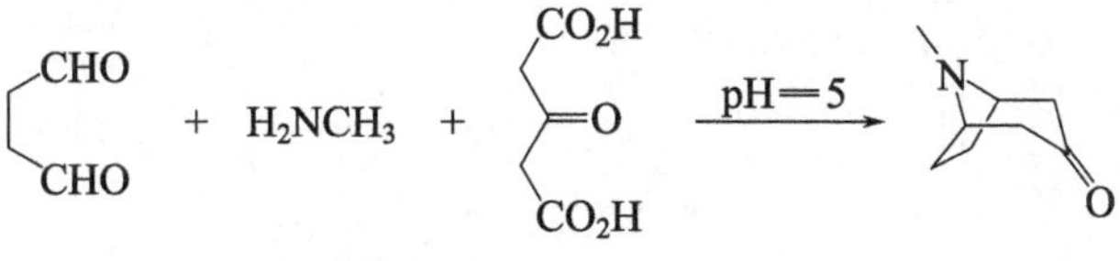

⑥

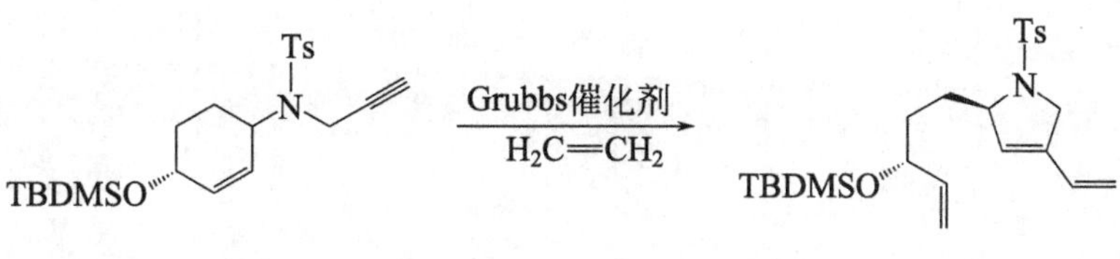

⑦

⑧

第 **3** 章

C—N 键的形成

碳氮键是碳原子和氮原子之间形成的共价键，它也是有机化学和生物化学中最常见的化学键之一。

氮原子有五个价电子，在通常的胺中的化合价为 3，剩下的两个电子形成一对孤对电子。通过那对电子，氮可以与氢形成配位键使自身的配位数达到 4，并形成带有一个正电荷的铵盐。许多氮化合物因此具有碱性，但强弱取决于结构：酰胺中的氮原子不具碱性，这是由于其孤对电子离域而与羰基形成共轭效应（类似于羰基的烯醇式），使得 C—N 键具有部分双键的性质。在吡咯中孤对电子成为 6 电子芳香共轭体系的一部分因而其氮原子也不具有碱性。

与碳碳键类似，碳氮之间也可以形成稳定的双键，例如亚胺，而腈中还存在三键。键长随着键级的增加而缩短，从胺的 147.9pm（$1pm=1\times10^{-12}$ m）到含 C—N 键化合物（例如硝基甲烷）的 147.5 pm，吡啶中的部分双键长度为 135.2pm，腈中三键的长度为 115.8 pm。

C≡N键是具有强烈极性的共价键（碳和氮电负性分别是 2.55 和 3.04），导致分子偶极矩较高：氰胺为 4.27D（$1D=3.33564\times10^{-30}$ C·m，下同），重氮甲烷为 1.5D，叠氮甲烷为 2.17D，吡啶为 2.19D。因为这个原因许多含有C≡N键的化合物可溶于水。

在有机合成反应中，形成 C—N 键的方法很多，按照反应使用的含氮试剂可分为：亲电试剂（如 NO^+、NO_2^+、ArN_2^+ 等）、亲核试剂（如 NH_3、NH_2^- 等）、自由基（如 NO·）、氮烯（Nitrene，如 $R_3C—N$：等）和偶极氮（Dipolar Nitrogen，如 $^-CH_2—^+N≡N$）等五类。这些含氮物质可以参与取代和加成反应，同时，也可以通过一系列的重排反应生成 C—N 键。

◎ 3.1 含氮亲电试剂在 C—N 键形成中的应用

(1) 亲电取代反应

含有亲电氮原子的反应物可以通过富电子芳烃化合物发生亲电取代反应生成 C—N 键。常见的亲电性的硝基正离子可以与芳烃发生硝化反应生成硝基芳烃。硝化反应的方法有很多，常用的方法是混酸法：如浓硝酸和浓硫酸组成的混酸（典型的混酸）、浓硝酸与醋酸及浓硝酸与乙酸酐，但浓硝酸与乙酸酐进行消化反应时可能生成潜在的具有爆炸性的硝酸乙酰酯。

$$\text{苯} \xrightarrow{\text{HNO}_3/\text{H}_2\text{SO}_4} \text{硝基苯}$$

$$\text{萘} \xrightarrow{\text{HNO}_3/\text{AcOH}} \text{1-硝基萘}$$

另一种方法是浓硝酸在 Lewis 酸催化剂下进行的硝化反应，常见的 Lewis 酸催化剂有三氟化硼、三氟甲基磺酸、沸石、四氟硼酸硝鎓，其中四氟硼酸硝鎓（$\text{NO}_2^+ \text{BF}_4^-$）是一种对酸敏感型芳香化合物的硝化有用的试剂，例如芳香腈。

$$\text{苯腈} \xrightarrow{\text{NO}_2^+\text{BF}_4^-} \text{3-硝基苯腈}$$

一些金属盐如硝酸铜或三硝酸氧钒也可用作硝化试剂进行硝化反应，此反应可在室温下反应，反应时间为 10min。

$$\text{苯} + \text{VO(NO}_3)_3 \xrightarrow[\text{室温}]{\text{CH}_2\text{Cl}_2} \text{硝基苯}$$

臭氧和二氧化氮可以作为硝化试剂进行硝化反应，此反应叫作 Kyodai 硝化反应。臭氧和二氧化氮反应生成 N_2O_5，然后分裂为 $\text{NO}_2^+ \text{NO}_3^-$，此法提供了一种非酸存在下的硝化方法。

$$\text{金刚烷} \xrightarrow{\text{NO}_2, \text{O}_3} \text{1-硝基金刚烷}$$

有时由于分子中含有某些官能团（如苯酚）不能直接进行硝化反应，但可以先进行亚硝化反应，再对亚硝基进行氧化得到硝基化合物，这是间接制备硝基化合物的方法之一。

$$\text{苯} + \text{HNO}_2 \longrightarrow \text{亚硝基苯} \xrightarrow{[\text{O}]} \text{硝基苯}$$

苯酚的亚硝化反应非常容易生成单取代亚硝基苯酚。

$$\text{苯酚} \xrightarrow{\text{HNO}_2/\text{浓H}_2\text{SO}_4} \text{4-亚硝基苯酚}$$

如果芳环上有取代基存在，在发生硝化反应时，会选择性地生成邻位、对位或间位硝基化合物，但当使用不同的硝化方法时，位置选择性相同但产物的比例却不一样，如用沸石作催化剂进行硝化反应时，主要生成的是对位产物，而用 Kyodai 硝化法生成的主要是邻位异构体。

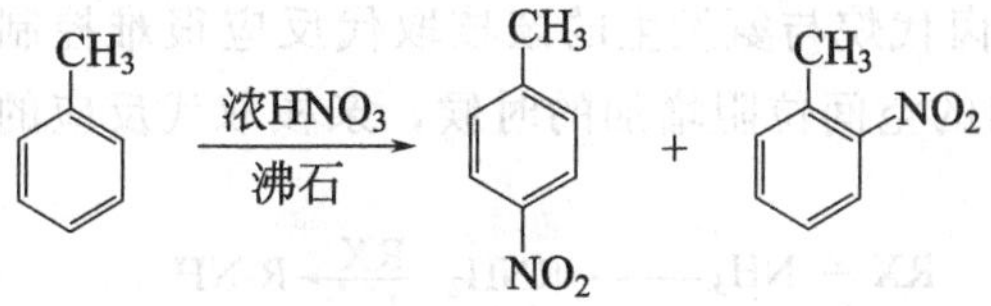

重氮盐可以与苯酚类芳香化合物发生偶联反应，生成的偶氮化合物可以还原为腙，这是形成芳环 C—N 键的方法之一。

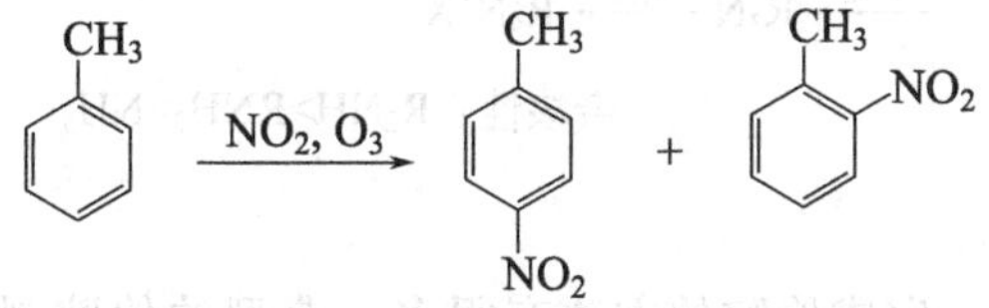

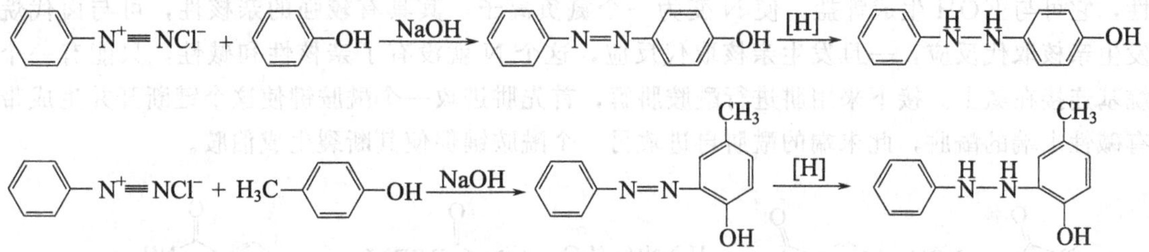

酮羰基邻位也容易发生亚硝化反应。酮与亚硝酰氯或亚硝酸钠反应是通过生成 α-肟基酮，这是在分子中引入 N 的非常有用的方法之一。

（2）亲电加成反应

在 C—N 键的形成反应中，亚硝基正离子（NO^+）参与的反应很多。亚硝酰氯是一个有效的亚硝基化剂，可以与烯烃反应生成化合物亚硝基氯。脂肪族的 C-亚硝基化合物（$R_2CH—N=O$）与肟（$R_2C=N—O—H$）还是一对互变异构体。

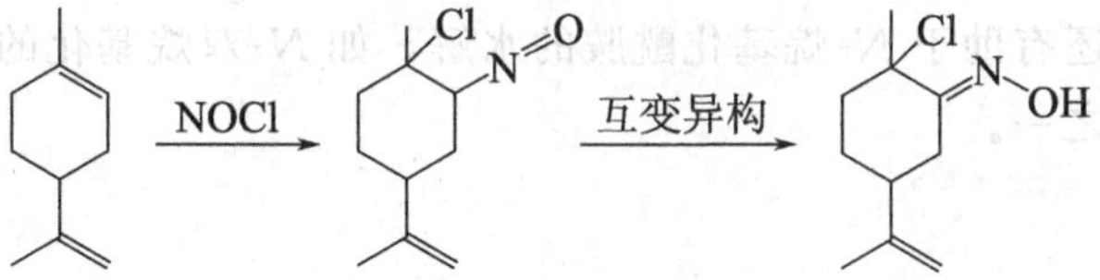

◉ 3.2　含氮亲核试剂在 C—N 键形成中的应用

根据含 N 亲核试剂进攻缺电子反应中心的不同，可将反应分为亲核取代反应和亲核加成反应。含 N 亲核试剂有 NH_3、NH_2^- 等，可与卤代烃发生亲核取代反应生成胺或

铵盐，

如卤代烷与氨的亲核取代反应按反应顺序可先后生成伯胺、仲胺、叔胺及季铵盐。由于烷基是给（供）电子基团，亲核取代反应开始生成伯胺的亲核性比氨强，其更容易发生亲核取代反应生成仲胺，所以卤代烷与氨发生的亲核取代反应很难控制在伯胺或仲胺反应阶段。但是当 N 原子上连接基团的空间位阻增加的时候，亲核取代反应的难度增加。

$$RX + NH_3 \longrightarrow RNH_2 \xrightarrow{RX} R_2NH$$

$$\xrightarrow{RX} R_3N \xrightarrow{RX} R_4N^+X^-$$

亲核性：$R_2NH > RNH_2 > NH_3$

(1) 亲核取代反应

怎样才能生成伯胺呢？生成伯胺的方法有很多，典型的伯胺制备方法是 Gabriel 伯胺合成法。当 N 与一个羰基相接时，其转变为酰胺，由于羰基的存在，N 的亲核性减小，N—H 键的酸性增加。在邻苯二甲酰亚胺分子中，由于两个羰基的存在，导制 N 上的 H 具有了酸性，它可与 KOH 生成钾盐，使 N 变为一个氮负离子，其具有较强的亲核性，可与卤代烷发生亲核取代反应，一旦发生亲核取代反应，这个 N 就没有了亲核性和碱性，只能有一个烷基连接在氮上。接下来用肼进行酰胺肼解，首先肼进攻一个酰胺键使这个键断开并生成带有碱性末端的酰肼，此末端的酰肼再进攻另一个酰胺键促使其断裂生成伯胺。

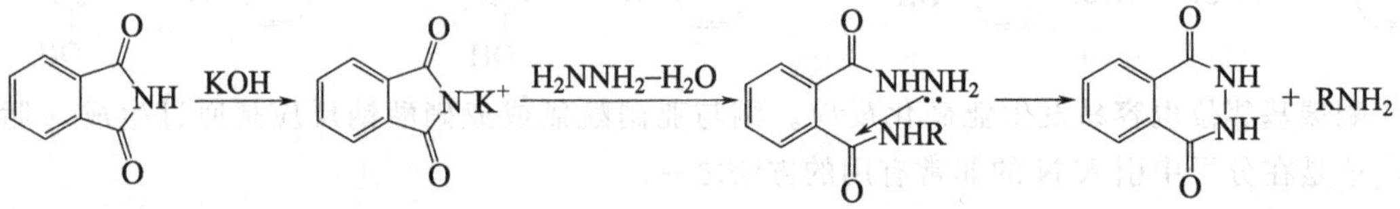

除了羰基能增加相邻 N 原子上 H 的酸性之外，三氟甲基（—CF₃）、对甲苯磺酰基（Ts）、甲磺酰基（Ms）等强的吸电子基团都可以增加相邻 N 原子上 H 的酸性。三氟乙酰胺中三氟甲基是强的吸电子基团，其不仅增加了酰胺中 N 原子上 H 的酸性，而且三氟乙酰胺负离子可以作为亲核试剂参与亲核取代反应。

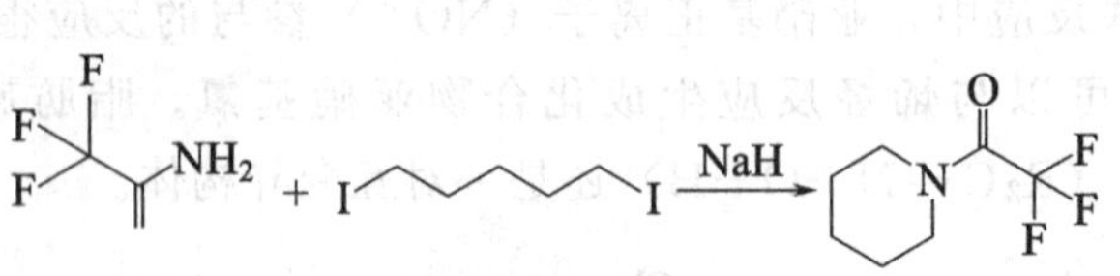

同时，这类基团还有助于 N-烷基化酰胺的水解，如 N-双烷基化的磺酰胺的水解，是伯胺和仲胺制备的方法之一。

伯胺的制备：

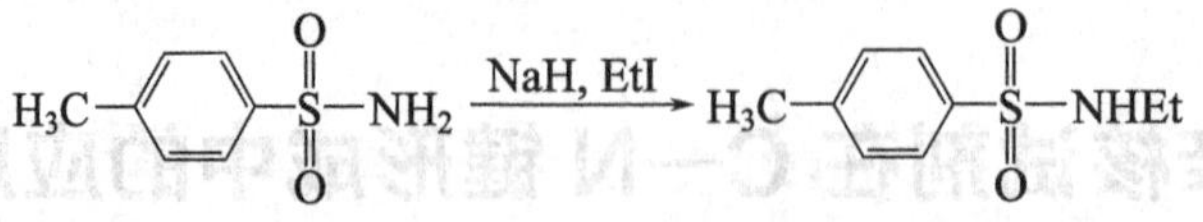

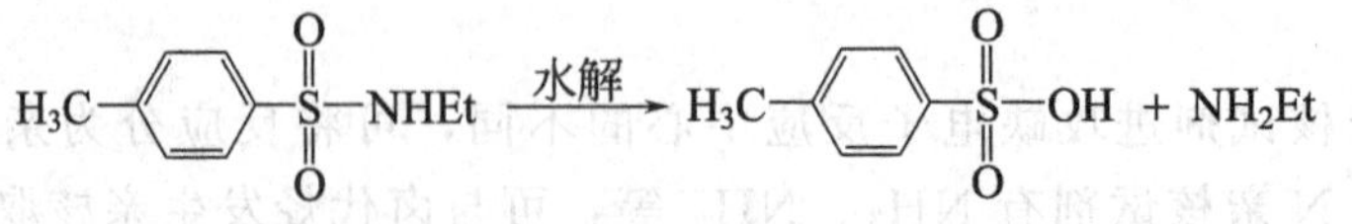

仲胺的制备：

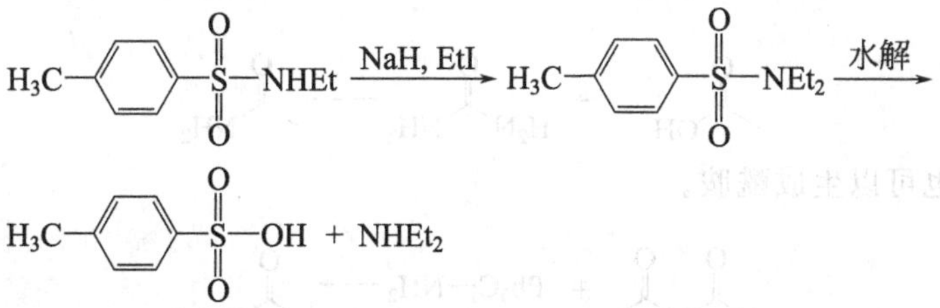

叠氮化钠与卤代烃或甲磺酸酯的亲核取代反应也是制备伯胺的一种方法。首先叠氮负离子发生取代反应，然后用钯炭催化剂进行催化加氢生成伯胺。如：

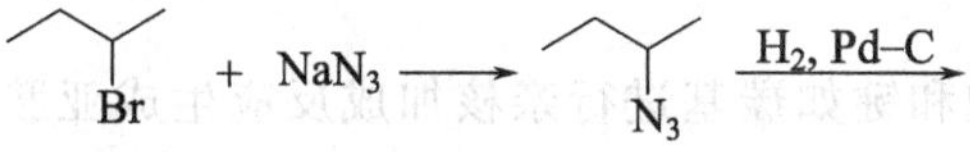

如果叠氮化钠与 α-卤代酸进行反应，将生成 α-氨基酸，这是制备氨基酸的一种方法。

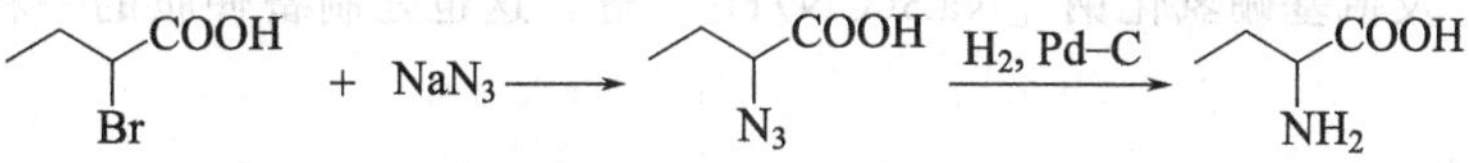

通过苯胺的亚硝化反应可以间接制备仲胺，这是一种有效的仲胺的制备方法。首先苯胺与卤代烃反应生成 N，N-二烃基苯胺，然后进行亚硝化生成 N，N-二烃基-4-亚硝基苯胺，再用碱（NaOH）进行水解，最后生成对亚硝基苯酚和仲胺。此反应是利用芳环上的亚硝基的强吸电子性，其可活化对位的氨基的亲核取代反应。

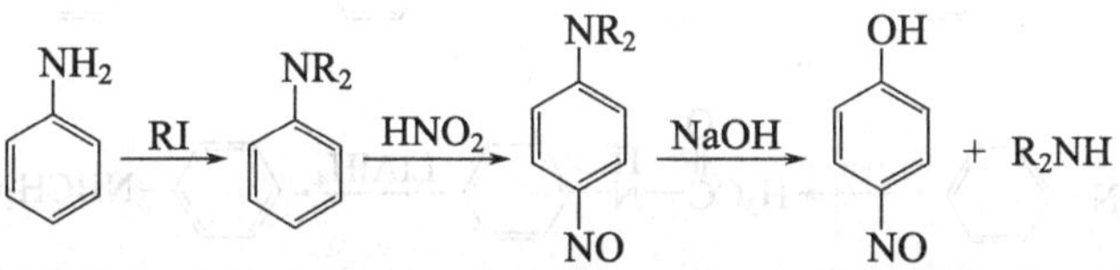

氰化物（NaCN、KCN）中的 CN^- 可以作为亲核试剂进攻卤代烃，发生氰解反应生成氰化物，然后水解可以得到伯胺，这是制备伯胺的方法之一，同时，此反应可以在分子中增加一个 C 原子，是增长 C 链的一种方法。

$$RX + KCN \longrightarrow RCN \xrightarrow{H_3O^+} RCH_2NH_2$$

硝基化合物的还原可以制备伯胺，特别是芳香族硝基化合物，更容易还原得到芳香伯胺。

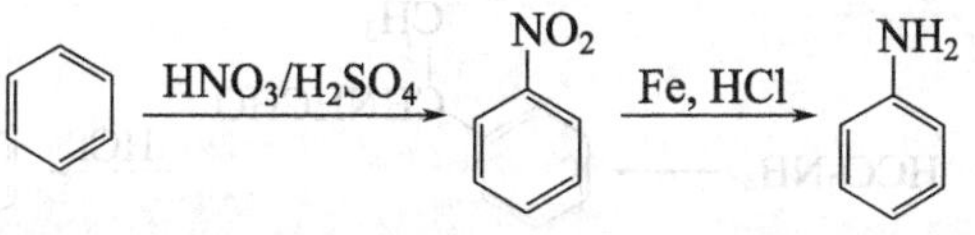

通过羧酸及羧酸衍生物与含 N 亲核试剂进行亲核取代反应，也可以形成新的 C—N 键。如：

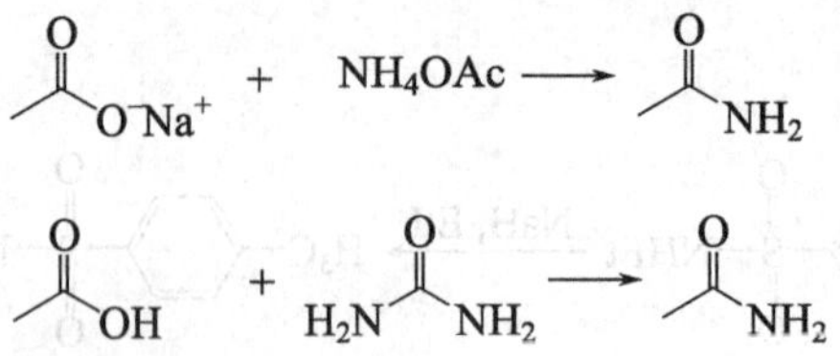

酸酐和酰氯也可以生成酰胺。

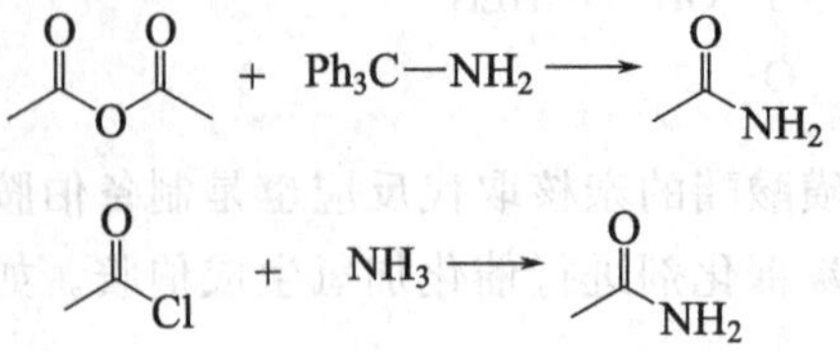

（2）亲核加成反应

含 N 亲核试剂可以与不饱和键如羰基进行亲核加成反应生成亚胺（也叫 Schiff Base）。首先含 N 亲核试剂与羰基进行加成反应，生成的中间体不稳定，很容易失去一个水分子生成亚胺，生成的亚胺可以还原为仲胺，还原剂可以是钠/乙醇、氢化铝锂（$LiAlH_4$）、硼氢化钠（$NaBH_4$）及氰基硼氢化钠 $[NaB(CN)H_3]$ 等，这也是制备仲胺的一种方法。反应通式如下：

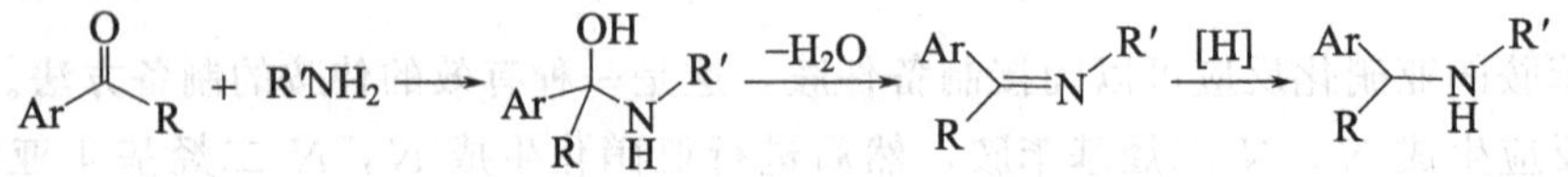

例如：

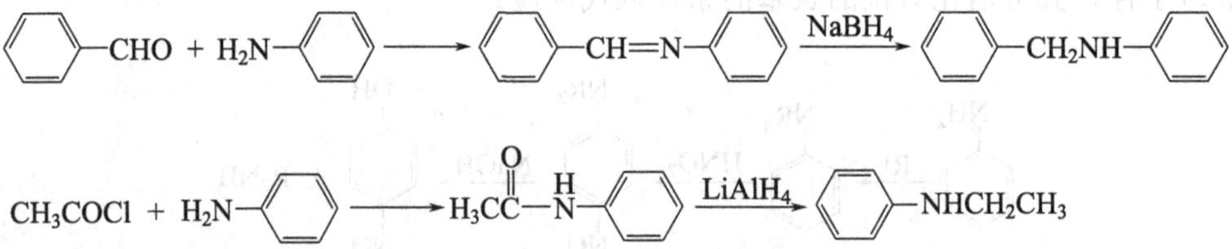

Leuckart-Wallach 合成胺的方法：醛、酮与甲酸铵或在甲酸存在下与胺（伯胺或仲胺）进行反应，发生还原氨基化生成伯胺、仲胺、叔胺的反应。

$$R_2C{=}O + R'_2NH + HCOOH \xrightarrow{\triangle} R_2HC{-}NR'_2 + CO_2\uparrow + H_2O$$

$$R_2C{=}O + HCO_2NH_4 \xrightarrow{\text{加或不加HCOOH}} R_2HC{-}NH_2 + CO_2\uparrow + H_2O$$

$$R_2C{=}O + R'_2NCOH \xrightarrow{\text{加或不加HCOOH}} R_2HC{-}NR'_2 + CO_2\uparrow + H_2O$$

例如：

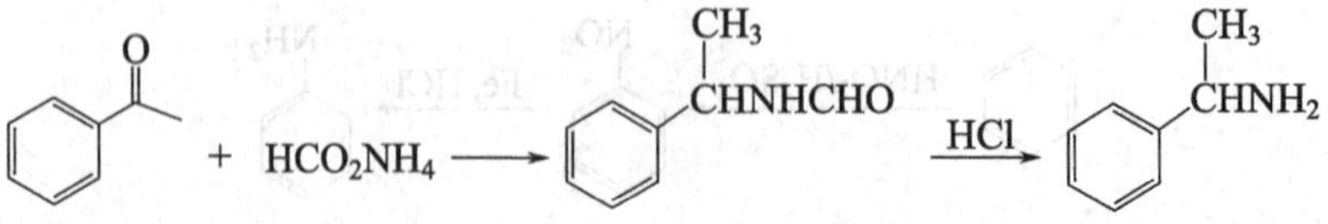

$$PhCHO + NH_3 + HCOOH \xrightarrow{\triangle} PhCH_2NH_2 + CO_2\uparrow + H_2O$$

本反应通常不需溶剂，将反应物混合加热即能发生反应。多数脂肪醛和酮、脂环酮、芳香酮及杂环酮，尤其是芳醛及高沸点芳酮，能在反应中转变为相应的胺，产率为 $40\% \sim 90\%$。低级脂肪醛和酮产率偏低。此类反应中甲酸铵起到两个作用：一是作为氮源，二是作为还原剂。

托品酮（tropinone），又名莨菪酮，一个莨菪烷类生物碱，化学名为 8-甲基-8-氮杂双环

[3.2.1] 辛烷-3-酮，结构式为 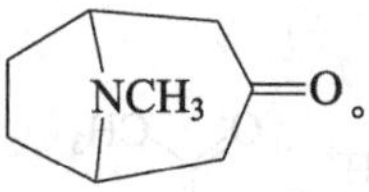 。

其最早的合成路线如下：

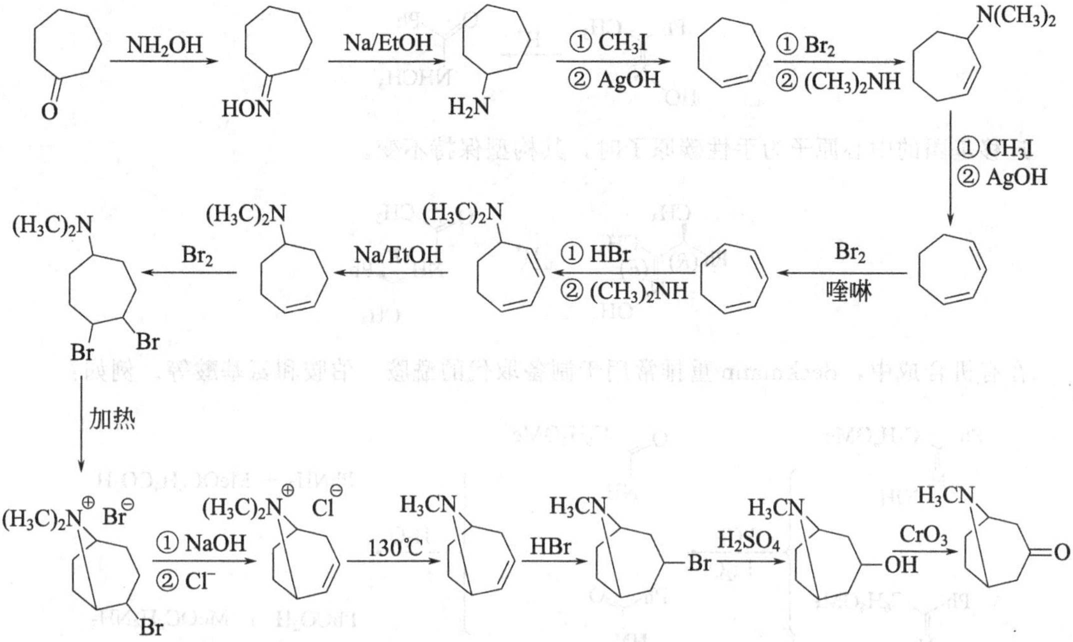

后来 Robert Robinson 使用甲胺、二醛和丙酮二羧酸在碱性条件下，一步合成托品酮，这是 20 世纪最经典的有机合成之一，其合成路线如下：

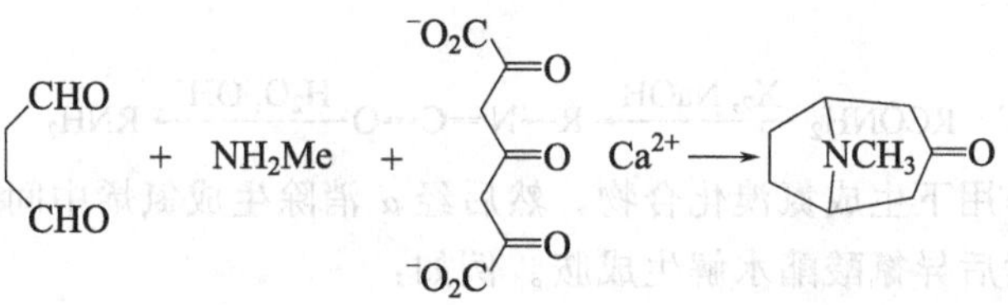

◎3.3　重排反应在 C—N 键形成中的应用

重排反应形成 C—N 键的方法有很多，如 Beckmann 重排、Hofmann 重排及 Curtius 重排反应等。

Beckmann 重排：醛肟或酮肟在酸性试剂（如 H_2SO_4、HCl、P_2O_5、$POCl_3$、$SOCl_2$、

SO₂Cl₂、PhSO₂Cl、MeC₆H₄SO₂Cl、Ac₂O、PPA 等）作用下转变为酰胺的反应。

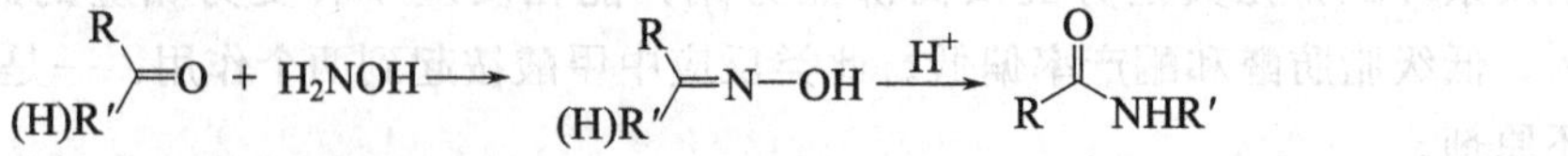

$$\underset{(H)R'}{\overset{R}{\diagdown}}C=O + H_2NOH \longrightarrow \underset{(H)R'}{\overset{R}{\diagdown}}C=N-OH \xrightarrow{H^+} \underset{R}{\overset{O}{\diagdown}}C-NHR'$$

这个反应的立体化学是肟中羟基和 C—C 键的反式关系，发生 1，2-转换。这决定了所形成的酰胺的结构，而且通过水解可得到胺。

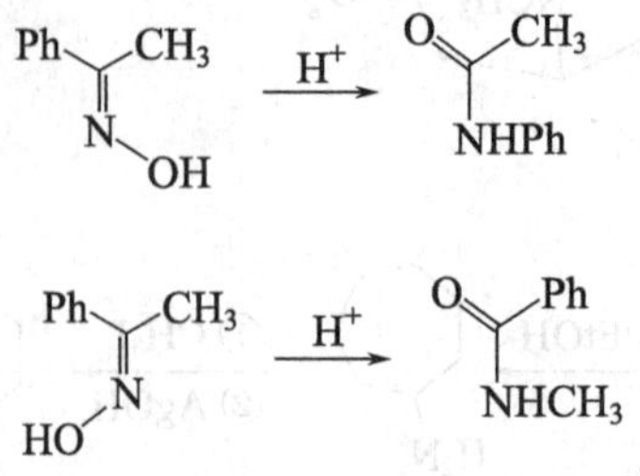

迁移基团的中心原子为手性碳原子时，其构型保持不变。

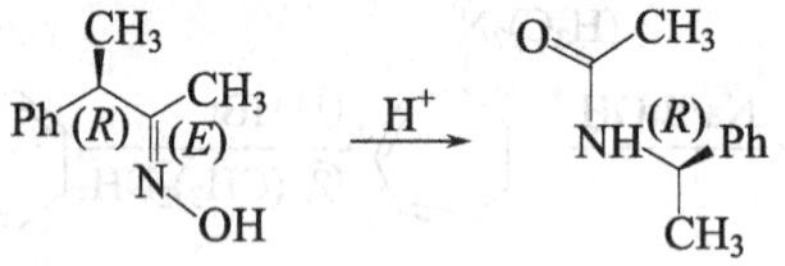

在有机合成中，Beckmann 重排常用于制备取代的酰胺、伯胺和氨基酸等。例如：

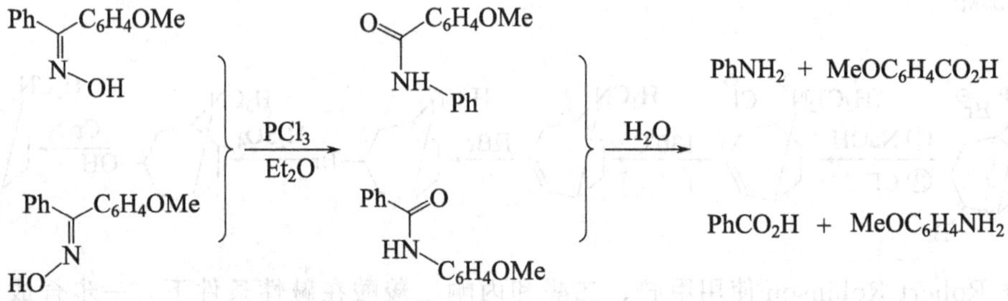

Hofmann 重排：脂肪族、芳香族或杂环酰胺类化合物在碱液中与溴或氯作用，生成减少一个碳原子的伯胺的反应。

$$RCONH_2 \xrightarrow{X_2, NaOH} R-N=C=O \xrightarrow{H_2O, OH^-} RNH_2$$

酰胺在溴和碱作用下生成氮溴化合物，然后经 α 消除生成氮烯中间体，氮烯中间体迅速重排为异氰酸酯，然后异氰酸酯水解生成胺。例如：

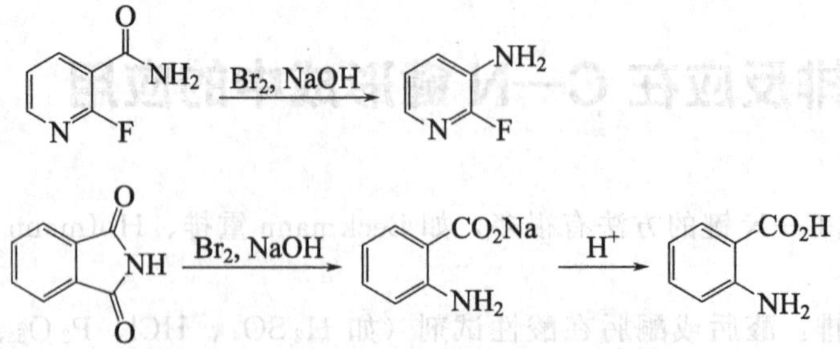

Curtius 重排：酰基叠氮化合物受热发生脱氮重排生成异氰酸酯的反应。

$$\underset{N_3}{\overset{O}{\underset{\|}{R-C}}} \xrightarrow{H_3O^+} R-N=C=O \xrightarrow{EtOH} \underset{H}{\overset{O}{R-N-\overset{\|}{C}-OEt}} \longrightarrow RNH_2$$

Lossen 重排：异羟肟酸或其酰基衍生物在加热或在碱、脱水剂（P_2O_5、Ac_2O、$SOCl_2$ 等）存在下加热发生重排，生成的异氰酸酯，再经水解、脱羧转变为伯胺的反应。

$$\underset{H}{R-\overset{OH}{\underset{\|}{C}}=N-OH} \rightleftharpoons R-\overset{H}{\underset{\|}{C}}-N-OH \xrightarrow{-H_2O}$$

$$R-\overset{O}{\underset{\|}{C}}-\underset{H}{\overset{}{N}}-OCOR' \xrightarrow{-R'COOH} \Big\} \longrightarrow R-N=C=O \xrightarrow{H_2O} RNH_2$$

此反应速率受到 R 与 R′的电负性影响：R 为供电子基、R′为吸电子基时重排反应速率增大；反之，R 为吸电子基、R′为供电子基时重排反应速率减慢。

异羟肟酸可由酰氯或酯等羧酸衍生物与羟胺作用得到，所以本反应也是由羧酸合成少一个碳原子的伯胺的方法。另外，其立体化学特征是迁移基团 R 的构型不变。例如：

$$\underset{CH_3}{\overset{Ph}{C}}\overset{O}{\underset{\|}{C}}OH \xrightarrow{CH_3OH} \underset{CH_3}{\overset{Ph}{C}}\overset{O}{\underset{\|}{C}}OCH_3 \xrightarrow{NH_2OH} \underset{CH_3}{\overset{Ph}{C}}\overset{O}{\underset{\|}{C}}NHOH \xrightarrow{PhCOCl}$$

$$\underset{CH_3}{\overset{Ph}{C}}\overset{O}{\underset{\|}{C}}NH-O-\overset{O}{\underset{\|}{C}}Ph \xrightarrow[\triangle]{NaOH} \underset{H_3C}{\overset{Ph}{C}}N=C=O \xrightarrow{H_2O} \underset{H_3C}{\overset{Ph}{C}}NH_2$$

在上述的这些酸衍生物的重排反应中，所生成产物都是减少了一个 C 原子的伯胺。

3.4 氨基酸的合成

氨基酸（amino acid）是指含有氨基和羧基的一类有机化合物的通称。它是生物功能大分子蛋白质的基本组成单位，赋予蛋白质特定的分子结构形态，使其具有生化活性。氨基酸是含有碱性氨基（—NH_2）和酸性羧基（—COOH）的有机化合物，是一类重要的含氮化合物。氨基连在 α 碳上的称为 α-氨基酸。由于氨基酸分子中含有 C—N 键，通过化学方法构建 C—N 键是合成氨基酸的关键点之一，前面章节中已介绍了叠氮离子取代合成氨基酸的方法，这里将介绍通过构建 C—N 新键合成氨基酸的其他化学合成方法。

(1) Strecker 合成法

1850 年，Strecker 首次用乙醛、氨水和 HCN 混合反应得到 α-氨基氰，再经水解得到 α-氨基酸。

$$\underset{R}{\overset{O}{\underset{\|}{C}}R'(H)} \xrightarrow{HCN} \underset{R}{\overset{HO}{C}}\underset{R'(H)}{\overset{CN}{}} \xrightarrow{NH_3} \underset{R}{\overset{H_2N}{C}}\underset{R'(H)}{\overset{CN}{}} \xrightarrow{H_3O^+} \underset{R}{\overset{H_2N}{C}}\underset{R'(H)}{\overset{COOH}{}}$$

经 Zelinsk 改进后，用氯化铵和氰化钾代替了氢氰酸和氨，从而避免了直接使用氰化氢或氰化铵，反应后得到同样的产物。用氯化铵反应时生成伯胺；或用伯胺或仲胺反应，生成取代的氨基酸。用酮反应时，得到 α,α-二取代的氨基酸。

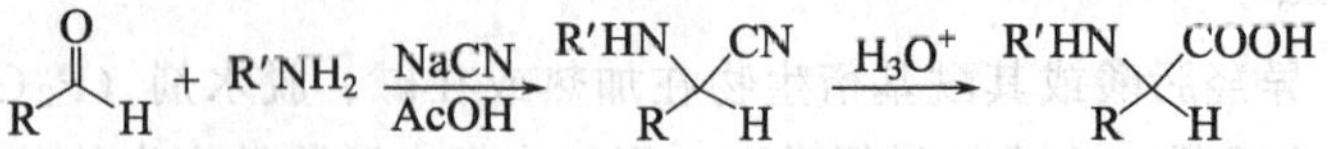

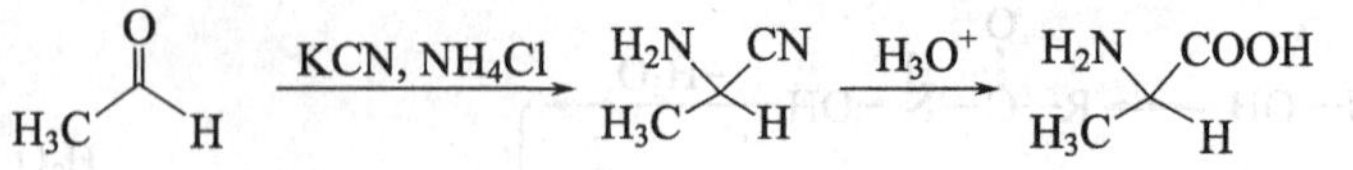

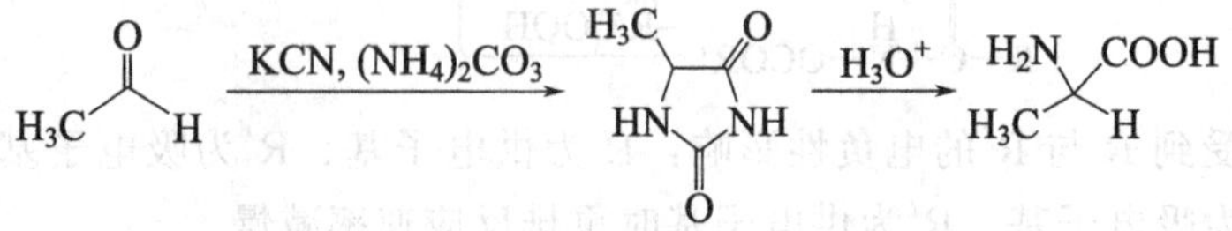

(2) Erlenmeyer 合成法

Erlenmeyer 合成法也叫 Erlenmeyer-Plöchl 合成法，是指 α-酰氨基乙酸在醋酸或醋酸酐、醋酸钠（或碳酸钾）存在下，生成二氢噁唑酮（azlactone）中间体，由于中间体噁唑酮环上亚甲基受到邻位羰基影响，H 具有一定的酸性，在碱的作用下与醛进行缩合，再经还原、水解得到 α-氨基酸。其反应通式如下：

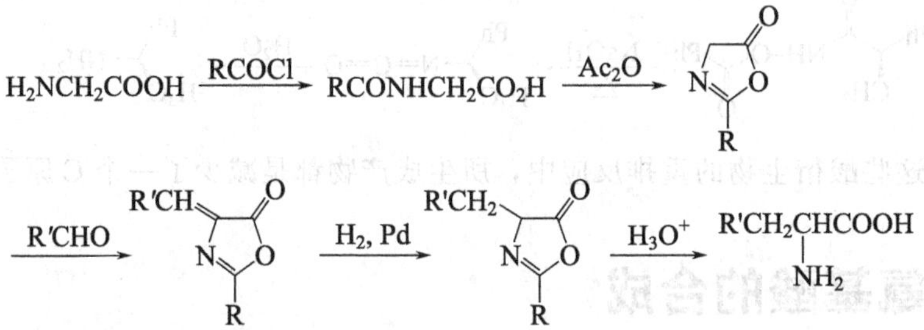

例如 α-苯丙氨酸的合成：

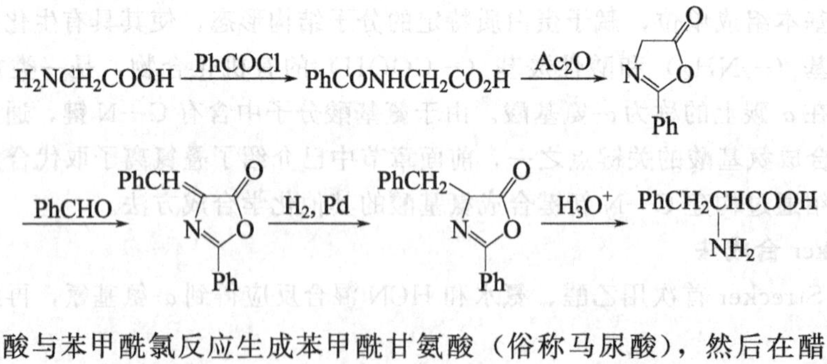

首先甘氨酸与苯甲酰氯反应生成苯甲酰甘氨酸（俗称马尿酸），然后在醋酸酐的作用下苯甲酰甘氨酸环化，脱去一个水分子生成噁唑酮（或叫二氢噁唑酮），杂环上的亚甲基 H 具有一定的酸性，在碱性条件下与苯甲醛进行缩合反应，再进行催化加氢，最后水解得到目标产物——α-苯丙氨酸。

（3）丙二酸酯合成法

丙二酸酯分子中亚甲基的活泼性，使其用途非常广泛，其可以用来合成 α-氨基酸。

① 卤代丙二酸酯合成法　应用卤代（氯代或溴代）丙二酸酯和邻苯二甲酰亚胺，可以合成各种 α-氨基酸，反应通式如下：

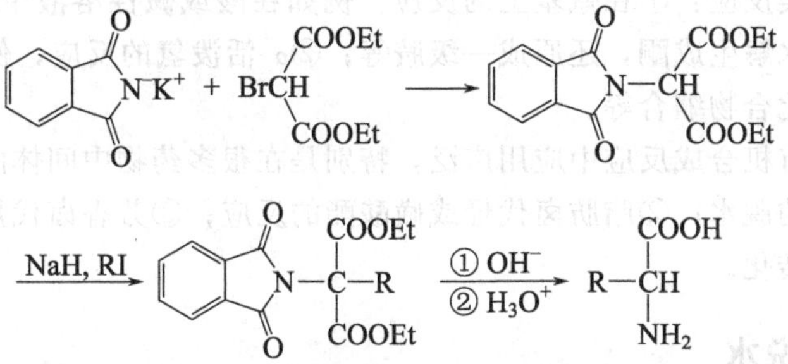

② 乙酰氨基丙二酸酯合成法　丙二酸酯先进行亚硝化生成肟基丙二酸酯，再还原生成乙酰氨基丙二酸酯，然后再在醇钠的作用下与卤代烷作用生成 α-取代的乙酰氨基丙二酸酯，最后碱性水解，酸化得到 α-氨基酸。

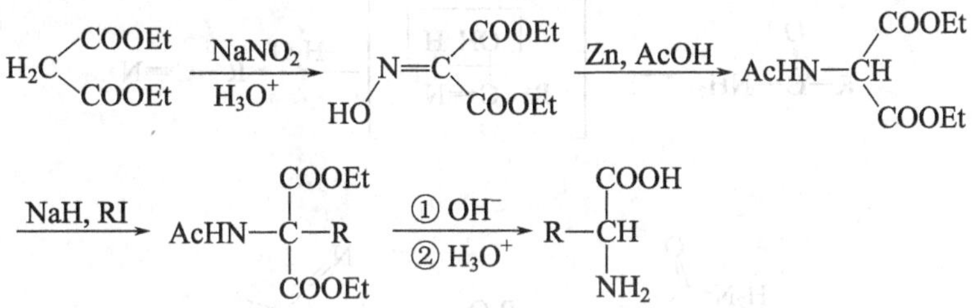

（4）相转移催化合成法

在碱性、相转移催化剂［如三乙基苄基氯化铵（TEBA）］存在下，醛和胺生成的 Schiff 碱可以与卤代烷（如 RCl、RBr 等）发生烷基化反应生成氨基酸。

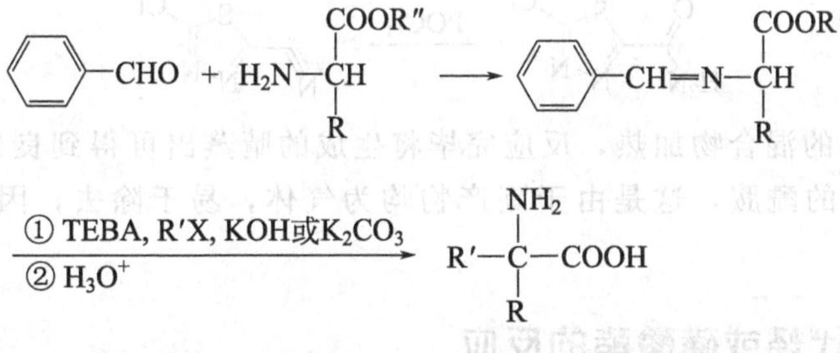

应用此方法可以合成丙氨酸、苯丙氨酸、蛋氨酸、色氨酸、天冬氨酸、亮氨酸、原缬氨酸、缬氨酸、正亮氨酸等。例如：$R=H$，$R'=Bn$，可以合成苯丙氨酸；$R'=CH_3$，可以合成甘氨酸。

◎ 3.5　腈（nitrile）的合成

腈可以看作氢氰酸（HCN）的氢原子被烃基取代而生成的化合物。某些高级腈存在于植物精油中，例如，苯乙腈存在于独行菜、苦橙和铃兰花油中，苯丙腈存在于水田芥中，乙烯基乙腈也存在于多种植物中。

最简单的腈是乙腈（CH_3CN），它能与水互溶，丙腈在水中溶解度也很大，高级腈一般只微溶于水。低级腈多是无色液体，C_{14}以上的腈则多是结晶形的固体。腈的沸点一般略高于相应的脂肪酸。腈有芳香气味，一般都很稳定。

腈可进行两大类反应：①在氰基上的反应，例如在酸或碱性溶液中水解成酰胺或羧酸，与格氏试剂加成、水解生成酮，还原成一级胺等；②α-活泼氢的反应，例如在碱作用下进行烃基取代或与羰基化合物缩合等。

腈类化合物在有机合成反应中应用广泛，特别是在很多药物中间体的合成中，其制备方法主要有：①酰胺的脱水；②脂肪卤代烃或磺酸酯的反应；③芳香卤代烃的氰基取代；④其他羟基或肟到腈的转化。

3.5.1 酰胺的脱水

酰胺可在 P_2O_5、$POCl_3$、$SOCl_2$、PCl_5 等脱水剂存在下进行脱水反应生成腈，此为实验室合成腈的方法之一。

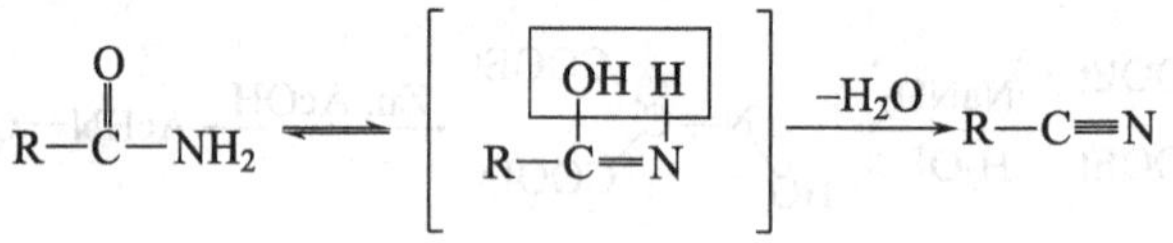

$$R-\overset{O}{\overset{\|}{C}}-NH_2 \rightleftharpoons \left[\begin{array}{c}\boxed{OH \quad H}\\ R-C \equiv N\end{array}\right] \xrightarrow{-H_2O} R-C \equiv N$$

例如：

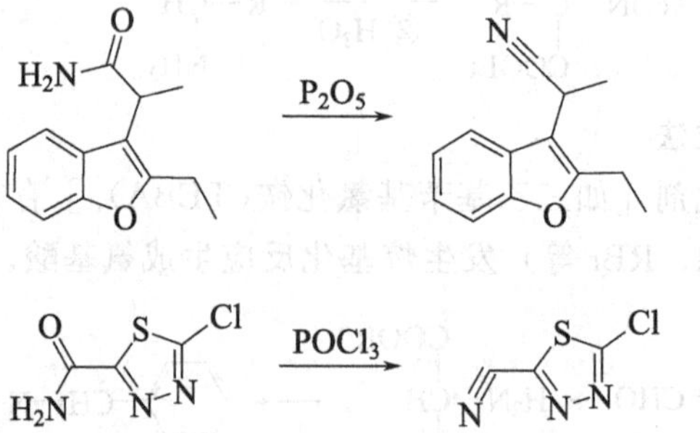

将酰胺与 P_2O_5 的混合物加热，反应完毕将生成的腈蒸出可得到良好的收率。$SOCl_2$ 最适宜于处理高级的酰胺，这是由于副产物均为气体，易于除去，因而减少精制腈的困难。

3.5.2 脂肪卤代烃或磺酸酯的反应

脂肪体系中的亲核取代反应是最受有机化学家注意的单元反应之一，其中脂肪卤代烃或磺酸酯与金属氰化物的亲核取代合成腈得到了广泛的应用。

$$R-X + CN^- \longrightarrow R-CN + X^-$$

$$X^- = I^-、Br^-、Cl^- 或 MsO^- 或 TsO^-$$

在此类取代反应中，最有用的是在直接取代机理方面有反应活性的底物，即伯类及未受阻碍的仲类脂肪卤代烷或磺酸酯。在叔烷基体系中发生消去反应的倾向是相当显著的，从而在涉及这些体系的取代反应方面限制了亲核取代反应的应用。有时候，当非碘代的卤代烃反应活性不够时，需要在反应体系中加入 KI 或 NaI 增加卤代烃的反应活性，或者氧离子络合剂，如 18-冠醚-6。例如：

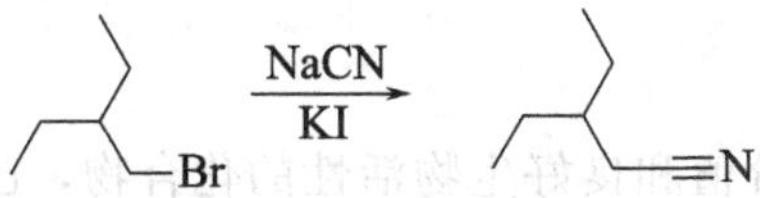

3.5.3 芳香卤代烃的氰基取代

芳腈化合物在有机合成中占据非常重要的地位，尤其是在染料、除草剂、农用化学品、药物及自然产品中应用非常广泛。传统方法合成芳腈化合物主要通过苯胺的重氮化然后进行 Sandmeyer 反应，不复杂的苯腈可由甲苯类化合物在 NH_3 作用下直接氧化制备。但这些方法有较大局限性：反应条件较剧烈，底物要比较简单，取代基较少，毒性很大。下面介绍几种实验室常用的合成芳香腈的方法。

（1）芳香卤代烃与氰化亚酮作用可用来制备相应芳腈化合物

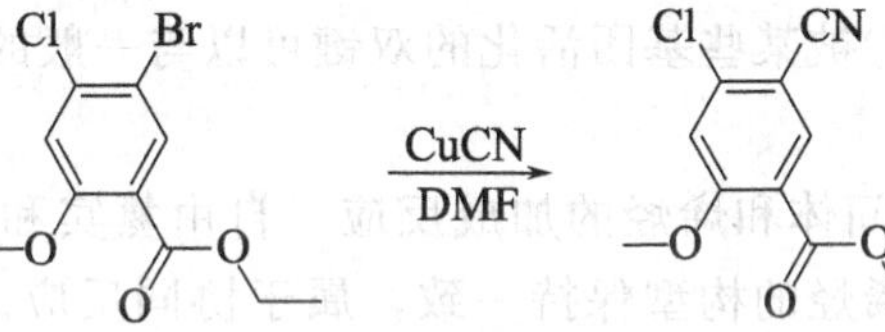

（2）Cu 催化下芳香卤代烃或（TfO—）和 $K_4[Fe(CN)_6]$ 反应氰基取代

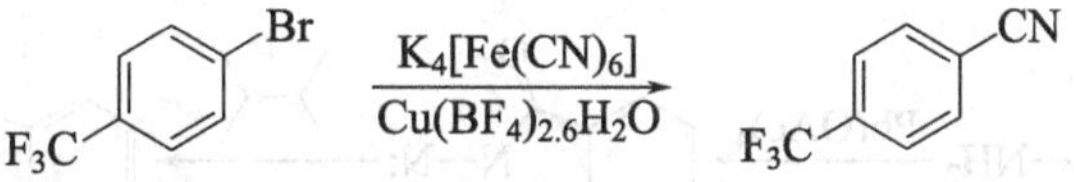

（3）微波反应芳卤氰基化

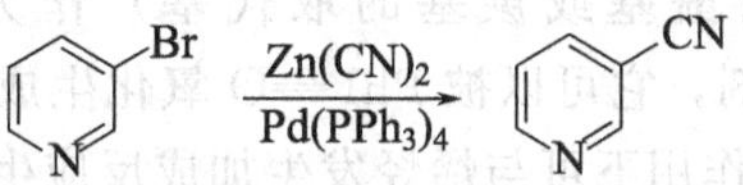

3.5.4 其他羟基或肟到腈的转化

芳香或烷基的醛可以通过转变成肟，然后脱水成相应的腈。

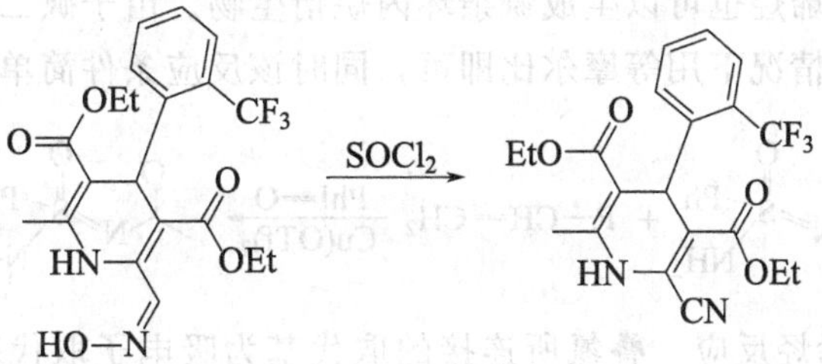

◎ 3.6 氮杂环的合成

含氮杂环是一类具有重要应用价值和良好生物活性的化合物,已有许多含氮杂环被开发为新的医药和农药产品,在工农业生产中发挥着重要的作用。其合成研究也一直是化学工作者的关注热点之一。

3.6.1 含 N 三元杂环的合成

氮杂环丙烷衍生物是有机合成中的重要构件砌块和中间体,它可以发生一系列重要的反应,如开环反应、重排反应、还原和消除反应,用来合成手性胺、氨基酸、胺醇等化合物。许多天然产物中含有氮杂环丙烷结构的组分,它们中很多具有良好的抗肿瘤活性,例如丝裂霉素、紫菜霉素等。

氮杂环丙烷衍生物的合成及应用研究一直受到人们的广泛关注。其合成途径有很多,最常见的方法有碳氮双键中插入碳原子、碳碳双键中加入氮原子和分子内环化反应等。

(1) N 原子插入法

氮宾、叠氮化合物、N-氧化腈等都能与烯烃发生加成反应,在碳碳双键中引入一个氮原子生成氮杂环丙烷衍生物;被某些基团活化的双键可以与一般的含氮化合物(如胺)加成得到氮杂环丙烷衍生物。

① 自由氮宾、类氮宾中间体和烯烃的加成反应 自由氮宾和烯烃的加成反应具有立体专一性,产物的构型和原料烯烃的构型保持一致,属于协同反应。早在 1972 年,Tustin 等就报道 N-氨基邻苯二甲酰亚胺在四乙酸铅氧化下可以产生氮烯,它们可以与烯烃发生加成反应得到氮杂环丙烷衍生物。

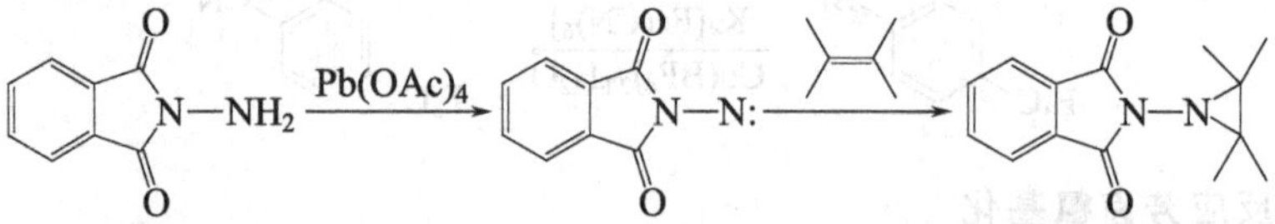

② PhI═NR(R 为含有酰基或羰基的取代基)作为氮宾前体 对甲苯磺酰胺(TsNH$_2$)为常见的氮杂环试剂,它可以被 PhI═O 氧化生成类氮宾中间体 PhI═NTs,在过渡金属或稀土金属配合物的作用下可与烯烃发生加成反应生成氮杂环丙烷衍生物。

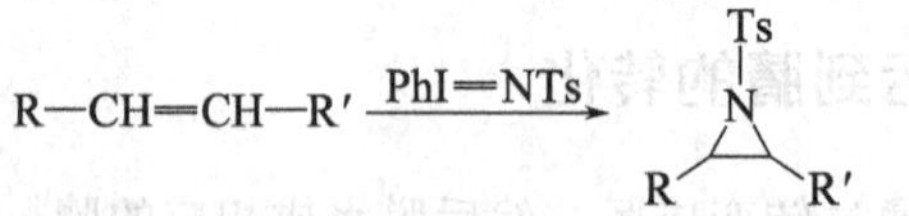

砜二酰亚氨基胺和烯烃也可以生成氮杂环丙烷衍生物。由于砜二酰亚氨基胺形成的氮宾反应活性比较高,一般情况下用等摩尔比即可,同时该反应条件简单,容易控制。

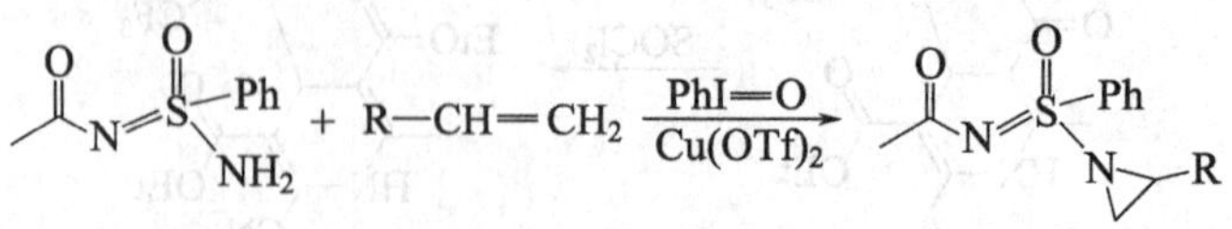

③ 叠氮化合物与烯烃反应 叠氮所连接的取代基为吸电子取代基时(如酰基叠氮化合

物），它可与烯烃反应，先加成得到 1，2，3-三唑衍生物，然后在加热或光照的条件下脱氮得到氮杂环丙烷衍生物。

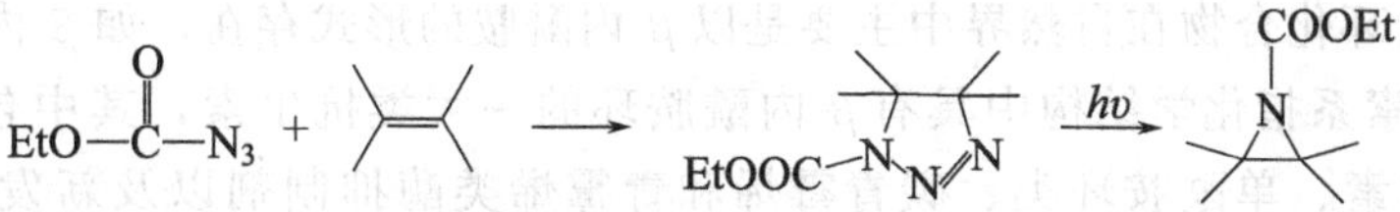

在布朗斯特酸催化下，用富电子叠氮化合物（R—N₃）和 α，β-不饱和羰基化合物反应制备氮杂环丙烷衍生物。此反应条件十分温和（乙腈为溶剂，0℃），最高产率可达 93%。

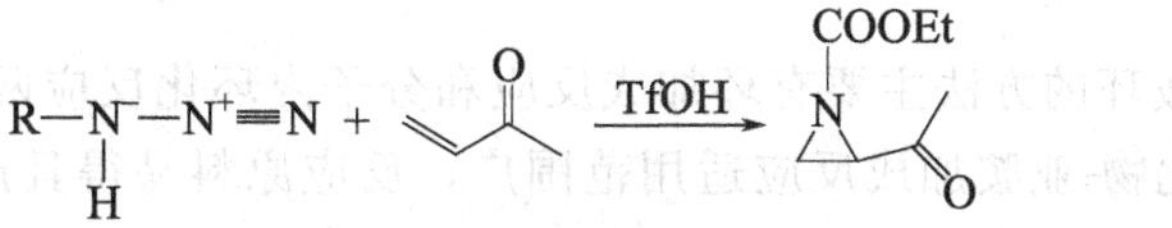

④ 氮叶立德（N-Ylide）与烯烃的反应　氮叶立德和烯烃反应是合成氮杂环丙烷的一个简单有效的方法。N-N 叶立德和 1，4-芳基-α，β-不饱和酮可以直接发生反应生成氮杂环丙烷衍生物，最高产率可达 99%。

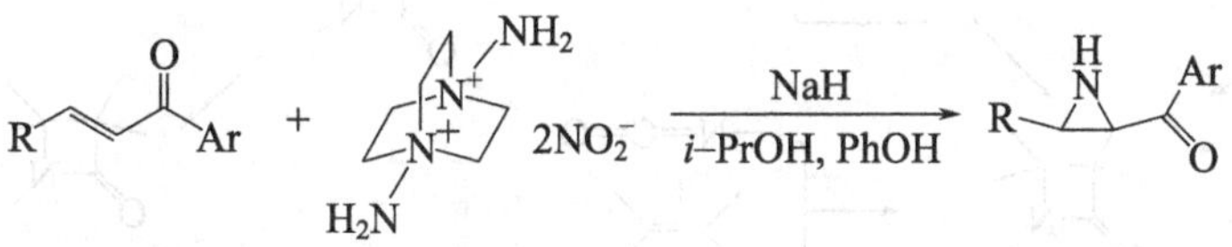

（2）分子内环化反应

分子内环化法是合成氮杂环丙烷衍生物最经典的方法之一，自从该方法发现以来一直受到人们的广泛关注，β 位含有羟基、卤素等离去基团的氨基化合物都可以发生此反应。

① β-氨基乙醇类化合物的分子内环化反应　β-氨基乙醇类化合物是合成氮杂环丙烷衍生物最常用的原料，羟基被某些化合物活化后很容易发生分子内环化反应，此类反应早在 20 世纪 40 年代就有研究，但直到今天仍然是合成氮杂环丙烷衍生物的常用方法。在偶氮二羧酸二乙酯（DEAD）和三苯基膦作用下，β-氨基乙醇类化合物在 THF 中先 0℃反应 30 min，再室温反应 18 h，即发生分子内环化反应形成氮杂环丙烷衍生物。

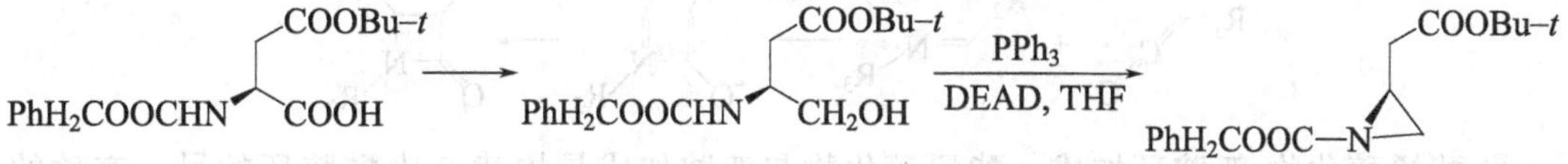

② β-卤代胺类化合物的分子内环化反应　各种取代的脂肪族 β-卤代胺类化合物也可以发生分子内的环化反应，生成氮杂环丙烷衍生物，即 Gabriel-Wenker 反应。

3-氨基醇首先与 2，3-二溴丙烯反应，再用硒代苯酚替换羟基，然后再在 NaNH₂ 的作用下发生分子内的环化反应，形成氮杂环丙烷衍生物。反应条件简单，在室温下反应 25min 即可，产率高达 88%。反应产物在三元环上连接有一个环外双键，是该反应一个比较特殊的地方，它是一种重要的有机合成中间体。

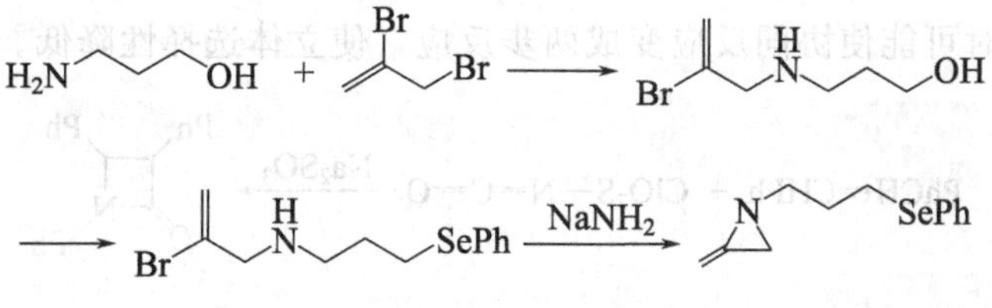

3.6.2 含N四元杂环的合成

含 N 四元杂环化合物在自然界中主要是以 β-内酰胺的形式存在，如 β-内酰胺类抗生素。β-内酰胺类抗生素系指化学结构中具有 β-内酰胺环的一大类抗生素，其中包括青霉素及其衍生物、头孢菌素、单酰胺环类、碳青霉烯和青霉烯类酶抑制剂以及新发展的头霉素类、硫霉素类、单环 β-内酰胺类等其他非典型 β-内酰胺类抗生素等。基本上所有在其分子结构中包括 β-内酰胺核的抗生素均属于 β-内酰胺类抗生素。它是现有的抗生素中使用最广泛的一类。

构建 β-内酰胺环的方法主要有环加成反应和分子内环化反应两大类。前者又以烯酮-亚胺加成和酯烯醇化物-亚胺加成反应适用范围广，反应原料易得且产率较高，是构建 β-内酰胺环的重要途径。

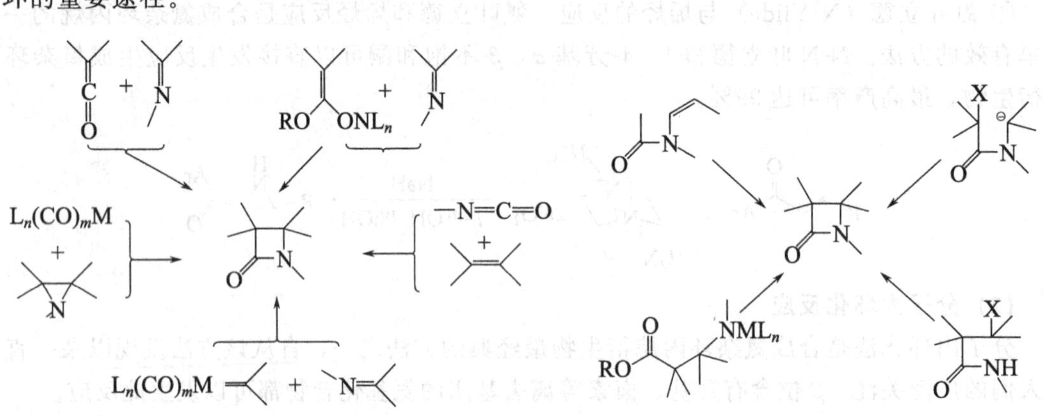

环加成反应   分子内环化反应

（1）环加成反应

① 烯酮-亚胺环加成　烯酮-亚胺环加成反应是合成 β-内酰胺最经典也是最有效的方法之一，其反应机理如下：

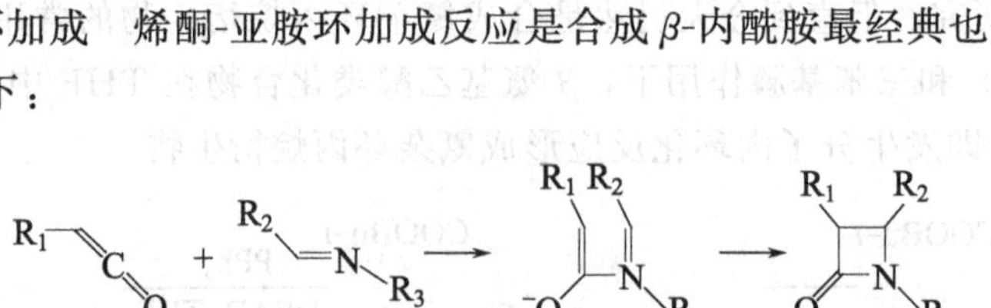

② 酯烯醇化物-亚胺环加成　酯烯醇化物与亚胺加成是构建 β-内酰胺环的另一有效的方法。如：

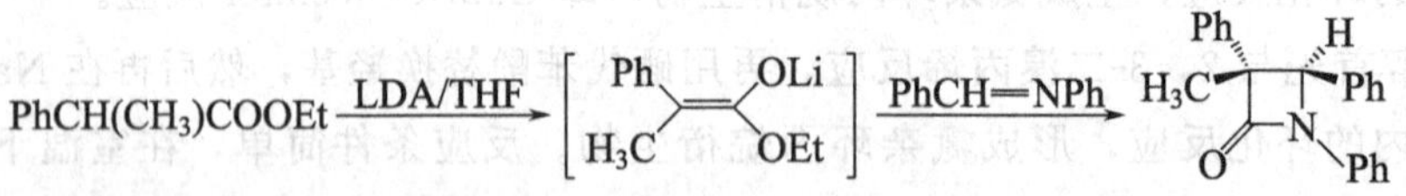

③ 其他环加成反应　除了上述两种重要方法外，烯烃与异氰酸酯间的环加成也是较重要的方法。如烯烃有给电子基或异氰酸酯有吸电子基时取代反应易进行。此外溶剂可能影响反应的协同性，有时可能使协同反应变成两步反应，使立体选择性降低。

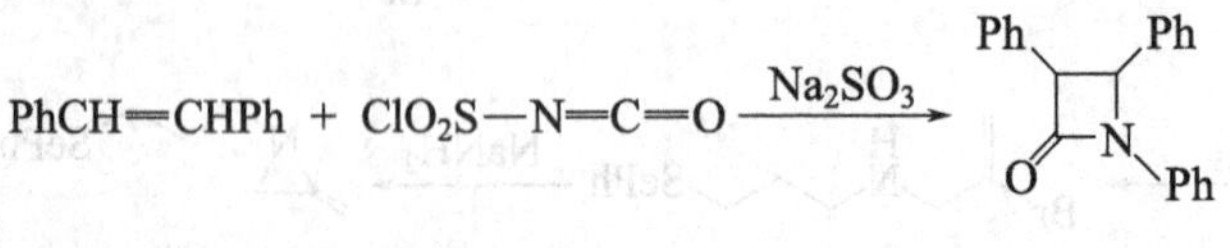

(2) 分子内环化反应

环化反应合成 β-内酰胺往往是多步反应。反应从易得的原料起始合成中间体，经金属介导环化或亲核环化反应得相应的 β-内酰胺，反应操作烦琐。但有些例外，例如多组分一锅缩合的 Ugi 反应，先生成开链的中间产物，再经分子内的取代反应，环和而成 β-内酰胺。此类反应最大的优点是避免了分步反应的烦琐操作，减少了产物损失，广泛地应用于抗生素和天然产物的合成。

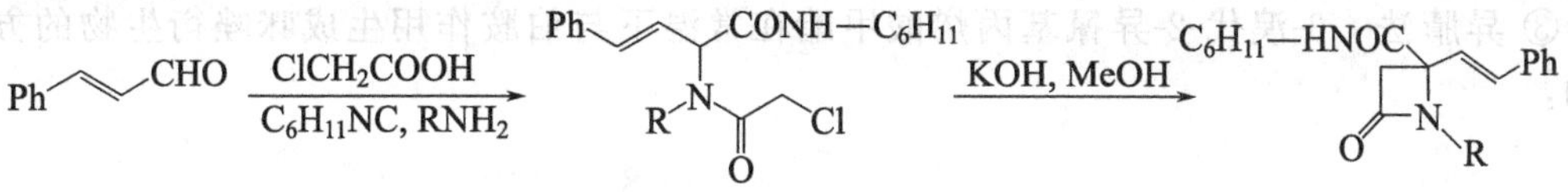

3.6.3 含 N 五元杂环的合成

根据环中所含 N 原子的数，含 N 的五元杂环可分为含 1 个 N 原子、2 个 N 原子、3 个 N 原子的五元杂环，其合成方法各不相同。

(1) 含 1 个 N 原子五元杂环的合成

最常见的含 1 个 N 原子的五元杂环是吡咯，其经典合成方法有 Hantzsch 合成法及 Knorr 合成法。

Hantzsch 合成法：一分子的 α-氯代醛（α-氯代甲基酮）与 β-酮酸酯和氨（或伯胺）经缩合生成吡咯类化合物的合成方法。例如：

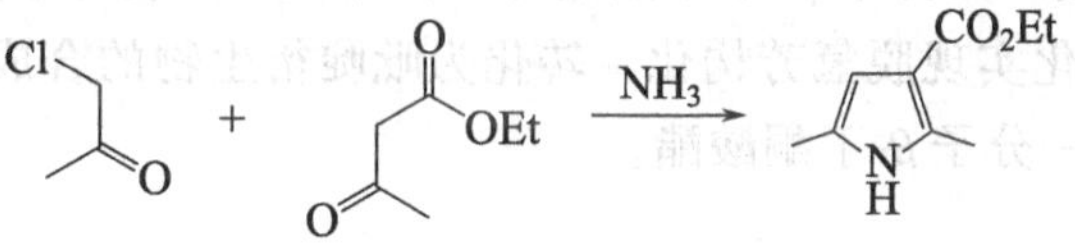

Knorr 合成法：一分子的 α-氨基酮与含有活泼亚甲基的酮反应生成吡咯衍生物的一种方法。例如：

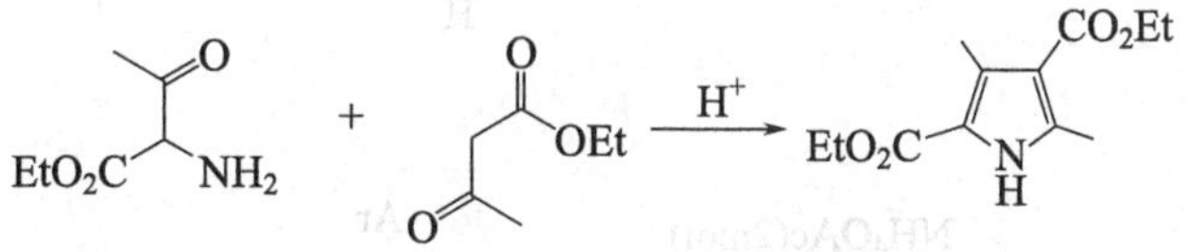

(2) 含 2 个 N 原子五元杂环的合成

咪唑环是最重要的一类含有 2 个 N 原子的五元杂环化合物，其分子结构中含有 2 个 N 原子是间位的，咪唑环中的 1 位氮原子的未共用电子对参与环状共轭，氮原子的电子密度降低，使这个氮原子上的氢易以氢离子形式离去。它具有酸性，也具有碱性，可与强碱形成盐。其合成方法有很多，主要有：

① α-氨基缩醛法　α-氨基缩醛与酰胺环化缩合形成咪唑环。例如：

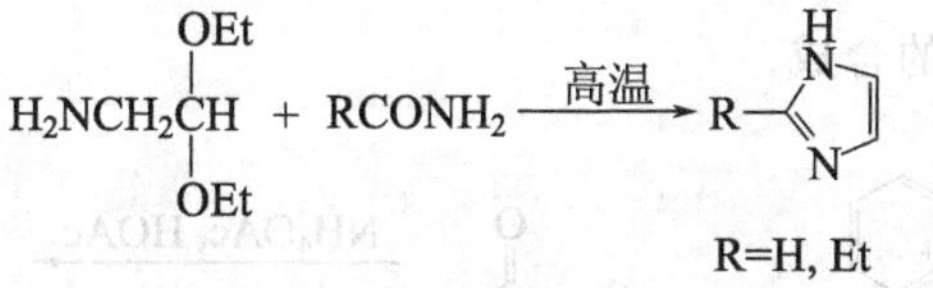

② α-溴代酮法　α-溴代酮与伯胺发生 N-烷基化，然后与甲酰胺环化得到 1，4-二取代咪

唑。例如：

R'—CO—CH$_2$Br $\xrightarrow[\text{Et}_2\text{O, }-78℃]{\text{R''NH}_2}$ R'—CO—CH$_2$—NHR'' $\xrightarrow[\triangle]{\text{HCONH}_2}$ [imidazole structure with R', R'']

R'=Me, i-Pr, i-Bu
R''=Et, i-Pr, t-Bu, Ph

③ 异腈法　3-溴代-2-异氰基丙烯酸甲酯在常温下与伯胺作用生成咪唑衍生物的方法。例如：

[structure: Br, R'' with NC and CO$_2$Me] $\xrightarrow[\text{DMF, 25℃}]{\text{R'NH}_2, \text{Et}_3\text{N}}$ [imidazole structure with R', R'', CO$_2$Me]

酯的构型和 R' 对成环影响较大。一般而言，Z 构型或 R' 为供电子基时对环化有利；E 构型或 R' 为吸电子基时，环化受阻。

3.6.4　含 N 六元杂环的合成

最常见的含 N 六元杂环化合物是吡啶，其可以被看作苯分子中的一个（C—H）被 N 取代的化合物，故又称氮苯，无色或微黄色液体，有恶臭。其合成方法有：

① Hantzsch 合成法　两分子 β-丁酮酸酯与一分子醛和一分子氨缩合生成二氢吡啶衍生物，后者再经硝酸等氧化实现脱氢芳构化，转化为吡啶衍生物的合成方法。也可以用一分子 β-氨基丁烯酸酯等代替一分子 β-丁酮酸酯。

R—CHO + 2 [β-ketoester with OR''] + NH$_3$ ⟶ [dihydropyridine structure R''O$_2$C, R, CO$_2$R'', R', R'] $\xrightarrow{\text{HNO}_3}$ [pyridine structure R''O$_2$C, R, CO$_2$R'', R', R']

例如：

Ar—CHO + 2 [β-ketoester with OEt] $\xrightarrow[\text{EtOH, 回流}]{\substack{\text{NH}_4\text{OAc(2mol)} \\ \text{PhB(OH)}_2\text{(0.1mol)}}}$ [dihydropyridine EtO$_2$C, Ar, CO$_2$Et] $\xrightarrow{\text{HNO}_3}$ [pyridine EtO$_2$C, Ar, CO$_2$Et]

② Kröhnke 合成法　α-吡啶甲基酮盐与 α,β-不饱和酮发生 Michael 加成反应生成吡啶的合成方法。

先利用吡啶叶立德对 α,β-不饱和羰基化合物进行 Michael 加成反应，生成 1,5-二羰基化合物，然后与氨环合直接得到吡啶衍生物。这是合成吡啶衍生物的一个好方法，尤其适用于 2,4,6-三取代吡啶衍生物的合成。

[pyridinium ylide structure with R, Br⁻] + [enone structure R', R''] $\xrightarrow{\text{NH}_4\text{OAc, HOAc}}$ [trisubstituted pyridine R, R', R'']

③ [4+2] 环加成法　该方法实际上是 Hetero-Diels-Alder 反应。从理论上讲，可以通过二烯对腈的碳氮三键进行加成，生成二氢吡啶类化合物，但是，由于腈的活性太弱，所需要的反应条件太苛刻，不易实现。多数情况下，采用环状的氮杂二烯体与烯烃或炔烃进行环化加成，再进一步反应，便生成吡啶衍生物。例如：

3.6.5　吲哚类化合物的合成

吲哚是吡咯与苯并联的化合物，又称苯并吡咯。有两种并合方式，分别称为吲哚和异吲哚。吲哚及其同系物和衍生物广泛存在于自然界，主要存在于天然花油，如茉莉花、苦橙花、水仙花、香罗兰等中。某些生理活性很强的天然物质，如生物碱、植物生长素等，都是吲哚的衍生物。吲哚是一种亚胺，具有弱碱性；杂环的双键一般不发生加成反应；在强酸的作用下可发生二聚合和三聚合作用；在特殊的条件下，能进行芳香亲电取代反应，3 位上的氢优先被取代。

吲哚及其同系物可用多种方法合成，其中以费歇尔（Fisher）合成法最普遍，它是用酮或醛的芳香腙在酸性条件下作用，发生重排反应而制成。在这一反应中，所用的酮必须有一个一级碳原子与羰基相连，才能得到吲哚。其他的合成方法还有苯胺法、邻氨基乙苯法、邻氯甲苯法等。

① Fisher 合成法　此法是以苯肼与醛或酮为原料，先生成苯腙中间体，然后与催化剂（常用 Lewis 酸如 $ZnCl_2$）一起加热，失去一分子氨而得到吲哚，此即为 Fischer 吲哚合成法。

反应中要涉及 [3,3]-σ 迁移重排和双亚胺的结构互变。由于原料可以是结构较为丰富的各种醛或酮，所以可以合成 2,3 位上连有不同取代基的各种结构的吲哚衍生物，此法是实验室合成吲哚及其衍生物的最普遍方法之一，常用于各种结构复杂的吲哚类化合物的合成。其合成反应式如下：

② 苯胺法　此法是目前较受关注的工业合成方法之一，该方法具有原料价廉易得，反应步骤少，不生成无机盐等废弃物，对环境污染小的特点，但是其缺点是对催化剂要求较高。其合成反应式如下：

苯胺法反应需要高温，其催化剂的选用十分关键。通常催化剂可分为金属与非金属催化剂两大类。其中金属催化剂有络合金属催化剂和负载型金属催化剂，络合金属催化剂如 $RuCl_2(PPh_3)$、$ReOCl_3(PPh_3)_2$ 等；负载型金属催化剂主要包括 Re、Pd、Cu、Ag、Au 等金属物质，非金属催化剂包括含 Cd 化合物、含 Pb 化合物、Si_2Cu 氧化物及含其他元素的固体化合物。

③ 邻氨基乙苯法　此法是在催化剂的作用下，将邻氨基乙苯在氮气保护下加热脱氢环合生成 2，3-(2H)吲哚中间体，继续进一步脱氢即可得到吲哚化合物。其合成反应式如下：

3.6.6　喹啉类化合物的合成

喹啉，也叫作苯并吡啶、氮杂萘，是一个杂环芳香性有机化合物。喹啉是一个具有强烈臭味的无色吸湿性液体。喹啉是冶金、染料、聚合物以及农用化学品工业的重要中间体。它也可以用作消毒剂、防腐剂以及溶剂。

苯并吡啶有两种并合方式，分别称为喹啉和异喹啉。它存在于煤焦油和骨焦油中，由煤焦油制得的粗喹啉约含 4% 的异喹啉。金鸡纳碱在蒸馏时产生喹啉。喹啉是无色液体，具有特殊气味。凝固点为 −15.6℃，相对密度为 1.0929（20/4℃）。微溶于水，易溶于乙醇、乙醚等有机溶剂 。异喹啉的熔点为 26.5℃，沸点为 242.2℃，密度为 $1.0986g/cm^3$（20℃），其气味与喹啉完全不同。二者都具有碱性，异喹啉比喹啉碱性更强，都可以与强酸反应生成盐，如苦味酸盐和重铬酸盐；与卤代烷形成四级铵盐等。喹啉的芳香性很强，苯环部分容易在 5，8 两位上发生亲电取代反应，例如在硝化或磺化时，产生 5-和 8-硝基或磺酸基喹啉。吡啶环稳定，在氧化时，苯环被破坏，而吡啶环不变。异喹啉的性质与喹啉近似，硝化和磺化在苯环的 5 位上发生，亲核反应则在 1 位上发生，如与氨基钠反应，生成 1-氨基异喹啉，而喹啉在 2 位上氨基化。工业上常用喹啉的酸性硫酸盐溶于乙醇而异喹啉的酸性硫酸盐则不溶的性质来分离。

合成喹啉的方法有很多，如 Skraup 合成法、Combes 合成法、Pictet-Spengler 异喹啉合成法、Doebner-Miller 合成法、Conrad-Limpach 合成法和 Friedländer 合成法等。

① Skraup 合成法　用芳香一级胺、甘油、硫酸和氧化剂（如硝基苯）一起加热，经环化脱氢制成喹啉。异喹啉一般用 β-苯乙胺的酰化衍生物与强脱水剂作用，经环化和脱水生成。天然的金鸡纳碱和合成的多种抗疟剂，都是喹啉的衍生物，喹啉形成一大类重要的菁染料。在许多生物碱中含有异喹啉的结构。例如：

② Combes 合成法　这是合成喹啉的另一种方法，是用芳胺与 1，3-二羰基化合物反应，首先得到高产率的 β-氨基烯酮，然后在浓硫酸作用下，羰基氧质子化后的羰基碳原子向氨基邻位的苯环碳原子进行亲电进攻，关环后，再脱水得到喹啉。例如：

③ Pictet-Spengler 异喹啉合成法　苯乙胺型化合物与醛在酸催化下，首先得到亚胺中间体，随后环化得到四氢异喹啉衍生物。如果先使苯乙胺的氨基酰化，再经脱水剂 P_2O_5 或 $POCl_5$ 加热处理，可得到 1-取代异喹啉衍生物。例如：

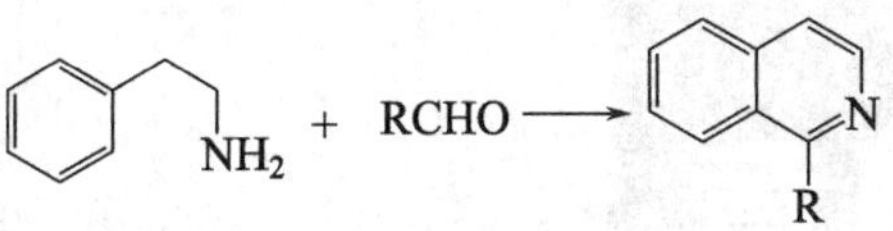

习题

1. 伯胺、仲胺及叔胺的合成方法有哪些？

2. 含 N 杂环化合物的合成方法有哪些？

3. 完成下列反应。

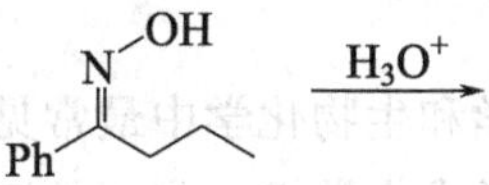

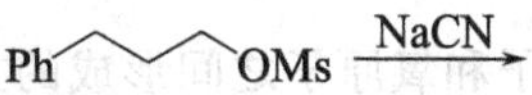

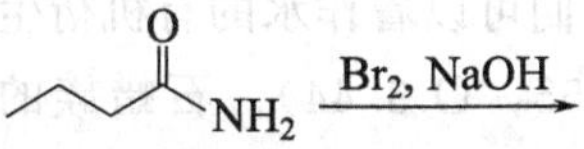

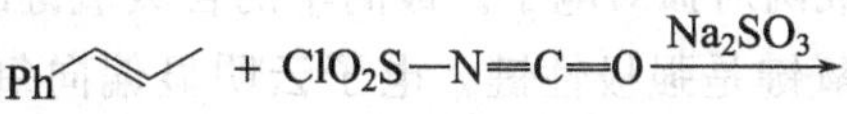

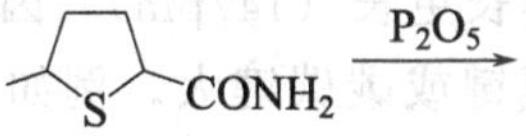

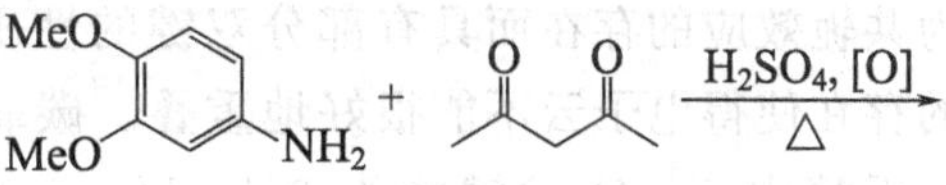

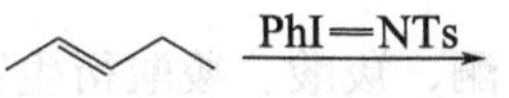

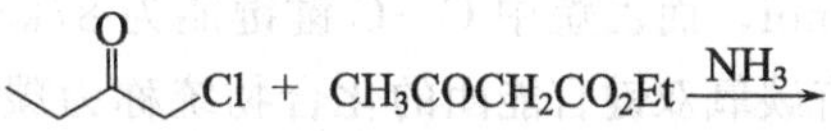

4. 用 5 种方法合成下面氨基酸。

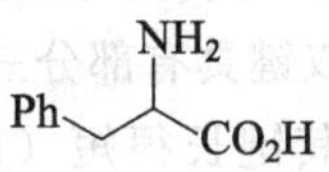

第 **4** 章

C—O 键的形成

  碳氧键是指碳原子和氧原子之间形成的共价键，这是有机化学和生物化学中最常见的化学键之一。氧原子具有 6 个价电子，倾向于与碳原子共用两个电子形成化学键，剩下的四个非键电子形成两对孤对电子。最简单的含碳氧键的化合物是醇，它们可以看作水的有机衍生物。

  碳氧键是强极性键，电子云明显偏向氧（电负性：C 2.55，O 3.44）。石蜡族的碳氧键键长平均在 143pm 左右，比碳氮键或碳碳键都要短。羧酸中单键键长更短（136pm），其中因为共轭效应的存在而具有部分双键的性质。环氧化合物中键长更长（147pm），因为角张力的存在使得电子云不能很好地重叠。碳氧键的键能也比碳氮键或碳碳键大。例如，298K 时，甲醇中 C—O 键键能为 91kcal/mol（1cal = 4.18J，下同），甲胺中 C—N 键键能为 87kcal/mol，而乙烷中 C—C 键键能为 87kcal/mol。

  含有碳氧双键官能团的化合物统称为羰基化合物，包括醛、酮、羧酸、羧酸衍生物等等。分子内部的碳氧双键存在于带正电的盐离子中，但它们多以反应中间体的形式存在。在呋喃及其衍生物中，氧原子的孤对电子参与了 p-π 共轭，因此呋喃是芳香性的。羰基化合物中碳氧双键的键长约为 123pm。而酰卤中的碳氧双键具有部分三键的性质，因此键长只有 117pm。常规的碳氧三键只在一氧化碳分子中存在，其键长很短（112.8pm）、键能很大。这样的三键键能很大，甚至比氮氮三键的键能还高。氧也可以形成三价的化合物，例如三甲基氟硼酸。

  在有机化合物中，含有碳氧键的化合物很多，按碳氧键的种类分碳氧单键化合物和碳氧双键化合物。含有碳氧单键的化合物主要有

  醇（alcohol）：$RCH_2—OH$，如乙醇，CH_3CH_2OH；

  酚（phenol）：$Ar—OH$，如苯酚，$PhOH$；

  醚（ether）：$R—O—R$，如乙醚，$C_2H_5—O—C_2H_5$；

  过氧化物（hydroperoxide）：$R_3C—O—O—CR_3$，如过氧叔丁醚，$^tBu—O—O—Bu^t$。

  含有碳氧双键的有机化合物主要有：

  酮（ketone）：R_3CCOCR_3，如丙酮，CH_3COCH_3；

  醛（aldehyde）：R_3CCHO，如丙烯醛，$CH_2\!=\!CHCHO$；

  醌（quinone）：如苯醌（benzoquinone）；

羧酸 （carboxylic acid）：RCOOH，如乙酸，CH_3COOH。

羧酸衍生物

酯 （ester）：$R_3CCOOCR_3$，如乙酸乙酯，$CH_3COOCH_2CH_3$；

酰氯 （acyl chloride）：RCOCl，如苯甲酰氯，PhCOCl；

酸酐 （acid anhydride）：$(RCO)_2O$，如乙酸酐，Ac_2O；

酰胺 （amide）：$RCONH_2$，如乙酰胺，CH_3CONH_2；

腈 （nitrile）：RCN，如乙腈，CH_3CN；

含 O 杂环 （O-heterocycle）：环氧乙烷、环氧丁烷、呋喃、吡喃等。

◎ 4.1 醇的合成

醇，有机化合物的一大类，是脂肪烃、脂环烃或芳香烃侧链中的氢原子被羟基取代而成的化合物。一般所指的醇，羟基是与一个饱和的，sp^3 杂化的碳原子相连。若羟基与苯环相连，则是酚；若羟基与 sp^2 杂化的烯类碳相连，则是烯醇。酚与烯醇与一般的醇性质上有较大差异。

醇羟基中的氧是 sp^3 杂化，两对孤对电子分占两根 sp^3 杂化轨道，另外两根 sp^3 杂化轨道一根与氢形成 σ 键。

但当羟基与双键或三键碳相连时，氧的 sp^3 杂化轨道则与碳的 sp 杂化轨道形成 σ 键。

由于碳和氧的电负性不同，所以碳氧键是极性键，醇是一个极性分子。一般情况下，醇的偶极矩为 $5.7 \times 10^{-30} C \cdot m$。

一般条件下，相邻两个碳原子上最大的两个基团处于对位交叉构象最为稳定，是优势构象，但当这两个基团可能以氢键缔合时，由于形成氢键可以增加分子的稳定性（氢键的键能为 21～30kJ/mol）。两个基团处于邻交叉构象成为优势构象。

在有机化学反应中，合成醇的方法主要有以下几种。

4.1.1 加成反应

加成反应制备醇的方法主要有烯烃的亲电加成、格氏试剂 （Grignard Reagent） 与羰基的亲核加成反应、有机金属化合物与氧、环氧化合物的加成反应。

(1) 格氏试剂参与合成醇的反应

① 与 O_2 反应生成伯醇。

$$RMgX \xrightarrow{[O]} ROMgX \xrightarrow{H_3O^+} ROH$$

例如：

$$CH_3CH_2CH_2X \xrightarrow{Mg,\ 无水THF} CH_3CH_2CH_2MgX \xrightarrow{O_2} CH_3CH_2CH_2OMgX \xrightarrow{H_3O^+} CH_3CH_2CH_2OH$$

② 与羰基反应生成醇　与甲醛反应生成多一个碳原子的伯醇；与其他醛反应生成仲醇；与酮反应生成叔醇。

$$RMgX \begin{cases} \xrightarrow{HCHO} \xrightarrow{H_3O^+} RCH_2OH(伯醇) \\ \xrightarrow{RCHO} \xrightarrow{H_3O^+} R_2CHOH(仲醇) \\ \xrightarrow{R_2CO} \xrightarrow{H_3O^+} R_3COH(叔醇) \end{cases}$$

例如：

$$CH_3CH_2CH_2CH_2MgX + HCHO \xrightarrow{H_3O^+} CH_3CH_2CH_2CH_2CH_2OH$$

$$CH_3CH_2CH_2MgX + CH_3CHO \xrightarrow{H_3O^+} CH_3CH_2CH_2\underset{\underset{CH_3}{|}}{C}HOH$$

$$CH_3CH_2CH_2MgX + CH_3COCH_3 \xrightarrow{H_3O^+} CH_3CH_2CH_2\underset{\underset{CH_3}{|}}{\overset{\overset{CH_3}{|}}{C}}OH$$

$$CH_3CH_2CH_2MgX + CH_3CH_2COCH_3 \xrightarrow{H_3O^+} CH_3CH_2CH_2\underset{\underset{CH_2CH_3}{|}}{\overset{\overset{CH_3}{|}}{C}}OH$$

③ 与环氧乙烷反应生成增加 2 个碳原子的伯醇。

$$RMgX + \underset{O}{\triangle} \xrightarrow{H_3O^+} RCH_2CH_2OH$$

$$RMgX + \underset{O}{\triangle}\!\!-R' \xrightarrow{H_3O^+} R\underset{\underset{OH}{|}}{C}HCH_2R'$$

例如：

$$CH_3CH_2MgX + \underset{O}{\triangle} \xrightarrow{H_3O^+} CH_3CH_2CH_2CH_2OH$$

$$CH_3CH_2MgX + \underset{O}{\triangle}\!\!-CH_2CH_3 \xrightarrow{H_3O^+} CH_3CH_2\underset{\underset{OH}{|}}{C}HCH_2CH_2CH_3$$

④ **与酯的反应** 格氏试剂与酯反应生成 2 个烃基相同的叔醇，如果与甲酸酯反应生成对称的仲醇。

$$RCOOR' \xrightarrow[H_3O^+]{R''MgX} RCOR'' \xrightarrow[H_3O^+]{R''MgX} RR''_2COH$$

例如：

$$HCOOEt + n\text{-}BuMgBr \longrightarrow (n\text{-}Bu)_2CHOH$$

（2）羰基的亲核加成反应

① 羰基与氢氰酸进行亲核加成反应生成 α-羟基酸。

$$\underset{}{\diagdown}C{=}O + HCN \longrightarrow \underset{\underset{CN}{|}}{\overset{\overset{OH}{|}}{C}} \xrightarrow{H_3O^+} \underset{\underset{COOH}{|}}{\overset{\overset{OH}{|}}{C}}$$

例如：

$$\underset{O}{\diagup\!\!\diagdown} + HCN \longrightarrow HO\underset{}{\diagup}\overset{CN}{} \xrightarrow{H_3O^+} HO\underset{}{\diagup}\overset{COOH}{}$$

② 羰基与炔负离子加成反应生成 α-羟基酮。

$$\underset{}{\diagdown}C{=}O + NaC{\equiv}CR \longrightarrow \underset{\underset{C{\equiv}CR}{|}}{\overset{\overset{OH}{|}}{C}} \xrightarrow[H_3O^+]{Hg_2^+} \underset{}{\diagup}\overset{OH}{\underset{\underset{R}{|}}{C}{\diagdown}{C}{=}O}$$

例如：

$$CH_3COCH_2CH_3 + NaC{\equiv}CCH_3 \longrightarrow \underset{C{\equiv}CCH_3}{\underset{|}{C}}\text{—OH} \xrightarrow[H_3O^+]{Hg_2^+} \underset{CH_3}{\underset{|}{C}}\text{—OH}$$

（3）烯烃的亲电加成

烯烃含有富电子的双键，很容易受到亲电试剂的进攻断裂，发生加成反应。烯烃的水合反应按马氏规则进行加成反应，而烯烃的硼氢化氧化反应是反马氏规则加成的产物。

$$RCH{=}CH_2 \xrightarrow{H_3O^+} \underset{RCHCH_3}{\overset{OH}{|}}$$

$$RCH{=}CH_2 \xrightarrow{\underset{H_2O}{Cl_2}} \underset{RCHCH_2Cl}{\overset{OH}{|}}$$

$$RCH{=}CH_2 \xrightarrow[H_2O_2/OH]{B_2H_6} RCH_2CH_2OH$$

例如：

$$CH_3CH{=}CH_2 \xrightarrow{H_3O^+} \underset{CH_3CHCH_3}{\overset{OH}{|}}$$

$$CH_3CH{=}CH_2 \xrightarrow[H_2O]{Cl_2} \underset{CH_3CHCH_2Cl}{\overset{OH}{|}}$$

$$CH_3CH_2CH_2CH_2CH{=}CH_2 \xrightarrow[H_2O_2/OH]{B_2H_6} CH_3CH_2CH_2CH_2CH_2CH_2OH$$

4.1.2 取代反应

（1）卤代烃的水解

卤代烷和稀氢氧化钠水溶液进行亲核取代反应，得相应的醇。

$$RCH_2X \xrightarrow[OH^-]{H_2O} RCH_2OH$$

卤代烷水解的难易程度不同，烯丙型卤代烃和苄基卤代烃极易水解，$3°>2°>1°>$ CH_3X。

$RI>RBr>RCl$。一般卤代烷由醇制得，因此，此方法常用于一些通过卤化等反应合成的卤代烷。例如：

$$\text{（烯丙基氯）} \xrightarrow[\triangle]{NaOH} \text{（烯丙醇）}$$

$$\text{（苄氯）}{-}CH_2Cl \xrightarrow[\triangle]{NaOH} \text{（苄醇）}{-}CH_2OH$$

$$\text{（环己基氯）}{-}Cl \xrightarrow[\triangle]{NaOH} \text{（环己醇）}{-}OH$$

此反应往往伴随消除反应，为避免消除反应发生，可用氢氧化银代替氢氧化钠。例如：

$$RX \xrightarrow{\text{Ag}_2\text{O, H}_2\text{O}} ROH + AgX\downarrow$$

(2) 酯的水解

$$RCOOR' \underset{}{\overset{H^+}{\rightleftharpoons}} RCOOH + R'OH$$

酯的制备与水解是个平衡反应，如果使水解完全，需要不断地把产物中的醇蒸出。
例如：

$$CH_3COOC_2H_5 \underset{}{\overset{H^+}{\rightleftharpoons}} CH_3COOH + CH_3CH_2OH$$

(3) 环氧烷的水解

在酸性或碱性条件下，环氧烷可以开环生成邻二醇。

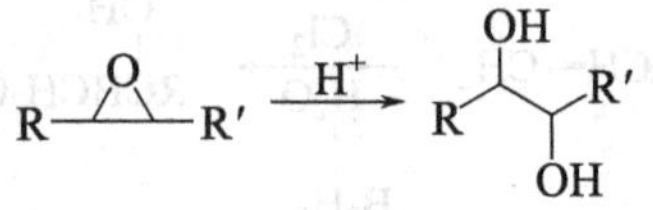

例如：

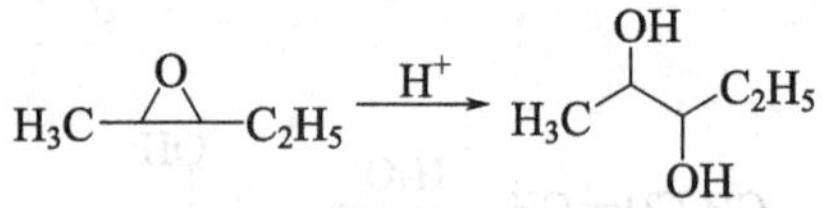

4.1.3 还原反应

(1) 醛、酮的还原

醛酮还原为醇的反应通式如下：

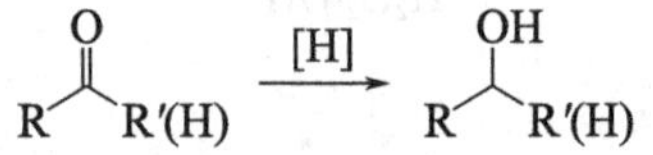

常用的还原剂有：H_2/M、$LiAlH_4$、$NaBH_4$、K 或 Na/C_2H_5OH，$t\text{-BuOH}$、$Zn/CoCl_2$、$Mg/CaCl_2$、$Al(OPr^i)_3$ 等。例如：

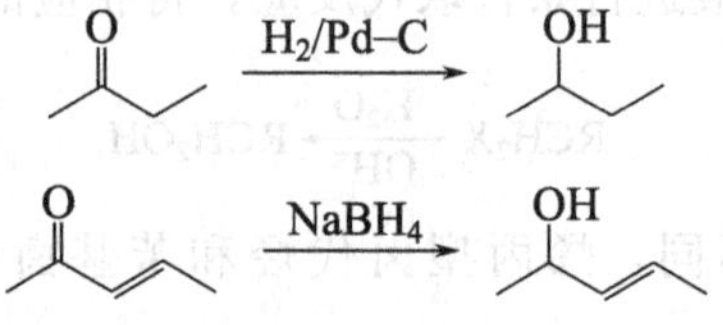

歧化反应（Cannizzaro 反应）：

$$2RCHO \xrightarrow{\text{浓NaOH}} RCH_2OH + RCOONa$$
$$R=H, Ar$$

例如：

$$2HCHO \xrightarrow{\text{浓NaOH}} CH_3OH + HCOONa$$

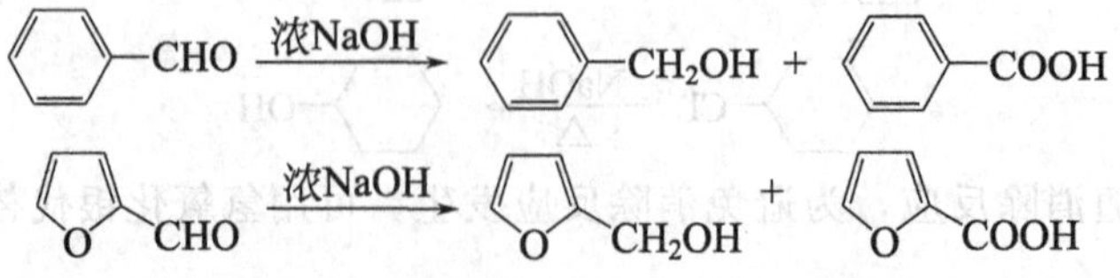

双原子还原：

$$R-\overset{O}{\underset{}{C}}-R(H) \xrightarrow{\text{Mg-Hg或TiCl}_4\text{-Zn}} (H)R-\overset{OH}{\underset{R}{C}}-\overset{R(H)}{\underset{OH}{C}}-R$$

例如：

$$Ph-\overset{O}{\underset{}{C}}-H \xrightarrow{\text{TiCl}_4\text{-Zn}} Ph-\overset{OH}{\underset{}{C}}-\overset{Ph}{\underset{OH}{C}}$$

$$Ph-\overset{O}{\underset{}{C}}-Me \xrightarrow{\text{Zn-Hg}} Ph-\overset{OH}{\underset{Me}{C}}-\overset{Ph}{\underset{OH}{C}}-Me$$

通过还原反应只能生成伯醇和仲醇。

（2）羧酸及其衍生物

在氧化还原反应章节中介绍。

4.1.4 氧化反应

烯烃在四氧化锇或高锰酸钾（低温，中性或碱性条件下）作用下可以生成顺式邻二醇。过氧酸氧化烯烃，再水解的产物是反式邻二醇。

$$R-\!\!\!=\!\!\!-R' \xrightarrow{[O]} \begin{array}{c} R \\ H-\!\!\!\!\overset{|}{}\!\!\!\!-OH \\ H-\!\!\!\!\overset{|}{}\!\!\!\!-OH \\ R' \end{array}$$

[O]=OsO$_4$, KMnO$_4$/OH$^-$

$$R-\!\!\!=\!\!\!-R' \xrightarrow{[O]} \begin{array}{c} R \\ HO-\!\!\!\!\overset{|}{}\!\!\!\!-H \\ H-\!\!\!\!\overset{|}{}\!\!\!\!-OH \\ R' \end{array}$$

[O]=过氧酸

例如：

使用一些特殊的氧化剂，可以把烯丙位氧化为醇，例如：

羟基直接和芳烃核（苯环或稠苯环）的 sp^2 杂化碳原子相连的分子称为酚，这种结构与脂肪烯醇有相似之处，故也会发生互变异构，称为酚式结构互变。但是，酚的结构较为稳定，因为它能满足一个方向环的结构，故在互变异构平衡中苯酚是主要存在形式。

酚的制备方法和醇有所不同，主要有以下几类方法。

（1）卤代物的水解

芳香卤代物的水解不如脂肪族卤代物那么容易，一般需要加温加压。当卤素的邻对位上有吸电子基团存在时，芳环受到缺电活化，使水解反应容易发生。例如氯苯在高温高压及催化剂存在下才能与 10％ 的氢氧化钠水溶液或碳酸钠水溶液反应，生成酚。

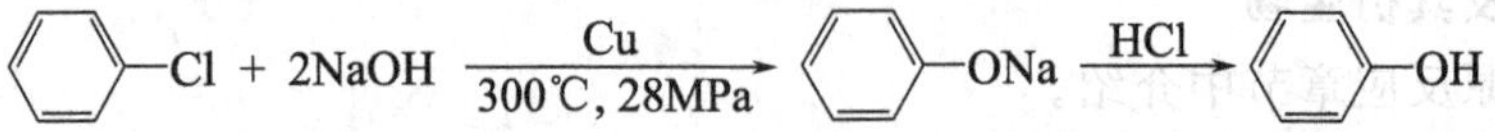

卤素的邻、对位有强吸电子基团存在时，水解反应能在较温和的条件下进行，例如：

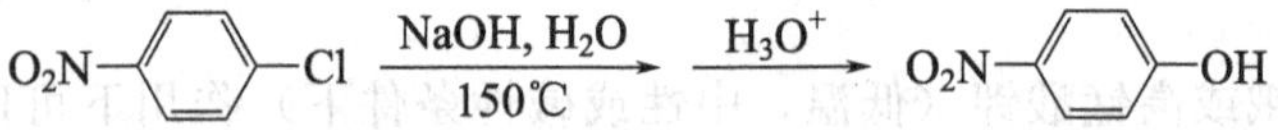

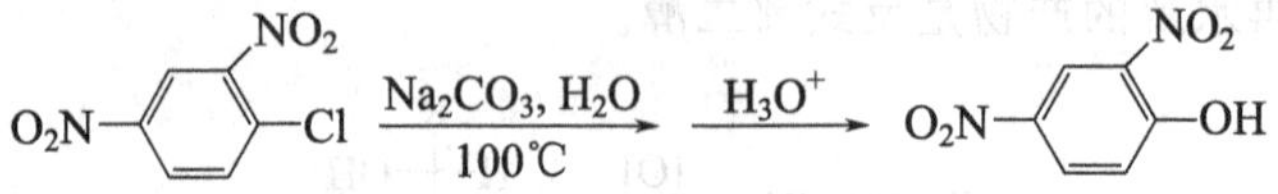

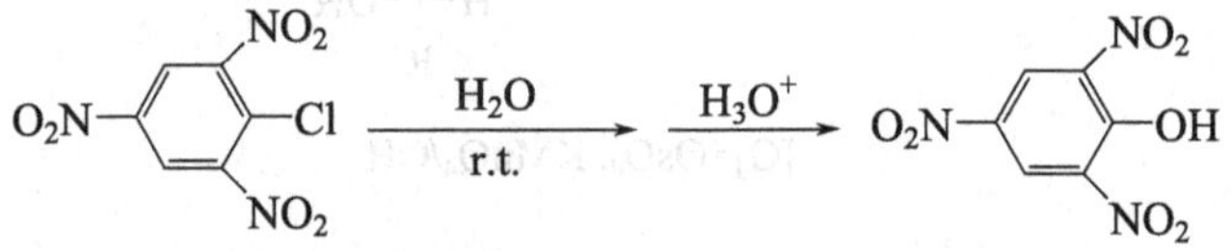

（2）异丙苯法

目前工业上制备苯酚主要是采用苯与丙烯反应，得到的异丙苯再经空气氧化生成过氧化异丙苯，后者在酸催化下，发生分子内重排，同时生成苯酚和丙酮。异丙苯氧化法的优点是原料价廉易得，无废物排放，原子利用率高，并且适合于工业化的连续生产。

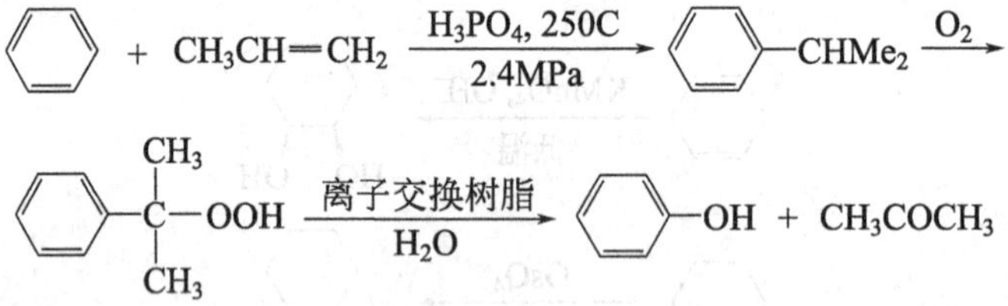

（3）磺酸盐碱熔法

芳磺酸用亚硫酸钠（Na_2SO_3）中和为芳磺酸钠盐，再用碱熔融后酸化得到酚。

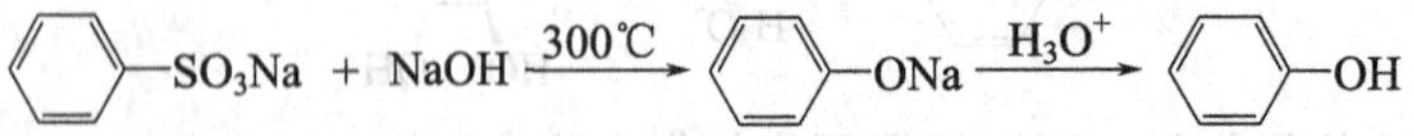

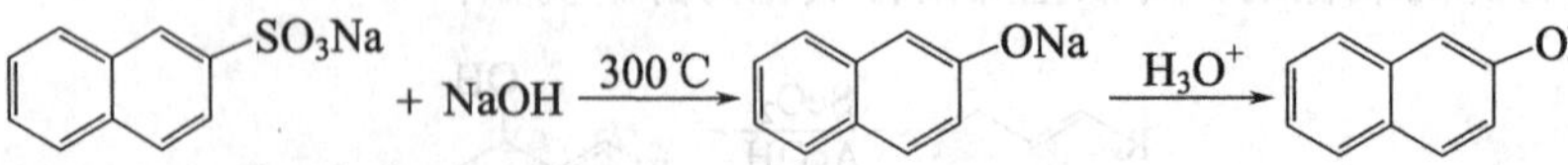

这是生产苯酚最早的一种方法。反应中要用到强酸强碱，污染大，反应步骤又长，自动化生产率低，当分子中含有羰基、卤素、氨基、硝基等官能团时，在高温生产时还容易受到氧化等副反应的影响，这些因素都限制了这个反应的应用价值。然而，这个反应产率高，纯度也很好，副产物 Na_2SO_3 和 SO_3 可反复使用，设备简单，无论在实验室还是工业上都有应用价值，像间苯二酚、对甲苯酚、苯酚等产品主要还是由此法生产。

目前工业生产苯酚最主要的方法是异丙苯空气氧化法，该方法除了生成苯酚外，还得到丙酮这一重要工业原料。

（4）重氮盐水解

芳香烃硝化还原得到苯胺后再制得重氮盐，重氮盐在稀硫酸催化作用下水解后得到苯酚。

$$\text{（苯环）}-N_2^+HSO_4^- \xrightarrow{\text{稀}H_2SO_4} \text{（苯环）}-OH + N_2$$

重氮盐水解得酚的反应是一个普遍制酚的方法，但也可以把重氮盐先转化成羧酸酯，而后再水解，此反应产率较高。反应如下：

$$\text{（苯环）}-N_2^+HSO_4^- \xrightarrow{HBF_4} \text{（苯环）}-N_2^+BF_4^- \xrightarrow{AcOH} \text{（苯环）}-OAc \xrightarrow[\triangle]{H_3O^+} \text{（苯环）}-OH$$

（5）格氏试剂-硼酸酯法

由卤代苯直接水解制酚较困难，但把它先制成格氏试剂，再进行其他反应，却能比较容易地得到酚。反应是在低温条件下，将卤代苯制成格氏试剂，再与硼酸三甲酯反应，生成芳基硼酸二甲酯，酯经水解，得芳基硼酸，再在醋酸溶液中，经 15% 过氧化氢氧化，水解，即可生成酚。

$$\text{（苯环）}-MgBr \xrightarrow[-80℃]{(CH_3O)_3B} \text{（苯环）}-B(OCH_3)_2 \xrightarrow{H_3O^+} \text{（苯环）}-B(OH)_2 \xrightarrow[AcOH]{15\%H_2O_2} \text{（苯环）}-O-B(OH)_2 \xrightarrow{H_3O^+} \text{（苯环）}-OH$$

芳香卤代物格氏反应和硼酸酯作用后再水解也是实验室得到酚的一个好方法。

4.3　醚的合成

水分子中的两个氢原子均被烃基取代的化合物称为醚。醚类化合物都含有醚键。醚是由一个氧原子连接两个烷基或芳基所形成的，醚的通式为 R—O—R。它还可看作是醇或酚羟基上的氢被烃基所取代的化合物。醚类中最典型的化合物是乙醚，它常用作有机溶剂与医用麻醉剂。醚类化合物的应用常见于有机化学和生物化学，它们还可作为糖类和木质素的连接片段。

醚的结构通式为：R—O—R(R′)、Ar—O—R 或 Ar—O—Ar(Ar′)（R 为烃基，Ar 为芳烃基）。醚的键角约为 $110°$，C—O 键长为 140pm，C—O 键的旋转能垒的能量很小，而水、醇与醚分子中氧的键合能力也与此相似。根据价键理论，氧原子的杂化状态是 sp^3。

氧原子的电负性比碳更强，因此与氧连接的 α 氢原子酸性强于碳连接的 α 氢原子，然而其酸性比不上羰基 α 氢原子。

醚在实验室条件下可通过许多方法合成：

（1）醇的脱水

醇可通过脱水反应制备醚：

$$2R—OH \longrightarrow R—O—R + H_2O（高温下）$$

该反应过程需要高温（通常在 125℃），还需要酸（通常为硫酸）的催化才能发生。此方法对于制备对称醚来说有效，但制备不对称醚却很难。例如：乙醚易于通过此法制备，环醚也同样可用此方法制备（分子内脱水）。另外此方法还会产生一定的副产物——烯烃，如分子内脱水产物：

$$R—CH_2CH_2OH \longrightarrow R—CH\!=\!CH_2 + H_2O$$

另外此法只能合成一些简单的醚，对于复杂的分子醚类分子不太适用。复杂分子则需要更温和的条件来合成。

（2）威廉姆逊（Williamson）醚合成

卤代烃和醇盐发生亲核取代反应：

$$R—ONa + R'—X \longrightarrow R—O—R' + NaX$$

该反应称作威廉姆逊合成。该反应通过用强碱处理醇，形成醇盐，而后与带有合适离去基团的烃类分子反应。离去基团包括碘、溴等卤素或磺酸酯。该方法对于芳香卤代烃一般不适用（如溴苯，参见 Ullmann 缩合）。该方法还只局限于一级卤代烃（可得到较好的收率），对于二级卤代烃与三级卤代烃则由于太易生成 E_2 消除产物而不适用。

在相似的反应中，烷基卤代烃还可与酚负离子发生亲核取代反应。R—X 虽不能与醇反应，但酚却能够进行该反应（酚的酸性远高于醇），它可通过一个强碱，如 NaH 先形成酚负离子再进行反应。酚可取代卤代烃中的 X 离去基团，形成酚醚的结构，该过程为 S_N2 机理。

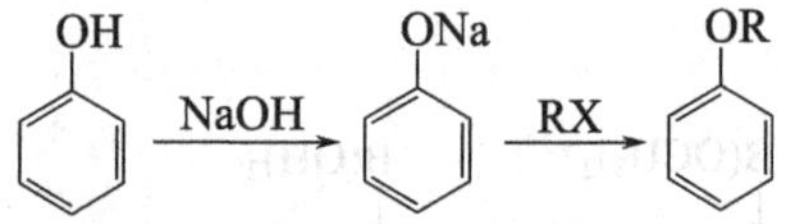

（3）乌尔曼（Ullmann）二芳醚的合成

乌尔曼二芳醚合成，又称 Ullmann 缩合反应、Ullmann 联苯醚合成、Ullmann 型反应，是指酚与芳基卤化物在铜或铜盐催化下偶联为二芳醚的反应。

例如，对硝基苯酚与溴苯在铜存在下偶联为对硝基联苯醚。

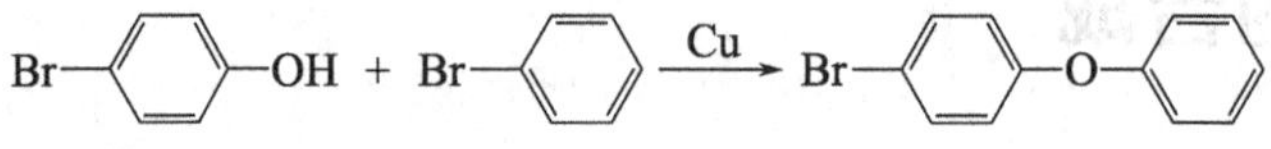

◎4.4 过氧化物的合成

过氧化物指过氧化氢中的氢原子被烷基、酰基、芳香基等有机基团置换而形成的含有—O—O—过氧官能团的有机化合物。特征是受热超过一定温度后会分解产生含氧自由基，不稳定、易分解。化工生产的有机过氧化物主要是用来作合成树脂的聚合引发剂、催化剂。在高分子材料领域，它可用作自由基聚合的引发剂、接枝反应的引发剂、橡胶和塑料的交联剂、不饱和聚酯的固化剂以及纺丝级聚丙烯制备中的分子量及分子量分布调节剂。环境中的污染空气在光作用下通过自由基反应可产生过氧酰基硝酸酯类化合物，是光化学氧化剂中的粒种之一。

目前建立有机过氧化物中过氧键的方法大致上可以归结为两大类：一类是利用氧自由基偶联在有机分子中形成过氧键；另一类是在有机分子中引入无机过氧基团，即将现成的过氧桥（O—O）通过一定的化学转化（加成、亲核取代、Ketal 交换等）引入到有机分子中。第一类的例子甚少，第二类则是最常见最普遍的策略。常见的含过氧官能团的无机化合物包括：单线态氧（$^1O_2$）、基态氧气（O_2）、基态的双氧水（H_2O_2）以及臭氧（O_3）等。

4.4.1 利用氧自由基偶联在有机分子中形成过氧键

Porter 小组利用不稳定的偶氮化物分解产生的氧自由基合成了一系列的过氧醇。当底物分子中存在对自由基敏感的官能团（如双键、醛基、酮基等）时，高活性的氧自由基所诱发的副反应增多，致使反应产率偏低。如果底物分子的结构较简单，没有敏感基团，则产率相应有所提高。

$$R=Et, 39\%$$
$$R=t\text{-}Bu, 40\%$$

4.4.2 利用无机过氧源在有机分子中引入过氧基团

（1）利用激发态（单线态）氧引入过氧键

氧气分子含有两个氧原子，因此很容易用氧气来作为过氧的来源。然而，由于处于基态的氧气对不含单电子（例如自由基）的有机分子反应性很差，无法直接加以利用。激发态氧的活性远高于基态氧，同时，由于基态的氧气是三线态，其第一激发态（单线态）的能量较低，通过光敏法较容易得到。由于这些缘故，用单线态引入过氧键就成为在有机分子中引入过氧基团最经典的方法。

① 光敏氧化产生单线态氧（$^1O_2$）引入过氧键　中国科学家抗疟药创始人屠呦呦获了2015 年度诺贝尔医学奖，其贡献是提取并合成了青蒿素（QHS）——一种高效抗疟药，其全合成中最关键的一步，即过氧键的引入就是利用光敏氧化反应来实现的。

② 利用"dark single oxygen"（暗单线态氧）引入过氧键　光敏法并非产生单线态氧的唯一方法。通过一些无机盐催化的双氧水歧化反应也能产生单线态氧。因为这些方法不涉及光，所以如此获得的单线态氧有时也称为"dark single oxygen"。这方面的工作均起源于 20世纪 60 年代，当时化学家 Seliger 发现含有 NaClO 的 H_2O_2 溶液能化学发光（说明存在激发态物种）。化学家 Khan 和 Kasha 进一步研究证实了 H_2O_2 歧化可产生 $^1O_2$。

用无机盐催化 H_2O_2 发生歧化反应生成 $^1O_2$，常见的无机盐如 ClO^-、Nd_2O_3、MoO_4^{2-}和 $Ca(OH)_2$ 等，但反应仍必须在强碱性条件下才能发生。近年来发展了一些中性条件下可以产生 $^1O_2$ 的催化剂，如 $Mg_{0.7}Al_{0.3}LDH\text{-}MoO_4$。

$$H_2O_2 \xrightarrow{Mg_{0.7}Al_{0.3}LDH\text{-}MoO_4} H_2O + {}^1O_2 + {}^3O_2$$

$^1O_2$能以较好收率与环状共轭二烯发生加成反应，与孤立双键发生 ene 反应。

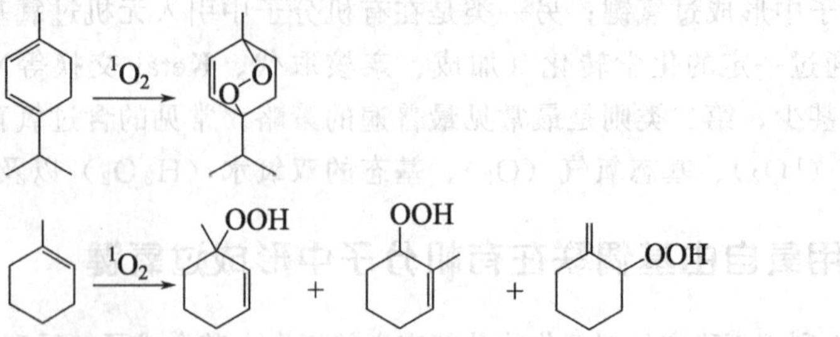

(2) 利用基态氧引入过氧键

除了上述利用光敏法或无机盐催化 H_2O_2 产生 $^1O_2$ 外，利用基态的 O_2、H_2O_2 或 O_3 在适当的条件下也可将过氧官能团引入到有机分子中。

① 利用基态氧气引入过氧键　由于基态氧气分子是三线态的，所以对电子物种就很敏感，极容易与自由基发生反应。类似于第一类型的光敏反应，利用自由基引发剂诱发底物分子形成碳自由基，再与基态 O_2 反应，即可在底物分子中引入过氧键。例如利用 PhSH 为自由基引发剂，合成的过氧半缩醛（peroxy hemiacetals）。

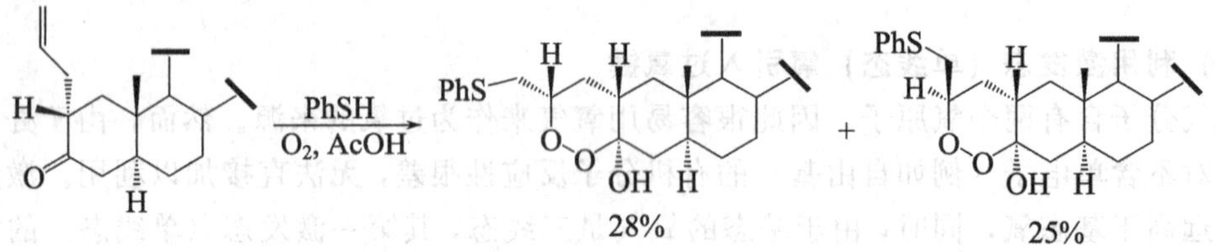

② 利用臭氧化反应引入过氧键　臭氧加成反应也是在有机分子中引入过氧键较常见的方法。利用烯基硅烷与臭氧的异常反应，也成功地完成了青蒿素的全合成。

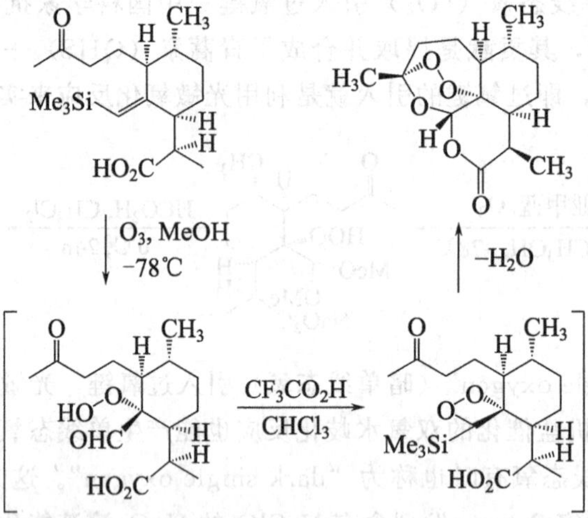

4.4.3　利用基态 H_2O_2 的亲核取代反应引入过氧键

利用基态 H_2O_2 或 ROOH 的亲核取代反应来引入过氧键有多种方法。一般是底物分子在路易斯酸的作用下形成一个比其本身正电性更强的中间体，这使得弱负电性的 HOOH 或 ROOH 更易于进攻，发生亲核取代反应，从而在底物分子中引入过氧基团。例如可以利用汞盐如 $Hg(NO_3)_2$、$Hg(OAc)_2$、$HgCl_2$ 来活化烯烃双键，生成汞鎓离子使得本不易发生的过氧氢（OOH）亲核取代变得容易进行。例如：

$$\text{(图：R}^1\text{、R}^2\text{取代的共轭二烯酸经 } H_2O_2 / Hg(OAc)_2 \text{、Hg(OAc)}_2 \text{、NaBH}_4 / NaOH \text{ 反应生成环状过氧化物)}$$

⊙ 4.5 醛、酮的合成

4.5.1 醇氧化生成醛、酮

由醇生成醛、酮是有机合成中的一类非常重要的反应。伯醇的氧化可以得到醛，但由于醛处于醇与羧酸的中间氧化状态，就必须选择适当的氧化剂加以控制，才不至于氧化过度而生成羧酸。

仲醇的氧化得到酮，但仲醇过度氧化可以导致分子开裂。由叔醇的氧化开裂、转位等反应也能合成酮，但使用范围不大。

醇的氧化必须从所使用氧化剂氧化性的强弱、醇分子的结构以及反应条件等多个方面考虑。氧化剂主要有铬类氧化剂、MnO_2、DMSO、氧铵盐、高价碘化物等。

(1) 铬类氧化剂

常用的铬（Ⅳ）试剂主要有三氧化铬（CrO_3）、重铬酸、铬酸酯 $[CrO_2(OCOR)_2]$、铬酰氯（CrO_2Cl_2）等。为了控制醇不被过度氧化为羧酸，最常用的氧化方法有 Jones 氧化法（$Cr_2O_3/H_2SO_4/$丙酮）、Collins 氧化法（$Cr_2O_3 \cdot 2Py$）、PCC（Pyrindium Chlorochromate）氧化法及 PDC（Pyrindium Dichromate）氧化法等。

$$R-CH_2OH \xrightarrow{\text{Jones试剂}} R-CO_2H$$

$$\underset{R}{\overset{OH}{\underset{R'}{|}}} \xrightarrow{\text{Jones试剂}} R-CO-R'$$

$$R-CH_2OH \xrightarrow{PCC} R-CHO$$

DMAP-$HCrO_3Cl$ 可选择性地氧化烯丙醇或苄醇为醛。

$$\text{(图：对位取代的苯甲醇经 DMAP, HCrO}_3\text{Cl 氧化为对应的苯甲醛)}$$

(2) MnO_2

活性 MnO_2 广泛用于氧化 β-不饱和基团（三键、双键、芳香环）的 α 位的醇（烯丙醇、苄醇等）。对于烯丙醇，其氧化条件温和，不会引起双键的异构化。MnO_2 的活性及溶剂的选择对反应至关重要，常用的溶剂有二氯甲烷、乙醚、石油醚、己烷、丙酮等。例如：

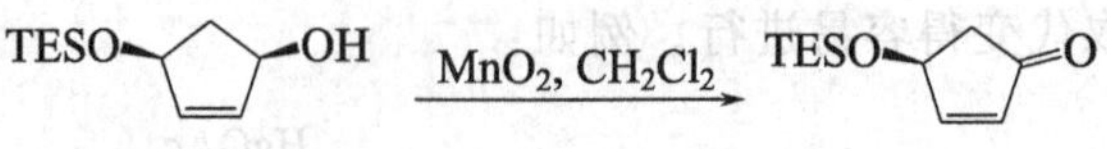

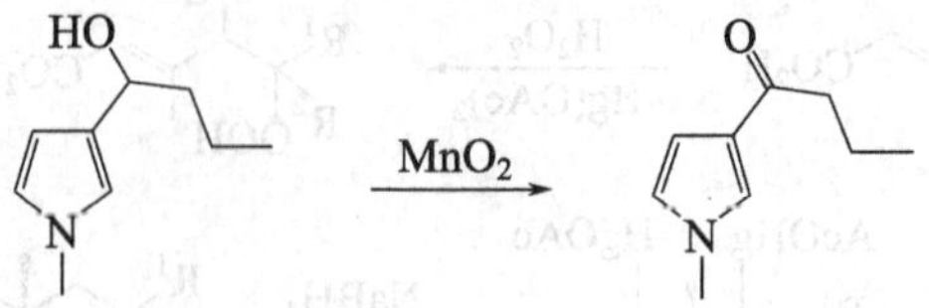

(3) DMSO

DMSO 可由各种亲电试剂（E）活化后与醇反应，生成烷氧基硫盐，接着发生消除，生成醛或酮。亲电试剂有 DCC、Ac_2O、$(CF_3CO)_2O$、$SOCl_2$、$(COCl)_2$ 等。例如：

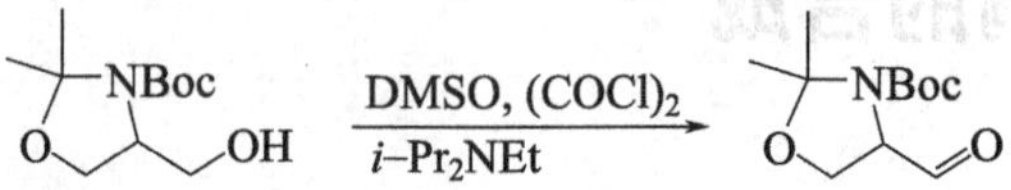

(4) 高价碘氧化剂

高价碘氧化剂可以在中性或接近中性的条件下，在室温下可以很温和地将伯醇和仲醇氧化为醛酮，一般用二氯甲烷作溶剂。常用的高价碘氧化剂有三种，即碘苯二乙酸（DIB）、邻碘酰苯甲酸（IBX）和戴斯-马丁试剂（DMP）。例如：

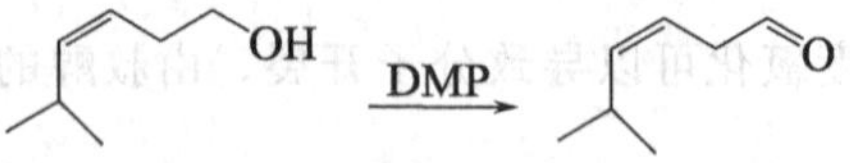

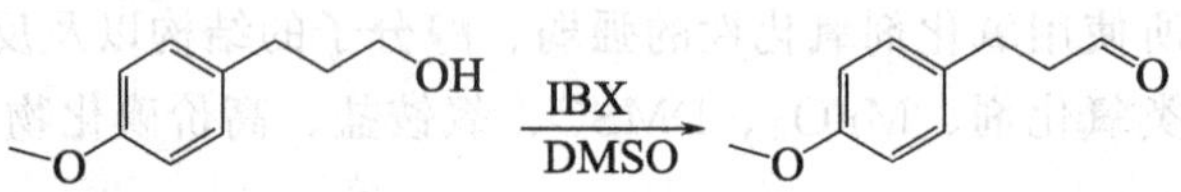

(5) 次氯酸钠

在一定的条件下，次氯酸钠也可以把伯醇氧化为醛。例如：

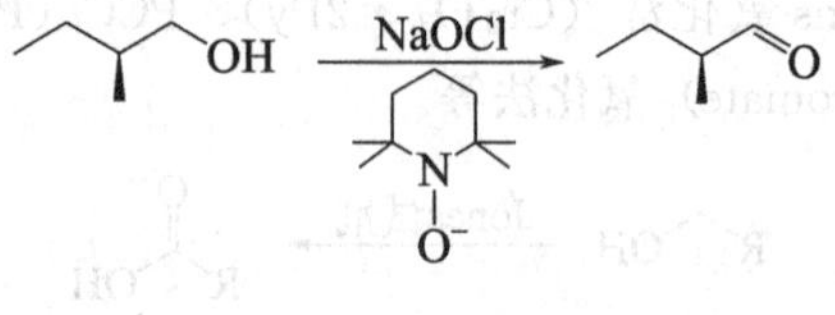

(6) 亚硝酸钠-醋酸酐

此法是一个较实用的合成醛的方法，反应一般在室温下进行，反应时间较短，可氧化大部分伯醇、烯丙醇和苄醇，而且产率较高，副反应较少。例如：

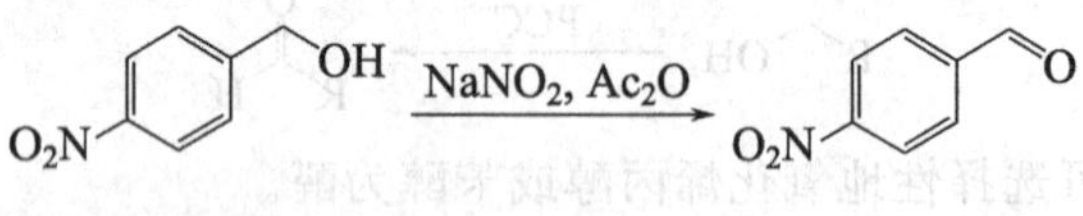

4.5.2 由卤化物合成醛、酮

伯卤甲基和仲卤甲基可以被氧化为醛、酮，氧化的方式多样。常用的氧化剂有 DMSO（Kornblum 反应）、硝基化合物（Hass 反应）、乌洛托品（Sommelet 反应）、对亚硝基二甲苯胺氧化吡啶鎓盐（Krohnke 反应）、胺氧化物等。将反应活性好的卤甲基化合物与 DMSO 反应，生成烷氧基锍基，然后进行 β-消除反应而得醛。例如：

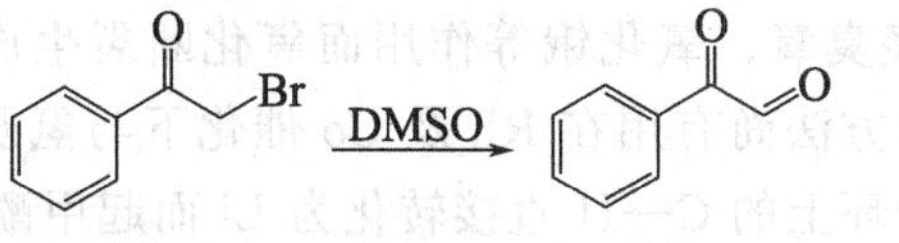

4.5.3 由活泼甲基或亚甲基氧化为醛、酮

甲基可被许多氧化剂如 SeO_2、铬酸、次卤酸等氧化为醛，特别是与羰基及芳香环相邻的活性甲基更易被氧化。其中 SeO_2 的选择性较好，是最常用的氧化剂之一。相比之下，由亚甲基氧化合成酮的方法较多。主要有用 SeO_2 氧化、用空气氧化、用铬酸氧化、用高锰酸盐氧化、用醌氧化等方法。

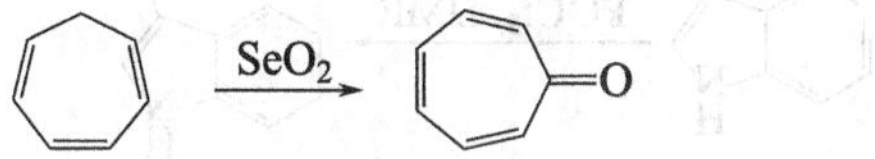

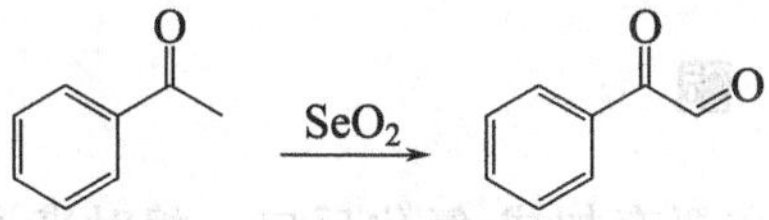

羰基及与芳香环相邻的活泼甲基、亚甲基很容易被 SeO_2 氧化为相应的醛酮。反应操作简单，选择性、重复性良好。

4.5.4 由氰合成醛、酮

一般通过向腈化物中加入等当量至稍过量的 DIBAL，0℃ 以下进行还原反应，可以把腈还原为醛。该法对缩醛及卤化物不适用，但除羧酸外会先与其他羰基化合物作用，所以通常要先保护这些羰基再进行反应。雷尼 Ni 的活性做适当调节，可以催化还原腈到醛。通常用亚磷酸钠和甲酸钝化雷尼 Ni。也有在 N,N-二苯基乙二胺或氨基脲共存下制得醛衍生物的方法。腈与格氏试剂反应，可以将腈变为酮。由于反应中形成了活性低的酮亚胺盐，当反应停于此阶段，则经水解便能以较好的收率得到酮，因为格氏试剂有些碱性，它可以在连接吸电子基氰基的邻位碳上夺取 1 个质子，所以本法用于脂肪腈时，收率低了些，相反自芳香腈制芳酮时，便是个高收率的优良合成法。例如：

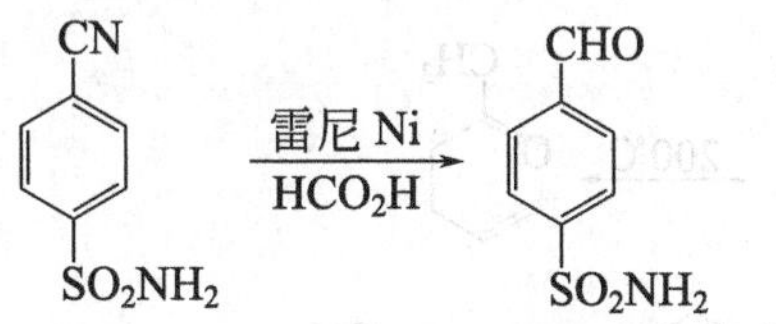

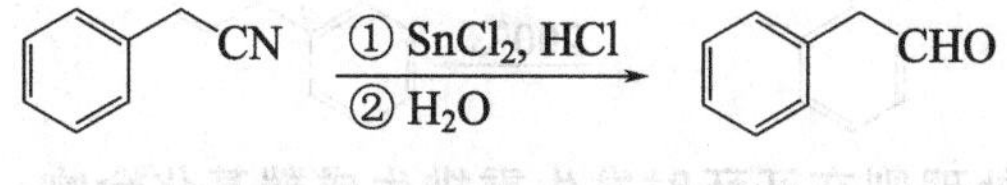

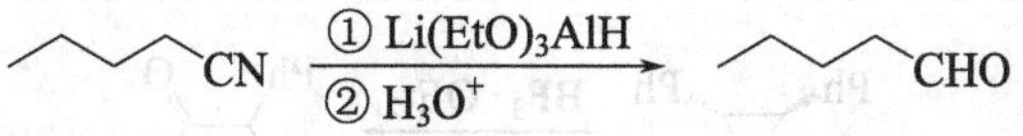

4.5.5 由烯烃、芳环合成醛、酮

烯烃及芳环的 C=C 键经臭氧、氧化铈等作用而氧化断裂生成醛，是醛的重要合成法之一。此外，将烯烃变为醛的方法尚有用在 Rh 及 Co 催化下与氢及一氧化碳起反应的加氢甲酰化，硼氢化反应以及将芳环上的 C—H 直接转化为 Li 而起甲酰化反应等。烯烃经加成-氧化、加成-还原、加成-水解、加成异构化以及一氧化碳插入反应等能合成酮。例如：

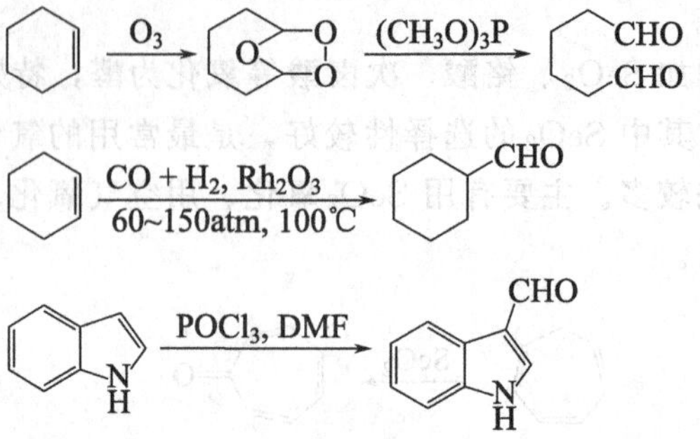

4.5.6 由炔烃合成醛、酮

从炔烃出发合成醛的反应主要有加成-氧化反应。相对来说从炔烃出发合成酮的反应较多，具有实用价值的反应主要有氧化反应（包括加成-氧化反应）、加成-水解反应、加成-还原反应、加成-烷基化、酰化等反应。例如：

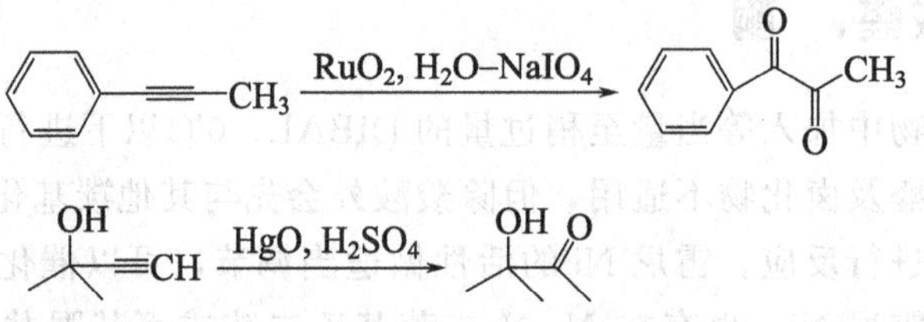

4.5.7 由醚及环氧化物合成醛、酮

(1) Claisen 重排

Claisen 重排是指酚或烯醇的烯丙醚加热至 $190\sim200℃$，烯丙基由氧原子迁移至碳原子上，即发生 [3,3] 重排分别生成 C-烯丙基酚或 C-烯丙基酮的重排。例如：

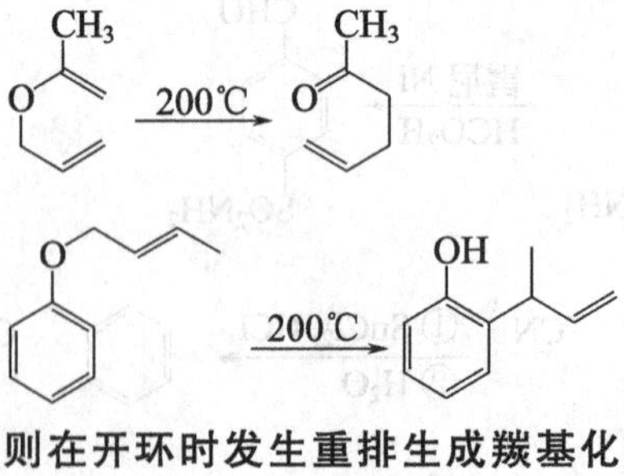

(2) 将环氧化物用酸处理则在开环时发生重排生成羰基化合物

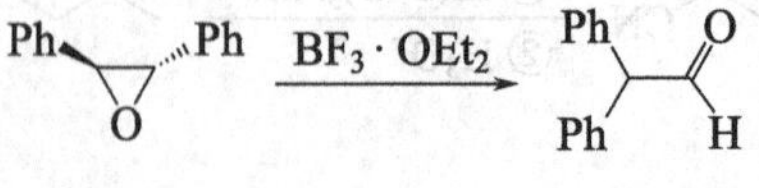

4.5.8 烯丙位的氧化

用铬酰氯（CrO_2Cl_2）和三氧化铬可以对烯丙位进行氧化生成相应的醛或酮，例如：

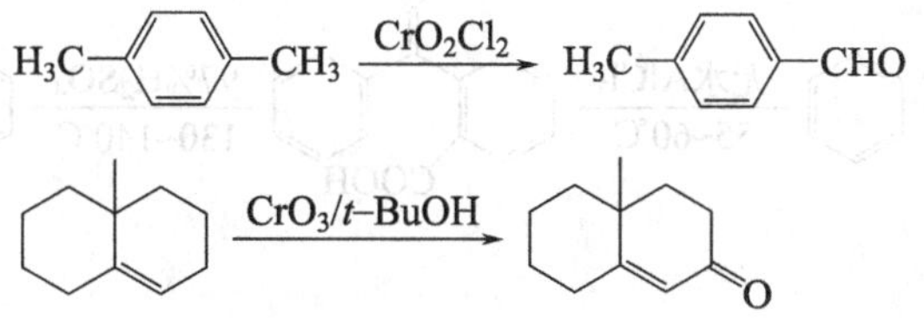

4.5.9 由胺合成醛

活泼的苄基型卤代烃与六亚甲基四胺（乌洛托品）在水介质中作用，经过季铵盐、苄基型胺和亚胺，最后水解为芳醛，此反应称为 Sommelet 醛合成。

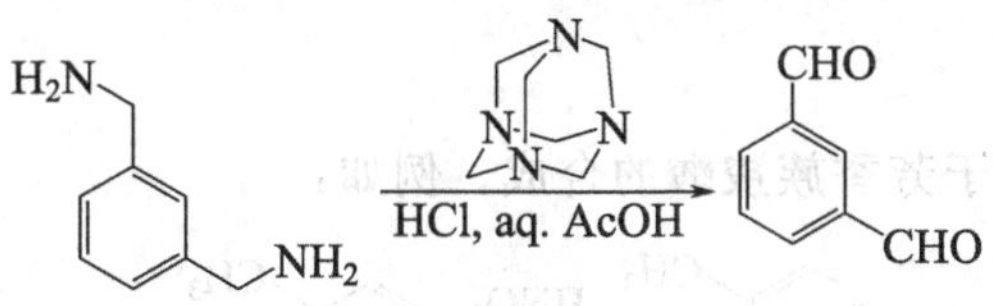

◎ 4.6 醌的合成

醌是含有共轭环己二烯二酮或环己二烯二亚甲基结构的一类有机化合物的总称。大部分的醌都是 α,β-不饱和酮，且为非芳香、有颜色的化合物。

一类含有两个双键的六元环状二酮（含两个羰基）结构的有机化合物，是芳香族母核的两个氢原子各由一个氧原子所代替而成的化合物。常见醌的制备方法有下列几种。

(1) 由酚或芳胺氧化制备

酚或芳胺都易被氧化成醌，这是制备醌的一个方便的方法。其中对苯醌更容易制备。例如：

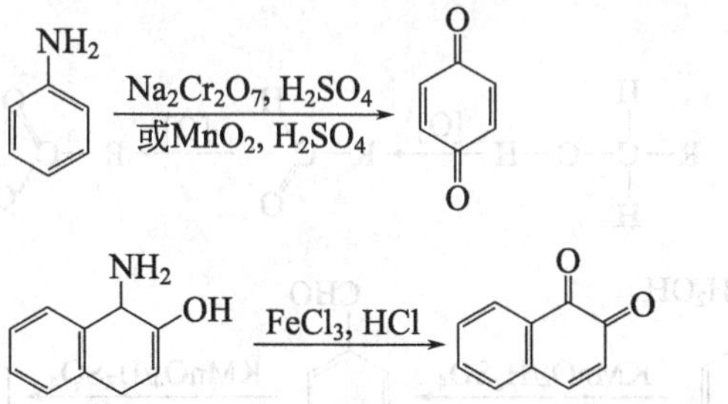

(2) 由芳烃氧化制备

某些芳烃经氧化后可得到相应的醌，这是工业上制备蒽醌的方法之一。例如：

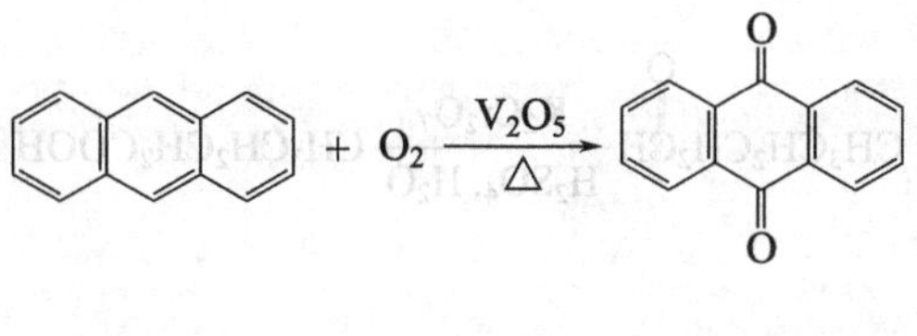

(3) 由其他方法制备

蒽醌也可由苯和邻苯二甲酸酐经 Friedel-Crafts 酰基化反应及闭环脱水反应制备，这是目前工业上制备蒽醌及其衍生物的主要方法。

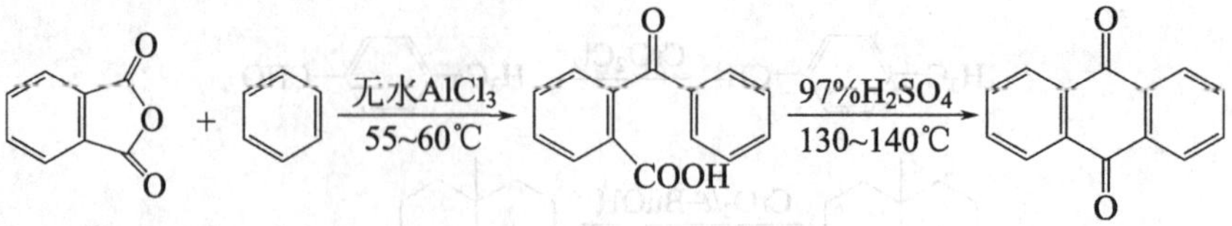

○ 4.7 羧酸的合成

4.7.1 氧化法

(1) 烃的氧化

芳烃支链的氧化常用于芳香族羧酸的合成。例如：

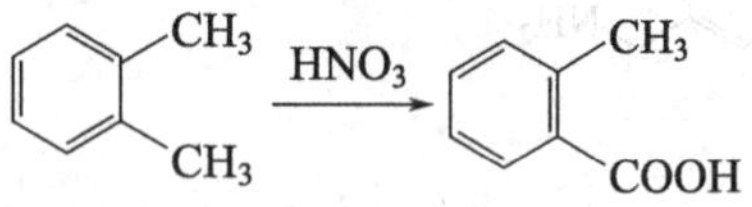

邻二甲苯　　　　　　　　邻甲苯甲酸

烯烃有时也作为制备羧酸的原料。不对称的烯烃生成两种酸，而对称的烯烃和末端烯烃的氧化产物则比较单纯。例如：

$$(CH_3)_2CH(CH_2)_3CHCH=CH_2 \xrightarrow{KMnO_4,H_2O} (CH_3)_2CH(CH_2)_3CHCOOH + CO_2$$

3,7-二甲基-1-辛烯　　　　　　　　　　　2,6-二甲基庚酸(45%)

(2) 伯醇和醛的氧化

羧酸可以由伯醇或醛的氧化得到，常用的氧化剂有重铬酸钾加浓硫酸、三氧化铬加冰醋酸、高锰酸钾、硝酸等。

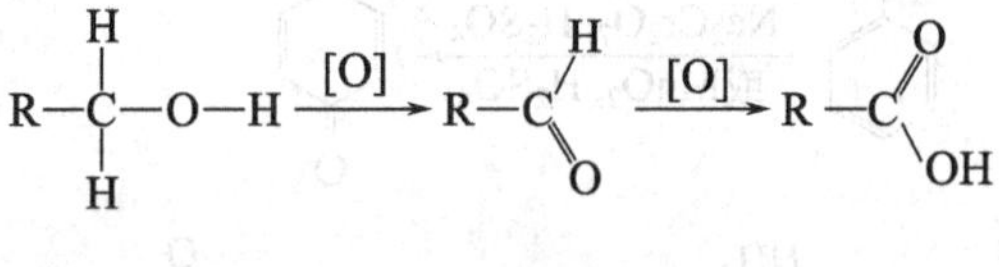

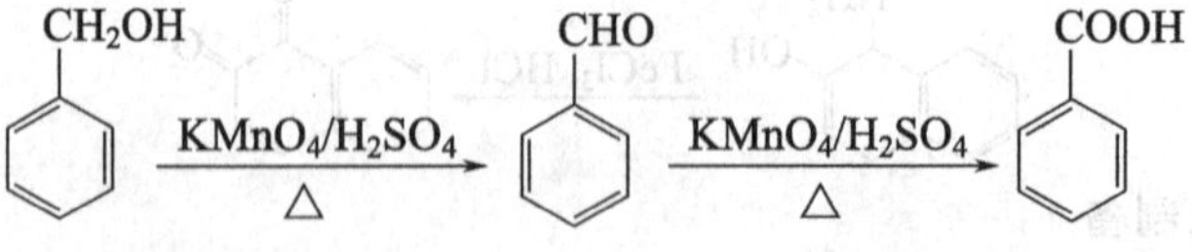

$$CH_3CH_2CH_2CH_2OH \xrightarrow[\triangle]{KMnO_4/H_2SO_4} CH_3CH_2CH_2CHO \xrightarrow[\triangle]{KMnO_4/H_2SO_4} CH_3CH_2CH_2COOH$$

$$CH_3CH_2CH_2\overset{O}{\underset{}{C}}H \xrightarrow[H_2SO_4,\ H_2O]{K_2Cr_2O_7} CH_3CH_2CH_2COOH$$

在催化剂作用下，伯醇可以高效地被氧化为羧酸，最高产率可达到99％。

$$R-CH_2-OH \xrightarrow[CH_3CN]{PFC,H_5IO_6} R-\overset{\displaystyle O}{\overset{\|}{C}}-OH$$

PFC：氯铬酸吡啶鎓

不饱和醇和醛也可被氧化成羧酸，如选用弱氧化剂，可在不影响不饱和键的情况下，制取羧酸。例如：

$$\text{呋喃}-CH=CH-CHO \xrightarrow[30\sim36℃,2.5h]{Ag_2O,NaOH,O_2} \text{呋喃}-CH=CH-COONa$$

呋喃丙烯醛   呋喃丙烯酸钠

醛容易氧化成相应的羧酸，常用的试剂为高锰酸钾。这种方法只在醛容易得到时使用。

(3) 酮的氧化

开链的酮氧化，生成含碳原子较少的羧酸，通常不用它作制备羧酸的原料。但甲基酮通过卤仿反应氧化成酸常在合成中应用。例如：

$$(CH_3)_3CCOCH_3 \xrightarrow{Br_2,NaOH} (CH_3)_3CCOONa + CHBr_3$$

3,3-二甲基-2-丁酮   2,2-二甲基丙酸钠
            72%

环酮氧化生成含同数碳原子的二酸。

$$\text{环己酮} \xrightarrow[\text{铜钒催化剂}]{[O],60\%HNO_3} \begin{array}{l} CH_2CH_2COOH \\ | \\ CH_2CH_2COOH \end{array}$$

4.7.2 水解法

(1) 腈（nitrile）的水解

$$\text{苯}-CH_2CN + 2H_2O \xrightarrow[\triangle]{\text{浓硫酸}} \text{苯}-CH_2COOH + NH_3$$

苯乙腈   苯乙酸(78%)

由于腈容易由伯卤代烷与氰化钾发生 S_N2 反应得到，仲卤代烷与氰化钾反应也可以得到腈，因此腈常常用作合成羧酸的原料。由卤代烷通过腈合成羧酸是增长碳链的一种方法。例如：

$$RX \xrightarrow[\text{醇}]{NaCN} RCN \xrightarrow{H^+/H_2O} RCOOH$$

此法仅适用于 1°和 2°RX，3°RX 与 NaCN 作用易发生消除反应。

(2) 油脂的水解

羧酸大都以酯的形式存在于油、脂、蜡中。油、脂、蜡水解后可以得到多种羧酸的混合物。

$$\begin{array}{l} \text{CH}_2\text{OCOC}_{13}\text{H}_{27}\text{-}n \\ | \\ \text{CHOCOC}_{13}\text{H}_{27}\text{-}n \quad \xrightarrow[\text{② HCl}]{\text{① NaOH}} \quad n\text{-}\text{C}_{13}\text{H}_{27}\text{COOH} \\ | \\ \text{CH}_2\text{OCOC}_{13}\text{H}_{27}\text{-}n \end{array}$$

甘油十四酸酯   十四酸

（从豆蔻中提取）   89%~95%

4.7.3　格利雅试剂合成法

格利雅试剂与二氧化碳加合后，酸化水解得羧酸。

$$\text{R-MgX} + \text{CO}_2 \longrightarrow \text{RCOOMgX} \xrightarrow[\text{H}_2\text{O}]{\text{H}^+} \text{RCOOH}$$

1°、2°、3°RX 都可使用。

可以将二氧化碳通入格氏试剂中，反应完毕后再水解。在反应中应保持低温，以免生成的羧酸盐继续与格氏试剂作用转变成叔醇。较好的方法是将格氏试剂倒在干冰上，这时的干冰既是反应试剂又是冷冻剂。

$$(\text{CH}_3)_3\text{COH} \xrightarrow{\text{HBr}} (\text{CH}_3)_3\text{CBr} \xrightarrow{\text{Mg}} (\text{CH}_3)_3\text{CMgBr}$$

$$\xrightarrow[\text{②H}_3\text{O}^+]{\text{①H}_2\text{C—CH}_2 \ (\text{O})} (\text{CH}_3)_3\text{CCH}_2\text{CH}_2\text{OH} \xrightarrow[\text{H}_2\text{O}]{\text{K}_2\text{Cr}_2\text{O}_7, \text{H}^+} (\text{CH}_3)_3\text{CCH}_2\text{CO}_2\text{H}$$

此法可用于制备比原料多一个或两个碳的羧酸。

4.7.4　其他合成法

烯烃羰基化法。烯烃在 Ni(CO)_4 催化剂的存在下吸收 CO 和 H_2O 而生成羧酸。

$$\text{RCH=CH}_2 + \text{CO} + \text{H}_2\text{O} \xrightarrow{\text{Ni(CO)}_4} \text{R-CH-CH}_2 \underset{\underset{\text{O}}{\parallel}}{} \xrightarrow{\text{H}_2\text{O}} \underset{\underset{\text{CH}_3}{|}}{\text{R-CH-COOH}}$$

4.8　含 O 杂环的合成

(1) 环氧乙烷的合成

环氧化合物通常由烯烃氧化制备。在工业生产中，最重要的环氧化合物是环氧乙烷，它通过乙烯和氧气制备。

$$\text{H}_2\text{C=CH}_2 + \text{O}_2 \xrightarrow{\text{Cat.}} \triangle\!\!\!\!O$$

其他的过氧化合物还可通过以下方法制备。

① 通过过氧酸和烯烃来制备，如间氯过氧苯甲酸（m-CPBA）。

$$\text{CH}_3\text{CH=CH}_2 + \underset{\text{Cl}}{\bigcirc}\text{-CO}_3\text{H} \longrightarrow \text{H}_3\text{C-}\triangle\!\!\!\!O$$

② 通过卤代醇分子内的亲核取代反应来制备。

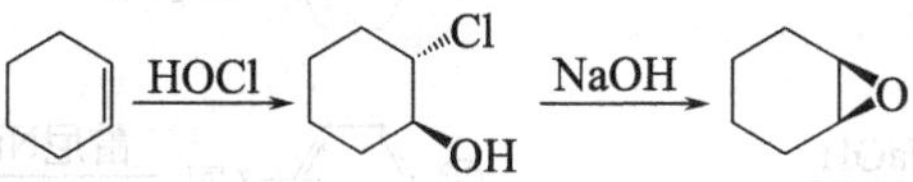

（2）四氢呋喃的合成

四氢呋喃（缩写为 THF）是无色透明液体；有乙醚气味，相对密度为 0.888（21℃/4℃），沸点为 66℃，凝固点为 −65℃；溶于水和多种有机溶剂，易燃烧；在空气中易生成爆炸性过氧化合物。

四氢呋喃是应用相当广泛的低沸点有机溶剂和精细化工中间品。以四氢呋喃为原料可以合成许多高附加值的新产品，其应用非常广泛。四氢呋喃的合成方法主要有以下几种。

① 糠醛法　此法是将农业废料如玉米芯、甘蔗渣等先水解成糠醛，再脱羰基生成呋喃（这也是呋喃的一种制备方法），加氢制得 THF。此法原料易得，但因农副产品作原料，不易得到高纯度的产品。目前国内生产 THF，主要采用糠醛法，但国外已开始淘汰这项技术。

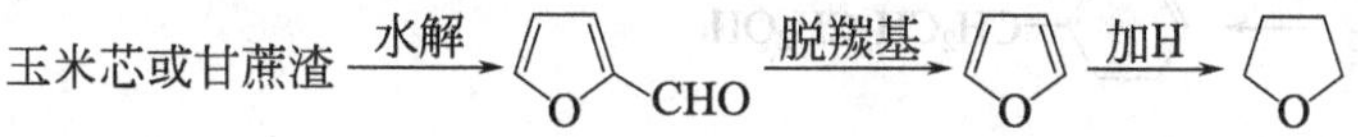

② 1,4-丁二醇法　以 1,4-丁二醇为原料，用杂多酸作催化剂，进行液相脱水生成四氢呋喃。

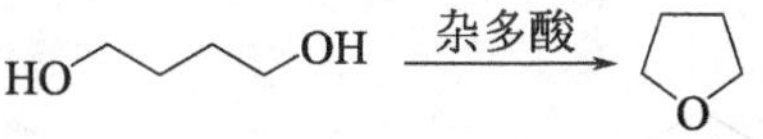

③ 顺丁烯二酸酐法（MAH）　以顺丁烯二酸酐和廉价氢气为原料，用自制的铜、铝、锌等混合氧化物为催化剂，在固定床反应器内常压生成四氢呋喃。

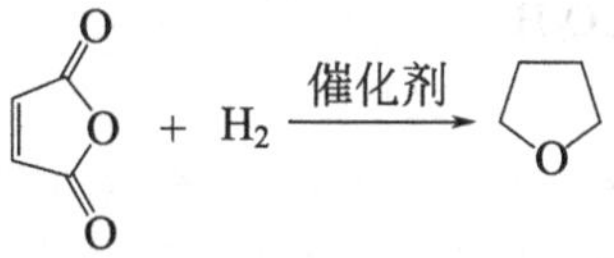

此种方法原料易得，合成工艺简单，反应条件温和，容易操作，设备投资省，而且可以得到纯度为 99.95％以上的产品。

◎ 习题

1. 完成下列反应。

① $PhMgBr + HCHO \xrightarrow{H_3O^+}$

② $\xrightarrow[0℃]{KMnO_4, OH^-}$

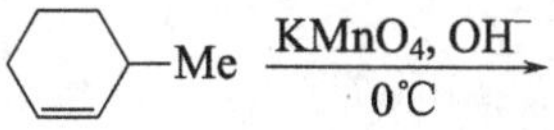

③ $CH_3CH_2MgBr + PhCO_2Et$

④ $\xrightarrow[H_3O^+]{PhCO_3H}$

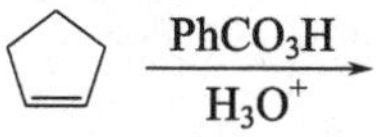

⑤ $+ HBr$

⑥ $CH_2CH_3 \xrightarrow[AcOH]{SeO_2}$

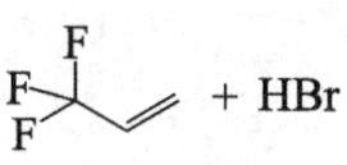

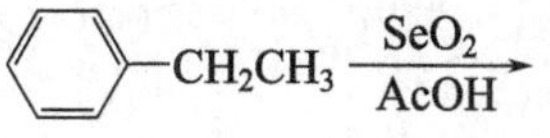

⑦ —CH₂Br $\xrightarrow[\triangle]{\text{NaOH}}$

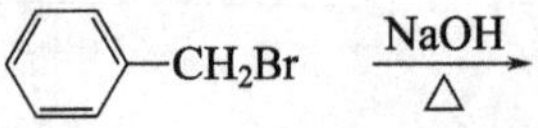

⑧ —CH₂OH $\xrightarrow{\text{PCC}}$

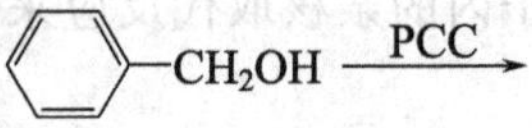

⑨ —COCH₃ $\xrightarrow{\text{Br}_2,\ \text{NaOH}}$

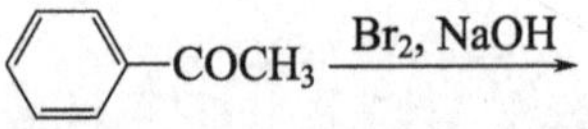

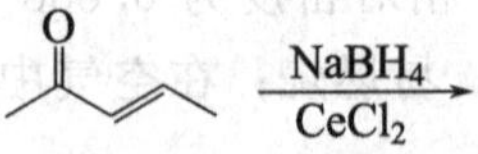

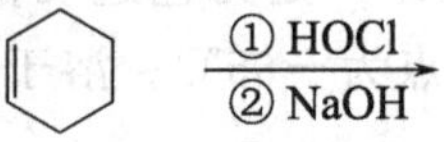

⑩ —CN $\xrightarrow[\text{HCO}_2\text{H}]{\text{雷尼 Ni}}$

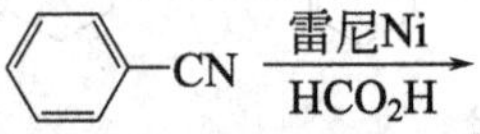

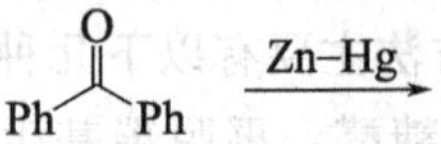

⑪ $\xrightarrow[\text{CeCl}_2]{\text{NaBH}_4}$

⑫ $\xrightarrow[\text{② NaOH}]{\text{① HOCl}}$

⑬ $\underset{\text{Ph}\qquad\text{Ph}}{\overset{\text{O}}{\text{C}}}$ $\xrightarrow{\text{Zn–Hg}}$

⑭ H₃C O——OCH₂CH=CH₂ $\xrightarrow{200℃}$

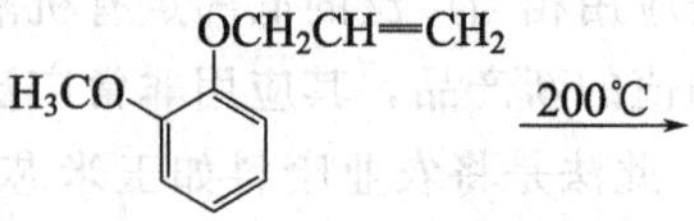

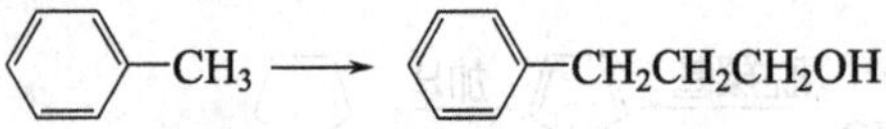

2. 用已给的原料合成下列化合物。

① —CH₃ ⟶ —CH₂CH₂CH₂OH

② ⟶

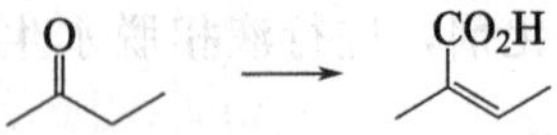

③ 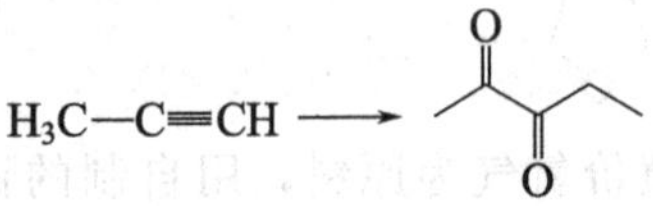 H₃C—C≡CH ⟶

④ ⟶ —CH₂CO₂H

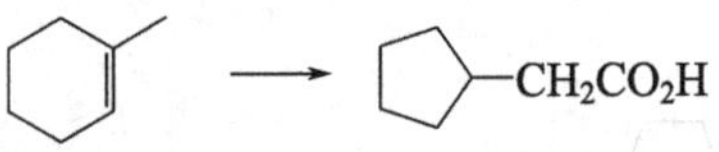

3. 设计路线合成下列化合物。

①

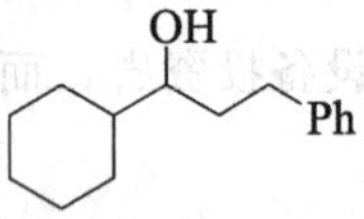

②

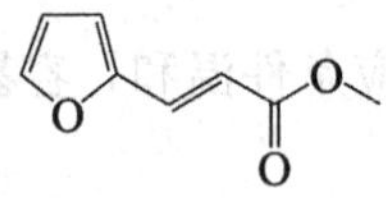

③

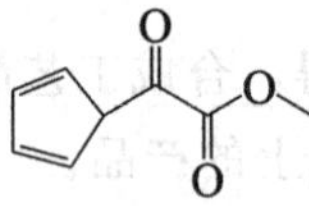

④

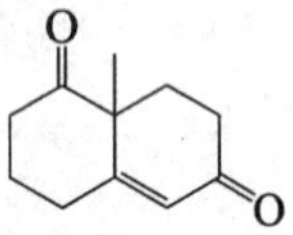

⑤

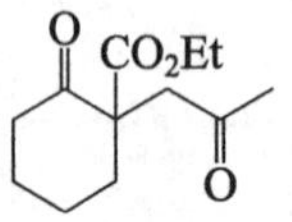

⑥

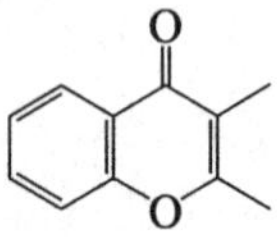

第5章

碳杂键的形成

5.1 C—X 键的形成

烃分子中的氢原子被卤素原子取代后的化合物称为卤代烃（Alkyl Halides），简称卤烃。卤代烃的通式为（Ar）R—X，X 可看作是卤代烃的官能团，包括 F、Cl、Br、I。形成 C—X 键的主要方法有以下几种。

5.1.1 自由基反应形成 C—X 键

5.1.1.1 烷烃的卤代

烷烃的氯代生成各种异构体的混合物，只有在少数情况下可以用氯代的方法制得较纯的一卤代物。

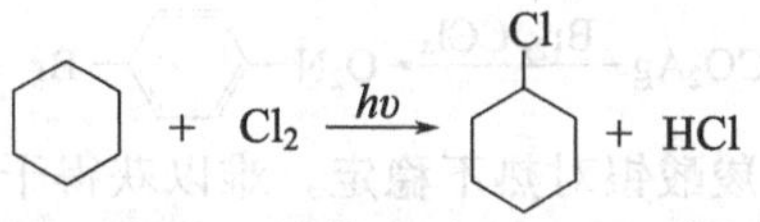

$$\bigcirc + Cl_2 \xrightarrow{hv} \bigcirc^{Cl} + HCl$$

在工业上常常通过烷烃氯代得到各种异构体混合物，不必分离，可直接将它们作为溶剂使用。

在烷烃卤代反应中，溴代的选择性比氯代高，以适当烷烃为原料可以得到一种主要的溴代物。

$$CH_3CH_2CH_3 + Cl_2 \xrightarrow{300℃} \underset{48\%}{CH_3CH_2CH_2Cl} + \underset{52\%}{CH_3\overset{Cl}{\underset{|}{C}}HCH_3}$$

$$CH_3CH_2CH_3 + Br_2 \xrightarrow{330℃} \underset{92\%}{CH_3\overset{Br}{\underset{|}{C}}HCH_3} + \underset{8\%}{CH_3CH_2CH_2Br}$$

$$Me_3CCH_2CMe_3 + Br_2 \xrightarrow[CCl_4]{hv} \underset{>96\%}{Me_3CC\overset{Br}{\underset{|}{H}}CMe_3}$$

因此在制备较纯的卤代烃方面，溴代比卤代更实用一些。如：

$$Me_3CH + Br_2 \xrightarrow[CCl_4]{h\nu} Me_3C{-}Br \quad (90\%)$$

如果用烯烃为原料，则可以优先在 α-C 上进行卤代。这是制备烯丙型、苄基型卤代物的较好方法。例如：

$$CH_3CH_2CH{=}CH_2 + Cl_2 \xrightarrow{500\,℃} CH_3\overset{Cl}{\underset{|}{C}HCH{=}CH_2$$

$$\text{(苯基)}{-}CH_2CH_3 + Cl_2 \xrightarrow{h\nu} \text{(苯基)}{-}\overset{Cl}{\underset{|}{C}HCH_3}$$

5.1.1.2 α-H 的溴代

在实验室制备 α-溴代烯烃或芳烃时，常用 N-溴代丁二酰亚胺（简称 NBS）作溴化剂。该法比较方便，反应可以在较低的温度下进行。例如：

$$\text{(苯基)}{-}CH_3 + \text{(NBr 琥珀酰亚胺)} \xrightarrow[CCl_4]{h\nu} \text{(苯基)}{-}CH_2Br$$

5.1.1.3 烯烃的加成

当有过氧化物存在时，HBr 与烯烃进行加成反应也是制备溴代烷的一种方法，此反应是一个自由基反应历程，得到反马氏规则的产物，例如：

$$RCH{=}CH_2 + HBr \xrightarrow{CH_3CO_3H} RCH_2CH_2Br$$

5.1.1.4 Hunsdiecker 反应及改进法

Hunsdiecker 反应也是一个自由基反应，是指在四氯化碳中干燥的羧酸银与卤素共热，生成比羧酸少一个碳原子的卤代烃的反应，例如：

$$O_2N{-}\text{(苯基)}{-}CO_2Ag \xrightarrow{Br_2, CCl_4} O_2N{-}\text{(苯基)}{-}Br + CO_2 + AgBr$$

此反应的局限性在于许多羧酸银对热不稳定，难以获得干燥而纯净的银盐，少量水可明显影响反应的产率。为此，Cristol 提出了改进法。此法将羧酸与过量的氧化汞在四氯化碳中与卤素直接反应。在此条件下少量水对产率无大影响：

$$RCOOH + Br_2 + HgO \xrightarrow[\triangle]{CCl_4} RBr$$

Barton 改进法是将羧酸与四乙酸铅和碘在光引发下反应生成碘代烃，产率为 63%～100%。此法适用于合成伯、仲碘代烃，例如：

$$\text{(戊基)}{-}COOH \xrightarrow[I_2,\ h\nu]{Pd(OAc)_4} \text{(戊基)}{-}I$$

Kochi 改进法是将羧酸与四乙酸铅在 LiCl 或 KCl、CaCl$_2$ 等存在下共热进行脱羧，生成产率较高的氯代烃。此法适用于仲、叔氯代烃的制备，例如：

$$\square\text{—COOH} \xrightarrow[\text{PhH, 80℃}]{\text{Pd(OAc)}_4,\ \text{LiCl}} \square\text{—Cl}$$

5.1.1.5 Sandmeyer 反应

芳香族重氮盐在亚铜盐的催化下，重氮基分别被多种原子或基团取代的反应。

$$\text{ArN}_2^{+}\text{X}^{-} \xrightarrow[\triangle]{\text{CuX}} \text{Ar—X} + \text{N}_2\uparrow$$

$$(\text{X=Cl, Br, CN, SCN等})$$

此反应是自由基反应历程：

$$\text{ArN}_2^{+}\text{X}^{-} + \text{CuX} \xrightarrow{\triangle} \text{Ar·} + \text{N}_2\uparrow + \text{CuX}_2$$

$$\text{Ar·} + \text{CuX}_2 \longrightarrow \text{Ar—X} + \text{CuX}$$

例如：

$$\underset{\text{NO}_2}{\text{C}_6\text{H}_4\text{—NH}_2} \xrightarrow[\text{0~5℃}]{\text{NaNO}_2,\ \text{HCl}} \underset{\text{NO}_2}{\text{C}_6\text{H}_4\text{—N}_2^{+}\text{Cl}^{-}} \xrightarrow{\text{CuCl, HCl}} \underset{\text{NO}_2}{\text{C}_6\text{H}_4\text{—Cl}}$$

$$\underset{\text{H}_3\text{C}\quad\text{NO}_2}{\text{NH}_2} \xrightarrow[\text{0~5℃}]{\text{NaNO}_2,\ \text{HBr}} \underset{\text{H}_3\text{C}\quad\text{NO}_2}{\text{N}_2^{+}\text{Cl}^{-}} \xrightarrow{\text{CuBr}} \underset{\text{H}_3\text{C}\quad\text{NO}_2}{\text{Br}}$$

$$\underset{\text{CH}_3}{\text{NH}_2} \xrightarrow[\text{0~5℃}]{\text{NaNO}_2,\ \text{HCl}} \underset{\text{CH}_3}{\text{N}_2^{+}\text{Cl}^{-}} \xrightarrow{\text{CuCN}} \underset{\text{CH}_3}{\text{CN}}$$

$$\underset{\text{Br}}{\text{NH}_2} \xrightarrow[\text{0~5℃}]{\text{NaNO}_2,\ \text{HCl}} \underset{\text{Br}}{\text{N}_2^{+}\text{Cl}^{-}} \xrightarrow{\text{KI}} \underset{\text{Br}}{\text{I}}$$

5.1.2 亲电反应形成 C—X 键

5.1.2.1 碳碳双键与 HX 形成 C—X 键

将干燥的卤化氢气体直接通入烯烃，卤化氢与双键按马氏规则进行加成反应，生成相应的卤代烷。例如：

$$\text{RCH=CH}_2 + \text{HX} \longrightarrow \overset{\overset{\text{X}}{|}}{\text{RCHCH}_3} \qquad \text{HX=HCl, HBr, HI}$$

5.1.2.2 碳碳双键与 X₂ 形成 C—X 键

烯烃容易与氯或溴发生加成反应，生成相应的二卤代烷，例如：

$$RCH=CH_2 + Br_2 \longrightarrow \underset{RCHCH_2Br}{\overset{\overset{\displaystyle Br}{|}}{}}$$

碘一般不与烯烃发生反应，氟与烯烃的反应太剧烈，往往得到碳链断裂的各种产物，无实用意义。

5.1.2.3 炔烃与 HX 形成 C—X 键

炔烃与烯烃一样，可和 HX 加成，并服从马氏规则。反应是分两步进行的，可控制进行一步反应，成为一种制卤化烯的方法。例如：

$$HC≡CH \xrightarrow{\text{HI}} CH_2=CHI \xrightarrow{\text{HI}} H_3C-CHI_2$$

反应中生成 1，1-二碘乙烷，该反应是遵循马氏规则进行的。一元取代乙炔的加成，同样服从马氏规则。例如：

$$H_3C-C≡CH \xrightarrow{\text{HCl}} H_3C-CCl=CH_2 \xrightarrow{\text{HCl}} H_3C-CCl_2CH_3$$

溴化氢与炔烃加成时，也与烯烃相同，但在有过氧化物存在时，则进行自由基加成，得反马氏规则产物，例如：

$$n\text{-}C_4H_9-C≡CH \xrightarrow{\text{HBr}} \begin{cases} n\text{-}C_4H_9-CBr=CH_2 + n\text{-}C_4H_9-CBr_2CH_3 \\ \\ n\text{-}C_4H_9-CH=CHBr + n\text{-}C_4H_9-CHBrCH_2Br \end{cases}$$

5.1.2.4 炔烃与卤素的加成

卤素和炔烃反应一般比烯烃反应难，例如，乙炔的氯化需在光或三氯化铁（$FeCl_3$）或氯化亚锡（$SiCl_2$）催化下进行，例如：

$$HC≡CH \xrightarrow[\text{FeCl}_3]{\text{Cl}_2} \underset{\text{Cl}}{\overset{\text{Cl}}{\diagdown\diagup}} \xrightarrow{\text{Cl}_2} Cl_2HC-CHCl_2$$

5.1.2.5 芳环上亲电取代反应形成 C—X 键

例如：

$$\text{苯} + X_2 \xrightarrow{\text{Fe}} \text{苯-X} \quad X=Cl, Br$$

5.1.3 由 C—O 键形成 C—X 键

醇转化为卤代烃的方法有很多，大都涉及削弱、断裂 C—O 键的问题。醇与浓 HCl 和 $ZnCl_2$ 或浓 HBr 和 H_2SO_4 发生反应，生成相应的卤代烃，例如：

$$CH_3CH_2CH_2CH_2OH + HBr(浓) \xrightarrow{\text{H}_2\text{SO}_4} CH_3CH_2CH_2CH_2Br$$

$$CH_3CH_2CH_2CH_2OH + HCl(浓) \xrightarrow{\text{ZnCl}_2} CH_3CH_2CH_2CH_2Cl$$

在反应中，无机酸或 Lewis 酸进攻氧上的孤对电子，有利于 C—O 键的断裂，然后卤原子进攻 C—O 键上的碳原子生成卤代烃。如果反应条件足够剧烈，会发生副反应，如碳正离子的重排。

一些磷、硫和氧的卤化物可与醇发生亲核取代反应，反应的第一步形成酯，如氯代亚硫酸酯。酯作为离去基，能促进亲核取代反应的发生。这个反应在碱性（如吡啶）条件下进行，可以吸收反应产生的质子。

$$CH_3CH_2CH_2CH_2OH \xrightarrow[\text{吡啶}]{SOCl_2} CH_3CH_2CH_2CH_2Cl$$

$$CH_3CH_2CH_2CH_2OH \xrightarrow{KI, H_3PO_4} CH_3CH_2CH_2CH_2I$$

$$CH_3CH_2CH_2CH_2OH \xrightarrow{(PhO)_3P, I_2} CH_3CH_2CH_2CH_2I$$

如果醇羟基连接的 C 原子具有手性，那么用二氯亚砜（$SOCl_2$）进行氯化反应时，构型将保持不变，而用五氯化磷进行氯化时则发生构型反转。

为了使 C—O 键更容易断裂，或者说更容易离去，可以先把羟基与对甲苯磺酰氯（TsCl）或甲磺酰氯（MsCl）反应生成磺酸酯，在相对高介电常数的溶剂（如 DMF）中，用无机卤化物（溴化锂或碘化锂）就可以进行卤代反应，例如：

$$CH_3CH_2CH_2CH_2OH \xrightarrow{TsCl} H_3C-\underset{O}{\overset{O}{\underset{\|}{\overset{\|}{S}}}}-O-\cdots \xrightarrow{NaI} CH_3CH_2CH_2CH_2I$$

磷和氧可以形成稳定的磷氧键，利用此性质可以把醇转化为卤代烃。三苯基亚磷酸酯甲碘盐，又称为碘化甲基（三苯氧基）磷，与醇反应可以生成碘代烃，例如：

$$(PhO)_3P^+MeI^- + ROH \longrightarrow PhO-\overset{OPh}{\underset{I^- \quad R-O}{\overset{|}{P^+}}}-Me \longrightarrow RI + MeP(OPh)_2\overset{O}{\|}$$

首先亚磷酸三苯酯和碘甲烷生成碘化甲基（三苯氧基）磷，然后与醇反应，生成的中间体所含的磷酸甲基二苯基酯基是一个很好的离去基团，碘离子作为亲核试剂进攻 C—O 键上的 C，发生亲核取代反应生成碘代烃，此反应是典型的 S_N2 反应，产物的构型发生了翻转。

同样，三苯三氯甲基氯化磷和醇反应也很容易生成氯代烃，例如：

$$(PhO)_3P^+CCl_3Cl^- + ROH \longrightarrow PhO-\overset{OPh}{\underset{Cl^- \quad R-O}{\overset{|}{P^+}}}-CCl_3 \longrightarrow RCl + Ph_3P=O + HCCl_3$$

此反应产物的构型也是发生了翻转。

Mitsunobu 反应是指以醇为烷基化试剂，在偶氮二羧酸酯（DEAD、DIAD、DMAD 等）及三烷基（或芳基）膦催化下，产生的亲核试剂将醇进行 S_N2 反应，产物的构型发生了翻转，例如：

$$\underset{R^1 \quad R^2}{\overset{OH}{|}} \xrightarrow[Nu^-]{DEAD, PPh_3} \underset{R^1 \quad R^2}{\overset{Nu}{|}}$$

该反应的反应历程如下：

$$EtO_2C-N=N-CO_2Et + PPh_3 \longrightarrow EtO_2C-\underset{\overset{|}{+PPh_3}}{N}-N-CO_2Et$$

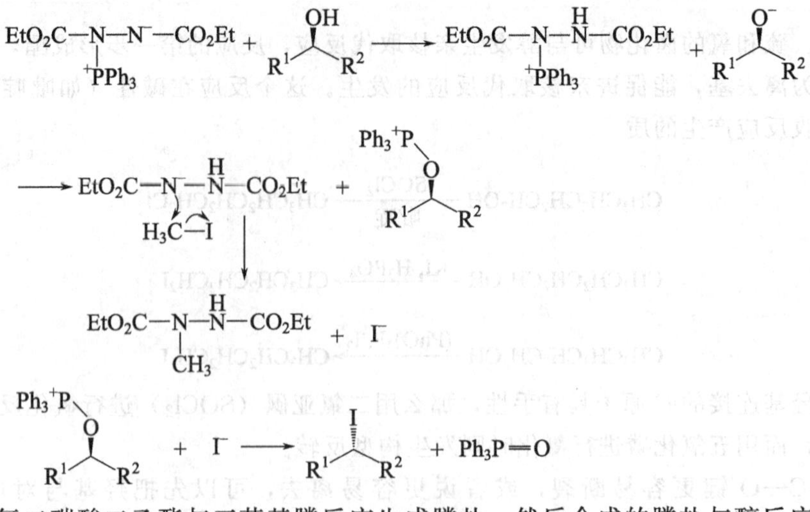

首先偶氮二碳酸二乙酯与三苯基膦反应生成膦盐，然后合成的膦盐与醇反应生成一个含有磷氧键的中间体（烷氧基膦盐），此中间体很容易被亲核试剂（如 X^-）取代生成构型翻转的卤代烃。二乙酯基肼阴离子和卤代烷（如 CH_3I、CH_3Br、CH_2Cl_2 等）或氯化锌反应生成一个卤离子（如 I^-），卤离子作为亲核试剂进攻烷氧基膦盐，生成构型翻转的卤代烃。在这个反应中偶氮二碳酸二乙酯的酯基起到稳定相邻阴离子的作用。

5.1.4 C—F 键的形成

C—F 键是在碳和氟之间的极性共价键，它是所有有机氟化合物的组成部分。由于其局部的离子键特性，在有机化学中，它是最强的单键和相对短小的键。氟被添加到化合物中的同一碳上时，该键增强且键长缩短。因此，氟烷如四氟甲烷（四氟化碳）为最不活泼的有机化合物。

有机氟化物有一些区别于其他有机卤化物的有趣性质。尽管碳氟键和碳氢键有相似的立体空间，但由于 F 具有最强的电负性，C—F 键的极化程度远远强于 C—H 键。有机化学反应中形成 C—F 键的方法主要有重氮盐法、氟代法等。

（1）重氮盐法

重氮盐与四氟硼酸反应生成四氟硼酸重氮盐，再加热可以生成氟代苯，例如：

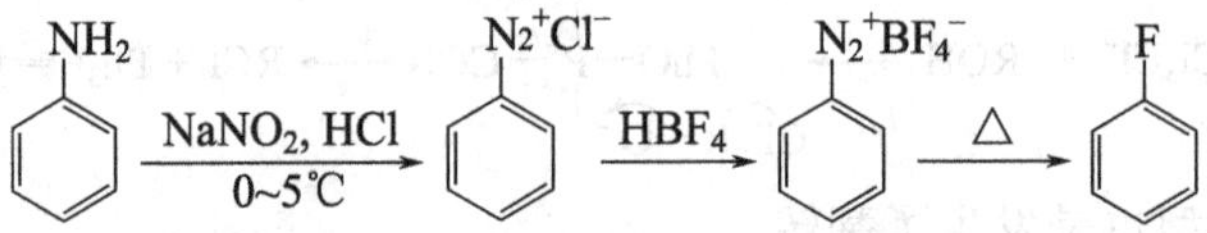

（2）HF 法

醇和氟化氢可以直接反应生成氟代烃，但现实中很少使用此方法，因为氟化氢的毒性及储存、运输的危险性，而 HF-吡啶形成的化合物可以使用，其腐蚀性弱，使用安全，可以被用来和开环氧化合物反应生成氟化醇即 α-氟代醇，例如：

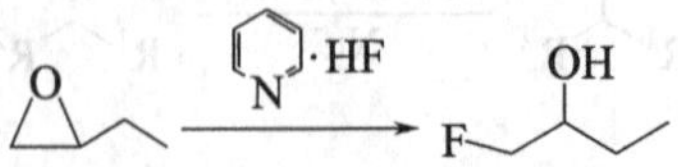

溶在水或醇中的氟离子的亲核性相对较弱，但是，在干燥的非质子溶剂（如 THF）中氟离子具有更强的亲核性，如四丁基氟化铵（$Bu_4N^+F^-$）在无水四氢呋喃中，氟离子可以

作为亲核试剂进攻醇衍生的甲基磺酸盐或三氟甲基磺酸盐，生成构型翻转的氟代烃，例如：

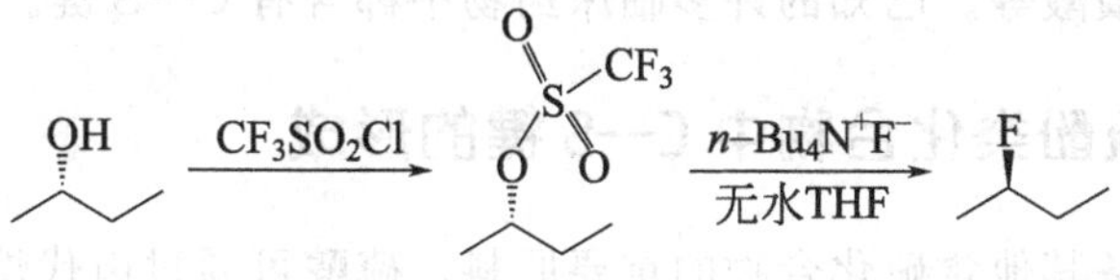

（3）DAST 法

将醇转变为氟化物的另一个很有用的试剂是三氟化二乙氨基硫（Et_2NSF_3，简称 DAST），例如：

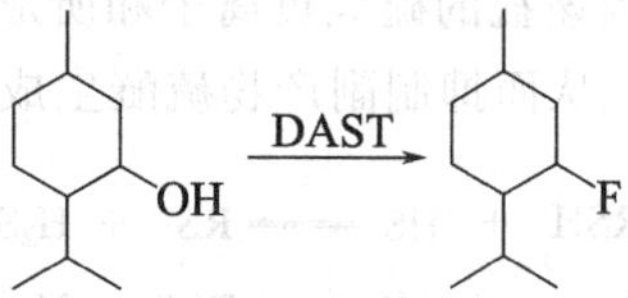

DAST 与醇反应的历程如下：

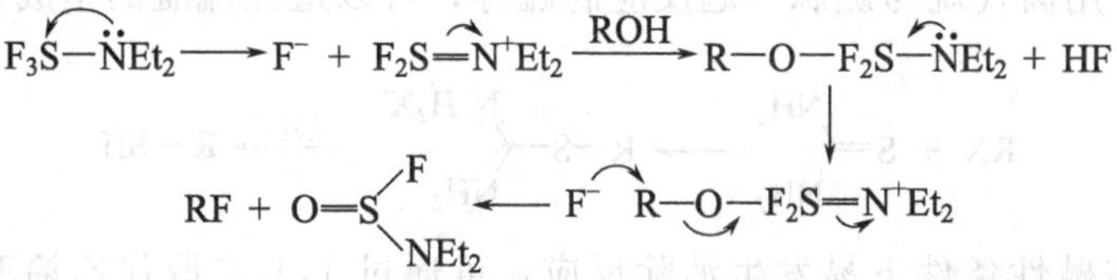

DAST 先生成氟离子和硫亚胺，硫亚胺与醇发生反应生成中间体，此中间体含有一个好的离去基团，氟离子与之发生亲核取代反应生成氟代烃。

DAST 还可以与醛或酮发生反应生成偕二氟化物，与羧酸发生反应生成三氟甲基，例如：

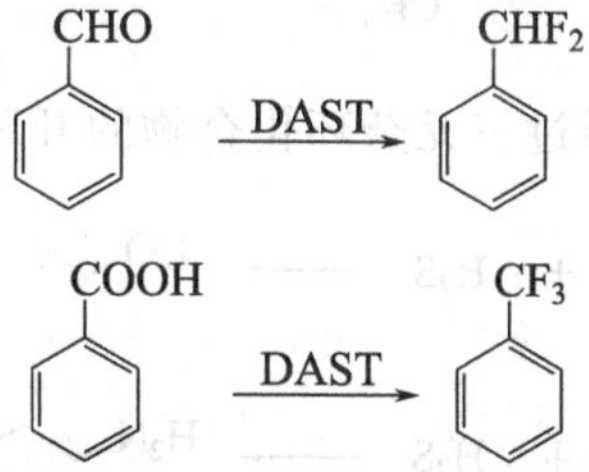

⊙5.2 C—S 键的形成

有机硫化合物广泛存在于自然界中，硫是生命体中必要的元素，在 20 种常见的氨基酸中，有两种就是有机硫化物，分别是半胱氨酸和甲硫氨酸。

有机硫化合物（Organosulfur Compound）指含碳硫键的有机化合物，存在于石油和动植物体内。从数量上说，有机硫化合物仅次于含氧或含氮的有机化合物。硫虽属于氧族元素，但和氧原子相比，硫是第三周期元素，原子半径较大，电负性较小，而且 3d 轨道可以成键。因此，硫原子还可以形成一系列常见的二价、四价及六价的有机硫化物。二价硫化合物多数与其相应的含氧化合物在结构和化学性质方面相似，含二价硫的有机化合物有：①硫醇和硫酚（如 C_2H_5SH、C_6H_5SH）；②硫醚（如 $CH_3—S—CH_3$）；③二硫化物（如 $CH_3—S—S—CH_3$）；④多硫化物（如 $CH_3—S—S—S—CH_3$）；⑤环状硫化物等。此外，还有含硫杂环化合物和硫代醛、酮、羧酸及其衍生物。含高价（四价和六价）硫的有机化合物包括：亚砜、砜、磺酸、亚磺酸等。已知的许多临床药物中都含有 C—S 键。

5.2.1 硫醇、硫酚类化合物中 C—S 键的形成

硫醇、硫酚是制备其他含硫化合物的重要原料。硫醇可通过卤代烷与硫氢盐发生亲核取代反应制备：

$$RX + KSH \longrightarrow RSH + KX$$

该反应须用大量的硫氢盐，因该盐的硫氢负离子和所形成的硫醇成下列平衡关系，增加硫氢盐的用量可减少 RX 的浓度，从而抑制副产物硫醚生成。

$$RSH + HS^- \Longleftrightarrow RS^- + H_2S$$

$$RS^- + RX \longrightarrow RSR + X^-$$

在实验室中，用卤代烷与硫脲一起反应制硫醇，可以避免硫醚的生成，反应如下：

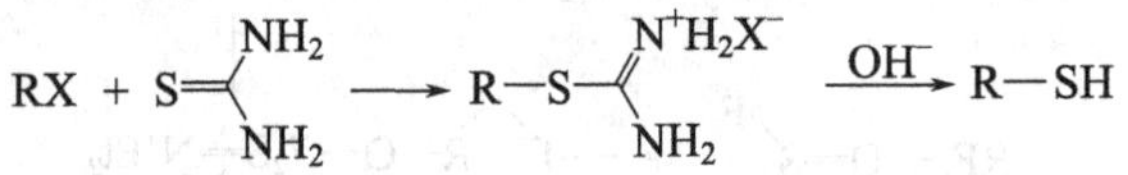

三级卤代烷在碱性条件下易发生消除反应，可通过 1,1-二取代乙烯型化合物在酸催化下，和硫化氢加成来制备，例如：

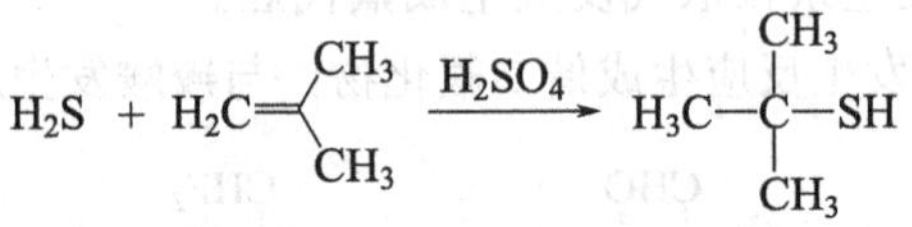

含氧或含氮取代基的硫醇可通过三元杂环化合物的开环制得，例如：

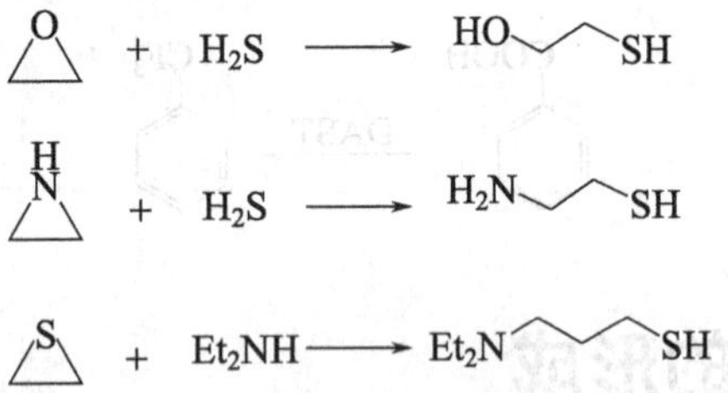

制备硫酚及取代硫酚的较好方法，是用锌和酸还原磺酰氯。

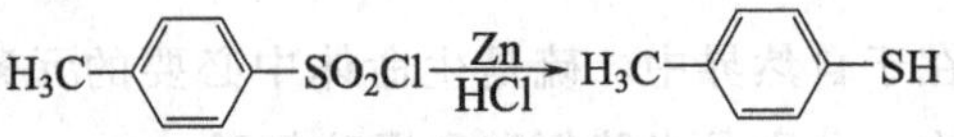

5.2.2 硫醚、二硫化物中 C—S 键的形成

5.2.2.1 硫醚中 C—S 键的形成

(1) 对称 R—S—R 键的形成

对称硫醚可用卤代烷和硫化钠反应来制备，例如：

$$CH_3CH_2Br + Na_2S \longrightarrow H_3CH_2C—S—CH_2CH_3$$

（2）不对称 R—S—R¹ 键的形成

不对称硫醚常用硫醇盐与卤代烷来制备，例如：

$$CH_3CH_2CH_2SH + CH_3CH_2Br \xrightarrow{OH^-} H_3CH_2C-S-CH_2CH_2CH_3$$

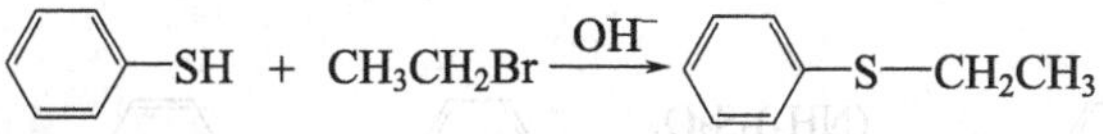

（3）烯烃加成法形成 C—S 键

在过氧化物存在下，硫醇或硫酚与烯烃进行加成，该反应是自由基反应历程，得反马氏规则加成产物。环戊烯和环己烯进行这种加成反应是立体选择，例如：1-氯环己烯与硫酚进行加成，产物 90% 以上为顺式异构体，这也表明该反应是反式加成。

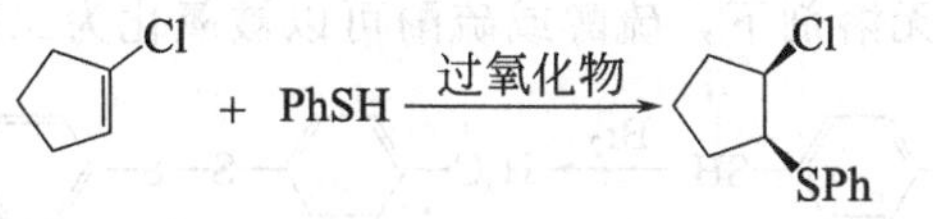

（4）环硫醚键的形成

五、六元环的环硫醚可用相应的二元卤代烷在醇-水溶液中与硫化钠反应制得，例如：

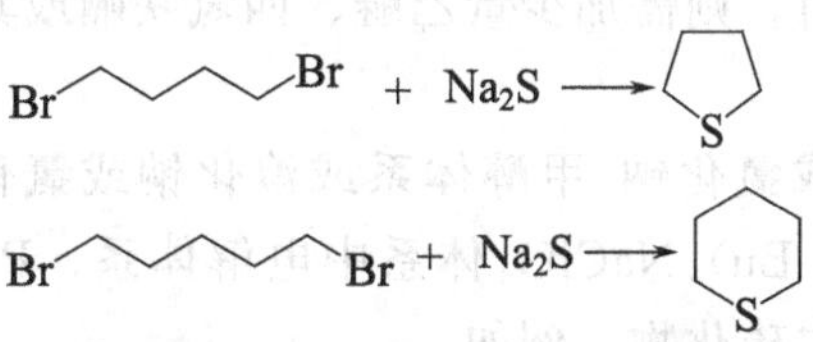

但三元环硫化物不能用此法直接制成，要通过环氧化合物和硫氰化钾反应制备，该反应是立体选择的，即顺式环氧化合物只产生顺式环硫化合物，反式的生成反式环硫化合物，例如：

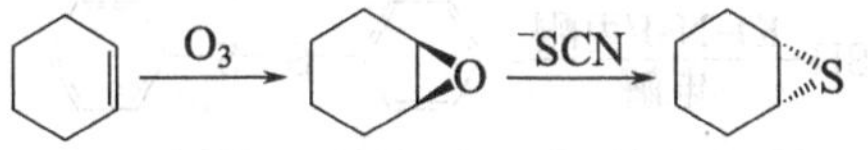

该反应历程如下：

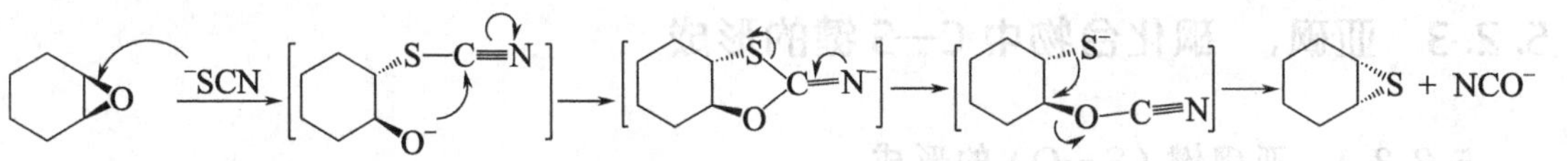

5.2.2.2　二硫化物中 C—S 键的形成

（1）空气直接氧气偶联法

在弱碱性矿物如硅藻土等催化下、无溶剂、加热或微波辐射作用下，用空气可将巯基化合物（硫醇或硫酚）氧化为二硫化物，例如：

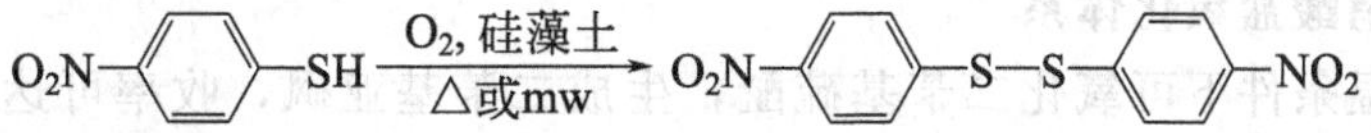

（2）过氧化氢氧化偶联法

以六氟异丙醇为溶剂，用 30% 的过氧化氢作氧化剂，该方法对环境友好，溶剂可重复使用，适用于大规模生产。

例如：

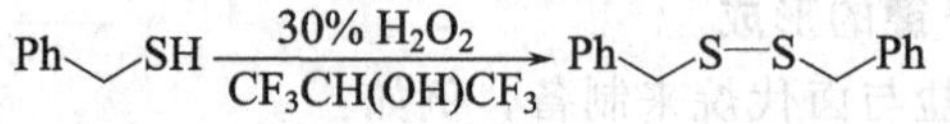

$$Ph\diagdown SH \xrightarrow[\text{CF}_3\text{CH(OH)CF}_3]{30\% \text{ H}_2\text{O}_2} Ph\diagdown S\diagup S\diagdown Ph$$

（3）过二硫酸铵氧化偶联法

用过硫酸铵作氧化剂，在室温下，加适量的乙二胺作溶剂，硫酚可被氧化为二硫化物，例如：

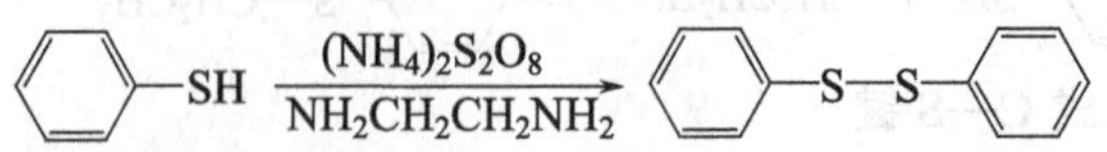

该方法的优点是，不需溶剂，室温下混匀，静止在空气中即可，且环境友好，经济，易处理。

（4）卤氧化剂氧化偶联法

用溴单质作氧化剂，无溶剂下，硫醇或硫酚可以被氧化为二硫化物，例如：

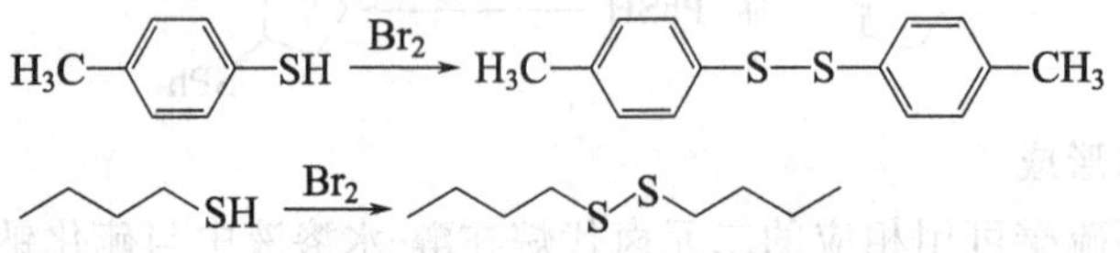

如果硫醇或硫酚为固体时，则需加少量乙醚、四氢呋喃或其他有机溶剂作溶剂。

（5）电化学氧化偶联法

用铂作电极，在溴化钠或氯化钠/甲醇体系或溴化钠或氯化钠-水-苯两相体系中电解体系、汞作阴极，在 DMF/（n-Bu）$_4$NClO$_4$ 体系中电解体系、Pt 电极，在 KI-NaI/丙酮电解体系等可氧化硫醇或硫酚为二硫化物，例如：

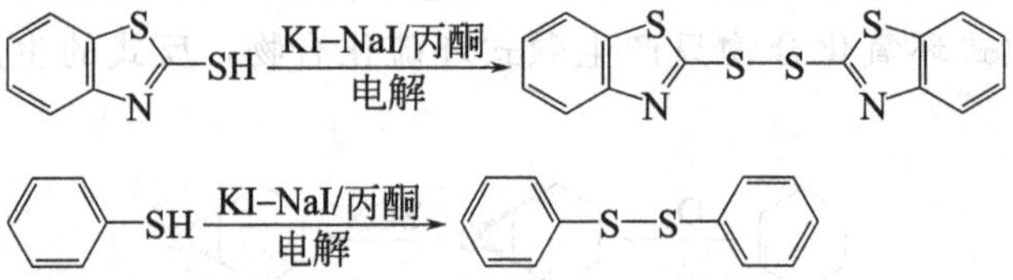

电化学氧化偶联法的优点是工艺洁净、分离纯化简单。

5.2.3 亚砜、砜化合物中 C—S 键的形成

5.2.3.1 亚砜键（S=O）的形成

亚砜类化合物作为一种重要的有机中间体，在精细化工、医药、农药、合成纤维、塑料、印染、稀有金属提取剂、有机合成等行业中得到了广泛的应用。硫醚氧化方法是合成亚砜最直接和最常用的方法，但是亚砜可以很容易被进一步氧化成砜，因此，如何控制氧化到亚砜阶段是有机合成中的关键问题，该问题获得了广泛的关注。

（1）硝酸及硝酸盐氧化体系

用硝酸在常温条件下可氧化二苄基硫醚，生成二苄基亚砜，收率可达 90% 以上。应用四叔丁基四氯化金季铵盐作为催化剂，效果更好，例如：

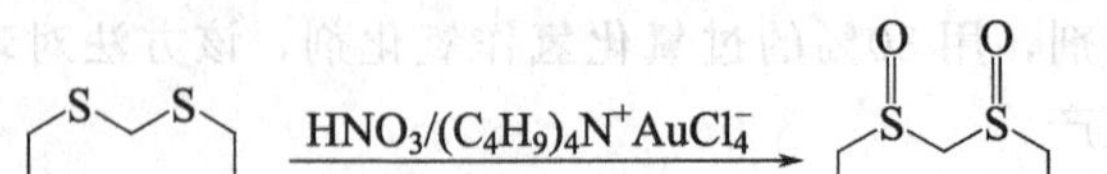

此氧化体系可选择性地只氧化含乙烯基、羟基、氨基等多种官能团的硫醚中的硫原子，收率为82%～97%。

硝酸钛和硝酸铵铈可以氧化各种硫醚为相应的亚砜，产率较高，但这两种硝酸盐价格昂贵，且毒性大，不适宜广泛应用。

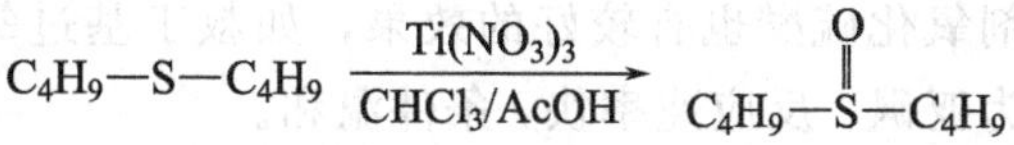

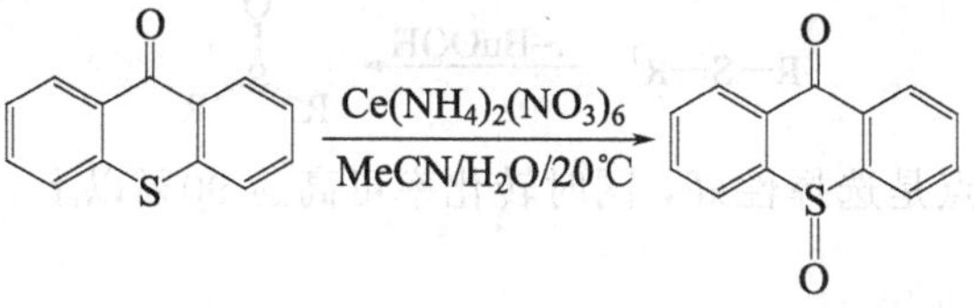

（2）卤化物氧化体系

卤素、次卤酸盐等卤素化合物可以将硫醚氧化成亚砜，但是产物选择性不好，例如：PhIO作为氧化剂氧化硫醚时，1.2倍的氧化剂用量得到亚砜，而2.5倍的氧化剂用量则得到砜。用$NaIO_4$作为氧化剂也可以氧化硫醚成为亚砜，例如：

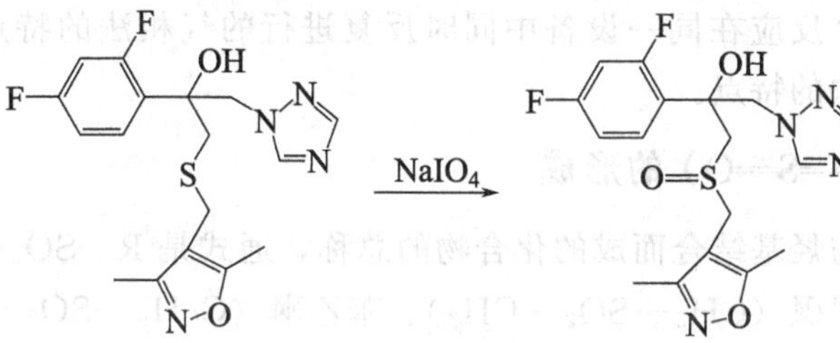

（3）金属氧化物体系

CrO_3在水、乙酸-水或硫酸-水存在的条件下，可以选择性地氧化硫原子成为亚砜，而对其他敏感的基团（如酚羟基）不起作用，但该方法有一定的局限性，容易产生含铬离子的废水。其他金属氧化物如MnO_2、SeO_2、RuO_4等也可以将硫醚氧化成亚砜，但收率与选择性都不高。

$KMnO_4$、$Zn(MnO_4)_2$、$Cu(MnO_4)_2$等高锰酸盐也可以将硫醚氧化成亚砜，但选择性比CrO_3差，例如：

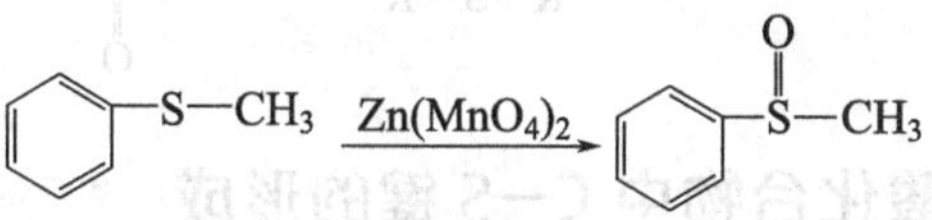

（4）过氧化物体系

① 双氧水氧化　双氧水是比较具有代表性氧化硫醚为亚砜的氧化剂。在室温下，以丙酮为溶剂，用双氧水可将硫醚氧化为亚砜，但该方法存在明显的不足，即反应时间长。

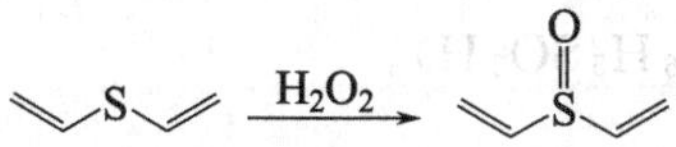

双氧水在碱性介质中也可以氧化二茂铁基硫醚和乙烯基硫醚为相应的亚砜，例如：

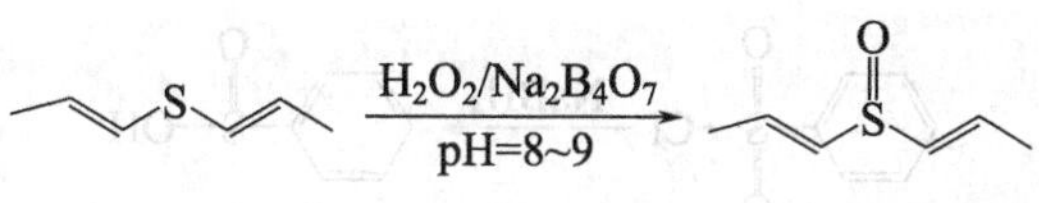

② 其他过氧化物体系　间氯过氧苯甲酸（*m*-CPBA）也可氧化硫醚为亚砜，例如：

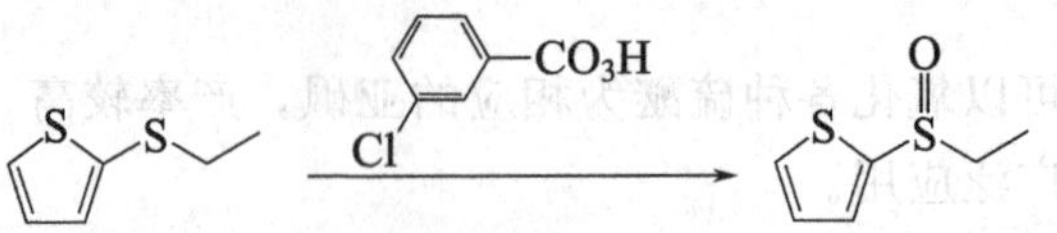

其他过氧化物作氧化剂氧化硫醚也有较好的效果，如叔丁基过氧化氢在硫酸水溶液中，20～70℃选择性氧化硫醚为亚砜，反应速率快，条件温和。

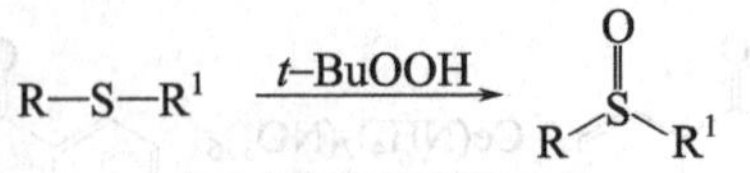

$$R-S-R^1 \xrightarrow{t-BuOOH} R-\overset{O}{\underset{}{S}}-R^1$$

过氧化物体系的优点是选择性好，同时转化率可高达 90% 以上。

(5) 分子氧体系

在一氧化氮或二氧化氮的催化下，纯氧在气相或液相中将硫醚氧化。此方法工业上已用来制备二甲基亚砜。工艺原理是在二氧化氮催化下，二甲基硫醚被纯氧氧化生成二甲基亚砜。

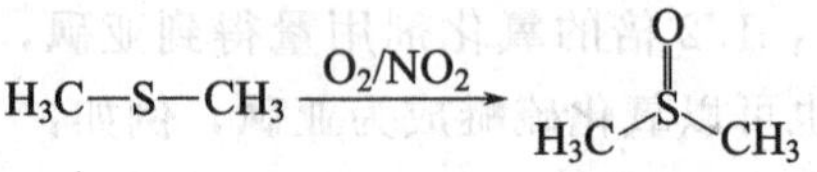

$$H_3C-S-CH_3 \xrightarrow{O_2/NO_2} H_3C-\overset{O}{\underset{}{S}}-CH_3$$

该工艺既具有多个反应在同一设备中同时反复进行的气相法的特点，又具有设备效率高、生产安全等液相法的特点。

5.2.3.2　砜（O=S=O）的形成

砜是指由硫酰基与烃基结合而成的化合物的总称，通式是 $R-SO_2-R'$。两个烃基可相同或不相同。例如二甲砜（$CH_3-SO_2-CH_3$）、苯乙砜（$C_6H_5-SO_2-C_2H_5$）、二乙基砜、二苯基砜、环丁砜、双酚 S 等。砜类化合物中的硫是高价硫，是一种稳定性晶体有机化合物。工业上最重要的为环丁砜、双酚 S 及二甲基砜。一般是无色无臭稳定的固体。低碳数烃衍生物可溶于水与多数有机溶剂。砜类化合物一般可通过硫醚氧化、亚磺酸盐烷基化、二氧化硫对共轭双烯加成以及芳烃与氯化亚砜反应等方法制备，其中 O=S=O 键的构建通过硫醚或亚砜的氧化，例如：

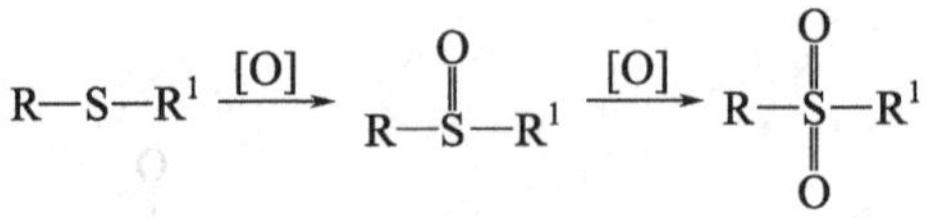

$$R-S-R^1 \xrightarrow{[O]} R-\overset{O}{\underset{}{S}}-R^1 \xrightarrow{[O]} R-\overset{O}{\underset{O}{S}}-R^1$$

5.2.4　亚磺酸、磺酸化合物中 C—S 键的形成

5.2.4.1　亚磺酸

亚磺酸是亚磺酸基（—SOOH）与烃基（—R）相连接的化合物的总称。例如，甲亚磺酸（CH_3SO_2H）、苯亚磺酸（$C_6H_5SO_2H$）。

(1) 亚磺酰氯的还原

用 $NaBH_4$、$Zn/NaOH$ 等可以把亚磺酰氯还原为亚磺酸，例如：

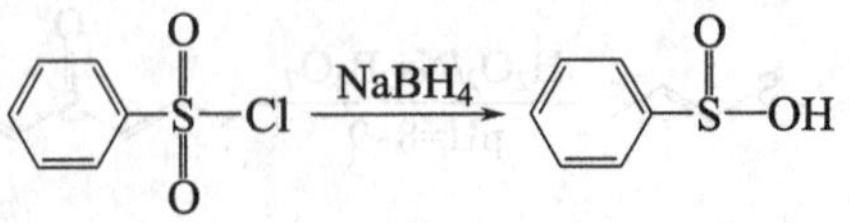

（2）重氮盐制备

在 Pd 催化下，四氟化硼重氮盐、二氧化硫、氢气在室温下可以生成苯亚磺酸，例如：

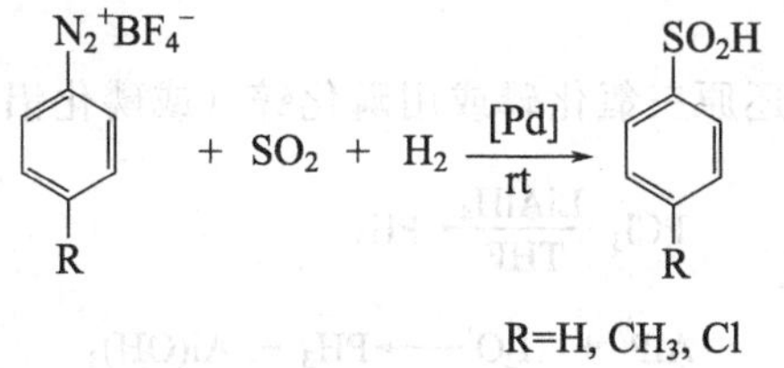

R=H, CH₃, Cl

5.2.4.2 磺酸（Sulfonic Acid）

磺酸，磺基与烃基（包括芳基）相连接而成的一类有机化合物。通式为 $R—SO_3H$，式中—R 为烃基。磺酸大多是合成产品，只有 β-氨基乙磺酸（$NH_2CH_2CH_2SO_3H$）等少数几种磺酸存在于自然界。磺酸基团为一个强水溶性的强酸性基团，磺酸都是水溶性的强酸性化合物。芳香族磺酸分子中的磺酸基团可被羟基、氰基所取代，是制备酚、腈的中间体。磺酸的制法主要有以下几种方法。

（1）芳环的磺化

苯环上的氢被磺酸基（$—SO_3H$）取代的反应称为磺化反应。苯的磺化通常在发烟硫酸（100%）中进行，例如：

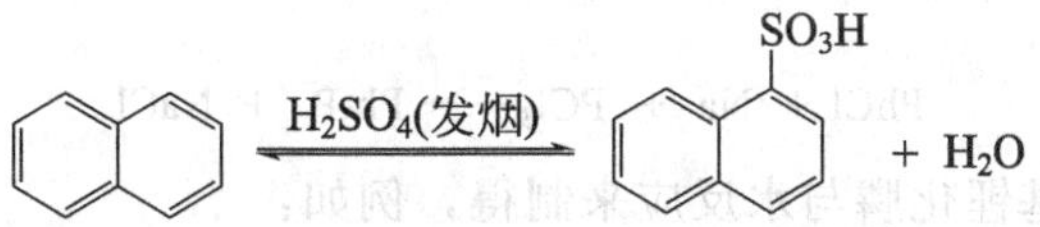

磺化反应是一个可逆反应。如果苯磺酸和 50% 的硫酸水溶液加热，磺酸基可以被除去。在合成上，$—SO_3H$ 常用作占位基，在芳环其他位置发生取代反应后，再把它除去，例如邻溴苯酚的制备：

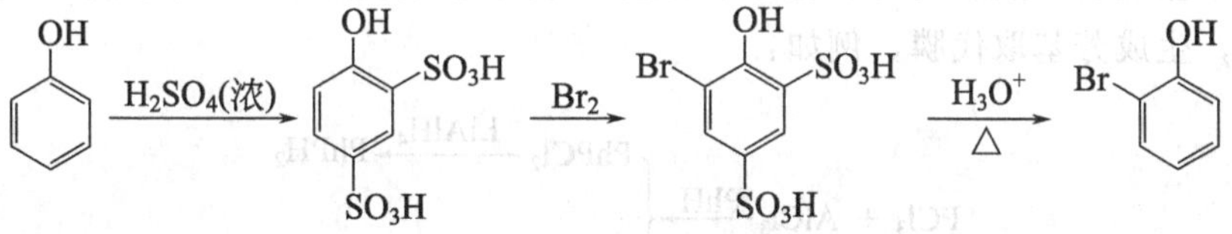

（2）硫醇的氧化

用浓硝酸可以直接把硫醇或硫酚氧化为磺酸，例如：

$$CH_3SH \xrightarrow{HNO_3(浓)} CH_3SO_3H$$

（3）卤原子的置换

卤代酸与亚硫酸钠反应，可以在有机分子中引入磺酸基，例如：

$$Cl—CH_2—COONa + Na_2SO_3 \longrightarrow NaO_3S—CH_2—COONa + NaCl$$

◎ 5.3 C—P 键的形成

C—P 键广泛存在于各种物质如核酸、蛋白质、神经毒素以及催化反应中不可或缺的各种膦配体。传统的 C—P 键形成的方法主要是通过各种金属膦试剂和膦的卤化物进行反应得到。

5.3.1　膦的制备

PH_3 通常是用氢化锂铝还原三氯化磷或用磷化锌（或磷化铝）和水反应制得，例如：

$$PCl_3 \xrightarrow[\text{THF}]{LiAlH_4} PH_3$$

$$AlP + H_2O \longrightarrow PH_3 + Al(OH)_3$$

PH_3 在金属钠作用下与卤代烷反应生成 RPH_2（一级膦），继续与卤代烷反应生成 R_2PH（二级膦），再继续反应生成 R_3P（三级膦），例如：

$$PH_3 \xrightarrow{Na} Na^+PH_2^- \xrightarrow{RX} RPH_2 \xrightarrow[\text{②} RX]{\text{①} Na} R_2PH \xrightarrow[\text{②} RX]{\text{①} Na} R_3P$$

此反应和胺与卤代烷反应生成伯胺、仲胺、叔胺相似。

用三氯化磷和格氏试剂反应也可以制备三级膦，例如：

$$n\text{--}C_4H_9Br \xrightarrow[\text{无水乙醚}]{Mg} n\text{--}C_4H_9MgBr \xrightarrow{PCl_3} (n\text{--}C_4H_9)_3P$$

三苯基膦是一个用途很广的试剂，工业上是用氯苯与熔融的钠和三氯化磷反应来制备的，例如：

$$PhCl + Na + PCl_3 \longrightarrow Ph_3P + NaCl$$

二苯基膦可用二苯基锂化膦与水反应来制得，例如：

$$Ph_2PLi + H_2O \longrightarrow Ph_2PH + LiOH$$

芳基取代膦最适宜的制备方法是用芳烃在三氯化铝作用下与三氯化磷反应，先生成二氯芳基膦或二苯基氯膦，然后再与氢化锂铝反应，分别生成芳基膦和二芳基膦，或者直接与格氏试剂反应，生成芳基取代膦，例如：

$$PCl_3 + AlCl_3 \xrightarrow{PhH}
\begin{cases}
PhPCl_2 \xrightarrow{LiAlH_4} PhPH_2 \\
\\
Ph_2PCl \xrightarrow{LiAlH_4} Ph_2PH \\
\quad\quad\downarrow RMgBr \\
Ph_2PR
\end{cases}$$

5.3.2　磷酸酯和亚磷酸酯的制备

三氯氧磷和醇反应可以生成磷酸酯，例如磷酸甲酯和磷酸乙酯的合成：

$$POCl_3 + CH_3OH \longrightarrow (CH_3O)_3P{=}O + HCl$$

$$POCl_3 + EtOH \longrightarrow (EtO)_3P{=}O + HCl$$

用三氯化磷和醇反应可以生成亚磷酸酯，例如：

$$PCl_3 + CH_3OH \longrightarrow (CH_3O)_3P + HCl$$

$$PCl_3 + EtOH \longrightarrow (EtO)_3P + HCl$$

以上反应中产生的盐酸要用碱中和除去。

5.3.3　M催化的C—P键的形成

近年来研究发现了高效构建C—P键的新方法，如烯烃氧化、脱羧偶联以及C—C键活化等。相较于以前传统的方法，底构更加简单，廉价易得；反应条件更加温和，操作简便。

① 在催化量 $Cu(OAc)_2$ 作用下，TBHP 作为氧化剂，二苯氧膦与 α-氨基酮反应，可以在 α 位 C 上形成 C—P 键，例如：

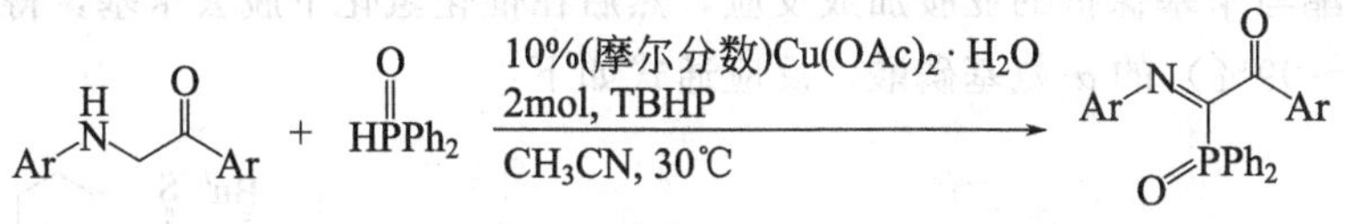

② 在 $NiCl_2/Zn$ 的催化下，碘代芳烃或溴代芳烃和二苯氧膦进行反应，可以构建 C—P键，例如：

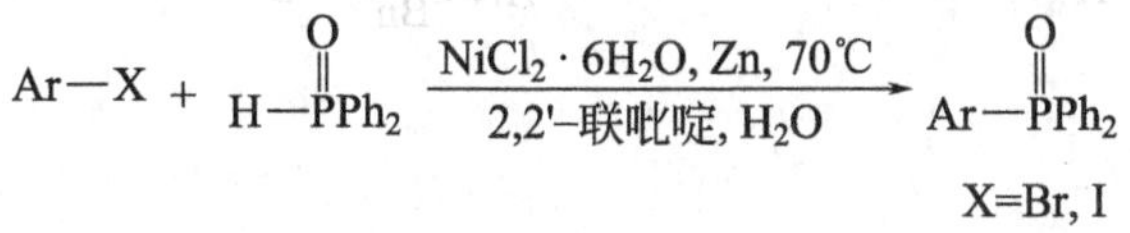

③ 在 $NiBr_2$ 催化下，芳基硼酸可以与二苯氧膦反应，形成 Ar—P 键，例如：

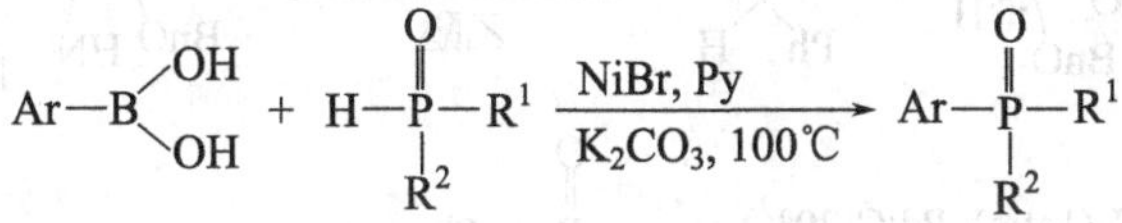

④ 在 Cu_2O 或 $AgNO_3$ 催化作用下，α-烯烃芳酰胺与二苯氧膦反应，可以构建烯烃 C—P键，例如：

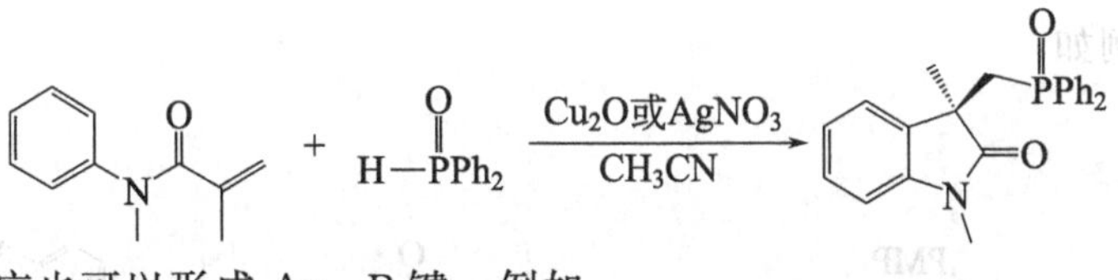

⑤ 自由基反应也可以形成 Ar—P 键，例如：

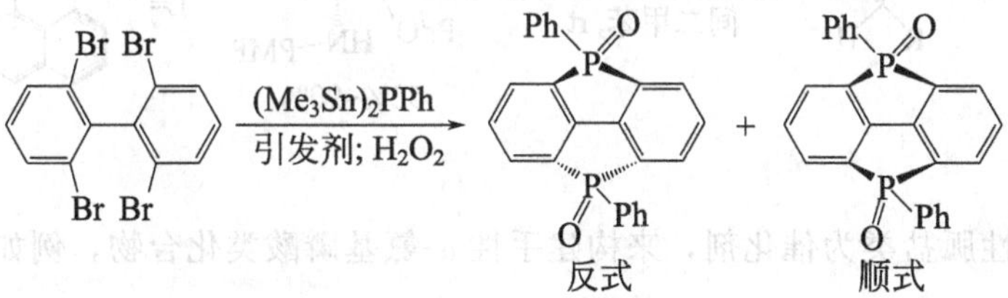

⑥ 在 1,10-菲啰啉，$Cu^+/AgOAc$ 催化下，NMP 作溶剂，120℃下，丙烯酸类型化合物与二苯氧膦反应生成 C—P 键，例如：

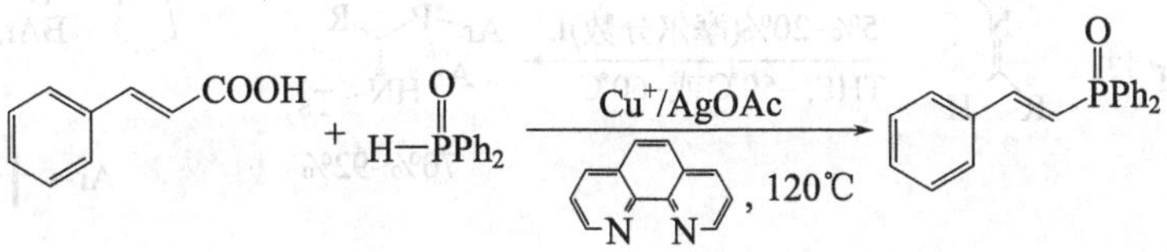

5.3.4 手性 C—P 键的形成

许多光学活性磷酸类化合物都具有较强的生物活性，是很好的蛋白酶和抗体抑制剂，所以对手性含磷化合物的研究具有很好的应用价值。目前构建手性 C—P 键的方法主要有以下几种。

(1) 亚磷酸酯与亚胺的不对称加成反应

此法提供了一种合成手性 α-氨基磷酸的方法。以硫脲衍生物为催化剂，高对映选择性地实现亚磷酸酯与苄基保护的亚胺加成反应，然后在催化氢化下脱去苄基，得到高光学活性（ee 值为 81%～99%）的 α-氨基磷酸。反应通式如下：

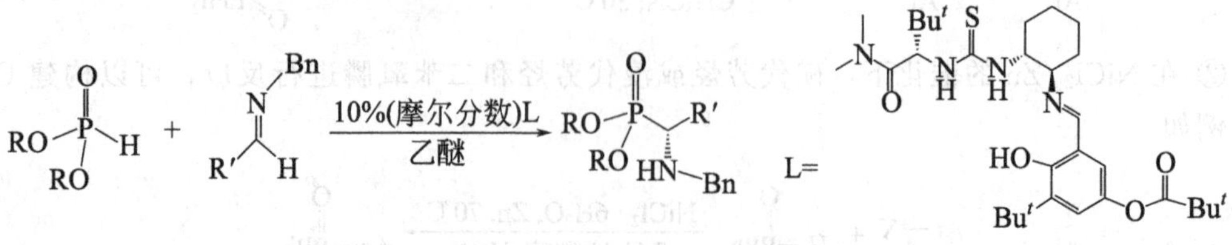

实例：

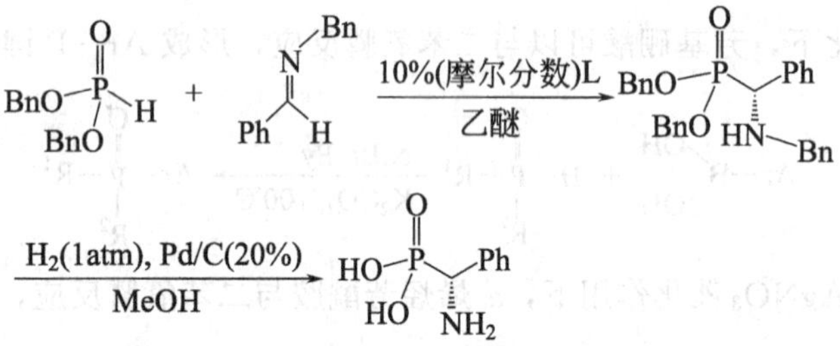

以联二萘酚类手性磷酸衍生物为催化剂，亚磷酸酯与 α-亚胺加成生成 α-氨基磷酸，对应选择性较好，例如：

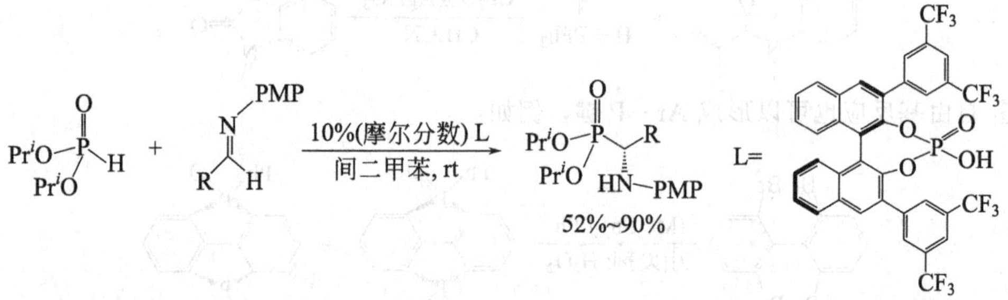

以新型的手性胍盐类为催化剂，来构建手性 α-氨基磷酸类化合物，例如：

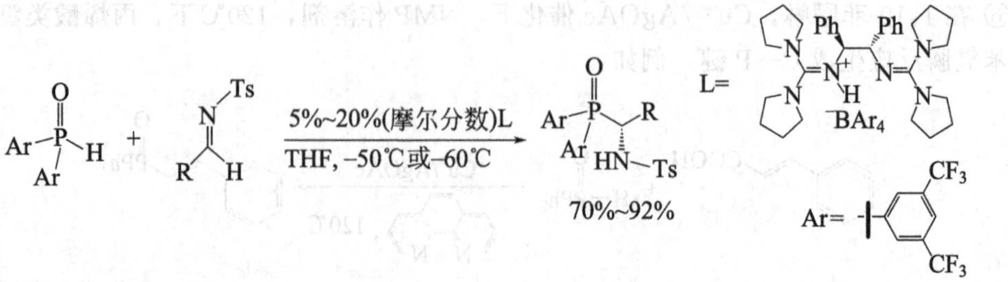

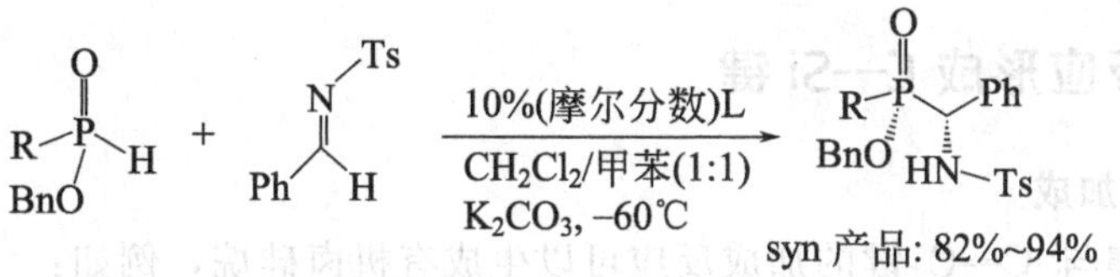

用方酸衍生的氢键给体手性催化剂，高效不对称地催化了亚磷酸酯与硝基乙烯的不对称共轭加成反应，ee 值可达 99%，例如：

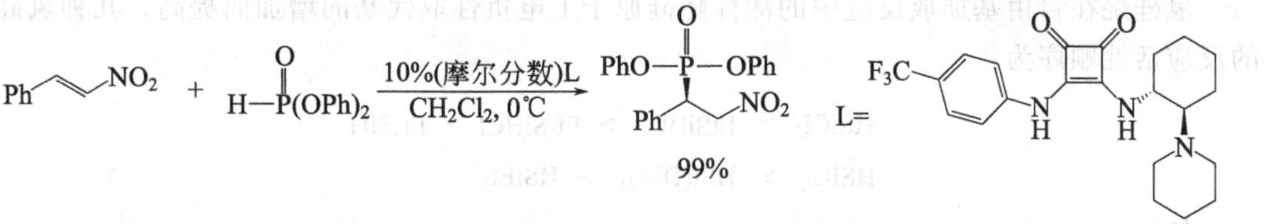

该反应可在烯丙基位高对映选择性地引入磷氧化物。

以金鸡纳碱为催化剂，其桥头 N 原子进攻 MBH 碳酸酯衍生物，生成 α,β-不饱和双键中间体，然后与磷氧化合物发生加成反应生成手性膦化物。当使用二芳基磷氧化物为亲核试剂时，4Å（1Å＝0.1nm，下同）分子筛的添加可以大大提高反应的对映选择性，而当以二烷基磷氧化物为底物时，必须加入适当的无机碱才可以促使反应顺利进行，例如：

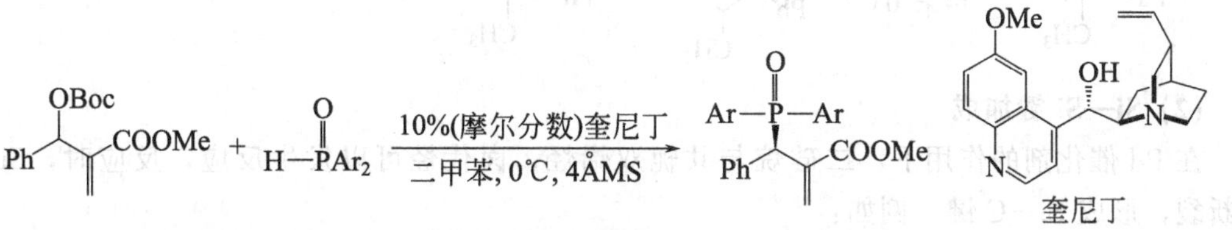

（2）膦亲电试剂参与构建手性 C—P 键的方法

以二芳基磷氯为磷亲电试剂，在金鸡纳碱衍生物催化下与 α-氰基酯作用生成目标产物后，再经过氧化还原可以高产率高对映选择性得到 α-膦酰基氨基酯。

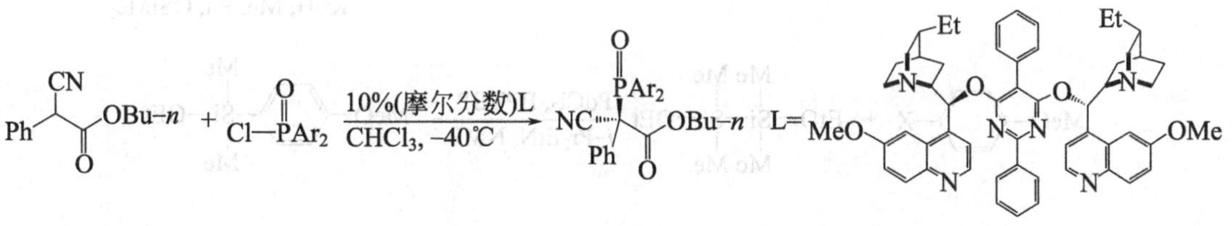

◎ 5.4　C—Si 键的形成

5.4.1　传统形成 C—Si 键的方法

传统采用直接法形成 C—Si 键，即让硅与卤代烷在高温及催化剂存在下直接反应，但产物往往是几种卤硅烷的混合物，需要用分馏法分离提纯，例如硅与氯甲烷的反应：

$$CH_3Cl + Si \xrightarrow[260\sim300\text{℃}]{Cu} Me_3SiCl + Me_2SiCl_2 + MeSiCl_3 + MeSiHCl_2$$

$$5\%\sim8\% \quad 70\%\sim80\% \quad 10\%\sim18\% \quad 3\%\sim5\%$$

5.4.2 加成反应形成 C—Si 键

(1) Si—H 键加成

利用 Si—H 键与 C=C 键的加成反应可以生成有机卤硅烷，例如：

$$C_6H_{13}HC=CH_2 + HSiCl_3 \xrightarrow{\text{过氧化物}} C_6H_{13}CH_2CH_2SiCl$$

氢硅烷在自由基加成反应中的活性随硅原子上电负性取代基的增加而提高，几种氢硅烷的反应活性顺序为：

$$HSiCl_3 > EtSiHCl_2 > Et_2SiHCl > Et_3SiH$$

$$HSiCl_3 > HSi(OEt)_3 > HSiEt_3$$

例如：

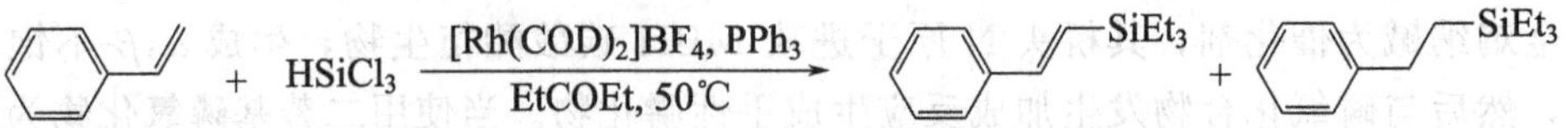

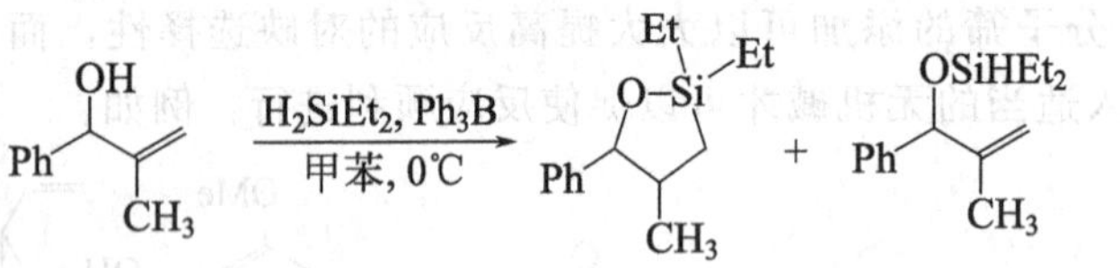

(2) Si—Si 键加成

在 Pd 催化剂的作用下，二硅烷与共轭双烯烃、卤代烃可以发生反应，反应时，Si—Si 键断裂，形成 Si—C 键，例如：

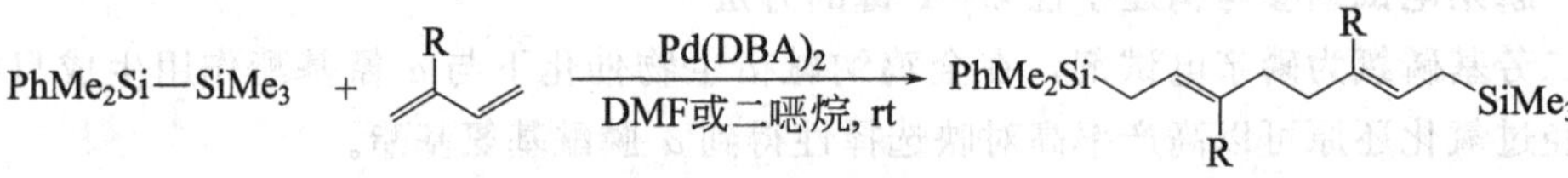

$$R=H, Me, Ph, OSiMe_2$$

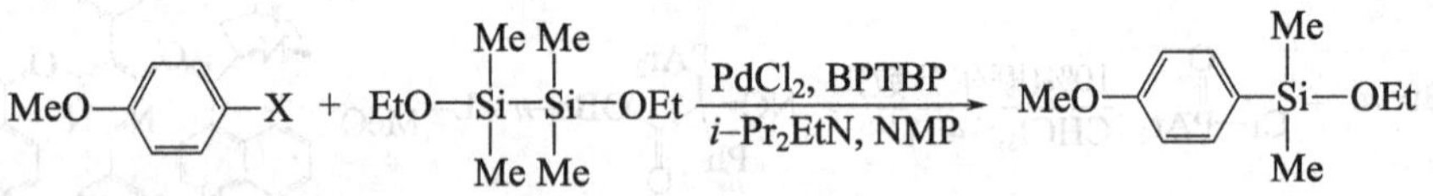

5.4.3 与金属试剂反应形成 C—Si 键

有机金属化合物可以和卤硅烷反应形成 C—Si 键，其反应可用下式表示：

$$R-M + X-\overset{|}{\underset{|}{Si}}- \longrightarrow R-\overset{|}{\underset{|}{Si}}- + MX$$

(1) 格氏试剂法

① 卤硅烷与格氏试剂的反应活性不一样，一般反应活性顺序是：I＞Br＞Cl＞F；

② RMgX 分子中 R 体积越大，空间位阻越强，则反应越难进行；

③ 卤硅烷分子中有机基团越大反应越难进行；

④ 带吸电子的卤硅烷有利于反应进行。

反应实例：

$$CH_3CH_2CH_2MgCl + Cl—SiMe_3 \longrightarrow CH_3CH_2CH_2—SiMe_3$$

（2）Na 缩合法

卤硅烷、卤代烃在金属 Na 的作用下可以形成 C—Si 键。溶剂对此类反应影响很大，例如乙醚为溶剂，$SiCl_4$ 可与位阻较大的卤代芳烃反应，高收率得到四芳基硅烷。

$$\text{（联苯）—Cl} + SiCl_4 + Na \longrightarrow \left(\text{联苯}\right)_4 Si$$
90%

$$\text{（联苯）—Cl} + PhSiCl_3 + Na \longrightarrow \left(\text{联苯}\right)_3 SiPh$$
92%

（3）有机锂法

卤硅烷、硅烷或硅醚与烷基锂反应，可以形成新的 C—Si 键，如：

$$—Si—X(—Si—H \text{ 或 } —Si—OR') \xrightarrow{\text{RLi}} —Si—R$$

此法与格氏试剂法有相似之处，而 RLi 中 R 如果体积大，其反应活性比格氏试剂法要好，此法可以用于格氏试剂法难于合成的反应。

5.4.4 取代反应形成 C—Si 键

由氯硅烷（主要是含氢氯硅烷）与烃或卤代烃出发，在高温或同时在催化剂作用下进行缩合反应制备有机氯硅烷的一种方法，又称为热缩合法。主要包含下述三种反应（式中—R 代表有机基）：

$$—Si—H + H—R \longrightarrow —Si—R + H_2$$

$$—Si—H + Cl—R \longrightarrow —Si—R + HCl$$

$$—Si—Cl + H—R \longrightarrow —Si—R + HCl$$

例如：

$$\text{（苯）—X} + (EtO)_3SiH \xrightarrow[\text{DMF, 80℃}]{[RuCl(cod)]_2/Et_3N} \text{（苯）—Si(OEt)_3} + \cdots$$
X=Br 或 I   主要产物

$$\text{（苄基）—X} + (EtO)_3SiH \xrightarrow[\text{NMP, rt,1h}]{Pd_2(dba)_3,\ i\text{-PrNEt}} \text{（苄基）—Si(OEt)_3}$$
X=Br 或 I

$$n\text{-}C_4H_9C\equiv CH + Ph_3SiH \xrightarrow[\text{THF, rt, 17h}]{Yb(\eta^2\text{-}Ph_2CNPh)(hmpa)_4} n\text{-}C_4H_9C\equiv CSiPh_3$$

习题

1. 完成下列反应。

① Ph—CH=CH₃ $\xrightarrow{\text{NBS, } hv}$

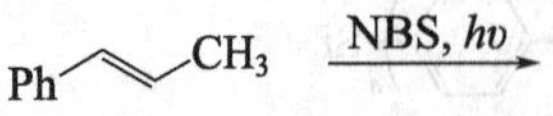

② Ph—CO₂Ag $\xrightarrow{\text{Br}_2}$

③ —OH + HBr(浓) $\xrightarrow{\text{H}_2\text{SO}_4}$

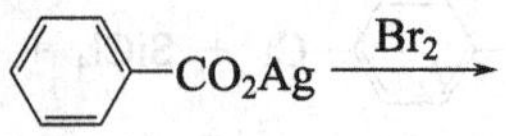

④ HC≡C—CH₃ $\xrightarrow{\text{HCl}}$

⑤ 2-溴苯胺 $\xrightarrow[\text{② KI}]{\text{① NaNO}_2\text{, HCl}}$

⑥ CH₃CH₂Br + H₂N—C(=S)—NH₂ $\xrightarrow{\text{OH}^-}$

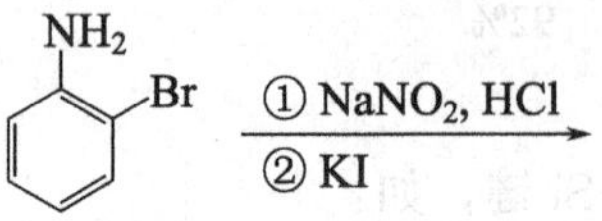

⑦ —OH $\xrightarrow[\text{NaI}]{\text{DEAD, PPh}_3}$

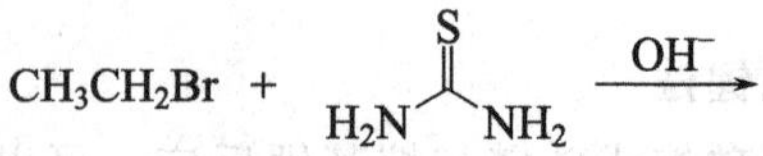

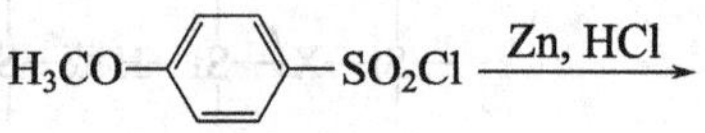

⑧ H₃CO—C₆H₄—SO₂Cl $\xrightarrow{\text{Zn, HCl}}$

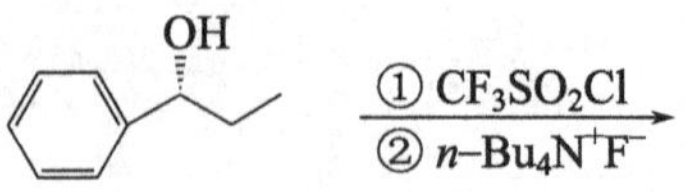

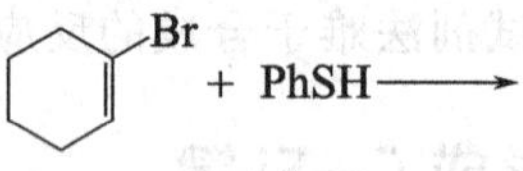

⑨ Ph—CH(OH)—CH₂CH₃ $\xrightarrow[\text{② }n\text{-Bu}_4\text{N}^+\text{F}^-]{\text{① CF}_3\text{SO}_2\text{Cl}}$

⑩ 1-溴环己烯 + PhSH $\longrightarrow$

⑪ CH₃MgBr + Me₃SiCl $\longrightarrow$

⑫ Ph—Br + PCl₃ $\xrightarrow{\text{Na}}$

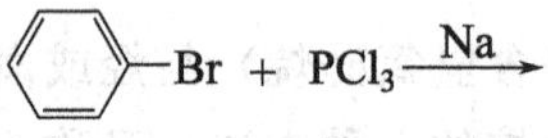

2. 完成下列转化。

① 对羟基苯甲酸乙酯 $\longrightarrow$ 2,6-二氯苯酚

② 3-氨基苯甲酸 $\longrightarrow$ 2,4,6-三溴苯甲酸

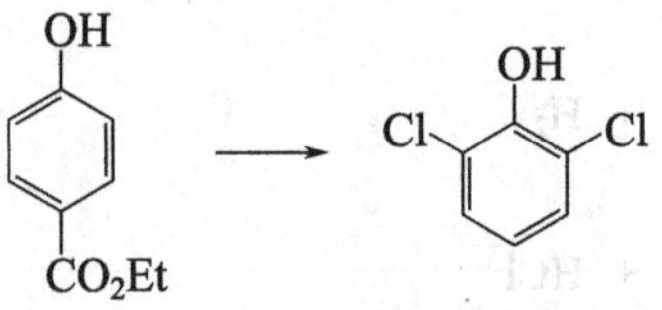

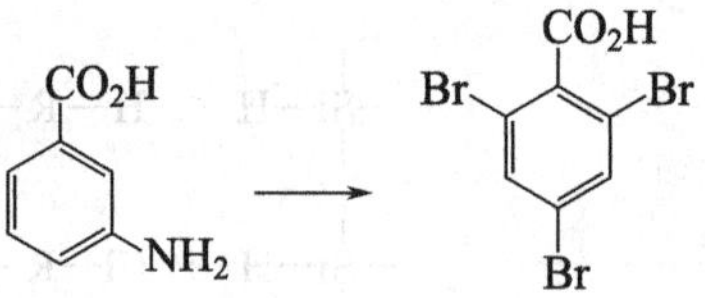

③ 甲苯 $\longrightarrow$ 3-溴甲苯

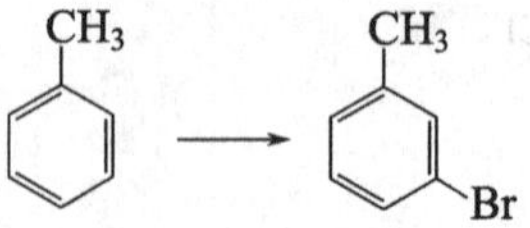

3. 设计下列化合物的合成路线。

① 1,3,5-三溴苯

② 双(3-氨基苯基)砜

③ 反-2-巯基环己醇

④ (E)-2-(4-甲氧基苯基)乙烯基二苯基氧化膦

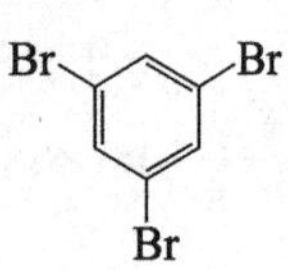

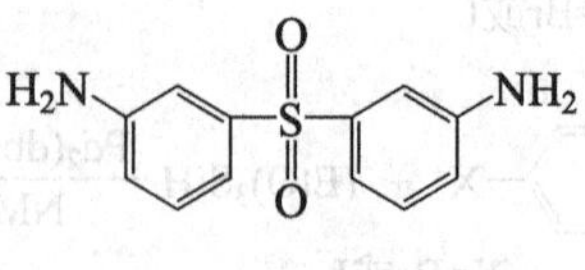

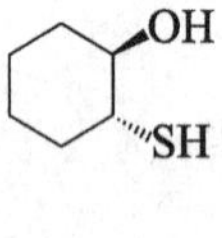

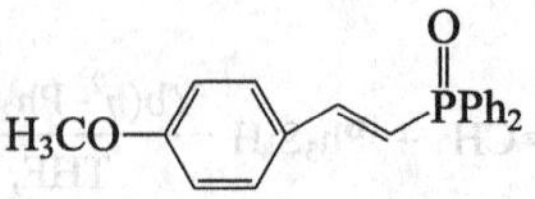

第 **6** 章

氧化还原反应

◎ 6.1 氧化反应

氧化反应是指一类有机化合物分子中氧原子增加或氢原子减少的反应。具体的反应过程中涉及脱氢，一个或两个电子的转移或氧插入到化合物体系中。

6.1.1 脱氢反应

通过脱氢反应可以实现六元脂肪环的芳构化，也可将该反应应用于五元杂环和六元杂环中。常用的脱氢反应试剂有三类：①铂、钯、镍等氢化催化剂，这类反应是双键氢化的逆反应；②硫和硒可以实现脂环族天然产物的芳构化，它们与释放的氢结合分别产生 H_2S 和 H_2Se；③醌，它们被还原成相应的氢醌。常用于芳构化的两种重要的醌是氯醌（2,3,5,6-四氯-1,4-苯醌）和 DDQ（2,3-二氯-5,6-二氰基-1,4-苯醌）。后者比较活泼，可用于难以脱氢的底物。

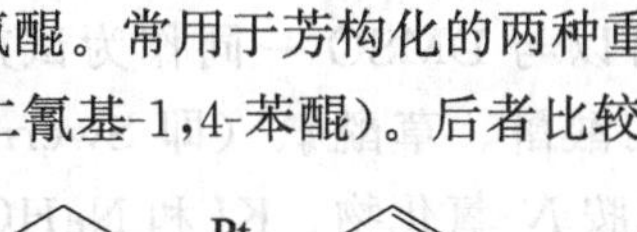

$$\text{环己烷} \xrightarrow{\text{Pt}} \text{苯} + 3H_2$$

通过脱氢反应也可以产生碳碳双键。三级胺在乙酸汞的作用下生成烯胺。氧化剂 SeO_2 在一定条件下能使羰基化合物失去一分子 H_2 而形成 α,β-不饱和羰基化合物。

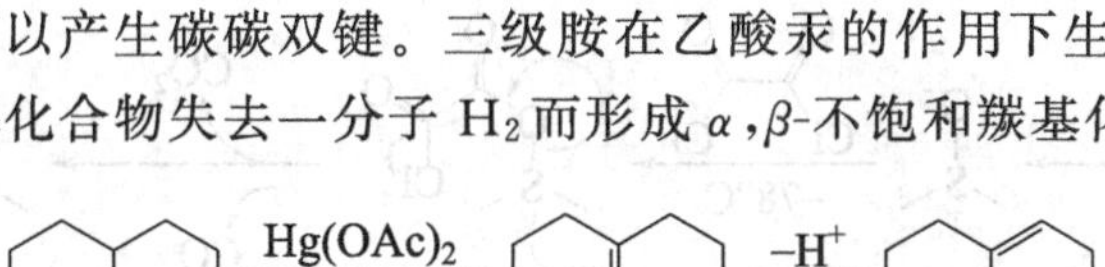

$$\text{三级胺} \xrightarrow{\text{Hg(OAc)}_2} \xrightarrow{-H^+} \text{烯胺}$$

6.1.2 醇的氧化

一级醇和二级醇在氧化条件下转化为相应的醛和酮。最常用的氧化剂是铬［Cr（Ⅵ）］的氧化物。其中 Sarett 试剂、Collins 试剂、PCC 和 PDC 试剂是温和的氧化剂，可使一级醇氧化成醛类而不会进一步被氧化成羧酸。高锰酸钾、二氧化锰和四氧化钌等强氧化剂也可以起到相同的氧化作用。常用的氧化剂见表 6-1。

表 6-1　常用的氧化剂

酸性试剂	铬酸（H_2CrO_4），氧化铬（CrO_3） Jone's 试剂（CrO_3-H_2SO_4-H_2O）
微碱性试剂	Sarett 试剂（CrO_3/吡啶） Collins 试剂[CrO_3-$2C_5H_5N$（吡啶）/CH_2Cl_2]
微酸性试剂	PCC 试剂[CrO_3-C_5H_5N（吡啶）-HCl]
中性试剂	PDC 试剂[H_2CrO_7-$2C_5H_5N$（吡啶）]

　　氧化铵盐也是一种氧化剂，稳定且不吸湿，能够在二氯甲烷中将一级醇氧化，实现醇到醛的单一转化而不会发生过度氧化。这些试剂中的大多数也能将二级醇氧化为酮。

　　在醇铝或醇钾催化下，酮作为氧化剂（本身被还原为二级醇）的反应即为沃氏氧化反应（Oppenauer 氧化）。常用的酮为丙酮、丁酮和环己酮，常用的醇铝是异丙氧基铝。此反应最大的优点是具有高度选择性。以前此反应最常用来制备酮，但现在也已经开始用它来制备醛。一般来说，烯丙醇、苄醇的活性比一级醇和二级醇的活性高，更容易被氧化。

　　DMSO 可由各种较强的亲电试剂活化，生成活性锍盐（sulfonium salt），极易与醇反应生成烷氧基锍盐，接着发生消除反应，生成醛或酮和二甲硫醚。醇与 DMSO、DCC 和无水磷酸的反应被称为 Moffatt 氧化反应。在这种条件下，一级醇可以被氧化成醛而没有酸生成。由以下试剂代替 DCC，也可以与 DMSO 一同作为试剂，发生类似的氧化反应：醋酸酐、SO_3-吡啶-三乙基胺、三氟乙酸酐、草酰氯（即 Swern 氧化剂）、甲苯磺酰氯、P_2O_5-Et_3N、氯甲酸三氯甲酯、三甲基胺 N-氧化物、KI 和 $NaHCO_3$，以及甲基磺酸酐等。

Swern氧化

　　Dess-Martin 五价碘氧化剂，在室温温和条件下与醇反应能得到相应的醛或酮。Dess-Martin 氧化剂由邻碘苯甲酸与醋酸酐在氧化条件下反应得到。醇取代其中的一个醋酸根后，发生消除得到醇的氧化产物。

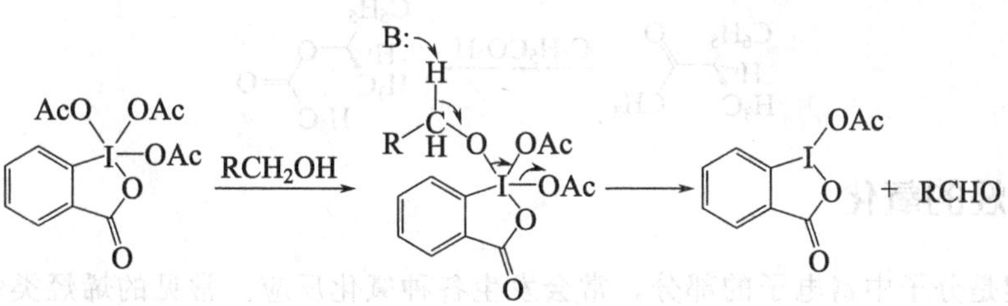

6.1.3 醛、酮的氧化

铬酸会将醛继续氧化生成羧酸。氧化银作为使用较多的氧化剂同样可以将醛氧化到酸。

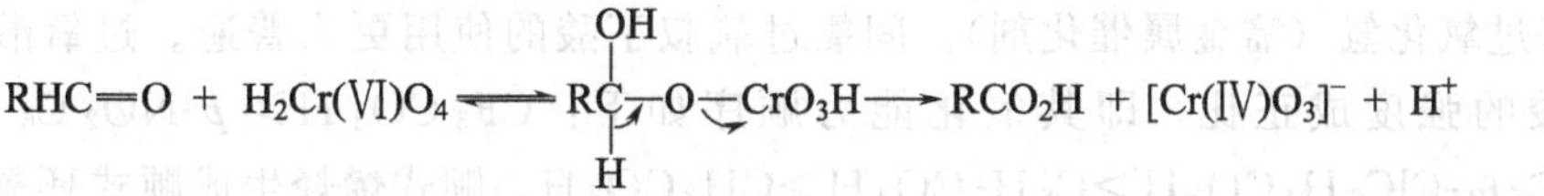

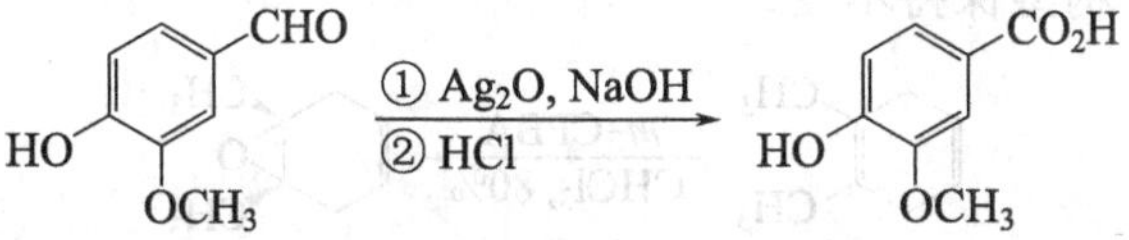

$$RHC=O + H_2Cr(VI)O_4 \rightleftharpoons RC-O-CrO_3H \longrightarrow RCO_2H + [Cr(IV)O_3]^- + H^+$$

卤仿反应指有机化合物与次卤酸盐作用产生卤仿的反应，在碱性条件下，与氯、溴、碘反应，分别生成氯仿、溴仿、碘仿。通常酮类不会被氧化成羧酸，但甲基酮类可被次卤酸氧化生成降解一个碳的羧酸。

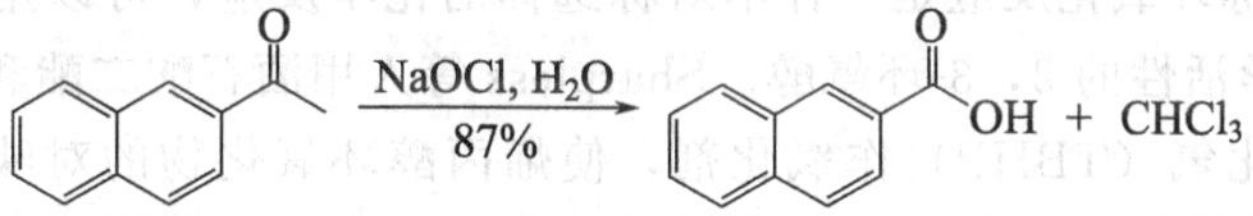

Baeyer-Villiger 氧化重排反应是酮在过氧化物（如过氧化氢、过氧化羧酸等）氧化下，在羰基和一个邻近烃基之间引入一个氧原子，得到相应的酯的化学反应。醛可以进行同样的反应，氧化的产物是相应的羧酸。间氯过氧苯甲酸是常用的氧化剂，其他常用的氧化剂还包括过氧化乙酸、过氧化三氟乙酸等。为避免生成的酯在酸性条件下发生酯交换反应，常在反应物中加入磷酸氢二钠，以保持溶液接近中性。环酮发生反应得到内酯。

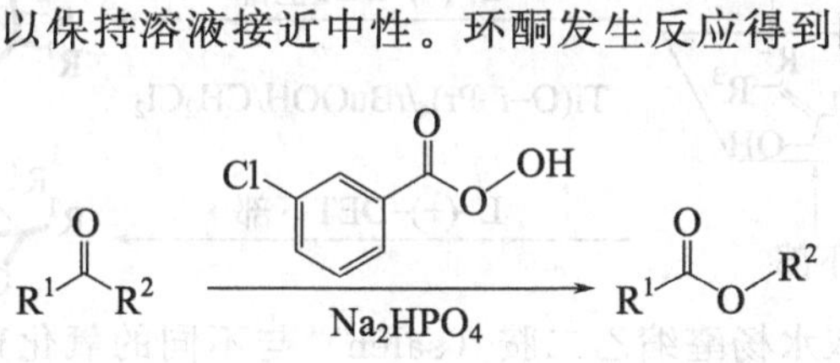

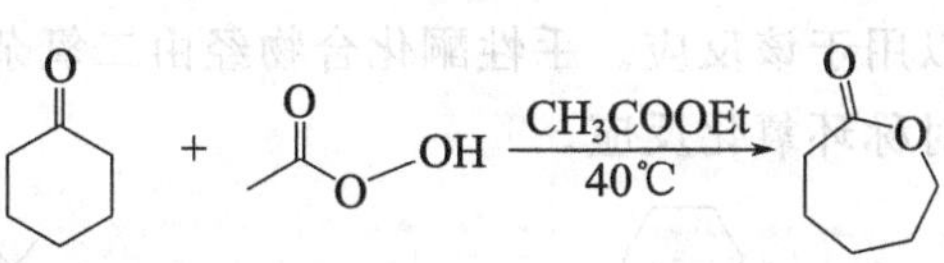

具有光学活性的 3-苯基丁酮和过氧酸反应，重排产物手性碳原子的构型保持不变，说明反应属于分子内重排，因此 Baeyer-Villiger 氧化的产物是可以预测其立体结构的。不对称的酮氧化时，重排步骤中两个基团均可迁移，但迁移能力有一定区别，其顺序为：$R_3C—>$ $R_2CH—$、$C_6H_{11}—$、$C_6H_5—$、$C_6H_5CH_2—>RCH_2—>CH_3—$。

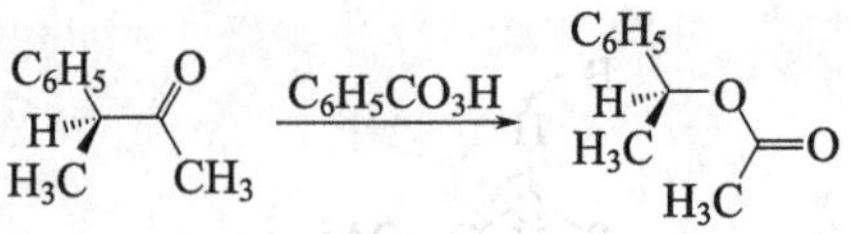

6.1.4 烯烃的氧化

碳碳双键是分子中富电子的部分，常会发生各种氧化反应。常见的烯烃类氧化反应有环氧化、双羟化以及碳碳双键的断裂。

6.1.4.1 环氧化反应

化合物双键两端碳原子间加上一原子氧形成三元环的氧化反应。常用的氧化剂是过氧酸或叔丁基过氧化氢（需金属催化剂）。间氯过氧叔丁酸的使用更为普遍。过氧酸的氧化能力与对应酸的强度成正比，即其氧化能力顺序如下：$CF_3CO_3H > p\text{-}NO_2C_6H_4CO_3H > HCO_3H > m\text{-}ClC_6H_4CO_3H > C_6H_5CO_3H > CH_3CO_3H$。顺式烯烃生成顺式环氧化合物，反式烯烃生成反式产物，构型保持不变。

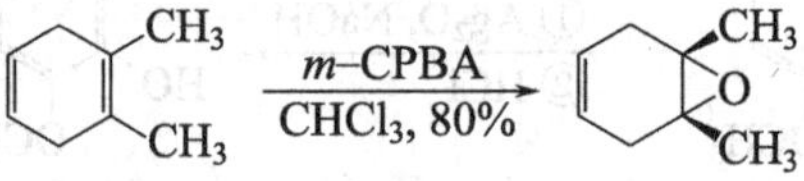

烯烃的环氧化常受空间障碍的影响，在阻碍较小的一面形成环氧化物。若存在羟基，受其导向作用，于羟基的同侧形成环氧化物。其中以烯丙基和高烯丙基的影响效应最为明显，即使对非环状化合物也具有选择性。

Sharpless 不对称环氧化反应是一种不对称选择的化学反应，可以用来从一级或者二级烯丙醇制备具有光学活性的 2，3-环氧醇。Sharpless 等人用酒石酸二酯和四异丙氧基钛作催化剂，叔丁基过氧化氢（TBHP）作氧化剂，使烯丙醇环氧化物的对映体过量（ee）值达90％以上。对已知的烯丙醇，在 D-(一)-酒石酸二酯（DET）的作用下，氧化剂 TBHP 从双键所在平面的上部进攻底物；在 L-(＋)-酒石酸二酯的作用下，TBHP 从双键所在平面下部进攻底物，得到构型相反的产物。

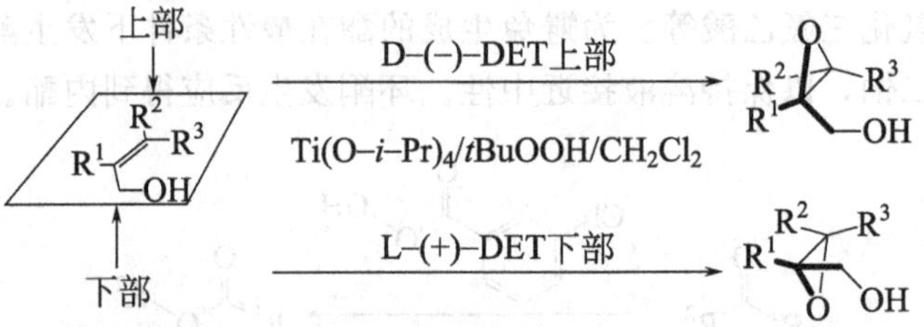

具有光学活性的锰-双水杨醛缩乙二胺（salen）与不同的氧化剂可以实现普通烯烃的环氧化。锰卟啉复合物也可以用于该反应。手性酮化合物经由二氧杂环丙烷中间体可以实现反式烯烃或三取代烯烃的不对称环氧化反应。

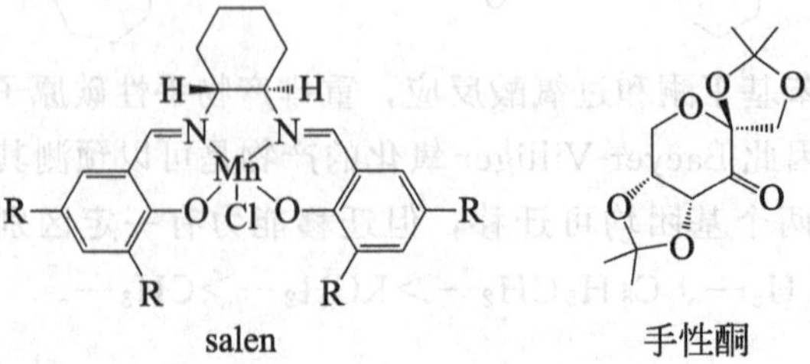

salen   手性酮

6.1.4.2 双羟基化反应

烯烃的双键在一定条件下会发生双羟基化反应，得到邻二醇化合物。

四氧化锇、高锰酸钾和碘/湿羧酸银是氧化双键为顺式邻二醇的常用氧化剂。其反应过程一般经过环状过渡态。

四氧化锇和高锰酸钾可从双键位阻较小的一面顺式加成。含取代基较少的双键被氧化的速率比含取代基较多的双键的氧化速率快。四氧化锇加成的速率虽然慢，但几乎能定量完成反应，其主要缺点是比较贵并且具有高毒性，所以仅限于制备少量的稀缺化合物。高锰酸钾是一种强的氧化剂，可以氧化反应中生成的二醇，因此双羟基化反应必须在碱性的高锰酸盐中制备且条件必须温和。

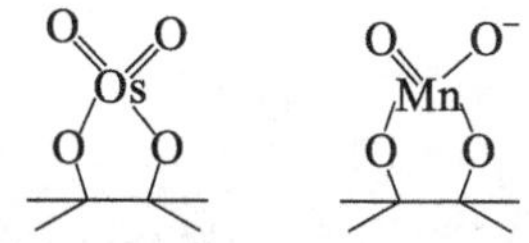

碘/湿羧酸银氧化烯烃得到顺式双羟基化产物，该方法称为 Woodward 法。烯烃与摩尔比为 1∶1 的碘和苯甲酸银的含水乙酸溶液反应，最初的产物是反式加成的 β-卤代酯，而后发生对碘原子的分子内亲核取代（邻基参与）。然而，在水的存在下，中间体发生水解，所以单羧酸酯是顺式的，水解得到的二醇也是顺式产物。

Prevost 方法最终得到的是反式加成产物。其与 Woodward 法双羟基化反应不同的是，反应体系中没有水的存在。在这种方法中，烯烃与摩尔比为 1∶2 的碘和苯甲酸银反应。最初的加成产物是反式的，产生 β-卤代苯甲酸酯，而后发生对碘原子的分子内亲核取代（邻基参与）。另一分子的苯甲酸负离子进攻该中间体，发生分子间 S_N2 取代反应，得到反式二酯，进一步水解得到反式二醇。

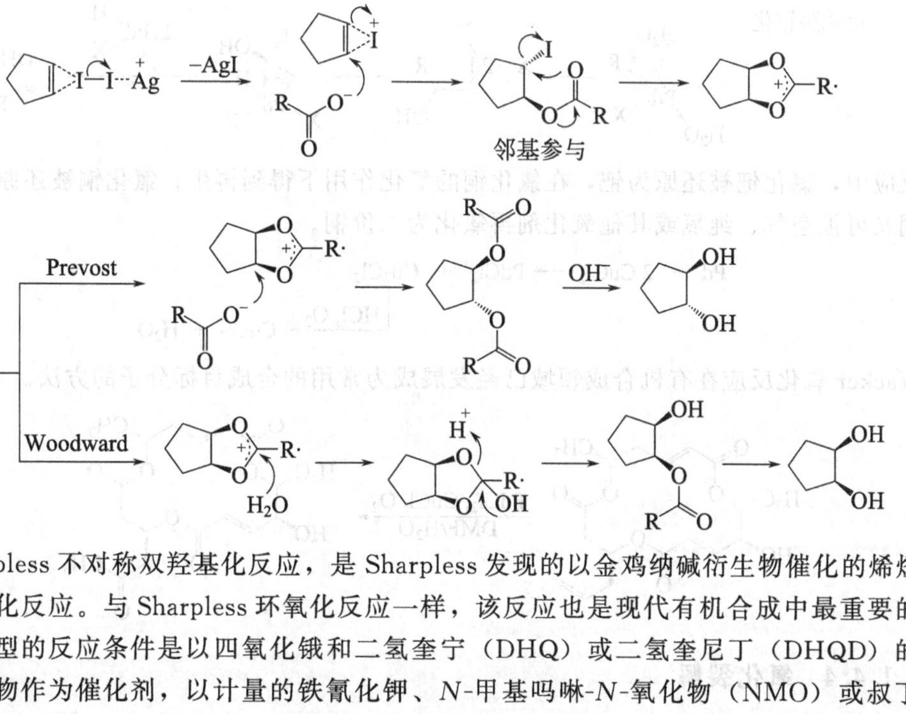

Sharpless 不对称双羟基化反应，是 Sharpless 发现的以金鸡纳碱衍生物催化的烯烃不对称双羟基化反应。与 Sharpless 环氧化反应一样，该反应也是现代有机合成中最重要的反应之一。典型的反应条件是以四氧化锇和二氢奎宁（DHQ）或二氢奎尼丁（DHQD）的手性配体衍生物作为催化剂，以计量的铁氰化钾、N-甲基吗啉-N-氧化物（NMO）或叔丁基过氧化氢作为氧化剂，并加入其他添加剂如碳酸钾和甲磺酰胺等。现实条件中常用非挥发性的铱酸钾［$K_2OsO_2(OH)_4$］代替四氧化锇。商品化的二羟基化混合物试剂称为 AD-mix，有 AD-mix α［含$(DHQ)_2$-PHAL］和 AD-mix β［含$(DHQD)_2$-PHAL］两种。大多数烯烃在上述反应条件下，能都以高产率、高 ee 值生成光学活性的邻二醇产物，并且反应条件温和，无需低温、无水、无氧等条件。DHQ 和 DHQD 衍生物可分别用于一对对映异构邻二醇的合成，反应产物的立体构型可根据烯烃的结构进行预测。

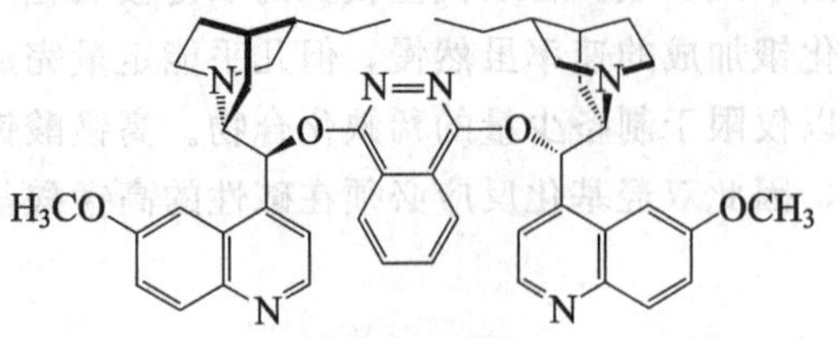

(DHQR)₂PHAL 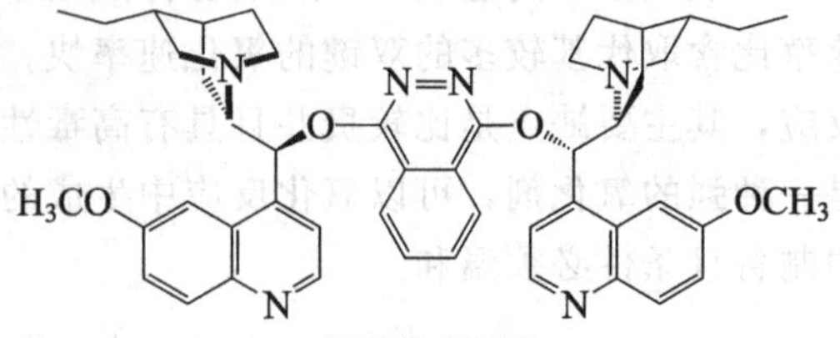   (DHQ)₂PHAL

6.1.4.3 钯催化氧化

乙烯及末端烯烃在氯化钯、氯化铜作为催化剂情况下可以被氧气成乙醛及甲基酮，这个反应叫作 Wacker 反应，是一个重要的金属参与的有机合成反应。该反应具有很高的合成价值，只氧化末端烯烃（内部烯键不反应）且不受其他不饱和基团（醛酮）的影响。

这个反应中，首先发生了羟钯化反应，顺式或反式的羟钯化过程都有可能，这主要依赖于反应体系中氯离子的浓度；随后发生 β-氢消除。

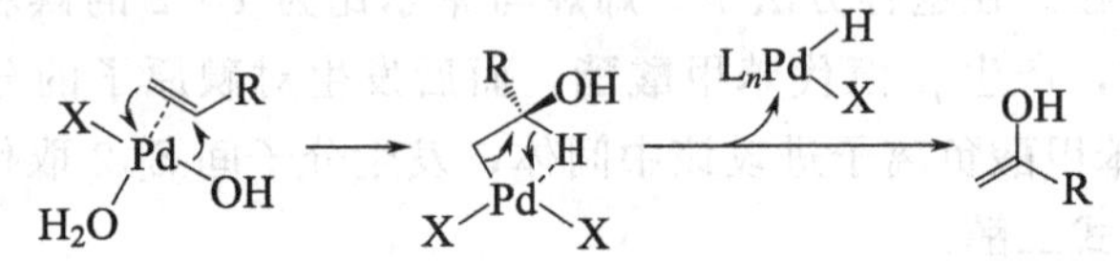

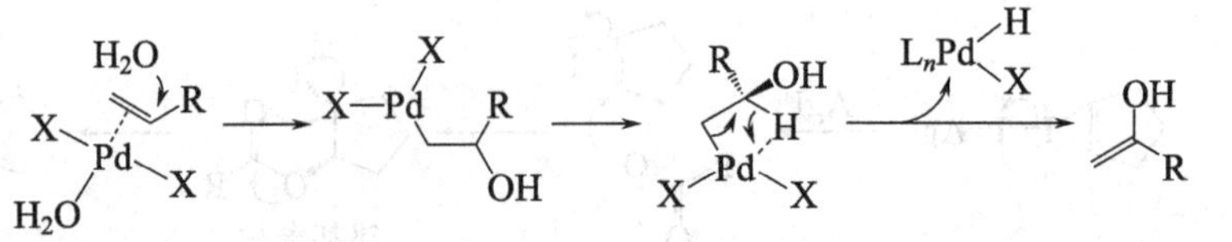

反应中，氯化钯被还原为钯，在氯化铜的氧化作用下得到再生；氯化铜被还原生成的氯化亚铜又可被空气、纯氧或其他氧化剂再氧化为二价铜。

$$Pd + 2\,CuCl_2 \longrightarrow PdCl_2 + Cu_2Cl_2$$

$$\underset{\text{HCl, O}_2}{\big|} CuCl_2 + H_2O$$

Wacker 氧化反应在有机合成领域已经发展成为常用的合成目标分子的方法。

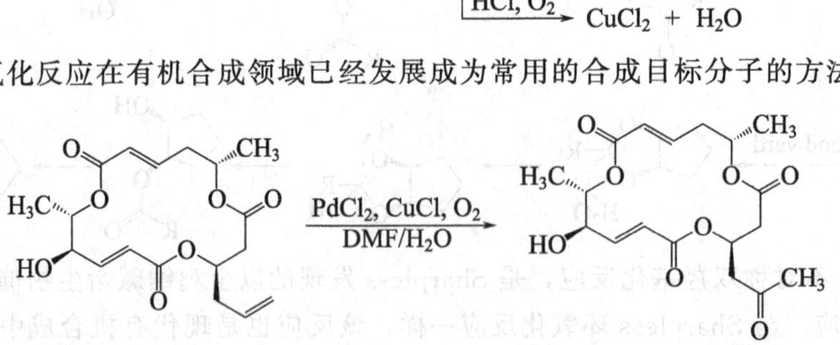

6.1.4.4 氧化裂解

根据结构和氧化条件的不同，双键可以被氧化为两个羰基化合物或酸。

高锰酸盐在酸度较低或浓度较大时可将双键直接氧化断裂生成羰基化合物或羧酸。用少量高锰酸钾与高碘酸钠在碱性条件下可将双键氧化断裂，此法也称为 Lemieux-von Rudloff 方法。其反应机理在于高锰酸钾氧化双键为邻二醇，高碘酸钠将邻二醇氧化断裂，并将生成的 5 价锰氧化为 7 价锰，使之再生，因此高锰酸钾是催化量的。

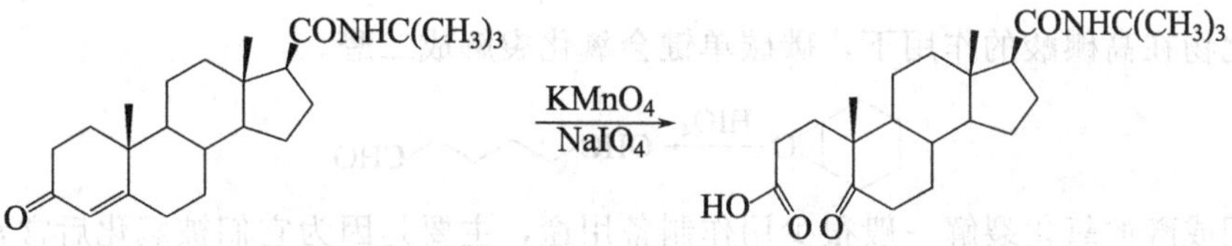

若改用四氧化锇和高碘酸钠作为混合氧化剂，则可以得到醛类化合物（Lemieux-Johnson 氧化）。

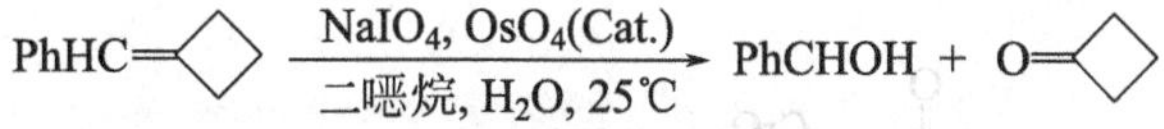

臭氧是很强的氧化剂，即使在低温下也能与烯烃作用产生臭氧化物（Ozonide）。

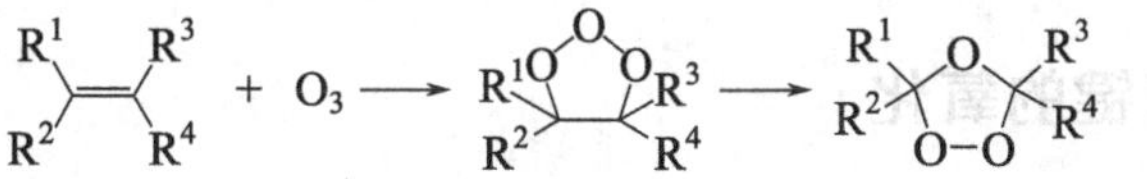

此时若添加氧化剂 H_2O_2，臭氧化物会转变为羧酸或酮类；若添加还原剂，如二甲硫醚、锌和三苯基膦等，臭氧化物会转变为醛或酮；若添加强还原剂 $NaBH_4$，臭氧化物会转变为醇类化合物。同时，由于臭氧是亲电性的，所以在适当量的臭氧的作用下，富电子的双键会优先发生氧化。

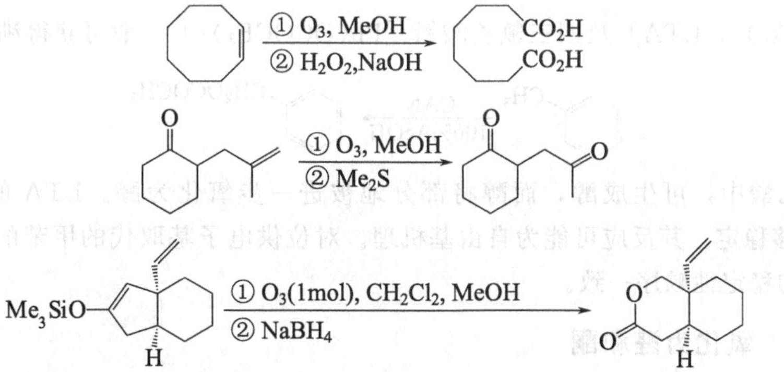

6.1.5 碳碳单键的氧化断裂

邻二醇可以被四乙酸铅 [Pb(OAc)$_4$] 氧化，实现碳碳单键的断裂，生成相应的醛或酮。四乙酸铅可氧化邻二醇为羰基化合物，而且尽管顺式的邻二醇反应速率大，但反式的仍可反应。

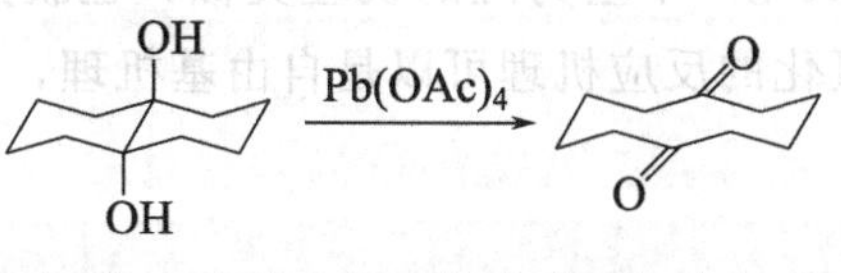

羧酸类化合物极不容易被氧化，但与过氧化氢作用后产生过氧酸。若是邻二酸类化合物，则可以在四乙酸铅的作用下发生氧化性的脱羧反应。

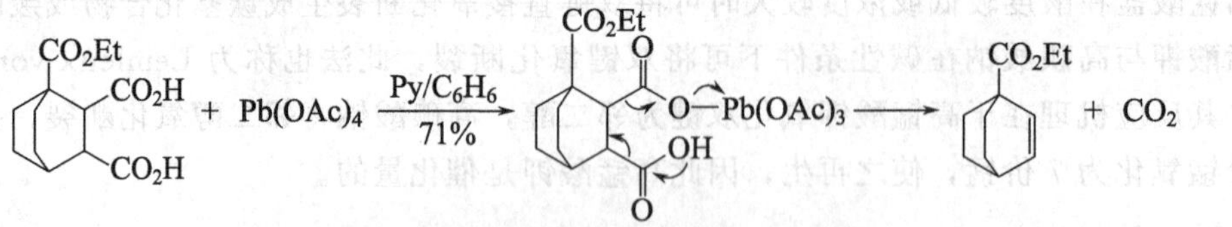

环氧化物在高碘酸的作用下，碳碳单键会氧化裂解成二醛。

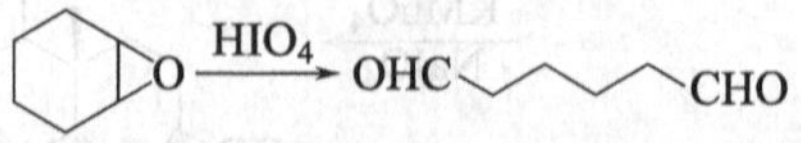

开链酮或醇的氧化裂解一般很少用作制备用途，主要是因为它们被氧化后常常得到一些不期望的混合物。但是此反应对于环酮和相应的二级醇来说却很有用，它们氧化后能得到很好产率的二酸。环己酮氧化成己二酸是一种重要的工业过程。酸性重铬酸盐和高锰酸盐是最常用的氧化剂。

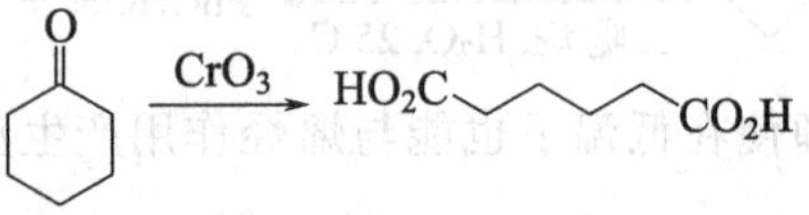

6.1.6 饱和碳氢键的氧化

芳甲烷氧化可称为侧链氧化，在通常的氧化条件下，芳环一般是稳定的。氧化芳甲烷可以获得苄醇、芳甲醛和酯等化合物，是将芳烃上的相对惰性的烷基转化为活性官能团的有效方法。

6.1.6.1 氧化为醇和酯

芳甲烷氧化时易发生深度氧化，但使用硝酸铈铵［$(NH_4)_2Ce(NO_3)_6$，CAN］或四乙酸铅［$Pb(OAc)_4$，LTA］及四三氟乙酸铅［$Pb(OCOCF_3)_4$］一般可获得满意结果。

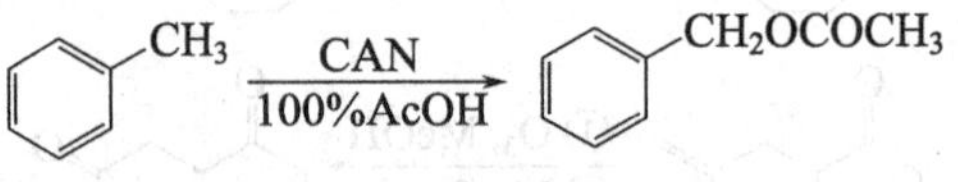

在含水乙酸中，可生成醇，而醇将部分地被进一步氧化为醛。LTA 的氧化能力弱于 CAN，且不够稳定。其反应可能为自由基机理。对位供电子基取代的甲苯的反应活性更高，这与自由基的稳定性顺序一致。

6.1.6.2 氧化为醛和酮

直接氧化芳甲烷为醛的适宜的氧化剂是 CAN（＋含水乙酸）、CrO_3-Ac_2O 和 CrO_2Cl_2。CAN 作氧化剂的机理可能为：水与 CAN 得到羟基自由基，再与苄基自由基结合得到苄醇；然后再氧化下一个氢，得到双羟基苄基化合物（水合醛），最后脱水得到醛。直接氧化苄位亚甲基为酮的适宜的氧化剂是 CAN（＋硝酸）和 Cr(Ⅵ) 盐催化的过氧化物。CAN（＋硝酸）氧化的反应机理可能与氧化苄甲基为醛的机理类似，也就是氧化得到水合酮，再脱水。Cr(Ⅵ) 盐催化的过氧化物氧化的反应机理可以是自由基机理，如 CrO_3 催化下，BuOOH 氧化烷基苯为酮的反应过程。

6.1.6.3 氧化为酸

很多强氧化剂可以氧化甲苯衍生物为苯甲酸衍生物。常用的氧化剂有 $KMnO_4$、

$Na_2Cr_2O_7$、Cr_2O_3 和稀硝酸等，其中 $KMnO_4$ 一般在碱性或中性介质中使用，而 $Na_2Cr_2O_7$ 则是在酸性介质中使用。此法常用于氧化甲基，长的侧链也可以被氧化，但叔丁基却很难被氧化。

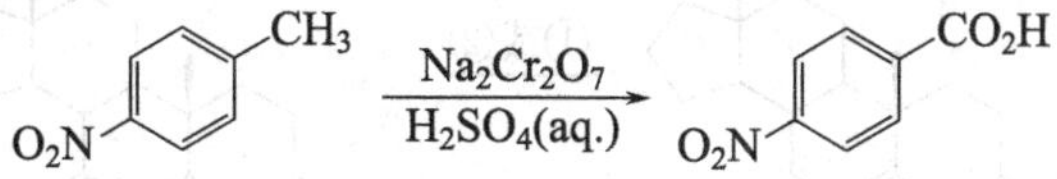

6.1.6.4 羰基 α 位活性烷基的氧化

使用强碱将羰基 α 位的氢夺去，再加入适当的氧化剂，则可得到 α-X 氧化产物（X = OOH，OH，Br，SR，SeR 等）。α-X 取代的羰基化合物，进一步发生消除反应，获得 α,β-不饱和羰基化合物。其中，脱卤化氢经由反式消除，而脱亚硒酸经由同侧脱去。

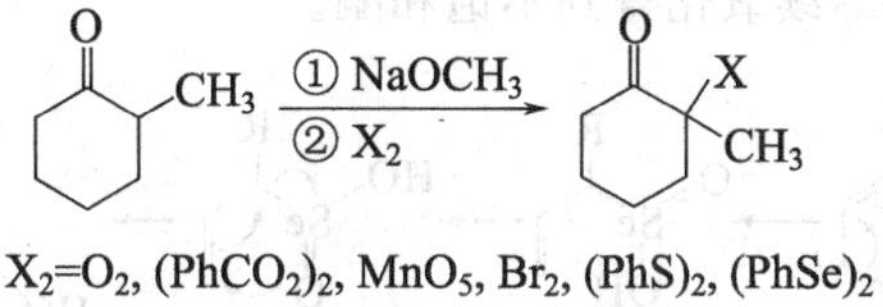

$X_2=O_2, (PhCO_2)_2, MnO_5, Br_2, (PhS)_2, (PhSe)_2$

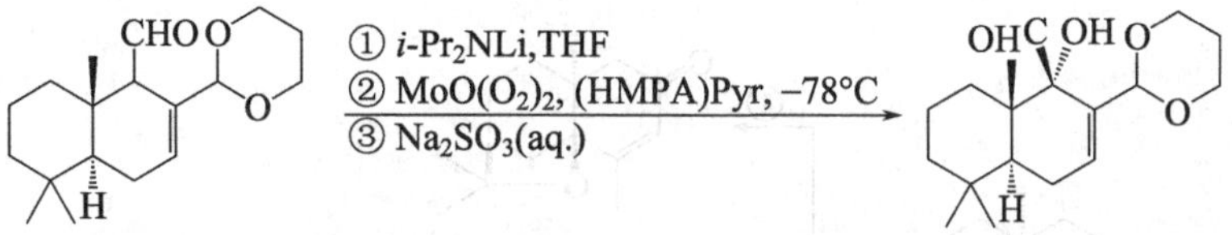

四乙酸铅或 $Hg(OAc)_2$ 可氧化羰基 α 位活性烷基，生成其乙酸酯，水解得到 α-羟基酮。尽管甲基、亚甲基和次甲基都可被氧化，但 BF_3 的存在可以提高氧化甲基的选择性，可能也与反应温度有关。

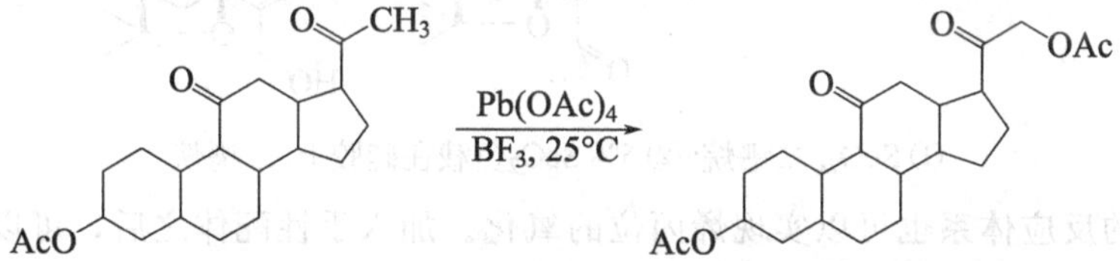

羰基 α 位的甲基或亚甲基可以被二氧化硒氧化，反应可在二噁烷、乙腈和乙酸酐等溶剂中进行，分别生产 α-酮醛和 α-二酮。二氧化硒是最常用的氧化剂，用 N_2O_3 或其他氧化剂也可以实现此反应。亚甲基上含有两个芳基的底物最易被氧化，许多氧化剂都可以氧化这些底物。

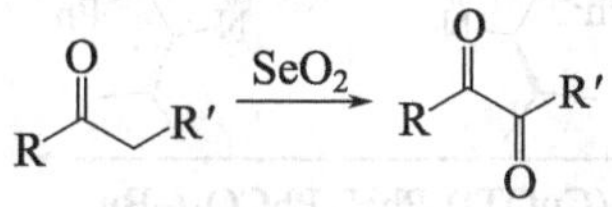

6.1.6.5 烯丙位氧化

将含双键的化合物在烯丙位进行氧化是获得 α,β-不饱和羰基化合物或烯丙醇类化合物的重要手段之一，生成的羟基或羰基产物可以广泛作为有机合成中的构建单元。由于反应多以自由基或碳正离子机理进行，所以经常发生双键重排。

含金属铬离子的化合物作为烯丙位氧化剂是比较常见的。早期应用的是重铬酸钠。因为重铬酸钠的氧化性过强，且反应需要醋酸，这使得其应用范围受到很大影响。Collins 试剂（$CrO_3 \cdot 2Pyr$）是较温和的常用试剂之一。类似的还有 CrO_3-3,5-二甲基吡唑。PCC 和 PDC 也是常用的试剂。但这些试剂都有一个非常显著的缺点，即用量很大，给反应的后处理带来极大的不便。

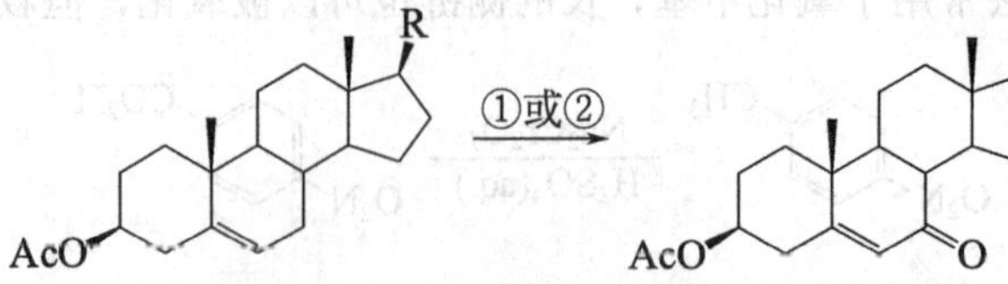

① 3mol Na$_2$Cr$_2$O$_7$, Ac$_2$O, AcOH,63%~79%
② 15mol CrO$_3$·2Pyr, CH$_2$Cl$_2$, rt,72%

SeO$_2$是进行烯丙位氧化的常用试剂。整个反应过程，首先发生的是 SeO$_2$ 与烯烃的 ene 反应；随后发生 [2,3]-σ 重排，回复到起始的烯丙位；得到的硒酯经过溶剂溶解后，得到相应的烯丙醇或烯丙酯，也会继续氧化得到不饱和酮。

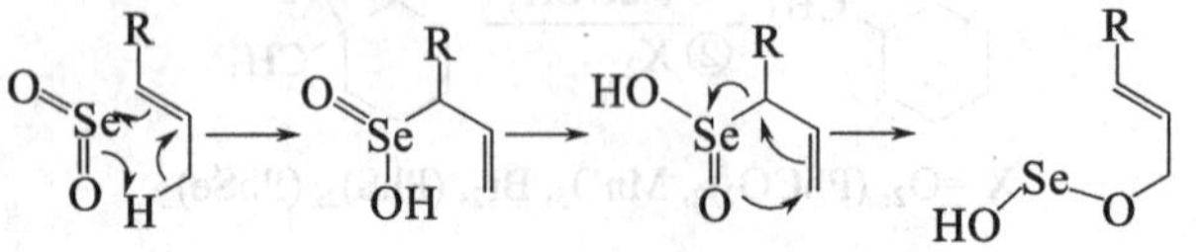

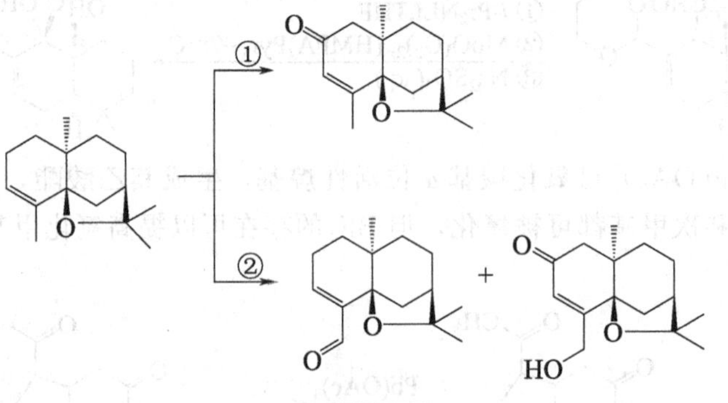

① SeO$_2$, 二噁烷; ② 5% SeO$_2$负载在硅胶上, 二噁烷

基于铜盐的反应体系也可以实现烯丙位的氧化。加入手性配体之后，可以实现烯丙位对映选择性地氧化，得到具有光学活性的烯丙酯。

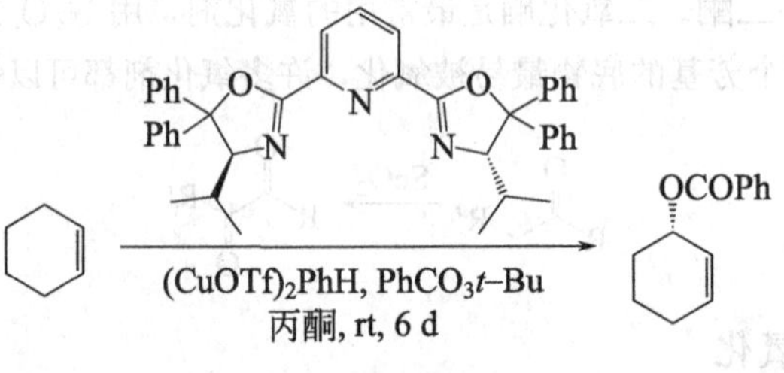

6.1.7 胺的氧化反应

伯胺、仲胺和叔胺在一定条件下都可被氧化生成氧化胺。如对氨基苯甲醚可被无水过氧乙酸氧化为对硝基苯甲醚；脂肪族仲胺可被过氧化氢氧化为羟胺，但在合成上意义较大的是叔胺的氧化。如吡啶可被氧化为氧化吡啶，此反应可改变吡啶环上的电子分布，使之容易发生芳香族亲电取代反应。此外，氧化叔胺分子内消除也是合成烯烃或烷基羟胺的有效方法，如 Cope 消除反应。

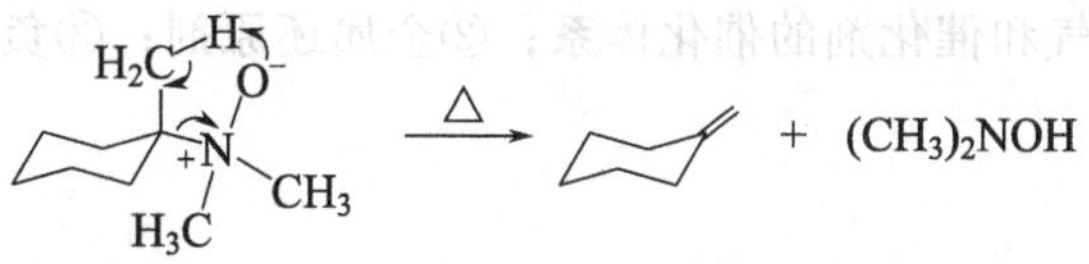

一级芳香胺可以被氧化成亚硝基化合物，实现此转化常用的是 Caro 酸（H_2SO_5）或 H_2O_2-HOAc。大多数情况下羟胺可能是反应的中间体，有些情况下可以被分离出，但在反应条件下，它通常被氧化成亚硝基化合物。脂肪族一级胺也可以按照此方式被氧化，但是没有 α-氢的亚硝基化合物才是稳定的，如果存在 α-氢，则这些化合物会自动互变异构成肟。

$$ArNH_2 \xrightarrow{H_2SO_5} Ar-N=O$$

二级胺（R_2NH）可以被二甲基二氧杂环丙烷或过氧苯甲酸和 Na_2HPO_4 氧化成羟胺（R_2NHOH），羟胺不会被进一步氧化。

一级胺可以在其伯碳上使其脱氢从而生成腈。此反应可以用多种试剂实现：四乙酸铅、NaOCl、$K_2S_2O_8$-NiSO$_4$、Me$_3$NOOsO$_4$、Ru-Al$_2$O$_3$-O$_2$ 以及 CuCl-O$_2$-吡啶。二级胺也可以通过多种方法脱氢生成亚胺，主要使用以下三种试剂：①单独或在钌的复合物中使用 PhIO；②Me$_2$SO 和草酰氯；③t-BuOOH 和铼催化剂。

$$RCH_2NH_2 \xrightarrow[\textcircled{2} H_2O]{\textcircled{1} NaOCl} RCN$$

6.1.8　硫醇（酚）和硫醚的氧化

硫醇(酚)可被弱氧化剂(空气、碘和过氧化氢等)氧化为二硫化物，如碱性条件下半胱氨酸可被空气氧化为胱氨酸。

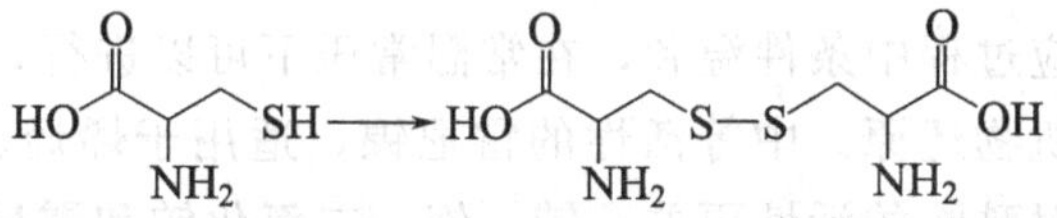

强氧化剂（过量的过氧酸、硝酸和高锰酸钾等）可将硫醇（酚）氧化为亚磺酸或磺酸。

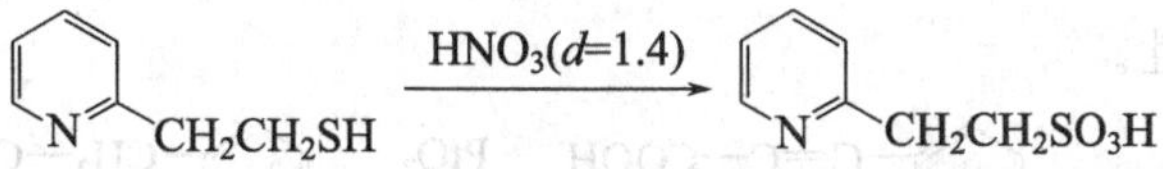

硫醚可被氧化为亚砜或砜，这是一些药物合成中的重要步骤，如 β-内酰胺酶抑制剂他唑巴坦的合成。

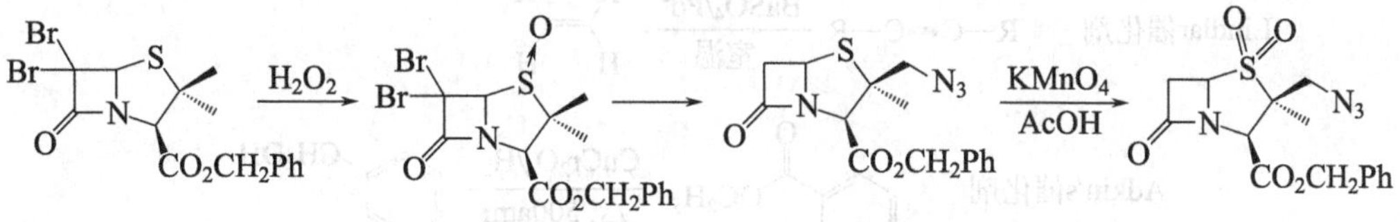

◉6.2　还原反应

还原反应是有机合成中最重要的化学反应之一。实现还原反应有许多种方法，主要包括氢或电子对分子的加成以及氧或其他电负性取代基的脱除。还原过程中，按照所用的还原试剂可以分为三类：①氢气和催化剂的催化体系；②金属还原剂；③负氢转移试剂。

6.2.1 催化氢化

利用氢气还原有几个优点：污染少，生成的副产物是水；选择性好，可用不同的催化剂和不同的反应条件得到不同程度的还原产物。因用到催化剂，因此也称催化氢化。催化氢化是有机合成中最简便的还原方法之一。催化氢化按反应机理和作用方式可分为三种类型，即非均相催化氢化、均相催化氢化和氢源为其他有机分子的催化转移氢化。根据物质结构的前后变化，可分为氢化和氢解。氢化是指氢分子加成到烯键、炔键、羰基、氰基、硝基等不饱和基团上使之生成饱和键的反应；而氢解则是指分子中的某些化学键因加氢而断裂，分解成两部分的反应。

6.2.1.1 非均相催化氢化

非均相催化氢化还原反应，通常是指在不溶于反应液的固体催化剂的作用下，用氢气还原溶解在反应液中的有机化合物的过程。非均相催化氢化是催化领域中研究较多的还原方法。

催化氢化和一般催化反应一样，有以下三个基本过程：①反应物在催化剂表面的扩散、物理和化学吸附；②吸附络合物之间发生化学反应；③产物的解析和扩散，离开催化剂表面。一般反应步骤由第一步决定。通常情况下，烯烃的催化氢化都是同面加成的过程，但也有例外。

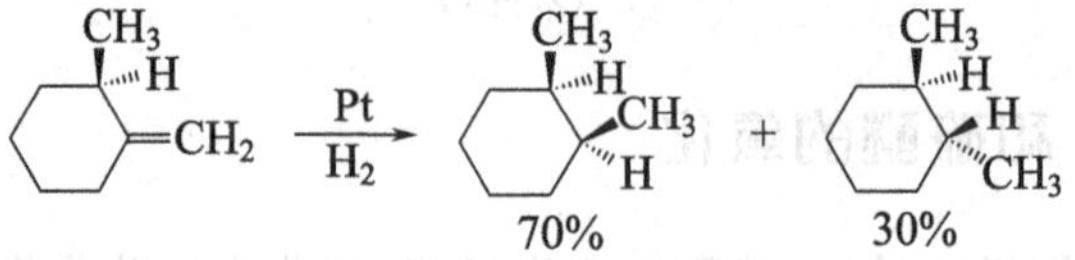

通常使用的催化剂有铂、钯、镍、铑等。这些催化剂反应活性高，反应条件宽，可以高温高压下反应，也可以常温常压下反应，但相对较贵且易被硫、胺化物等毒化。

铂和钯催化剂在反应过程中条件温和，在常温常压下可以进行，在中性或酸性条件下可将很多非极性和极性有机物还原。中等活性的雷尼镍，适用于烯烃、炔烃、羰基和硝基等，对苯、酯、羧酸较差，对酰胺的活性更差。铂、钯、二氧化铂和雷尼镍等催化剂对非极性化合物有利，羰基次之，而铬铜氧化物催化剂（$CuCr_2O_4$）则相反，但活性差，需升温加压，对苯环则没有反应活性。

Adam催化剂

Lindlar催化剂

Adkin's催化剂

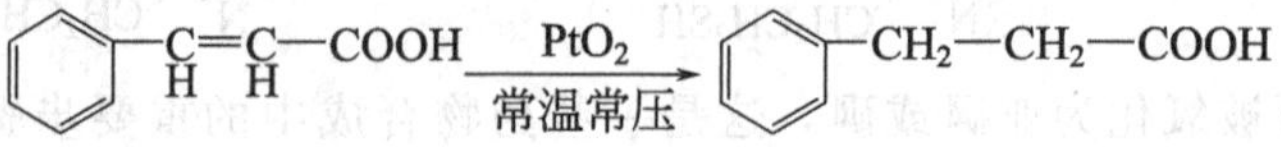

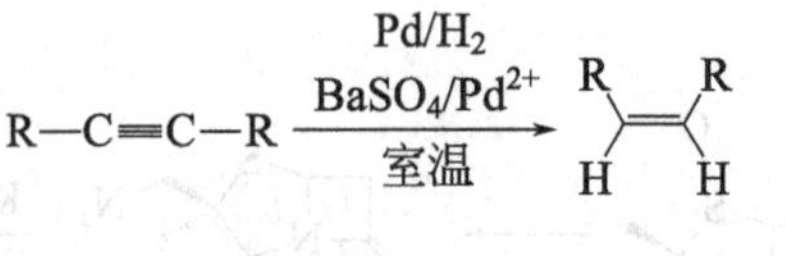

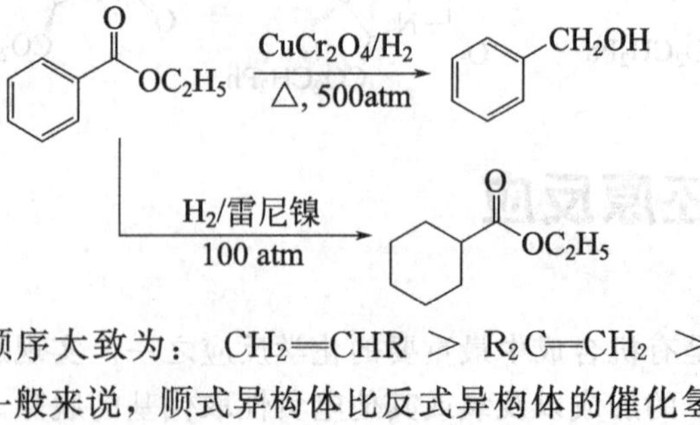

各类烯烃的催化氢化的活性顺序大致为：$CH_2{=}CHR > R_2C{=}CH_2 > RCH{=}CHR > R_2C{=}CHR > R_2C{=}CR_2$。一般来说，顺式异构体比反式异构体的催化氢化容易。当分

子中含有催化活性相差较大的烯键时，可进行选择性还原。

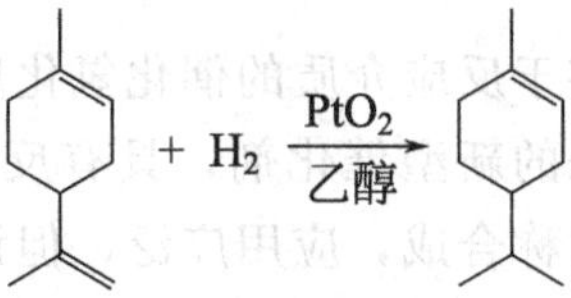

炔键催化氢化反应的活性比烯键强，因此反应可以停留在烯烃阶段，这是制备顺式烯烃最有效的方法。常用的催化剂为 Lindlar 催化剂 [Pd-CaCO₃，Pb(OAc)₂]。

羰基是容易进行催化氢化还原的官能团，其中醛比酮更容易些。催化剂常用铂、钯、雷尼镍和铬铜氧化物。

$$(CH_3)_2C(OH)COCH_3 + H_2 \xrightarrow[\text{乙醇, 20℃}]{PtO_2} (CH_3)_2C(OH)CH(OH)CH_3$$

$$CH_3(CH_2)_4CHO + H_2 \xrightarrow[\text{20~30℃, 14atm}]{\text{雷尼镍, 乙醇}} CH_3(CH_2)_4CH_2OH$$

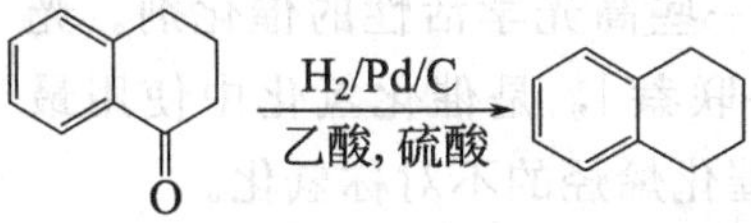

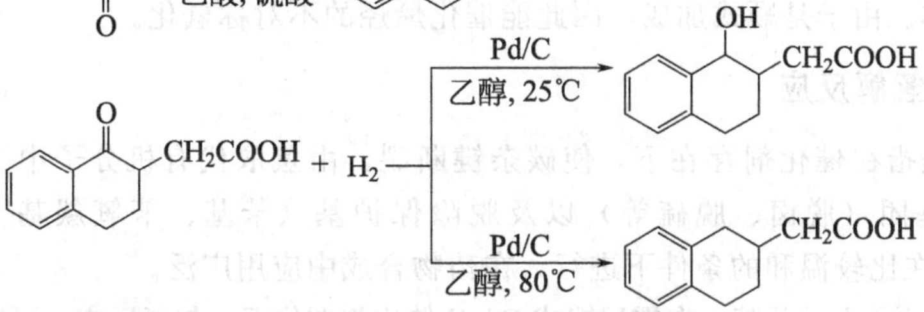

表 6-2 显示出各种官能团对于催化氢化还原的难易程度。

表 6-2　各种官能团催化氢化的难易程度

底物	产物	相对难易
RCOCl	RCHO，RCH₂OH	容易
RNO₂	RNH₂	
RC≡CR	(Z)—RHC=CHR，RCH₂CH₂R	
RCHO	RCH₂OH	
RCH=CHR	RCH₂CH₂R	
RCOR	RCH(OH)R，RCH₂R	
PhCH₂OR	PhCH₃ + HOR	
RCN	RCH₂NH₂	
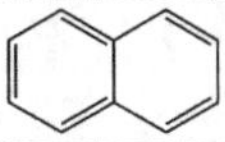	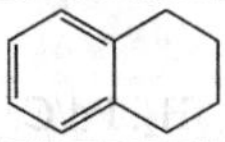	
RCO₂R′	RCH₂OH + HOR′	
RCONHR′	RCH₂NHR′	
	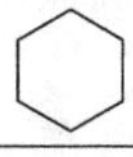	
RCOO⁻Na⁺	RCOO⁻Na⁺	不能还原

6.2.1.2 均相催化氢化

均相催化氢化是指催化剂可溶于反应介质的催化氢化反应。均相催化剂主要是有机金属络合型催化剂，是近年来发展起来的新型催化剂，具有反应活性大、条件温和、选择性好、不易中毒等优点，尤其适用于不对称合成，应用广泛，但该催化剂价格高，回收比较困难。

应用最广的均相催化剂是铑、钌、铱配合物。Wilkinson 催化剂（三苯基膦氯化铑）是第一个被使用的均相催化剂。使用 Wilkinson 催化剂进行均相催化，末端双键和环外双键的氢化速率远大于非末端双键和环内双键，借此催化活性的差异，可实现多烯类化合物中位阻小的双键的选择性氢化。

$$\xrightarrow{\text{Ph}_3\text{PRhCl, H}_2\text{, PhH}}$$

改变配合物有机磷配体的结构，可得到一些高光学活性的催化剂。光学活性的 BINAP [2,2′-双-(二苯膦基)-1,1′-联萘]，是催化氢化中使用最为成功的磷配体。由于是顺式加成，因此能催化烯烃的不对称氢化。

(R)-(+)-BINAP

6.2.1.3 氢解反应

氢解反应是指在催化剂存在下，使碳杂键断裂，由氢取代有机分子中离去的原子或基团（脱卤、脱硫等）以及脱除保护基（苄基、苄氧羰基等）。氢解通常在比较温和的条件下进行，在药物合成中应用广泛。

连在氮、氧原子上的苄基，在雷尼镍或 Pd/C 催化剂催化下，与氢反应，可脱去苄基。例如：

$$\xrightarrow{\text{C}_2\text{H}_5\text{OH, Pd/C, H}_2}$$

硫醇、硫醚、二硫化物、亚砜、砜、磺酸衍生物以及含硫杂环等含硫化合物，可发生氢解，使碳硫键、硫硫键断裂。雷尼镍是最常用的催化剂，Pd/C 催化剂也有使用。例如：

$$\xrightarrow{\text{雷尼镍, H}_2}$$

催化氢解反应在维生素 B_6 的合成中有重要应用。一步钯碳催化加氢过程中，三个基团同时还原：硝基变氨基；氰基变氨甲基；氯被氢解。例如：

$$\xrightarrow{\text{H}_2\text{, Pd/C}}$$

6.2.2 催化转移氢化

该类反应的特点是在催化剂存在下，氢源是有机物分子而非气态氢。一般常用的氢源是氢化芳烃、不饱和萜类及醇类，如环己烯、环己二烯、四氢萘、α-蒎烯、乙醇、异丙醇、环己醇等。这类反应主要用于还原不饱和键和硝基等。催化转移氢化实例见表6-3。

表 6-3　催化转移氢化实例

反应类型	官能团	反应物	催化剂	氢源	产物	收率/%
氢化	烯键	1-辛烯	Pd	环己烯	正辛烷	70
		烯丙基苯	Pd	环己烯	正丙基苯	90
		2-丁烯酸	Pd/C	α-水芹烯	丁酸	100
	炔键	二苯乙炔	雷尼 Ni	乙醇	1,2-二苯乙烷	77
	硝基	对硝基甲苯	Pd/C	环己烯	对甲苯胺	95
氢解	C—X	对氯苯甲酸	Pd/C	萜二烯	苯甲酸	90
	C—N	苄胺	Pd/C	四氢萘	甲苯	85

这类反应不需要加氢设备，操作简便，使用安全。如甲羟孕酮（也叫安宫黄体酮）的制备：以环己烯为氢源，用 Pd/C 作为催化剂，在乙醇溶液中加热反应，可得选择性氢化的产物。

6.2.3　金属还原剂

金属还原剂包括活泼金属、活泼金属的合金及其盐类。一般用于还原反应的活泼金属有碱金属、碱土金属，以及铝、锡、铁等。合金包括钠汞齐、锌汞齐、铝汞齐、镁汞齐等。金属盐有硫酸亚铁、氯化亚锡等。金属还原剂在不同的条件下可还原一系列物质，不同的金属还原剂的应用范围有所差别。

6.2.3.1　铁和低价铁盐为还原剂

铁屑在酸性条件下为强还原剂，可将芳香族硝基、脂肪族硝基以及其他含氮氧官能团（亚硝基、羟氨基等）还原成氨基，将偶氮化合物还原成两个胺，将磺酰氯还原成巯基。它是一种选择性还原剂，一般情况下对卤素、烯键、羰基无影响。氯化亚铁由于在还原前可用盐酸加铁屑很方便地制备，且其活性较高而最常用。低价铁盐如硫酸亚铁、氯化亚铁等也常用来作为还原剂。

6.2.3.2　锂、钠和钠汞齐作为还原剂

金属钠在醇类、液氨或惰性溶剂（苯、甲苯、乙醚等）中都是强还原剂，可用于羟基、羰基、羧基、酯基、腈基以及苯环、杂环的还原。钠汞齐在水或醇中以及酸或碱性下都是强还原剂，但由于毒性太大，现在用得较少。

芳香族化合物在液氨中用钠（锂或钾）还原，生成非共轭的1,4-环己二烯化合物的反应称为 Birch 反应。反应速率：锂＞钠＞钾。当取代基是羧基等吸电子基时，能够稳定碳负离

子并生成最少取代的烯烃；当取代基是供电子基时，则生成取代最多的烯烃。

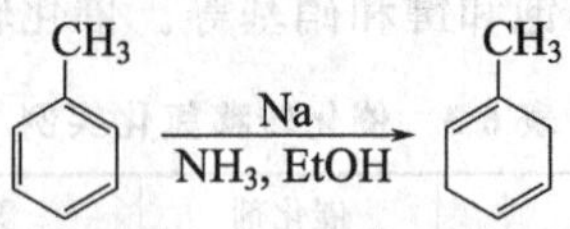

在卤代烃的存在下，碳负离子也可以发生亲核取代反应生成新的碳碳键。在 Birch 还原中生成的负离子中间体可以被一个合适的亲电试剂捕获。

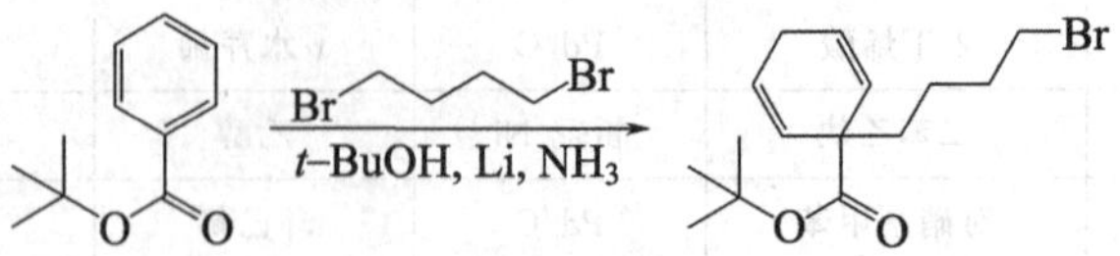

苯甲醚和芳胺经 Birch 还原后生成的二氢化合物很容易水解为环己酮衍生物，因此应用较多。

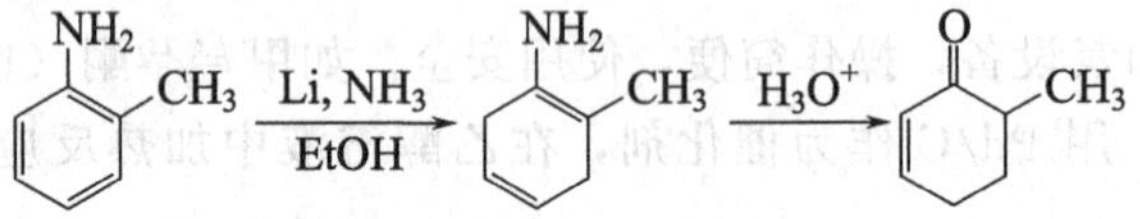

将羧酸酯用金属钠和无水乙醇直接还原生成相应的伯醇称为 Bouveault-Blanc 反应。

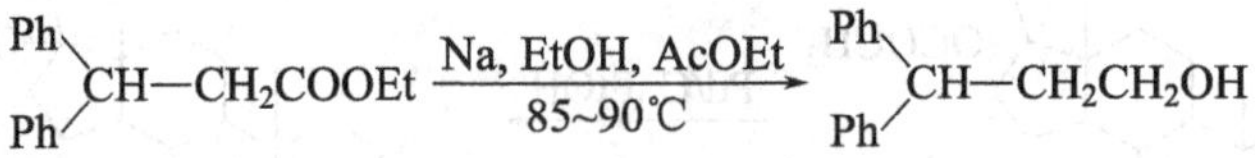

若此还原反应在苯、二甲苯等无质子供给的溶剂中进行时，生成的负离子自由基过渡态会相互偶合而发生酮醇缩合反应，生成 α-羟基酮，称为偶姻缩合反应，是合成脂肪族 α-羟基酮的重要方法，例如：

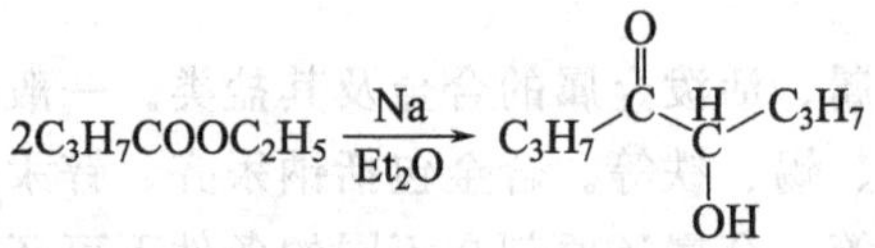

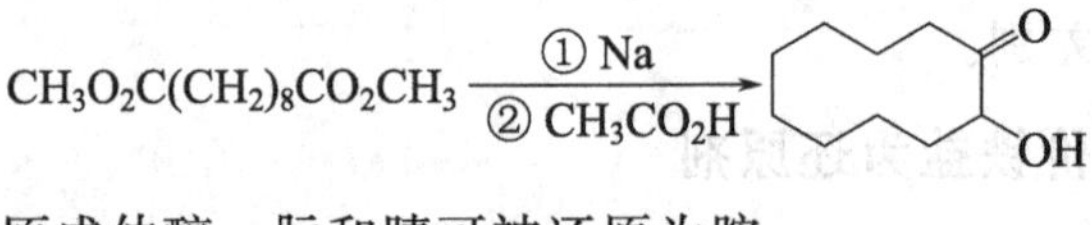

酮在醇中用钠可还原成仲醇，肟和腈可被还原为胺。

在非质子溶剂中，钠汞齐（或铝汞齐）可使酮还原为双分子还原产物 α-二醇（也称频哪醇，pinacol）。其机理与偶姻缩合反应类似。

溶解金属可用于还原裂解反应，尤其是切断苄基-氧键或苄基-氮键，这是催化氢解的一种替代方法。苄基即烯丙基的卤化物、醚、酯均可被溶解金属还原剂还原裂解。

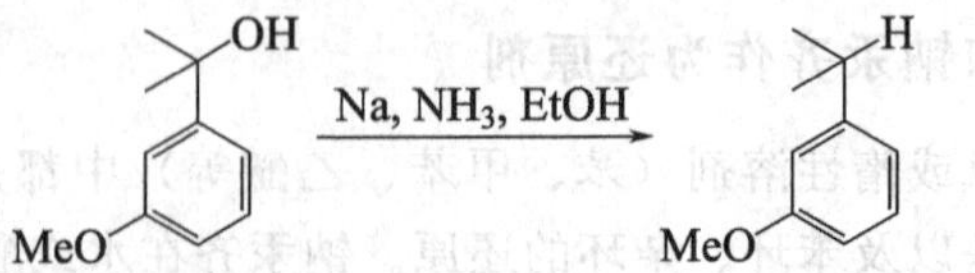

6.2.3.3　镁和镁汞齐作为还原剂

金属镁、镁汞齐在非质子溶剂中，可将醛和酮双分子还原成 1,2-二醇。

$$2 \underset{\text{环戊酮}}{\bigcirc}\!\!=\!\!O + Mg(Hg) \xrightarrow[\triangle]{\text{苯}} \bigcirc\!\!\!\overset{OH}{\underset{}{}}\!\!\!\overset{OH}{\underset{}{}}\!\!\!\bigcirc$$

6.2.3.4 锌和锌汞齐作为还原剂

在酸性、中性、碱性条件下锌粉都具有还原性。随着反应介质的不同，还原的官能团和相应的产物也不尽相同。在中性或微碱性条件下，锌粉可将硝基化合物还原成胺。硝基化合物在强碱性介质中用锌粉还原可制得氢化偶氮化合物，它们极易在酸中发生分子重排生成联苯胺系化合物。

$$\underset{\substack{NH_2\\NO_2}}{\bigcirc} \xrightarrow[C_2H_5OH, \text{回流}]{Zn,\ NaOH} \underset{\substack{NH_2\\NH_2}}{\bigcirc}$$

锌或锌汞齐还可在酸性条件下还原醛基、酮基为甲基或亚甲基，此反应称为 Clemmensen 还原反应。

$$\xrightarrow[HCl]{Zn-Hg}$$

锌粉在酸性条件下也可将硝基、亚硝基还原成氨基，也能还原 C—S 键等，还可将氰基还原成氨基。还可使碳卤键发生还原裂解反应，其活性次序为：C—I 键＞C—Br 键＞C—Cl键。锌还能在酸性条件下将酮还原成醇，将醌还原成氢醌。

6.2.3.5 锡和二氯化锡作为还原剂

锡和二氯化锡都是较强的还原剂，但由于价格高，工业上应用不多。

用锡在酸性条件下可将硝基还原成氨基，如驱虫药甲氨基苯脒中间体的合成。

$$O_2N\!-\!\!\bigcirc\!\!-\!N\!\!=\!\!\overset{CH_3}{\underset{H_3C}{\overset{|}{C}}\!\!-\!N}\!\!-\!CH_3 \xrightarrow[85℃]{Sn/HCl} H_2N\!-\!\!\bigcirc\!\!-\!N\!\!=\!\!\overset{CH_3}{\underset{H_3C}{\overset{|}{C}}\!\!-\!N}\!\!-\!CH_3$$

二氯化锡常配成盐酸溶液。它能在醇溶液中将硝基还原成氨基。二氯化锡在冰醋酸或用氯化氢饱和的乙醚溶液中具有很强的还原作用，可将脂肪族或芳香族的腈还原为醛，这称为 Stephen 反应。

$$H_3CO\!-\!\!\bigcirc\!\!-\!O\!-\!\!\bigcirc\!\!-\!CN \xrightarrow[HCl]{SnCl_2,\ Et_2O} H_3CO\!-\!\!\bigcirc\!\!-\!O\!-\!\!\bigcirc\!\!-\!CHO$$

6.2.3.6 钛和低价钛作为还原剂

醛或酮在还原性金属和低价态钛的作用下两个羰基缩合去氧得到烯烃的反应，称之为 McMurry 反应。该反应可以被视为臭氧分解烯烃成羰基的逆反应。对于分子内反应也能够有效地进行，因此该反应经常被应用于合成大环化合物或者天然产物。

$$O = CH(CH_2)_{12}CH = O \xrightarrow[\text{Zn-Cu}]{\text{TiCl}_2}$$

$$\xrightarrow[\text{THF}]{\text{TiCl}_4-\text{Zn}}$$

6.2.3.7 二碘化钐

由于 SmI_2 具有较高的还原电位，且能溶于四氢呋喃等有机溶剂，已迅速成为广泛使用的单电子转移还原偶联剂，在有机合成中得到了广泛的应用。脂肪醛酮同时存在时，优先还原醛基。在 SmI_2 作用下，醛、酮得到一个电子变成羰基自由基，在氧原子和 Sm^{3+} 的配位作用下，可以发生频哪偶联反应。

$$\text{PhCOCH}_3 + \text{SmI}_2 \xrightarrow[25℃]{\text{THF, 2\% MeOH}} \text{PhCHOHCH}_3$$

6.2.4 负氢转移试剂

本类还原剂主要是以钠离子、钾离子、锂离子和硼、铝等氢负离子形成的复盐。常用的有氢化铝锂（LiAlH_4）、硼氢化锂（LiBH_4）、硼氢化钠（NaBH_4）及其有关衍生物。

6.2.4.1 氢化铝锂

氢化铝锂还原能力强，能够快速地将醛、酮、酯、内酯、羧酸、酸酐和环氧化物还原为醇，或者将酰胺、亚胺离子、腈和脂肪族硝基化合物转换为对应的胺，孤立双键一般不受影响。具有强碱性，与水或醇迅速反应放出氢气，因此必须用无水的 THF 或乙醚作为溶剂。

氢化铝锂还原羰基的重要特征之一是非对映选择性。当与羰基直接相连的取代基是手性基团时，氢化锂铝还原羰基时负氢离子通常加到立体位阻较小的一面。

$$\xrightarrow{\text{LiAlH}_4/\text{THF}}$$

氢化铝锂超强的还原能力使得其可以作用于其他官能团，如将卤代烷烃还原为烷烃。该类反应中，卤代物的活性从大到小依次是碘代物、溴代物和氯代物。

$$\xrightarrow[\text{THF, 回流}]{\text{LiAlH}_4}$$

环氧化合物在氢化铝锂作用下能够发生还原断裂反应，得到相应的开环产物。该类反应中，负氢离子通常进攻空间位阻较小的碳端。肟在氢化铝锂的作用下，则能通过氢还原发生闭环反应，得到氮杂环丙烷产物。

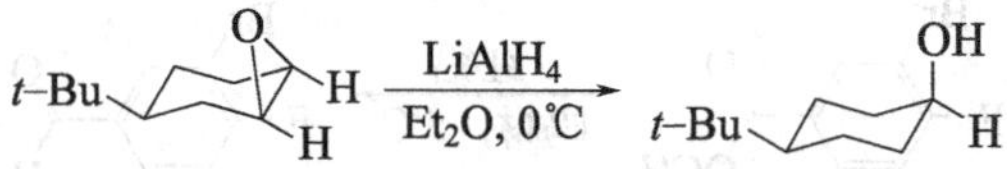

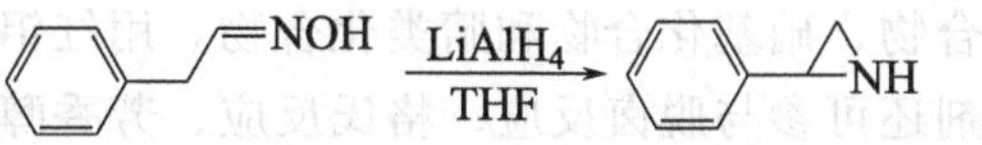

表 6-4 显示出各种官能团对于氢化铝锂-乙醚还原的难易程度。

表 6-4　各种官能团对于氢化铝锂—乙醚还原的难易程度

底物	产物	相对难易
RCHO	RCH_2OH	最容易
RCOR	RCH(OH)R	
RCOCl	RCH_2OH	
内酯	二醇	
$RHC\!\!-\!\!CHR$（O）	RCH_2CHOHR	
RCO_2R'	$RCH_2OH + HOR'$	
RCO_2H	RCH_2OH	
RCO_2^-	RCH_2OH	
$RCONR'_2$	$RCH_2NR'_2$	
RCN	RCH_2NH_2	
RNO_2	RNH_2	
$ArNO_2$	$ArN\!=\!NAr$	最困难
$RCH\!=\!CHR$		不反应

6.2.4.2　三叔丁氧基氢化铝锂

一种温和的高选择性还原剂，在 0℃的乙醚或二甘醇二甲醚中可还原酮、醛和酰氯，不还原脂肪酸酯和腈。

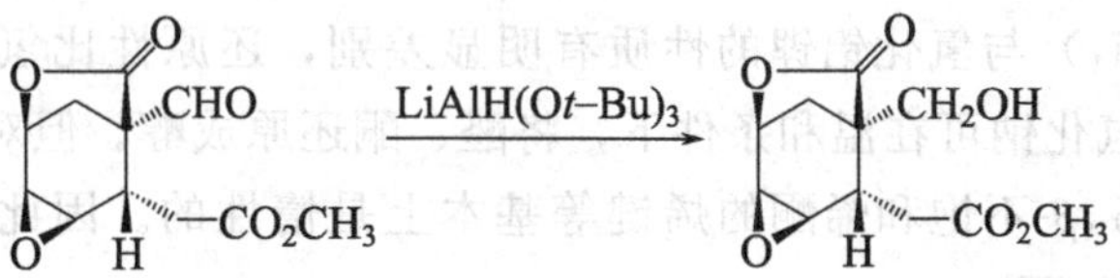

6.2.4.3　红铝

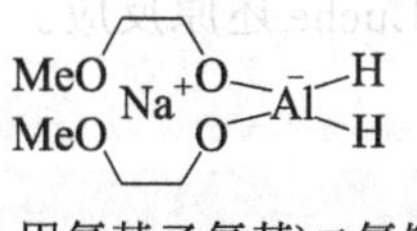

红铝的化学名称为双（2-甲氧基乙氧基）二氢铝钠，商品名称为红铝溶液（Vitride Solution）。红铝有较强的还原性、良好的安全性以及广泛的适用性，在医药、液晶和高分子合成等行业均有广阔的发展前景，是四氢铝锂、硼氢化钠、硼烷等活泼还原

双(2-甲氧基乙氧基)二氢铝钠

剂的最佳替代品。

红铝可以将醛、酮、羧酸和酯还原到醇。通过加入氨基配位剂和降低反应温度，红铝可以将酯还原到醛。

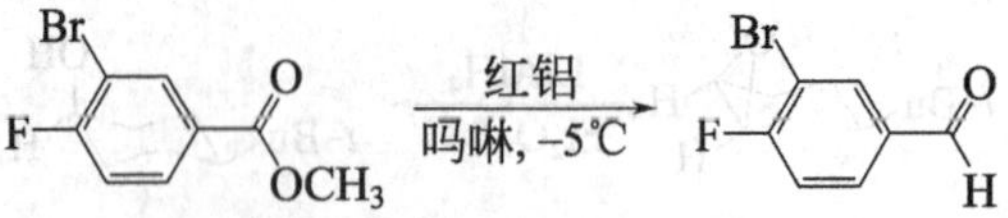

含氮化合物如酰胺化合物、硝基化合物和腈类化合物，用红铝还原后得到胺。

此外，红铝作为还原剂还可参与脱卤反应、格氏反应、芳香醇还原为烃的反应、醚的断链还原反应以及含硫化合物还原为硫醇的反应等。

6.2.4.4　二异丁基氢化铝

二异丁基氢化铝（DIBAL-H）是典型的温控还原剂，还原能力主要受反应温度的影响。因此，通过对反应体系温度的控制可以实现对官能团的高度选择性还原。通常在适当的温度条件下，DIBAL-H 可以高产率地将醛、酮、酰氯、羧酸酯和羧酸还原成相应的醇；将亚胺、腈和酰胺还原成相应的胺。虽然烷基卤对 DIBAL-H 是惰性的，但是 DIBAL-H 可以将磺酸酯定量地还原成相应的烷烃。

DIBAL-H 的独特反应之一是在低温条件下（−78℃）选择性地将羧酸酯还原成相应的醛；将内酯稳定地还原成相应的环状半缩醛。

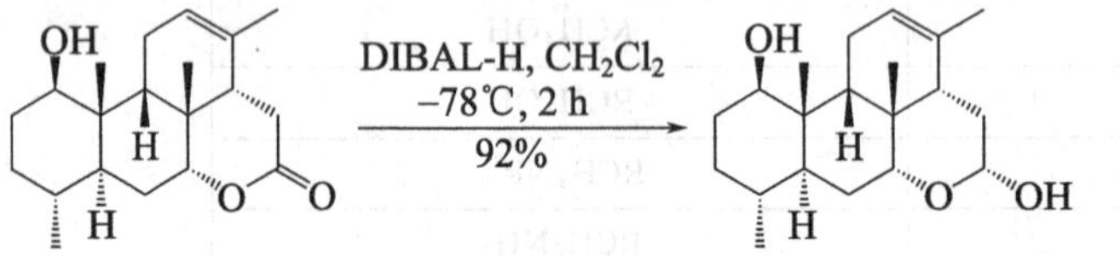

DIBAL-H 的另一个独特反应是在低温条件下，选择性地将腈稳定地还原成相应的醛，该反应实际上是腈被还原成为亚胺，然后经水解后生成醛。该方法可能是将腈转变成醛的最佳方法。

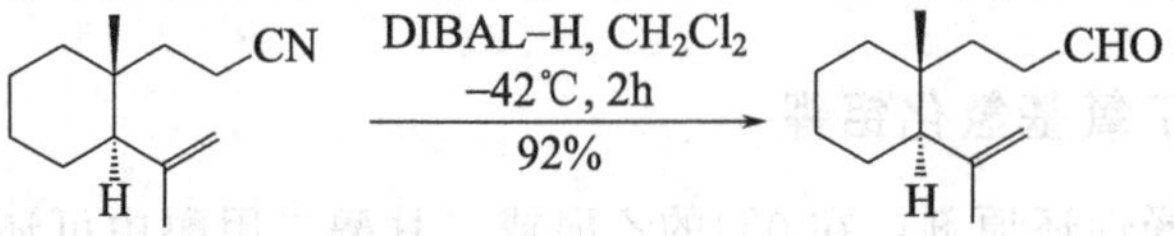

6.2.4.5　硼氢化钠

硼氢化钠（NaBH$_4$）与氢化铝锂的性质有明显差别，还原性比氢化铝锂差，作用更温和，选择性更强。硼氢化钠可在温和条件下，将醛、酮还原成醇。但对羧酸及其衍生物、氰基、硝基、卤素以及 α,β-不饱和烯酮的烯键等基本上是惰性的。因此，这些基团与羰基共存时可选择性地还原醛、酮。

在三氯化铈存在下，α,β-不饱和酮被硼氢化钠选择性地还原为相应的烯丙醇，该反应称为 Luche 还原反应。

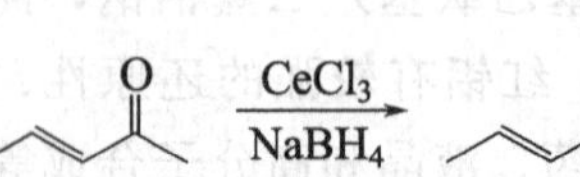

在过渡金属催化剂的作用下，硼氢化钠能够将卤代烃转化为烷烃，该反应可能经历了自由基过程。

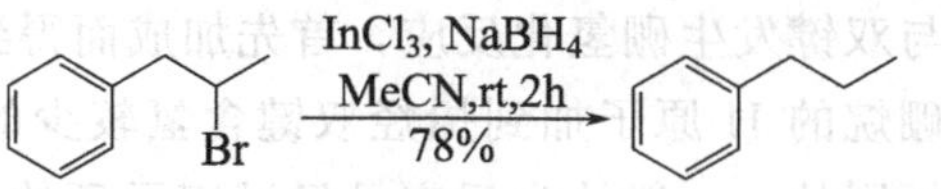

此外，硼氢化钠的反应体系中，加入其他的过渡金属盐如氯化镍、氯化钙等，可以使其还原性增强。

6.2.4.6　氰基硼氢化钠

氰基硼氢化钠（NaBH$_3$CN）是温和的选择性还原剂，常用于将醛、酮制得的亚胺选择性地还原为胺，尤其适用于还原胺化反应（Borch 反应）。它与水反应缓慢，可以用水作氰基硼氢化钠反应的溶剂。

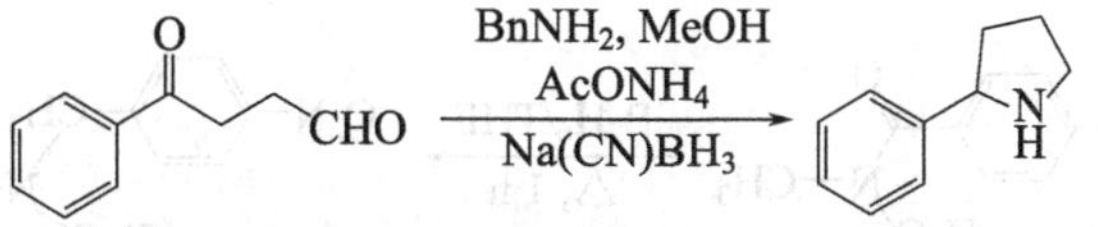

6.2.4.7　三乙酰氧基硼氢化钠

三乙酰氧基硼氢化钠［NaBH(OAc)$_3$］是近年来开发的一种新的用于还原胺化的催化剂，被用作 NaBH$_3$CN 的替代物对醛和酮进行还原胺化反应。因其具有极好的普适性和选择性，反应条件温和，催化还原性能好，且易于分离纯化，催化剂本身和副产物都无毒，对环境没有污染，成为还原胺化反应首选的催化剂。

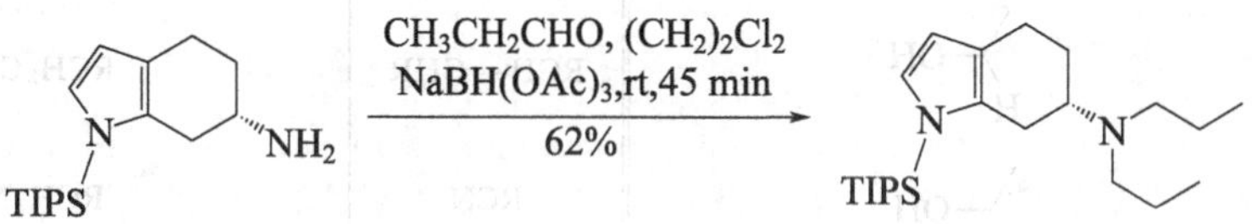

6.2.4.8　硼氢化锂和硼氢化锌

硼氢化锂（LiBH$_4$）的还原能力比 NaBH$_4$ 和 KBH$_4$ 强，基本完全覆盖了 NaBH$_4$ 和 KBH$_4$ 的还原功能，甚至可以在低温下来完成。硼氢化锌（ZnBH$_4$）是一个温和的还原试剂，能够作用于羰基化合物，并且适用于含有对碱敏感的官能团的底物。同时，它也是一个立体选择性的还原试剂。此外，在饱和酮、α，β-不饱和酮共存的情况下，能够选择性地优先实现饱和酮的还原。

6.2.4.9　三乙基硼氢化锂

当烃基与硼结合时，硼氢化物的还原能力得到增强，最有效的烃基硼氢化物是三乙基硼氢化锂（别名：超氢化合物），还原能力比硼氢化锂强，是现有的最强的亲核性氢化物。其最重要的作用是卤代烃的脱卤，机理为 S$_N$2 的亲核取代。

6.2.4.10　硼烷和铝烷

硼烷还原剂与金属氢化物不同，是亲电性氢负离子转移还原剂，它首先进攻富电子中心，故易还原羧基。并可与双键发生硼氢化反应，首先加成而得到取代硼烷，进而酸水解可得烃。在硼氢化反应中，硼烷的 H 原子加到烯烃双键含氢较少的碳原子上，硼加到含氢较多的碳原子上，是反马氏规则的。一般认为反应是经过四元环的过渡态，B—H 键断裂得到顺式加成产物。

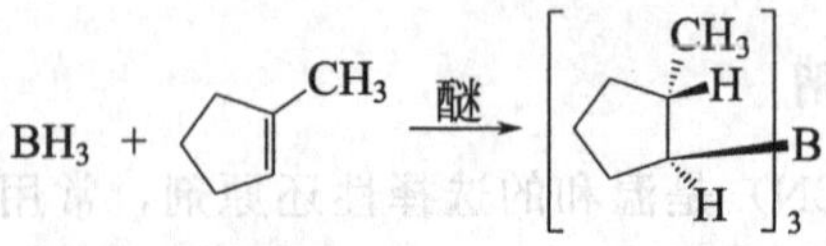

硼烷不还原羧酸根负离子、硝基、酰氯等基团。乙硼烷是常用的还原剂，是硼烷的二聚体，有毒气体，一般是溶于 THF 后使用。乙硼烷可还原酰胺成胺而不影响硝基。

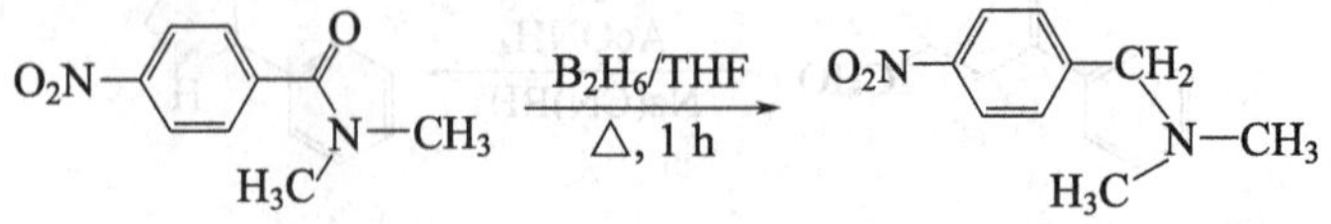

硼烷能还原的官能团见表 6-5。

表 6-5　硼烷能还原的官能团

底物	产物	底物	产物
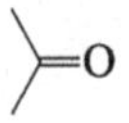	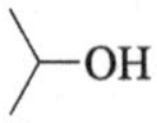 —OH	RCO_2R'	$RCH_2OH + HOR'$
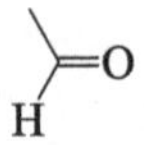	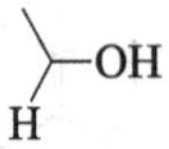 —OH	$RCH\!=\!CHR$	RCH_2CH_2R
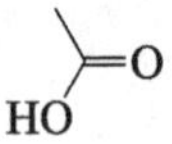	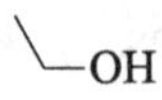 —OH	RCN	RCH_2NH_2
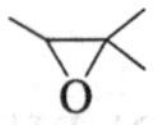	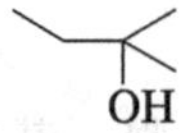 OH		

铝烷（AlH_3）是一种对多种官能团有效的还原试剂，能够将醛、缩醛、酮、醌、羧酸、酸酐、酰氯、酯和内酯还原为相应的醇，将酰胺、腈、肟和异氰酸酯还原为相应的胺。氢化铝对硝基化合物、硫化物、砜以及甲基苯磺酸盐无还原活性，但是对二硫化物和亚砜有效。对于酮的还原，氢化铝较其他还原试剂能够表现出不同的立体选择性，这点在具有生物活性的甾族化合物的还原中尤为重要。对于 α, β-不饱和酮还原为烯丙醇的反应，氢化铝也能表现出特异的立体选择性。

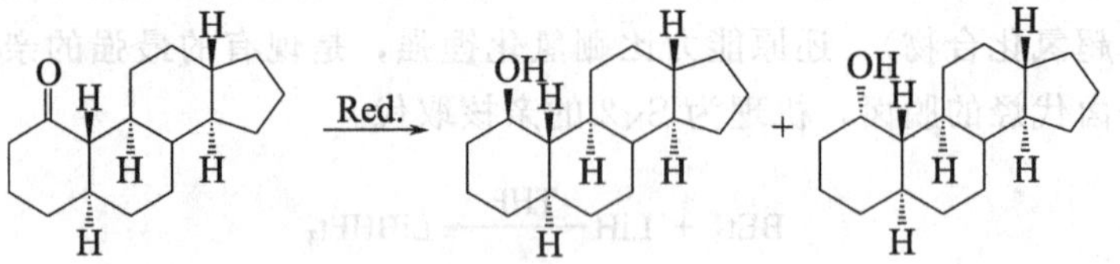

Red.=LiAlH(O—t-Bu)$_3$　　0　　:　　100
Red.=AlH$_3$　　　　　　　91　　:　　9

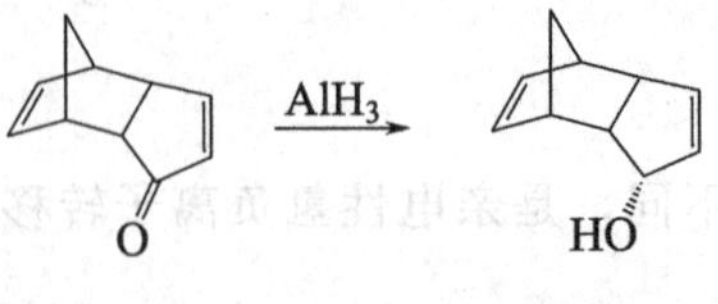

对于羧酸和酯的还原反应，氢化铝较氢化铝锂反应更快。但是对于卤代烷烃的还原，氢化铝则表现出较惰性的还原活性，因此使用氢化铝可以有效地实现带卤素的羧酸和酯的还原反应。

对于酰胺化合物还原为胺的反应，通常存在 C—O 键断裂和 C—N 键断裂的竞争反应。但使用氢化铝则可以选择性地实现 C—O 键的断裂，从而实现 α，β-不饱和酰胺向烯丙基胺化合物的转化。

6.2.4.11 水合肼

肼是还原剂，常用的是水合肼。其特点是，在还原反应中自身被氧化成氮气，污染少。以甲醇或乙醇为介质，硝基化合物在催化剂存在下用水合肼常压下加热即可还原为胺，对硝基化合物中的羰基、氰基、非活化碳碳双键都没有影响，有较好的选择性，如在三氯化铁与活性炭催化下用肼还原间硝基苯甲腈。

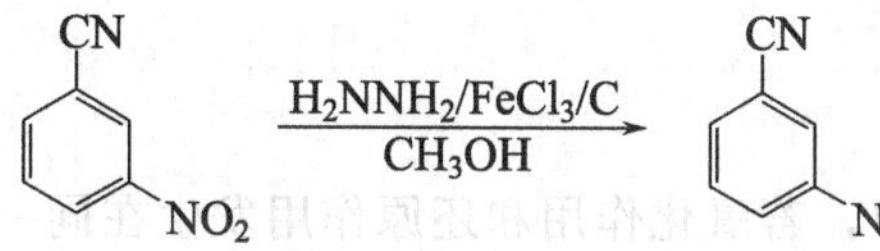

由于水合肼呈碱性，还原反应一般在碱性条件下进行，因此它可用于还原那些酸性条件下不稳定而碱性条件下稳定的物质。

水合肼还用于还原醛或酮的羰基为甲基或次甲基。此反应经我国化学家黄鸣龙改进而得，称为 Wolff-kishner-黄鸣龙还原反应，如抗癌药物苯丁酸氮芥中间体的制备。

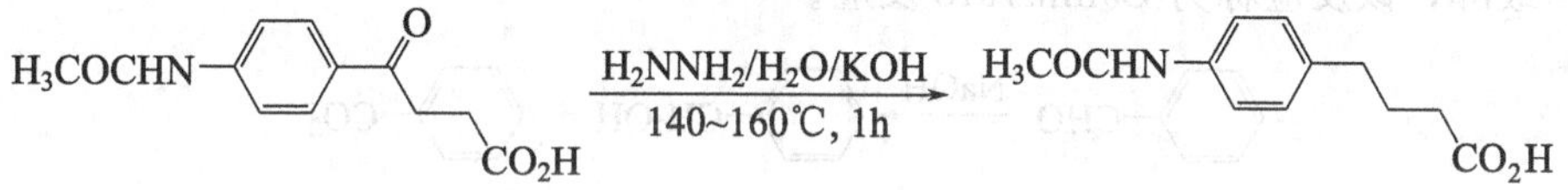

6.2.4.12 烷氧基铝

常用的烷氧基铝有异丙醇铝〔Al[OCH(CH$_3$)$_2$]$_3$〕、乙醇铝〔Al(OC$_2$H$_5$)$_3$〕等，可在氯化汞存在下由金属铝和相应的醇反应而得。醇铝易潮解，还原反应需在无水条件下进行。

用醇铝选择性地还原脂肪族和芳香族醛或酮成相应的伯醇或仲醇的反应称为 Meewwein-Ponndrof-Verley 还原反应，其逆反应为 Oppenauer 氧化反应，例如：

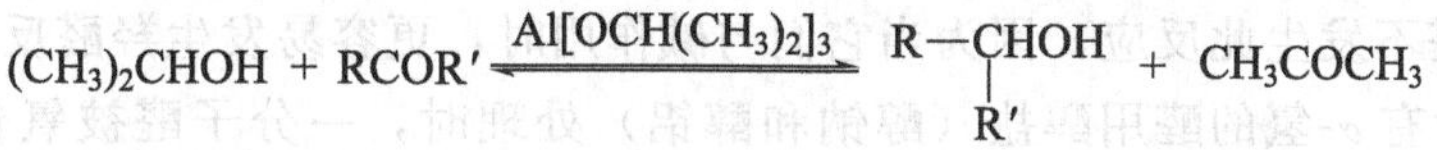

由于反应是一可逆过程，因此，为使反应顺利进行，还原应在大量过量的异丙醇中进行，且要不断蒸出生成的丙酮。

用异丙醇铝还原时，分子中的烯键、炔键、硝基、缩醛、氰基及碳卤键都不受影响。但含有酚羟基、羧基、氨基的化合物，因能与铝形成复盐而对还原反应有影响。

6.2.4.13 甲酸或甲酸铵

在甲酸或甲酸铵的存在下，羰基化合物与胺或氨反应，羰基被还原胺化，该反应称为 Leuckart 胺烷基化反应。

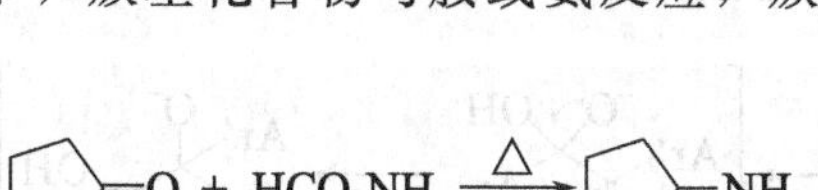

6.2.4.14　硅烷

有机硅烷中的硅上连接多个氢原子，硅氢键可以转移氢负离子到碳正离子上，使得其具有类似离子或自由基的还原能力。改变连接到硅上的官能团能够改变硅氢键的特性，从而使有机硅烷试剂用于特定的还原反应。在酸性条件下，反应底物为醇类、烯烃、酯类、内酯、醛类、酮类、缩醛类、缩酮类、亚胺等碳正离子中间体时，均可以被硅烷还原。

◉6.3　歧化反应

歧化反应，是指在反应中，若氧化作用和还原作用发生在同一分子内部处于同一氧化态的元素上，使该元素的原子（或离子）一部分被氧化，另一部分被还原。这种自身的氧化还原反应称为歧化反应。

无 α-活泼氢原子的醛，在 NaOH 或其他强碱作用下，发生分子间氧化-还原反应，一个分子的醛基氢以氢负离子的形式转移给另一个分子，结果一分子被氧化成酸，而另一分子被氧化成一级醇，该反应称为 Cannizzaro 反应。

$$HCHO \xrightarrow{NaOH} CH_3OH + HCO_2^-$$

无 α-活泼氢原子的两种不同醛也能发生这样的氧化反应，成为"交叉 Cannizzaro 反应"，其中还原性较强的醛被氧化成酸，还原性较弱的醛被还原为醇，如甲醛和苯甲醛反应，甲醛被氧化成甲酸，苯甲醛则被还原为苯甲醇。

$$HCHO + C_6H_5CHO \xrightarrow{OH^-} HCO_2^- + C_6H_5CH_2OH$$

有 α-氢的醛不发生此反应，因为当它们与碱作用时，更容易发生羟醛反应。

含有或不含有 α-氢的醛用醇盐（醇钠和醇铝）处理时，一分子醛被氧化，另一分子醛被还原，该反应与 Cannizzaro 反应类似，但此反应中它们形成的是酯。此过程被称为 Tishchenko 反应。交叉的 Tishchenko 反应也可以发生。在碱性更强的烷氧化物，如烷氧基镁或烷氧基钠的作用下，带有 α-氢的醛则发生羟醛缩合反应。

$$2ArCHO \xrightarrow{Al(OEt)_3} ArCOOCH_2Ar$$

酮与碱反应，可以得到 α-羟基酸盐，这个反应被称为偶苯酰-二苯乙醇酸重排（benzyl-benzilic acid rearrangement）（偶苯酰为 PhCOCOPh；二苯乙醇酸为 $Ph_2COHCOOH$）。

氧化偶氮化合物在酸性条件下，转变为对羟基偶氮化合物（或者有时候是邻羟基异构体）的反应被称为 Wallach 重排。当两个对位都被占据时，就可能得到邻羟基的产物。虽然这个反应的机理还没有完全确定，但根据相应实验事实推测如下反应机理：

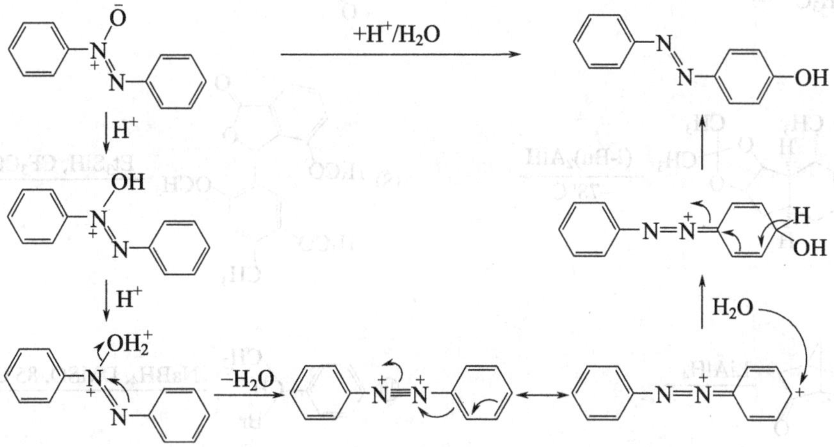

带有 α-氢的亚砜与乙酸酐反应，产物为 α-酰基硫化物。此为 Pummerer 重排，反应中硫被还原，同时相邻的碳被氧化。

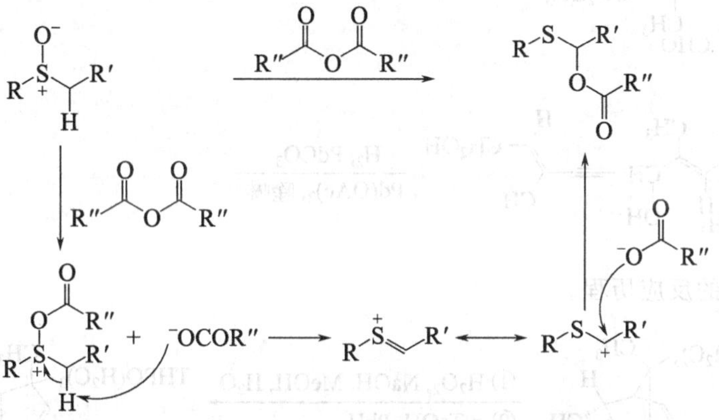

◎ 习题

1. 由原料和反应条件写出产物结构，注意产物的区域选择性和立体选择性。

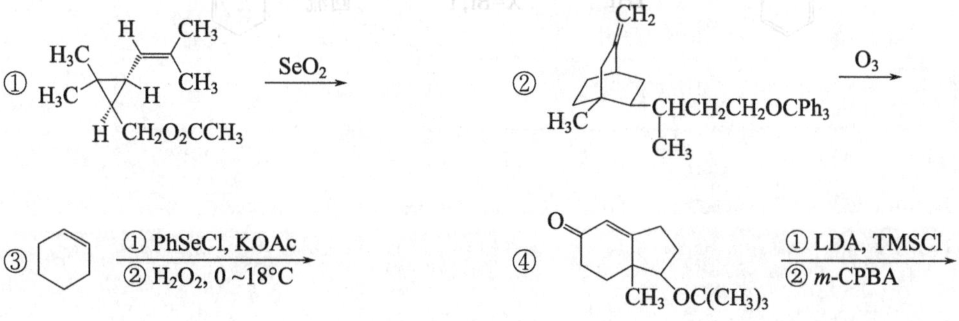

① H₃C、H₃C取代基的环丙烷结构 $\xrightarrow{\text{SeO}_2}$

② $\xrightarrow{\text{O}_3}$ H₃C 取代的双环结构 CHCH₂CH₂OCPh₃, CH₃

③ 环己烯 $\xrightarrow[\text{② H}_2\text{O}_2,\ 0\sim18℃]{\text{① PhSeCl, KOAc}}$

④ 双环酮 CH₃ OC(CH₃)₃ $\xrightarrow[\text{② m-CPBA}]{\text{① LDA, TMSCl}}$

⑤ (structure) $\xrightarrow{\text{m-CPBA}}$

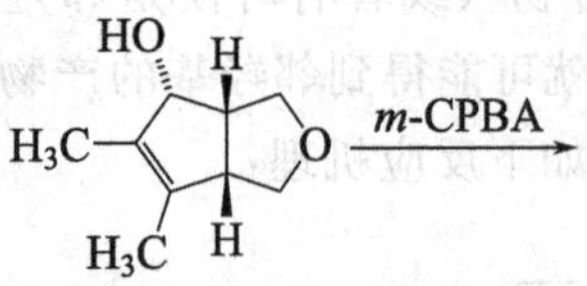

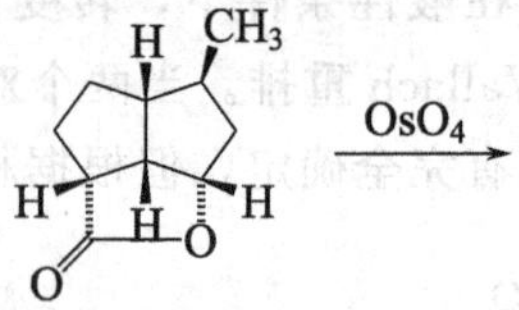

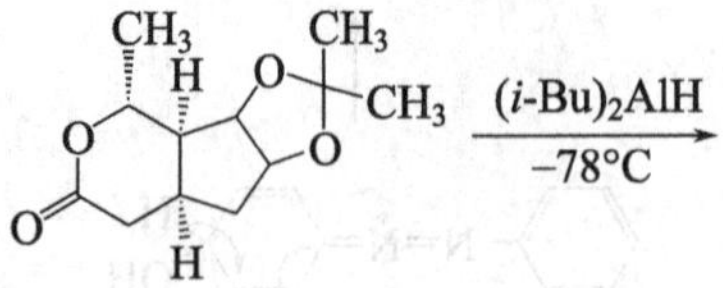

⑥ (structure) $\xrightarrow{\text{OsO}_4}$

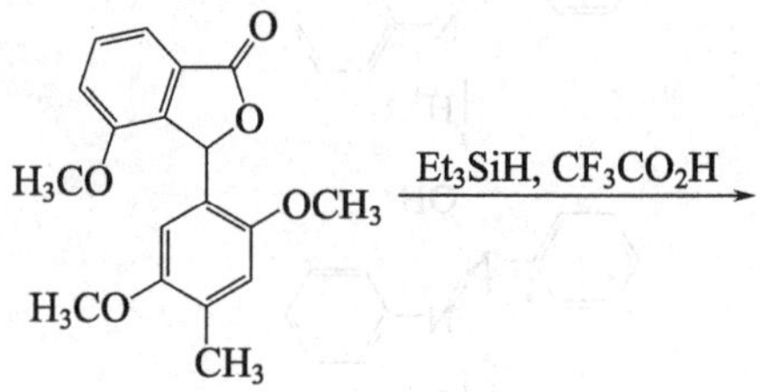

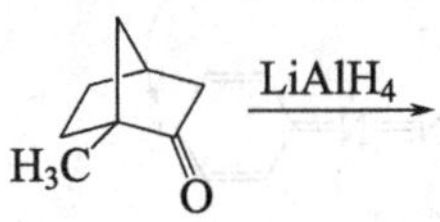

⑦ (structure) $\xrightarrow[-78℃]{(i\text{-Bu})_2\text{AlH}}$

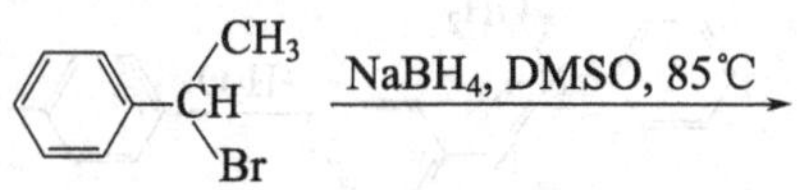

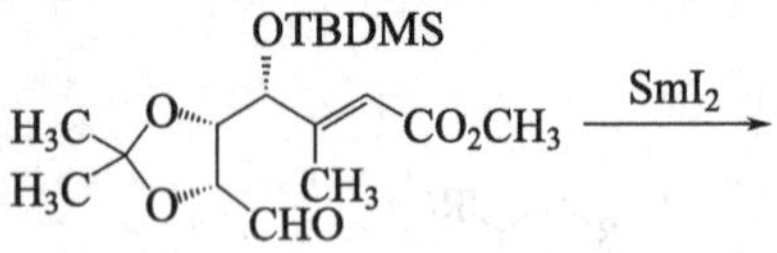

⑧ (structure) $\xrightarrow{\text{Et}_3\text{SiH, CF}_3\text{CO}_2\text{H}}$

⑨ (structure) $\xrightarrow{\text{LiAlH}_4}$

⑩ (structure) $\xrightarrow{\text{NaBH}_4,\ \text{DMSO, 85℃}}$

⑪ (structure with OTBDMS, CO$_2$CH$_3$, CHO) $\xrightarrow{\text{SmI}_2}$

⑫ (structure) $\xrightarrow[\text{Pd(OAc)}_2,\ \text{喹啉}]{\text{H}_2,\ \text{PdCO}_3}$

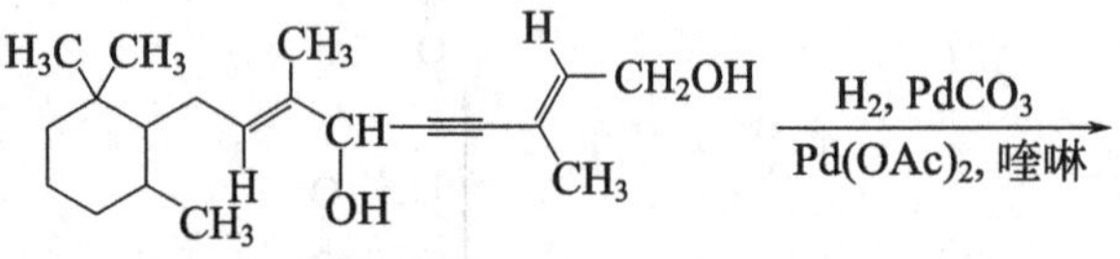

2. 写出可能的反应历程。

(structure) $\xrightarrow[\text{② } p\text{-TsOH, PhH}]{\text{① H}_2\text{O}_2,\ \text{NaOH, MeOH, H}_2\text{O}}$ (structure)

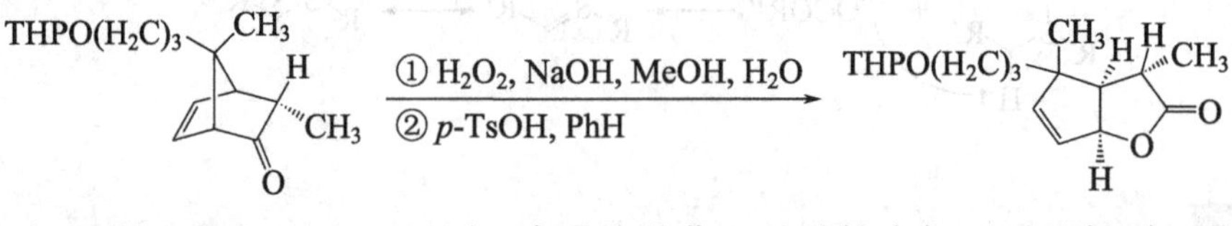

3. 2-甲氧基苯甲酸经过 Birch 还原、串联烷基化以及酸性水解，可以得到 2-取代的环己烯酮，写出每步反应的中间产物。

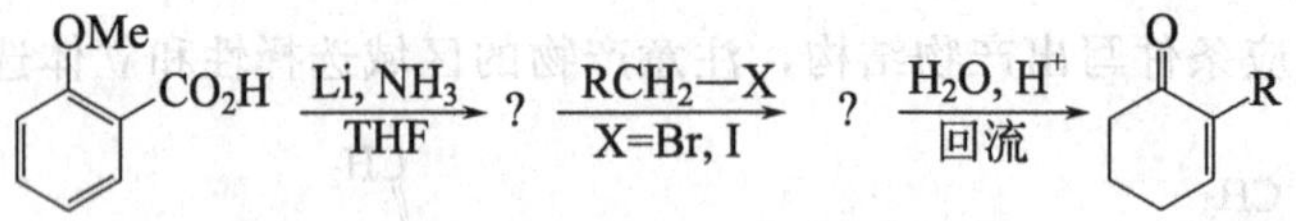

(structure) $\xrightarrow[\text{THF}]{\text{Li, NH}_3}$? $\xrightarrow[\text{X=Br, I}]{\text{RCH}_2\text{—X}}$? $\xrightarrow[\text{回流}]{\text{H}_2\text{O, H}^+}$ (structure)

第 7 章

官能团的保护

有机合成反应应用的评价，不仅仅是提高产率问题，而且要考虑是否可以选择反应的类型。对于拥有多个官能团的分子，这种选择性就尤为重要。在实际的合成中，反应物的结构大多很复杂，拥有很多个官能团。因此，可以根据需要来控制官能团反应的顺序，这样就可以创造出更多的合成方法。然而一般情况下，改变官能团让其优先于其他的官能团进行反应并不容易。在这里就需要用到保护基（Protecting Group 或 Protective Group）。

把某一个官能团作为目标使其发生变化的时候，把比它更加容易反应的官能团暂时变为不活泼的官能团保护起来，从而达到目的。反应结束以后，把所有保护起来的官能团恢复到原来的状态，使得反应只有目标官能团发生了变化。其中被"暂时不活性化"的官能团称为保护基。这个官能团是比目标官能团更不易发生反应的"官能团等价体"。

保护基至少有以下三个特征：①可以选择特定的官能团，并且进行有效率的反应；②在目标反应进行时，保护基不发生变化；③反应结束后，恢复到原来的官能团时，不会对其他的官能团产生影响，并且可以定量的恢复。保护基的使用，意义在于官能团的选择，引入保护基至少会增加两道工序，所以保护基的添加和除去的产率必须是定量的。

选择保护基的时候，要注意它不会与目标反应时使用的反应物发生反应。例如：把醇转化为乙缩醛保护起来的 THP 醚，在过氧化条件下会发生环氧树脂化，并且有爆炸的可能性。另外，在反应过程中不希望产生新的手性中心，通过 THP 醚生成的乙缩醛会产生新的手性中心，恢复为原来的醇时会因为新的手性中心产生而使产物变得很复杂，精制也会变得非常繁琐，所以这一点必须要注意。

作为其他目的也有使用保护基的情况。例如，把某个官能团保护起来，使得这个化合物更加稳定易于使用、使其结晶后容易分离、把低沸点的化合物变为高沸点的化合物、在 X 衍射分析中导入溴等重原子。

由于需要合成的有机分子的结构日趋复杂，发展出更加有效的保护基团是很有必要的。当初，四氢吡喃的缩醛是通过酸性催化二氢吡喃的反应来保护羟基的。缩醛很易由温和的酸性水解裂解，但生成这个缩醛时引入了一个新的手性中心，使中间体结构复杂化，后来发展了 4-甲氧基四氢吡喃缩酮来保护羟基，从而解决了这个问题。

苄氧保护基的催化氢解是由 Bergmann 和 Zervas 所发展出的温和且有选择性的方法，可被用于裂解在肽合成中保护氨基所需的氨基甲酸苄酯。此方法也已用于裂解一个稳定的烷基苄基醚，后者是保护烷基醇所用的。苄酯的裂解也可在中性条件下由催化氢解实现。

目前，有三类选择性地除去保护基的方法，即辅助除去法、电解法和光解法。辅助除去法是指当化学环境变化时，导致分子内诱导进行脱保护的方法。如下几个例子：一个稳定的烯丙基官能团可被转变为一个易变的烯基醚官能团。

$$ROCH_2CH=CH_2 \xrightarrow{t\text{-}BuO^-} [ROCH=CHCH_3] \xrightarrow{H_3O^+} ROH$$

β-卤代烷氧基或 β-硅基乙烷氧基衍生物，可以通过对 β 位的进攻而得以除去。

$$RO-CH_2-CCl_3 + Zn \longrightarrow RO^- + CH_2=CH_2$$

$$RO-CH_2-CH_2-SiMe_3 \xrightarrow{F^-} RO^- + CH_2=CH_2 + Me_3SiF$$

一个稳定的邻硝基苯衍生物可还原为邻氨基化合物，再由亲核取代予以除去。

可见由"辅助除去法"进行裂解的保护基团的设计是很富有挑战性的。

通过电解法除去一个保护基团在某些反应中是很有用的。电解法的优点是可以避免使用化学氧化剂或还原剂（铬或铅盐；Pt 或 Pd/C）。随着官能团不同，电解氧化还原的电位也不一样。一般情况下，还原裂解在 $-1 \sim -3V$（相应于 SCE）之间能以高产率地进行，氧化裂解在 $1.5 \sim 2V$ 之间也有很好的产率。如果分子中含有两个或更多在电化学性能上不稳定的保护基团，只要半电位 $E_{1/2}$ 有明显差别就可以应用电解除去法，且具有选择性。在电势差为 0.25V 这一级时则具有很好的选择性。

应用光波照射也可以进行除去保护基。应用光裂解反应（在 254～350nm 处照射几小时）可以高产率地对保护了的化合物（如邻硝基苄基、苯甲酰甲基、硝基苯、亚磺酰基等衍生物）进行除去。如用来保护醇、胺和羧酸的邻硝基苄基等都可以应用光解法除去。在可见光照射下脱去羧基端的吡啶甲型基，该类型的保护基可广泛用来保护醇、胺和羧基。

在固相合成反应中，保护基的使用很广泛，此方法的优点是只要一步简单的过滤操作就可以进行产物的纯化，在多肽、核苷和多糖的自动化合成中特别有用。

选择一个专用保护基时，必须仔细考虑到所有的反应物、反应条件及在所设计的反应过程中会涉及的所有官能团。首先要对所有的反应官能团做出评估，以确定哪些在所设定的反应条件下是不稳定的并需要加以保护。然后还要看一下在反应图表中所列出的所有可能的保护基以决定某个保护基是可以与反应条件相匹配的。当几个保护基要同时被除去时，用相同的保护基来保护不同的官能团是有益的（如保护醇和羧酸的苄基都可以氢解除去）。当需要选择性除去时，则要用到不同种类的保护基（如一个苄基醚可氢解除去，但对保护一个醇所用到的碱性水解是稳定的；烷基酯可由碱性水解裂解除去，但对保护一个羧酸时要用到的氢解是稳定的）。在选择保护基时，一般要从电子效应和立体环境出发检查一下所选用的保护基，这些因素会对保护基的生成和去除速率产生很大的影响。例如羧酸叔醇酯远比伯醇酯难以生成或除去。

如果在现有的文献资料中难以找到合适的保护基团，那么还有其他几个选择：①调整一下反应过程使官能团不再需要保护或使原来那个在合成路线中会起反应的保护基成为稳定的；②重新设计合成路线，看是否有可能应用潜在官能团（即一个官能团是前体形式，如苯甲醚是环己酮的前体）；③在总的计划中合成一个新的保护基；或更好的是设计出新的不需要保护基的有机合成路线。

合成复杂的天然物质的时候，拥有多个反应性质不同的官能团的情况很多，包含保护基的多个官能团，在哪一阶段如何抑制反应，是能否成功使用保护基的关键。理想的保护基的性质，是相互不受到干扰。某个保护基脱保护的条件与另一个保护基脱保护的条件完全不同，就像两个相互垂直的向量一样，互相没有任何影响。也就是说，保护基的引入与去除需要特定的条件，除此之外不会受到任何的影响。换句话来说，保护基在任何时候除去都不会影响其他的保护基以及官能团独立地进行反应。

通常来说，每个官能团都有很多不同的保护基，从中选择保护基的顺序如下：

含有多官能团的底物

↓　选择保护哪一个官能团

通过考虑选择的官能团来选择保护基

↓　反应中保护基是否会受到影响

通过考虑反应条件来选择保护基

↓　保护基的引入和除去反应会不会影响其他的
保护基和官能团(脱保护反应更为重要)

通过考虑反应物和反应来选择保护基

↓　对于接下来的反应最有利的保护基

确定保护基

本章将对有机合成中常见的羟基、羰基、氨基、羧基等基团的保护进行介绍，重点介绍这几类基团的保护和脱保护的普遍使用的方法、选择性保护-脱保护及其在有机合成中的一些应用实例。

7.1 羟基（—OH）

羟基存在于许多生理上和合成上有意义的化合物中，如核苷、碳水化合物、甾族化合物、大环内酯类化合物、聚醚、某些氨基酸的侧链等。在这些化合物的氧化、酰基化、卤化（用卤化磷或卤化氢进行卤化）、脱水等反应中，如不涉及羟基反应，那么羟基就必须被保护起来。

在选择羟基的保护基团时，许多因素对羟基的活性有影响。如羟基中氢原子呈弱酸性，因此其能够与强碱以及有机金属试剂比如格氏试剂（Grignard Reagent）反应；其次，醇能够与一些试剂反应生成在取代和氧化反应中有活性的中间体酯；再者，氧原子上的孤对电子能够与无机酸或 Lewis 酸反应。此外，在很多的多羟基分子中，反应时需要区别不同的羟基等。

在有机合成中，用于羟基保护的基团有 300 余种，主要形成醚类、酯类、缩醛、缩酮类等化合物，实现对羟基的保护。

7.1.1 醚的保护

醚是最常用的保护基团之一，可以是最简单、最稳定的甲基醚，也可以是更复杂的如用于核苷酸合成的三苯甲基醚等。醚的保护或脱保护可以在不同的条件下进行。此类保护基主要有甲醚、苄醚、三苯甲基醚、叔丁基醚、甲氧甲基醚及四氢吡喃醚（THP）等。

（1）甲基醚（ROMe）

甲基醚是保护羟基的经典方法。常用的甲基化试剂及体系有：① MeI，NaH，THF；② Me_2SO_4，NaOH，$Bu_4N^+I^-$；③ CH_2N_2，硅胶；④ CF_3SO_3Me，CH_2Cl_2，Pyr；⑤ MeI，固体 KOH，DMSO；⑥ MeI，AgO 等。例如：

甲基醚稳定性好，对强碱、亲核试剂、有机金属试剂、氧化剂、氢化物还原剂、催化氢化等均没有影响。去除甲醚较难，常用的脱保护体系有：① $BF_3 \cdot Et_2O$，$HSCH_2CH_2SH$，HCl；② BBr_3，NaI，15-冠-5；③ $SiCl_4$，NaI，CH_2Cl_2，CH_3CN；④ TMSCl，催化量 H_2SO_4，AcO；⑤ AcCl，NaI，CH_3CN；⑥ $AlCl_3$，$Bu_4N^+I^-$，CH_3CN 等。例如：

酚甲醚相对来说就很容易脱甲基。

简单的甲基醚是很难离解的，为了使甲基醚更加容易脱保护，通过改变醚的结构来提高醚解离的速率是可行的。由于在酸性条件下，烯丙基醚、苄基醚和三苯甲基醚很容易断裂，所以可以把醇羟基变为此类醚从而达到保护基易脱保护的目的。

$$\left.\begin{array}{c}\text{Allyl-OR}\\ \text{Bn-OR}\\ \text{Ph}_3\text{C-OR}\end{array}\right\} \xrightarrow{\text{H}^+} \text{HOR}$$

同时，像三苯甲基这种空间位阻大的基团，在与醇反应生成醚时会有选择性，例如：

$$\xrightarrow[\text{DMF}]{\text{Ph}_3\text{CCl, DMAP}}$$

把甲基换为甲氧甲基醚（缩醛结构）或四氢吡喃醚也是一种好的方法，即在温和的条件下很容易进行脱保护。

$$\xrightarrow{\text{H}^+} \text{HO-R}$$

在相邻基团的参与下，醚键断裂的速率会提高。例如，在路易斯酸催化剂如 $ZnBr_2$ 存在下，通过 Zn^{2+} 与 β-甲氧基乙氧基甲基中的两个 O 原子进行配位，促使醚键断裂从而提高了裂解速率。

$$\longrightarrow \quad \overset{+}{O}\text{—R} \longrightarrow \text{HOR} + \text{HCHO}$$

β,β,β-三氯乙氧基醚在 Zn/AcOH 作用下反应,使醚键断裂达到脱保护基的目的。

$$\xrightarrow[\text{AcOH}]{\text{Zn}} \text{R—OH}$$

反应机理：

$$\longrightarrow \text{R—OH} + \text{ZnCl}^+ + \text{Cl}_2\text{C}=\text{CH}_2 + \text{AcO}^-$$

(2) 烯丙基醚

烯丙基醚在碳水化合物的反应中常用来保护醇，原因是烯丙醚通常可用各种方法形成糖苷。烯丙醚具有以下特点：①不能与强的亲电试剂共存，如溴、催化氢化的试剂，但它在中等强度的酸性条件（1mol/L HCl，回流，10h）下稳定；②易于生成；③在大量其他保护基存在下有许多温和的脱保护方法。常用的保护方法有：① $CH_2=CHCH_2Br$，NaOH，苯，回流，1.5h 或 NaH，苯，回流；② $CH_2=CHCH_2O(=NH)CCl_3$，H^+；③烯丙基溴，$(RO)_2Mg$；④烯丙基溴，DMF，BaO。例如：

$$ROH + CH_2=CHCH_2Br \xrightarrow{NaH或K_2CO_3} ROCH_2CH=CH_2$$

烯丙基醚脱保护的方法有很多，常见的有：① 0.1mol/L HCl，丙酮-水，回流；②SeO_2，H_2O_2；③TsOH，CH_3OH；④MCPBA，MeOH，H_2O；⑤NIS，CH_2Cl_2，H_2O。例如：

$$ROCH_2CH=CH_2 \xrightarrow{①\sim⑤} R-OH$$

（3）（取代）苄基醚

（取代）苄基醚的结构和烯丙基醚相似，也是羟基常用的保护基。常见的（取代）苄基醚有苄基醚、甲氧基苄基醚、二甲氧基苄基醚、硝基苄基醚等，保护体系主要有：① BnX（X = Cl，Br），固体 KOH，130～140℃；② BnBr，NaH，THF，$Bu_4N^+I^-$，20℃；③ BnX（X=Cl，Br），Ag_2O，DMF，25℃；④ p-$MeOC_6H_4CH_2OC(=NH)CCl_3$，NaH；⑤ NaH，$p$-$MeOC_6H_4CH_2Br$，DMF，$-5$℃；⑥ NaH，$p$-$MeOC_6H_4CH_2Cl$，THF；⑦ NaH，$3,4$-$(MeO)_2C_6H_3CH_2Br$，DMF；⑧ p-$NO_2C_6H_4CH_2OH$，$(CF_3CO)_2O$，Pyr，CH_2Cl_2 等。例如：

脱（取代）苄基的方法有很多，其中 H_2、Pd/C 组成脱保护基体系最为常用，（取代）苄基氢解后生成甲苯或取代甲苯，产率高，绿色环保。催化氢化脱苄基的难易程度因取代基的不同而有差异，如相同的条件下，对甲氧基苄基就比苄基容易脱掉。同时，催化氢解的溶剂对脱苄基的速率也有很大的影响。除了催化氢化脱苄基之外，常见脱（取代）苄基的体系还有：①Me_3SiI，CH_2Cl_2，25℃；②Me_2BBr，$ClCH_2CH_2Cl$，室温；③$FeCl_3$，Ac_2O；④电解还原：$-3.1V$，$Bu_4N^+F^-$；⑤DDQ，CH_2Cl_2，H_2O，室温；⑥AgO，HNO_3 等。例如：

应用 DDQ 进行脱 3,4-二甲氧基苄基时，如 MPM 基团存在则不受影响，选择性非常好。原因是 DMPM 基的氧化电位较低，为 1.45V，而 MPM 基为 1.78V。例如：

(4) 硅烷基醚

硅烷基醚是最常见的保护醇羟基的方法之一。随着硅原子上取代基的不同，保护和脱保护的难易程度不同。当分子中含有多官能团时，空间效应和电子效应是影响反应的主要因素。常见的硅烷基有三甲基硅烷基（TMS）、三乙基硅烷基（TES）、三异丙基硅基（TIPS）、叔丁基二甲基硅烷基（TBDMS）、叔丁基二苯基硅烷基（TBDPS）等。一般情况下，在 DMF 这种非质子极性溶剂中，溶剂醇与氯硅烷在咪唑或 DMAP 催化下反应生成硅醚，例如：

$$R\!-\!OH + TMSCl \xrightarrow[\text{DMF}]{\text{咪唑}} R\!-\!OTMS$$

含有伯羟基和仲羟基的化合物在咪唑或 DMAP 催化作用下与 TMSCl 反应，由于空间位阻的影响，只有伯醇发生反应。例如：

在上述条件下，叔醇不能发生反应，但在 2,6-二甲基吡啶催化下，TMSOTf 可以和叔醇反应生成硅醚。

在进行硅醚的脱保护反应时，硅醚键的稳定性受到硅原子周围空间效应的影响，取代基的大小直接影响脱保护的难易。第一，空间位阻的影响：取代基大，则立体障碍增加，使得 Si 原子发生亲核取代反应难度加大，对酸碱的稳定性增加；第二，电子效应的影响，取代基的吸电子性越强，则在酸性条件下越稳定，碱性条件下越敏感。对大多数硅醚来说，在酸中稳定性为 TMS(1)＜TES(64)＜TBDMS(20000)＜TIPS(70000)＜TBDPS(5000000)；在碱中稳定性为 TMS(1)＜TES(10～100)＜TBDMS-TBDPS(2000)＜TIPS(100000)。

一般情况下，用酸可进行硅醚键的脱保护，但硅氟键的高键焓意味着硅醚键很容易氟离子断裂实现脱保护。如果有几个硅醚键同时存在时，可以进行选择性的脱保护，例如：

7.1.2 酯的保护

把醇变为酯来保护醇羟基也是常用且有效的羟基保护方法之一。常见的酯类化合物主要有甲酸酯、乙酸酯、苯甲酸酯、氯乙酸酯、三氟乙酸酯、新戊酸酯、碳酸酯等。甲酸酯除外，一般情况下，醇与酸酐或酰氯在碱性条件下（如吡啶或三乙胺）发生反应生成酯类保护。例如：

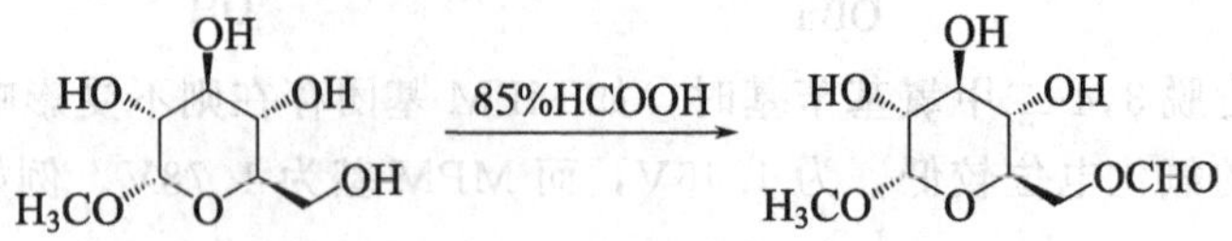

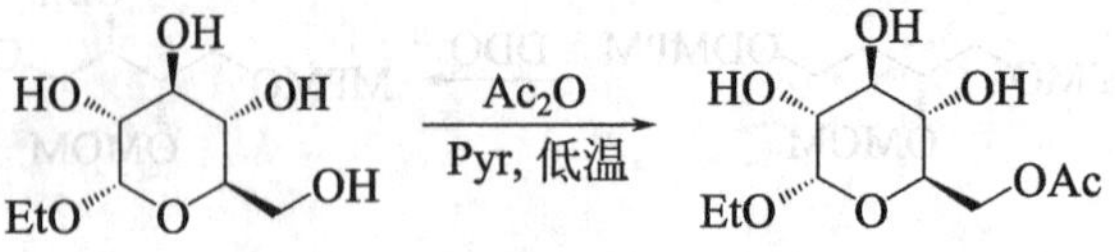

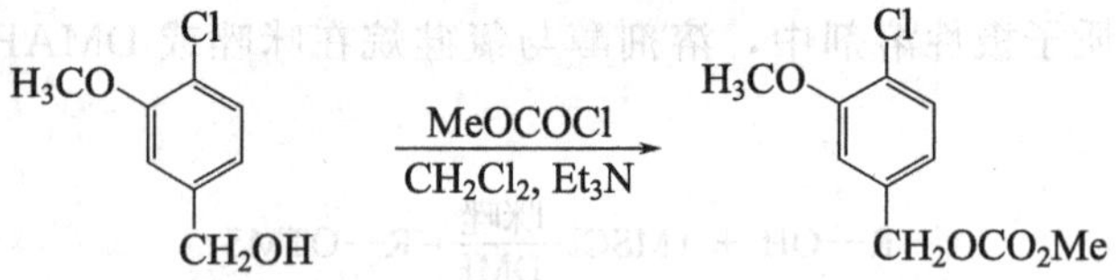

通常采用碱水解法脱保护，但由于酯的结构差异，其水解能力也不相同，一般情况下，水解能力大小为：$ClCH_2COOR > MeCOOR > PhCOOR > t\text{-}BuCOOR$。利用酯类保护基形成和去除时的活性差异，常可实现一些选择性合成的反应。例如：

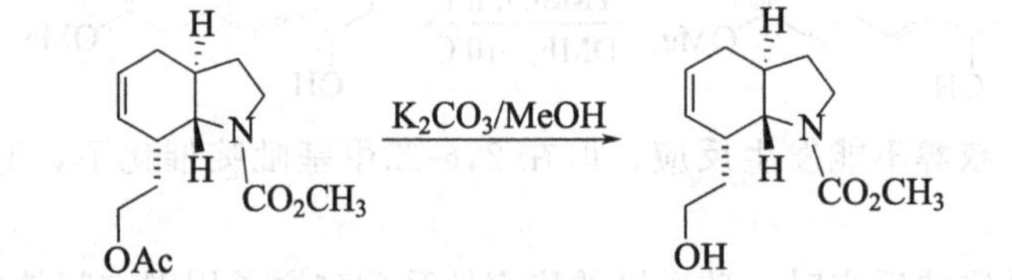

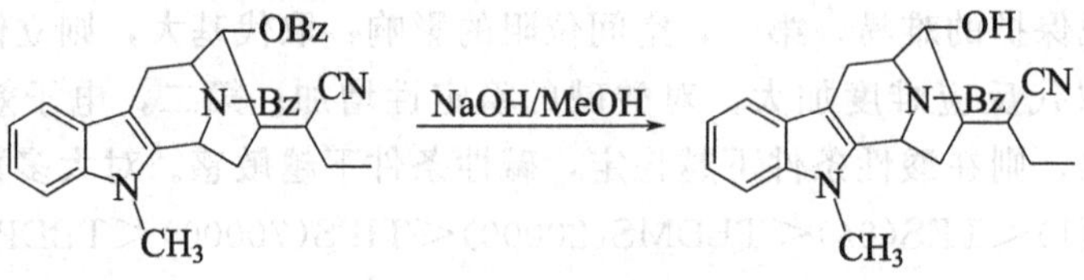

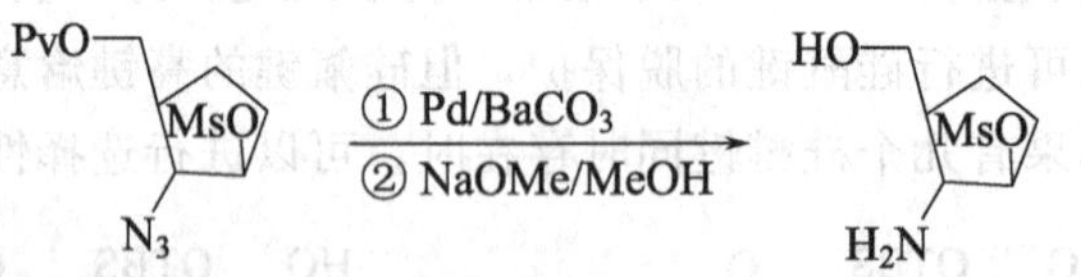

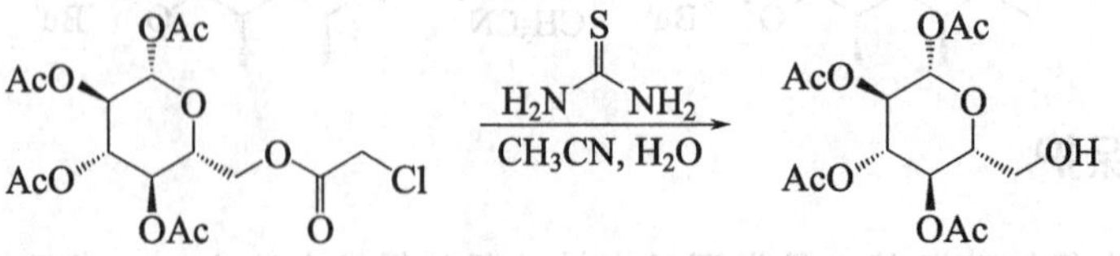

7.1.3 二醇的保护

在有机合成反应中，1,2-二醇和1,3-二醇以及邻苯二酚等两个羟基的同时保护经常发生，尤其是像糖类这种多羟基化合物。通常在酸催化下二羟基与醛或酮形成五元或六元环状缩醛、缩酮得以保护。

1,2-二醇　　　1,3-二醇

常用于二醇和邻苯二酚保护的主要醛、酮有：甲醛、乙醛、苯甲醛、丙酮等。此类保护基稳定性好，对于一些氧化反应、还原反应以及O-烃化或酰化反应都没有影响。常见的二醇保护方法有以下几种。

① 亚甲基缩醛　a. 40% HCHO，浓 HCl，50℃；b. $(MeO)_2CH_2$，2,6-二甲基哌啶，TMSOTf，0℃。

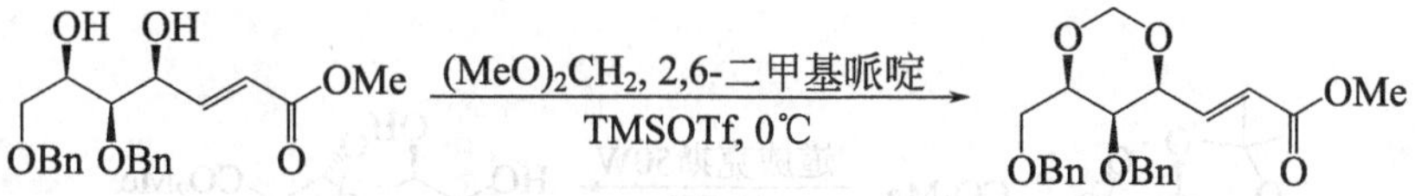

亚甲基缩醛的脱保护方法有很多，如：a. BCl_3，CH_2Cl_2，-80℃；b. 2mol/L HCl；c. AcOH，Ac_2O，H_2SO_4 等。

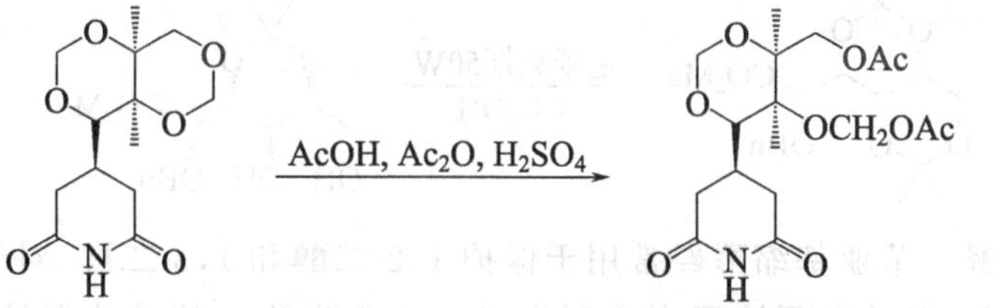

② 亚乙基缩醛　a. CH_3CHO，$CH_3CH(OMe)_2$ 或多聚甲醛，浓 H_2SO_4；b. 乙缩醛，H^+ 或 TsOH。

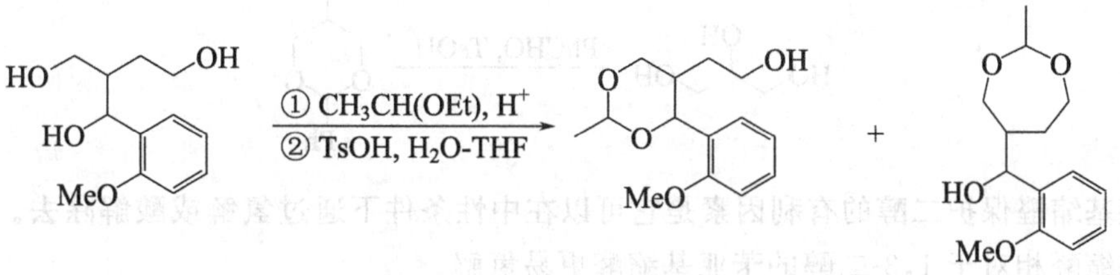

亚乙基缩醛的脱保护主要是在酸性条件下进行，如：0.7mol/L H_2SO_4，丙酮水溶液；Ac_2O，催化剂 H_2SO_4，20℃；80% AcOH，回流等。在 O_3，CH_2Cl_2 体系中，也可以进行脱保护。

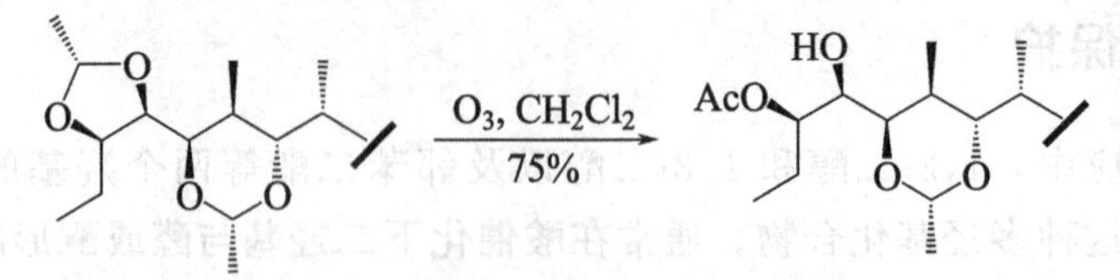

③ 丙酮化物（异丙亚基缩酮）　CH$_3$COCH$_3$，TsOH。

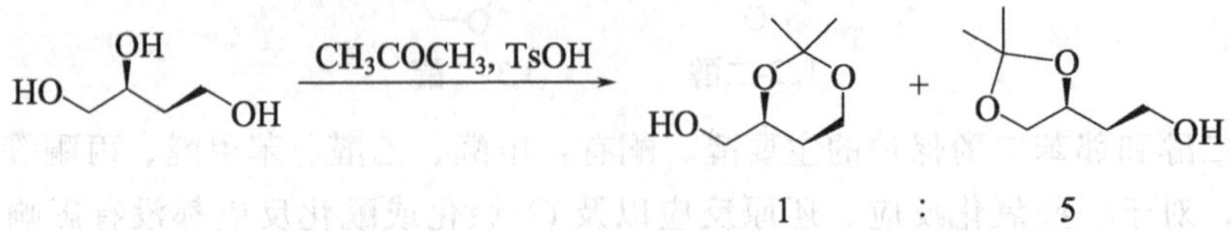

异丙亚基缩酮脱保护的方法有很多，主要方法是用 HCl、TsOH、Dowex、TFA 等进行脱保护，但 1,3-二氧六环去保护速率要大于 1,3-二氧戊环，但是反式稠合的二氧戊环水解速率要大于二氧六环。在底物中不止一个丙缩酮时，位阻较小和富电子的丙缩酮优先水解。例如：

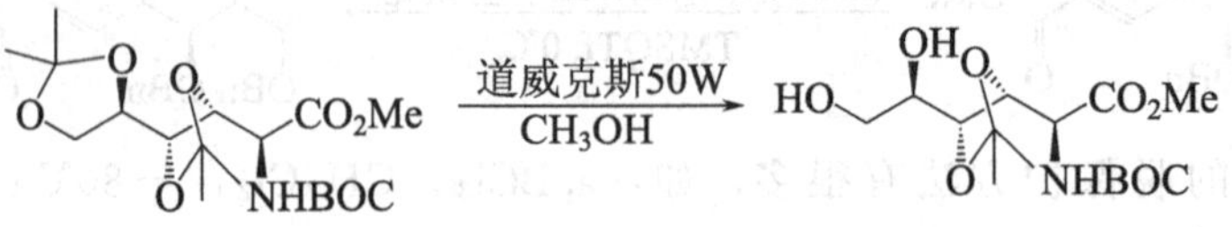

④ 苄亚基缩醛　苄亚基缩醛经常用于保护 1,2-二醇和 1,3-二醇,对于 1,2,3-三醇,1,3-缩醛是有利的产物,而对于丙缩酮则主要生成 1,2-衍生物。常见的保护体系有：PhCHO,TsOH 或 ZnCl$_2$，浓 H$_2$SO$_4$ 等。

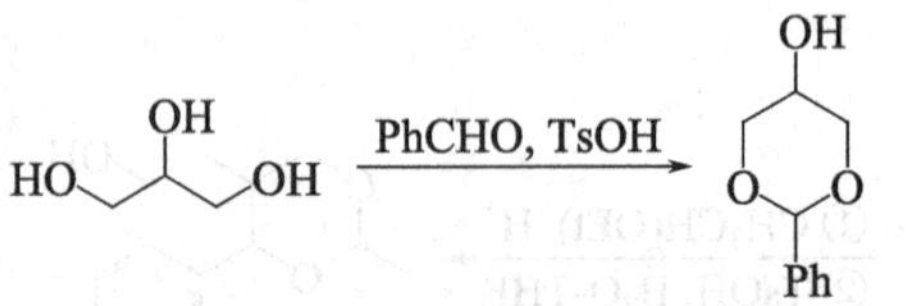

苄亚基缩醛保护二醇的有利因素是它可以在中性条件下通过氢解或酸解除去。1,2-二醇的苄亚基缩醛相对于 1,3-二醇的苄亚基缩醛更易氢解。

◎7.2　羰基

醛、酮的羰基由于氧的吸电子效应，使羰基碳原子带有正电性，很容易与许多亲核试剂发生亲核加成反应。为了避免羰基发生亲核性反应，必须改变羰基的 π 键结构，使之失去原来羰基所具有的亲电性。作为保护基，要使羰基暂时失去原有的反应性，同时要考虑到脱去保护基，恢复到原来的羰基结构。保护醛、酮的主要方法是用醇或二醇，生成缩醛、缩酮；也可以用硫醇代替醇，生成硫代缩醛、硫代缩酮。

7.2.1　生成缩酮（醛）

将羰基转化为缩酮（醛）无疑是最经典的一种保护羰基的方式。虽然理论上来说这类化合物可以有许多种，但在实际应用中最常见的主要局限于羰基与价廉易得的甲醇、乙二醇、1,3-丙二醇等形成的缩酮（醛）。

7.2.1.1　1,3-氧戊环的保护

1,3-氧戊环可能是最广泛应用的羰基保护基。为保护包含其他酸敏感官能团的羰基，应使用低酸性酸或吡啶盐，常见的保护体系有：① TsOH，PhH，回流；② TsOH，$(EtO)_3CH$，25℃；③ $BF_3 \cdot Et_2O$，HOAc，35～40℃；④ HCl，25℃，12h；⑤ Me_3SiCl，MeOH 或 CH_2Cl_2；⑥ 己二酸，PhH，回流；⑦ $C_5H_5N^+HCl^-$，PhH，回流；⑧ $MgSO_4$，PhH，l-酒石酸，回流等。当分子中包含两个相似酮羰基(假定两个羰基都没有或是都和烯基共轭）时，可选择性地对空间位阻小的羰基进行保护。

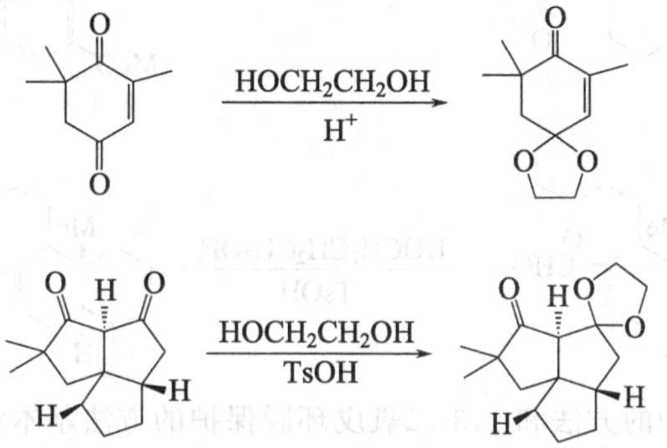

1,3-二氧戊环脱保护的方法有很多，其中通过酸催化的水解或氧化反应去保护最为常见。具有代表性的脱保护体系有以下几种。

① 吡啶甲苯磺酸盐（PPTS），丙酮，水，加热。

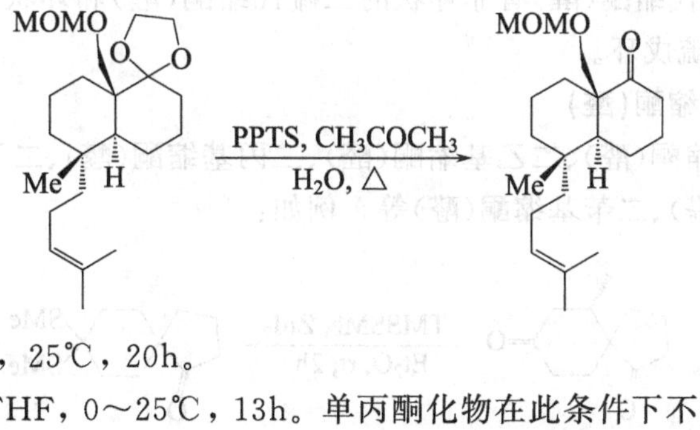

② 5％ HCl，THF，25℃，20h。

③ 1mol/L HCl，THF，0～25℃，13h。单丙酮化物在此条件下不开环。

其他脱保护体系还有：80％ AcOH，65℃，5min；Me_2BBr，CH_2Cl_2，－78℃；$PdCl_2$-$(CH_3CN)_2$，丙酮，H_2O 等。

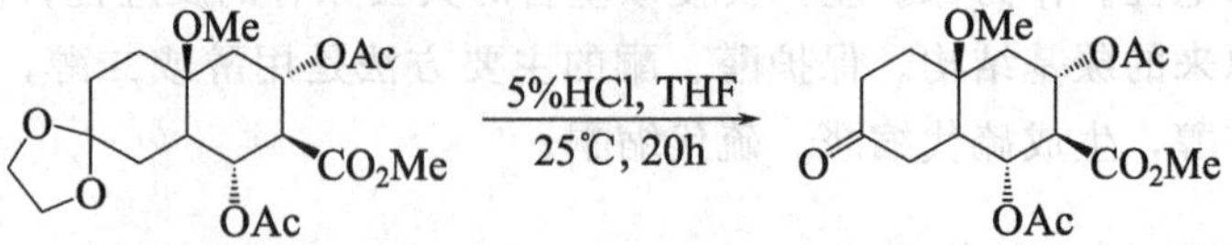

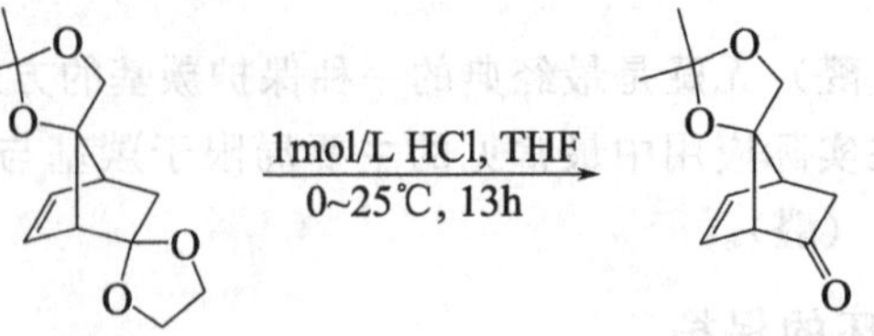

$$\xrightarrow[25℃, 20h]{5\%HCl, THF}$$

$$\xrightarrow[0\sim25℃, 13h]{1mol/L\ HCl,\ THF}$$

7.2.1.2 1,3-二氧己环的保护

醛、酮与1,3-二醇反应生成1,3-二氧己环也是常用的保护羰基的方法,其生成条件和1,3-二氧戊环相似,例如:

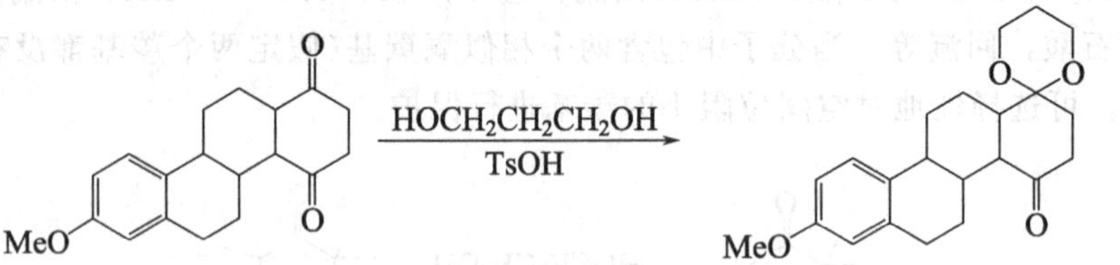

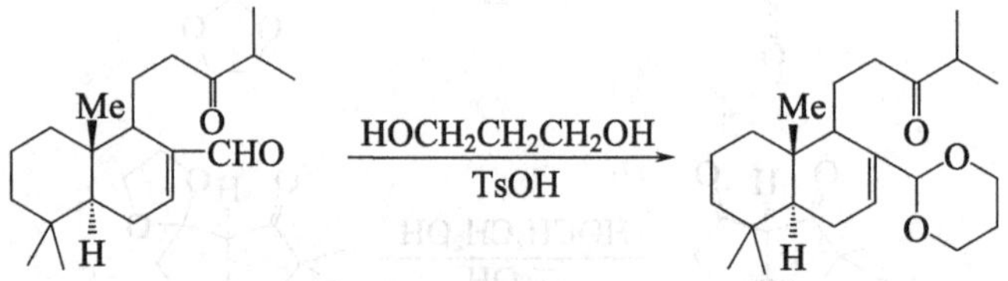

$$\xrightarrow[TsOH]{HOCH_2CH_2CH_2OH}$$

$$\xrightarrow[TsOH]{HOCH_2CH_2CH_2OH}$$

1,3-二氧己环脱保护的方法和1,3-二氧戊环脱保护的方法基本相同。

7.2.2 生成二硫代缩酮(醛)

在酸催化剂的存在下羰基化合物可与硫醇或二硫醇反应生成二硫代缩酮(醛)而使羰基基团被保护,生成的二硫代缩酮(醛)有非环状的二硫代缩酮(醛)和环状的二硫代缩醛和缩酮如1,3-二噻烷或1,3-二硫戊环。

(1)非环状二硫代缩酮(醛)

有 S,S'-二甲基缩酮(醛)、二乙基缩酮(醛)、二丙基缩酮(醛)、二丁基缩酮(醛)、二戊基缩酮(醛)、二苯基缩酮(醛)、二苄基缩酮(醛)等。例如:

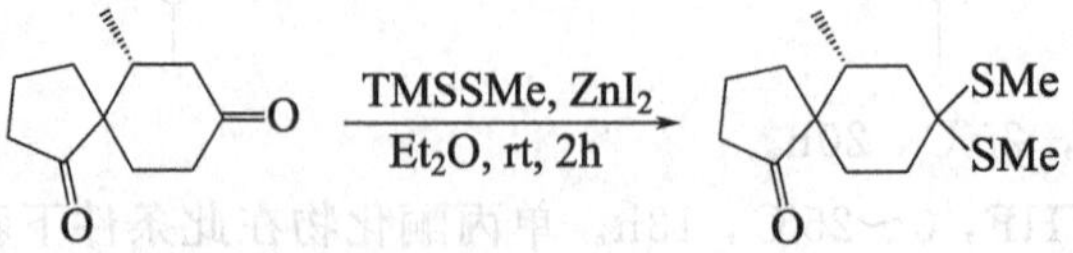

$$\xrightarrow[Et_2O,\ rt,\ 2h]{TMSSMe,\ ZnI_2}$$

常用的脱保护方法有:① $AgNO_3/AgO$, CH_3CN-H_2O, 0℃;② $AgClO_4$, H_2O, PhH, 25℃;③ I_2, $NaHCO_3$, 二氧六环, H_2O, 25℃等。例如:

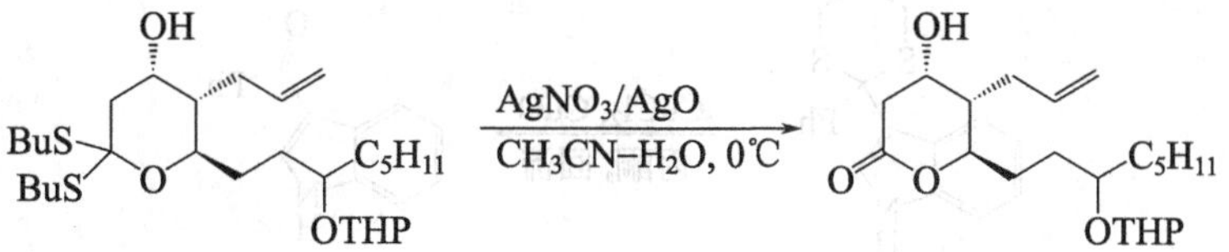

(2)环状二硫代缩酮(醛)

环状二硫代缩酮(醛)主要有:1,3-二硫六环衍生物、1,3-二硫戊环衍生物。

1,3-二硫六环衍生物   1,3-二硫戊环衍生物

常用的保护方法有:① $HS(CH_2)_nSH$,$BF_3 \cdot Et_2O$,CH_2Cl_2,25℃;② $Zn(OTf)_2$,$HSCH_2CH_2SH$,或 $Mg(OTf)_2$,$ClCH_2CH_2Cl$,加热;③ $HS(CH_2)_nSH$,$ClCH_2CH_2Cl$,$TeCl_4$,室温;④ $HS(CH_2)_nSH$,高岭石 KSF 黏土,不用溶剂等。例如:

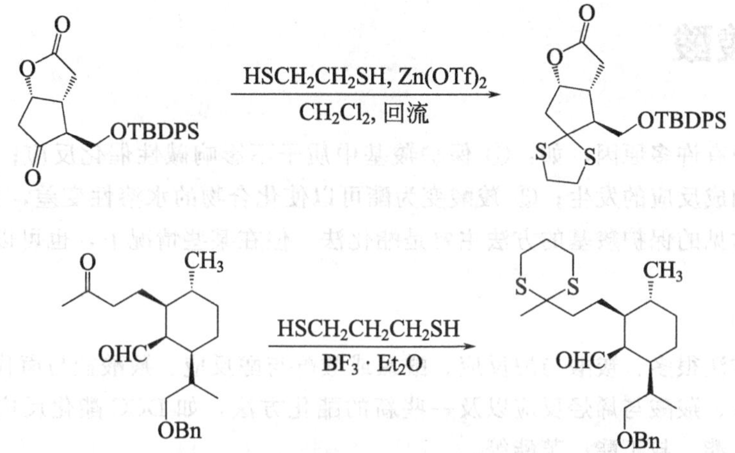

在 $BF_3 \cdot Et_2O$ 作用下,1,3-二氧戊环和1,3-二氧六环很容易地转化成1,3-二硫戊环和1,3-二噻烷,且产率很好。例如:

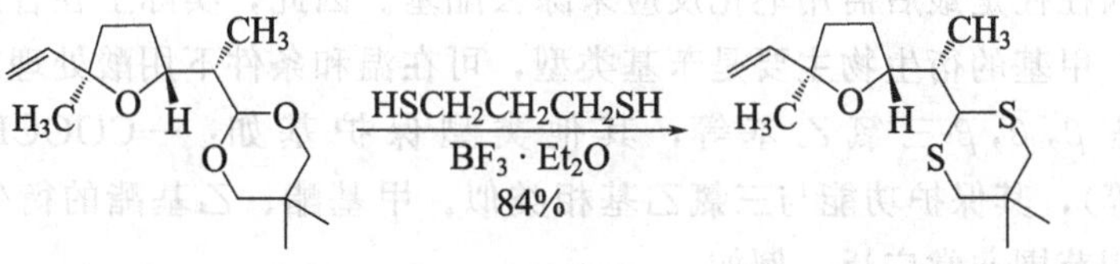

环状二硫代缩酮(醛)脱保护的方法有很多,常见的有:① $Hg(ClO_4)_2$,$MeOH$,$CHCl_3$,25℃;② $CuCl_2$,CuO,丙酮,回流;③ $AgNO_3$,$EtOH$,H_2O,50℃;④ $Ti(NO_3)_3$,CH_3OH,25℃等。例如:

羰基的缩酮(醛)保护还有非环单硫缩酮(醛)及环状单硫缩酮(醛)即1,3-硫氧杂戊环等。例如:

$$\xrightarrow[\text{丙酮, 回流}]{\text{CuCl}_2, \text{CuO}}$$

$$\xrightarrow[\text{CH}_3\text{OH}, 25\,^\circ\text{C}]{\text{Ti(NO}_3)_3}$$

$$\xrightarrow[\text{二氧六环, rt}]{\text{HSCH}_2\text{CH}_2\text{OH}, \text{ZnCl}_2, \text{AcONa}}$$

◎7.3 羧酸

羧酸被保护有许多原因，如：① 保护羧基中质子不影响碱性催化反应；②保护羧基中羰基防止亲核加成反应的发生；③ 羧酸变为酯可以使化合物的水溶性变差，提高其酯溶性，便于操作等。常见的保护羧基的方法主要是酯化法、但在某些情况下，也可以变为酰胺或酰肼来进行保护。

(1) 酯化法

生成酯的方法很多：羧酸与醇反应、酰氯或酸酐与醇反应、羧酸盐与卤代烃反应、羧酸与重氮烷烃反应、羧酸与烯烃反应以及一些新的酯化方法，如 DCC 酯化反应等。生成的酯主要有甲酯、乙酯、叔丁酯、苄酯等。

① 羧酸与醇反应生成酯　甲酯、乙酯、苄酯等酯类均能直接由酸和相应的醇制备得到。最常用的方法是将酸与过量醇在酸性条件下催化加热反应。酸催化剂磷酸、芳基磺酸、烷基硫酸酯和酸性离子交换树脂等都可应用。但简单的烷基酯作为羧酸的保护基在有些情况下并不适用，其原因往往是最后需用皂化反应来除去酯基。因此，实际上在合成中常使用甲基和乙基的衍生物。甲基的衍生物主要是苄基类型，可在温和条件下用酸处理或氢解脱除。乙基衍生物主要是 β,β,β-三氯乙基等，其他类型保护基如：—COOCH$_2$CH$_2$X（X ＝—SCH$_3$、—Ts 等），其保护功能与三氯乙基相类似。甲基酯、乙基酯的衍生物常常用于肽的合成中，其应用范围非常广泛。例如：

$$\text{ArCOOH} + \text{H}_2\text{NCON(NO)Me} \xrightarrow[\text{DME}-\text{H}_2\text{O}, 0\,^\circ\text{C}]{\text{KOH}} \text{ArCOOMe}$$

$$\underset{\text{NH}_2}{\text{RCHCOOH}} + \text{Me}_2\text{C(OMe)}_2 \xrightarrow[25\,^\circ\text{C}]{\text{Cat. HCl}} \underset{\text{NH}_2 \cdot \text{HCl}}{\text{RCHCOOMe}}$$

$$\underset{\underset{+NH_3}{|}}{RCHCOO^-} + EtOTs \xrightarrow{EtOH, 回流} \underset{\underset{+NH_3OTs^-}{|}}{RCHCOOEt}$$

在酸催化下，羧酸可以与醇发生缩合反应生成酯，但此反应可逆。

$$RCOOH + R'OH \xrightleftharpoons{H^+} RCOOR' + H_2O$$

② 酰氯或酸酐与醇反应生成酯　酰氯与醇生成酯的反应是常规的合成反应，由易得的醇与酰氯在碱（如吡啶、三乙胺等）催化下反应制得酯，此法经常用来制备叔丁酯。例如：

$$ClH_2C-\underset{}{\bigcirc}-COCl \xrightarrow[CH_2Cl_2]{Me_3CO^-K^+} ClH_2C-\underset{}{\bigcirc}-COOCMe_3$$

都与三氟乙酸酐相似，可作为直接酯化的催化剂 。

在碱催化下，醇和酸酐反应生成酯同样是一个可靠的酯化方法。对许多羧酸来说，最方便的酯化方法是先与三氟乙酸酐或三氟甲磺酸酐、乙酰氯、硫酰氯、亚硫酰氯 、吡啶/ 对甲苯磺酰氯 、吡啶/氯化氧磷等试剂形成一个无需分离的混合酸酐，再与醇作用形成相应的酯类。二元酸的环状酸酐与醇作用生成单酯，利用这一反应可以用谷氨酸制备谷酰胺，并可类似地合成门冬酰胺。α-氨基酸的苄酯可由苄醇与由氨基酸及光气形成的环酸酐作用生成。例如：

$$\underset{\underset{NH_3^+}{|}}{H_3C-\underset{|}{\overset{H}{C}}-COO^-} \xrightarrow{ClCOCl} \text{（环状酸酐）} \xrightarrow{PhCH_2OH} \underset{\underset{NH_2}{|}}{H_3C-\underset{|}{\overset{H}{C}}-COOCH_2Ph}$$

$$\underset{\underset{O}{\|}}{\overset{}{}}OH + \underset{F_3C}{\overset{O\quad O}{\|\quad\|}}\underset{}{O}\underset{CF_3}{} \xrightarrow{阻聚剂} \underset{O}{\overset{}{}}O\underset{O}{\overset{\|}{}}CF_3$$

③ 羧酸盐与卤代烃反应生成酯　活化的卤代物与羧酸的碱金属盐、银盐或铵盐作用都可得到相应酯类化合物，而且产率很高。例如：

$$\bigcirc-COONa + Ph_3CBr \xrightarrow[85\%\sim95\%]{PhH, 回流} \bigcirc-COOCPh_3$$

④ 羧酸与重氮烷烃反应生成酯　由重氮烷和羧酸生成酯是一个条件温和且产率常为100％的合成方法。例如：

$$\underset{}{\overset{O}{\|}}COOH \xrightarrow{CH_2N_2} \underset{}{\overset{O}{\|}}COOMe$$

此法特别适于制备甲酯、乙酯、苯酯和二苯甲酯，但其缺点是产量低，不能大量制备。

⑤ 羧酸与烯烃反应生成酯　在酸催化下，羧酸可与烯键进行加成而形成酯，此法可用来制备四氢吡喃酯（以二氢吡喃为原料）和叔丁酯（以异丁烯为原料）。例如：

⑥ DCC 法生成酯　二环己基碳二亚胺（DCC）是一个羧基活泼基团。二酰亚胺的中心

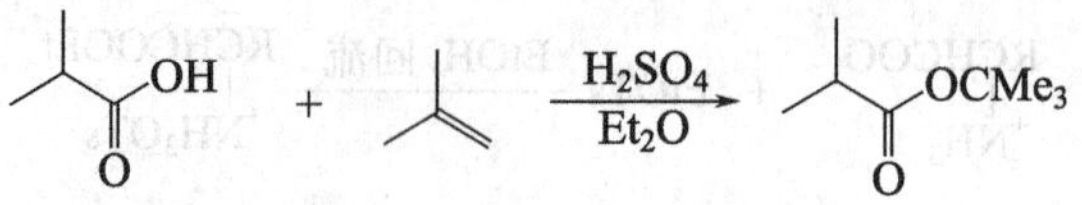

碳原子是缺电子 C，其很容易与羧基上的 O 结合生成 O-酰基脲（或简称为酰脲）。由于氨基与 O 原子的共轭作用使得羧基上的羰基很容易受到亲核试剂的进攻生成四面体结构的中间体，此中间体分解生成一分子的 $N，N'$-二环己基脲和一分子的肽。反应式如下：

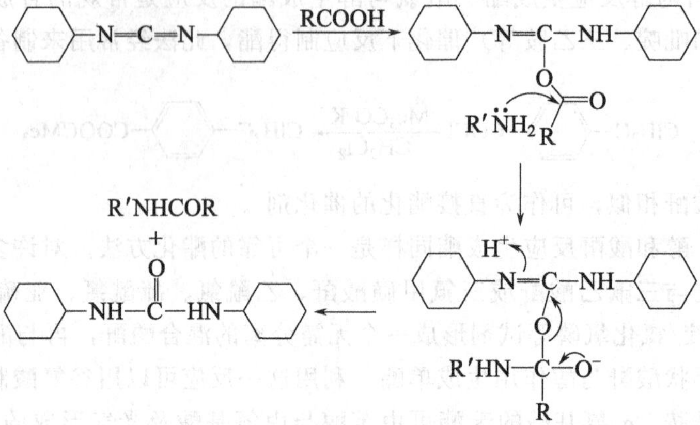

一系列类似于 DCC 活化羧酸的酯都很容易形成肽键。例如：4-硝基苯酯、五氟苯基酯、2，4，5-三氯苯基酯、N-羟基琥珀酰亚胺、1-羟基苯并三唑酯等。它们共同的特点是酯中含有孤电子对的氧原子可与相邻的芳环形成共轭体系，从而降低酯羰基上 C 原子的电子密度，利于亲核试剂的进攻。

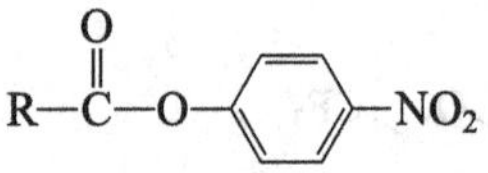

4-硝基苯酯 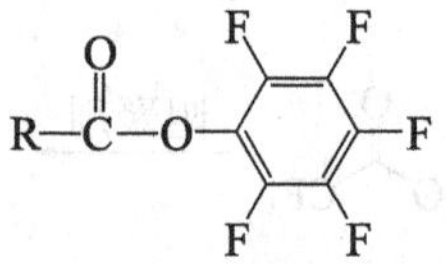　　　　　　　　五氟苯基酯 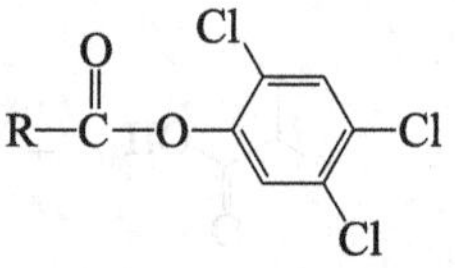　　　　　　　2, 4, 5-三氯苯基酯

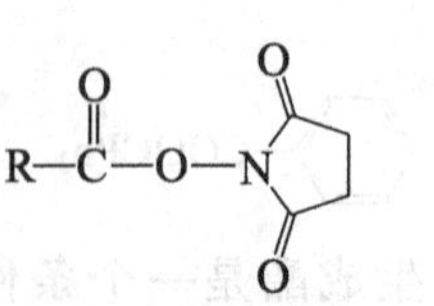

N-羟基琥珀酰亚胺 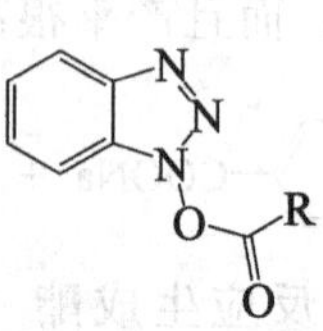　　　　　　　　1-羟基苯并三唑酯

酯的脱保护主要采取在碱的作用下水解。甲酯和乙酯作为羧酸的保护基对一系列合成操作十分适用。例如，以酯的形式进行的烷基化反应和各种缩合反应，随后酯基在酸或碱的催化下水解除去，偶尔酯基也可用热解反应消去。例如：

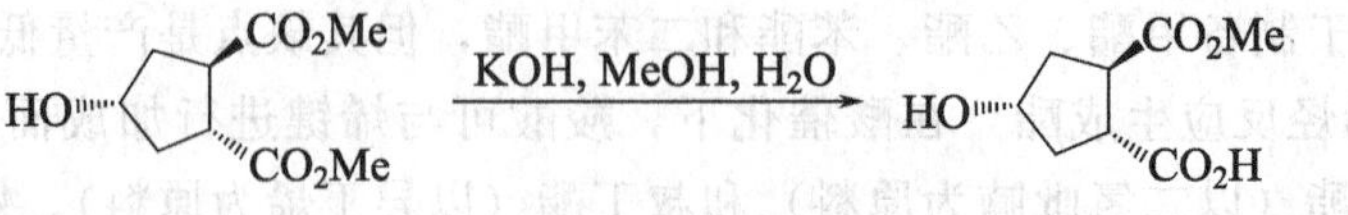

叔丁酯不能氢解，在常规条件下也不被氨解及碱催化水解，但叔丁基在温和的酸性条件

下以异丁烯的形式裂去,这个性质使叔丁基在那些不能进行碱皂化的情况下特别有用。例如:

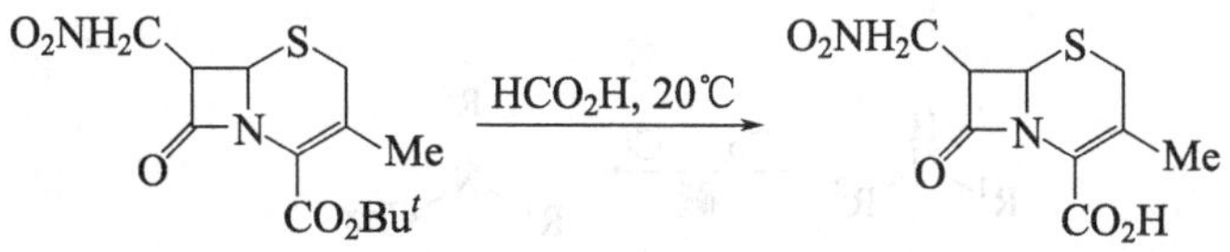

（2）酰胺或酰肼法

在有限的范围内可以采用酰胺和酰肼的形式保护羧基,从其脱保护方式的角度补充了酯类保护作用的不足。酰胺和酰肼对脱酯类的温和碱性水解条件稳定,但酯类对能有效脱酰胺的亚硝酯和用于裂解酰肼的氧化剂又均稳定,二者可以互补。制备酰胺和酰肼的经典方法是以酯或酰氯分别与胺或肼作用制备,也可直接从酸制得。例如:

$$RCOOH \xrightarrow[\text{② NHMe}_2]{\text{① SOCl}_2, 70℃} RCONMe_2$$

在碱如 KOH、NaOH 等作用下,高温可以进行脱保护,例如:

$$RCONMe_2 \xrightarrow{\text{KOH, HOCH}_2\text{CH}_2\text{OH, 170℃}} RCOOH$$

酰肼的保护与酰胺的保护相似,首先把羧酸变为酰氯,然后再与肼反应。例如:

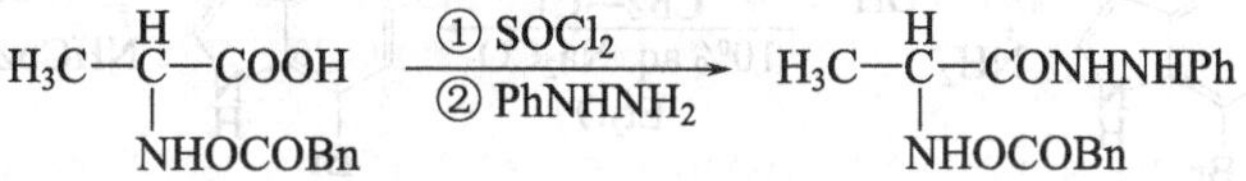

酰肼的脱保护方法有很多,主要有:① NBS/H_2O,25℃；② 60% $HClO_4$,48℃；③ $POCl_3$,H_2O；4%产率；④ HBr/HOAc 或 HCl/HOAc 等。例如:

7.4 氨基（—NH₂）

氨基是有机化学中的基本碱基,很多含有 N 的有机物都有一定碱的特性,如伯胺、仲胺、咪唑、吡咯、吲哚和其他芳香氮杂环中的氨基。在有机合成中需要用易于脱去的基团进行保护。氨基的保护方法可分为烷氧羰基、酰基和烷基三大类。烷氧羰基使用最多,因为 N-烷氧羰基保护的氨基酸在接肽时不易发生消旋化。伯胺、仲胺、咪唑、吡咯、吲哚和其他芳香氮氢都可以选择合适的保护基进行保护。

7.4.1 烷氧羰基类保护基

（1）苄氧羰基（Cbz）

苄氧羰基（Cbz）是 1932 年 Bergmann 发现的一个氨基保护基,但一直到今天还在应用。其优点在于:试剂的制备和保护基的导入都比较容易；N-苄氧羰基氨基酸和肽易于结晶而且比较稳定；苄氧羰基氨基酸在活化时不易消旋；能用多种温和的方法选择性地脱去。

在 NaOH 或 NaHCO$_3$ 作用下，Cbz—Cl 与氨基反应生成 N-苄氧羰基氨基化合物，从而引入 Cbz。

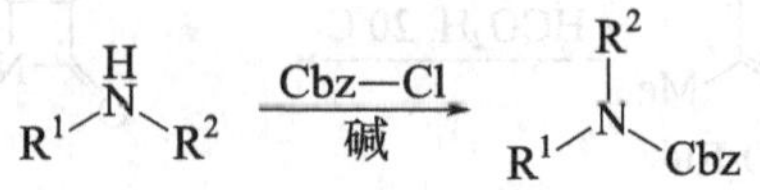

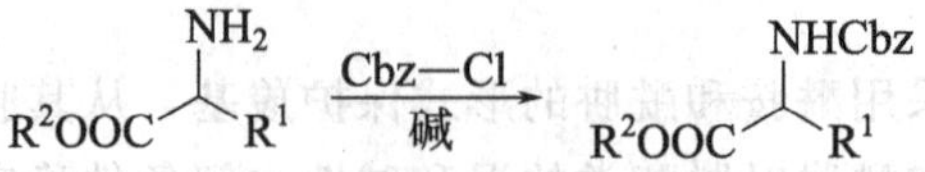

二胺可用该试剂在 pH＝3.5～4.5 稍有选择性地被保护，其选择性随碳链的增长而减弱。例如 H$_2$N(CH$_2$)$_n$NH$_2$，n＝2 时单保护产率为 71%；n＝7 时单保护产率为 29%。

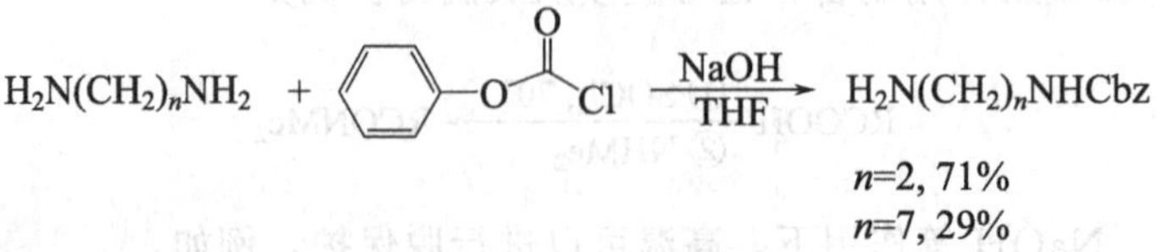

$$n=2, 71\%$$
$$n=7, 29\%$$

氨基酸或氨基酸酯与 Cbz—Cl 反应则是在有机溶剂中进行，并用碳酸氢盐或三乙胺来中和反应所产生的 HCl。例如：

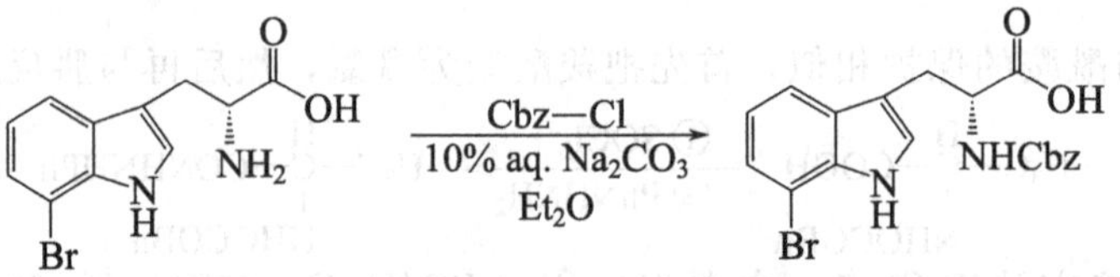

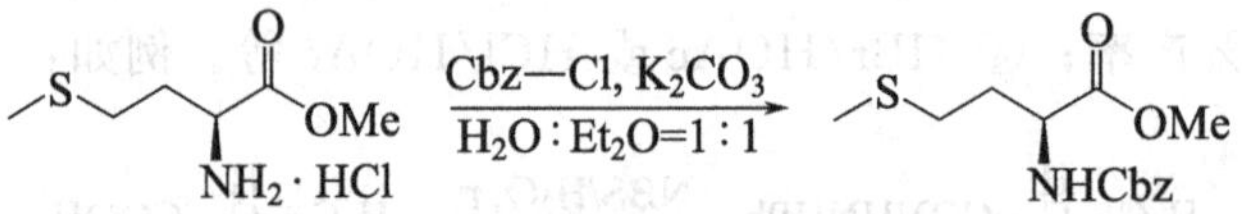

苄氧羰基的脱除主要的方法有：①催化氢解；②酸解裂解；③Na/NH$_3$（液）还原等。实验室常用的方法就是催化氢解，该法简洁易处理，应用普遍。但当分子中存在对催化氢解敏感或钝化的基团时，须采用化学方法如酸解裂解或 Na/NH$_3$（液）还原等。例如：

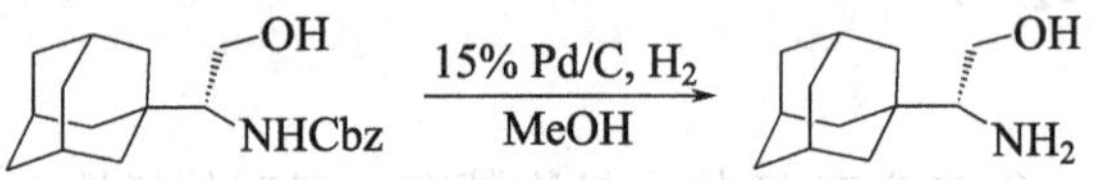

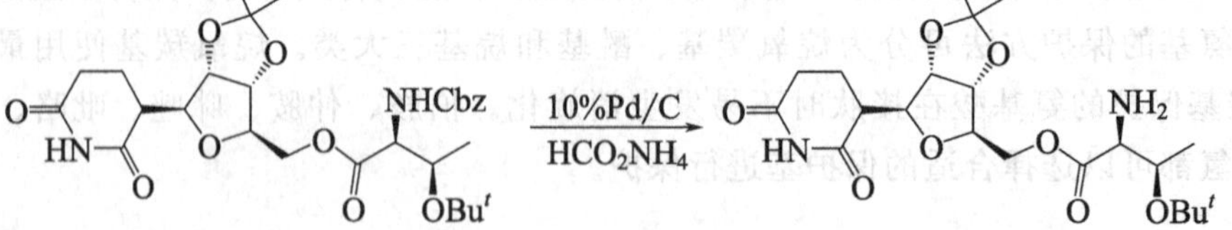

HBr/HOAc 是酸解脱除苄氧羰基的最常用的试剂，HBr/二氧六环或 HBr/三氟乙酸也可以。例如：

（2）叔丁氧羰基（Boc）

除 Cbz 保护基外，叔丁氧羰基（Boc）也是目前有机合成尤其是多肽合成中广为采用的

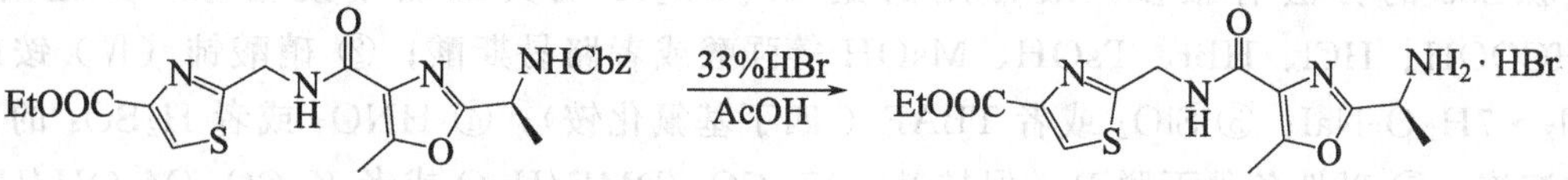

$$\text{EtOOC}-\text{[thiazole]}-CH_2-NH-C(=O)-\text{[oxazole]}-CH(NHCbz)CH_3 \xrightarrow[\text{AcOH}]{33\%\text{HBr}} \text{EtOOC}-\text{[thiazole]}-CH_2-NH-C(=O)-\text{[oxazole]}-CH(NH_2\cdot HBr)CH_3$$

氨基保护基，特别是在固相合成中，氨基的保护用 Boc 而多不用 Cbz。Boc 具有以下优点：
① Boc-氨基酸除个别外都能得到结晶，易于酸解除去，但有些具有一定的稳定性；② Boc-氨基酸能较长期的保存而不分解；③ 酸解时产生的是叔丁基阳离子再分解为异丁烯，它一般不会带来副反应；④ 对碱水解、肼解和许多亲核试剂稳定；⑤ Boc 对催化氢解稳定，但比 Cbz 对酸要敏感得多。当 Boc 和 Cbz 同时存在时，可以用催化氢解脱去 Cbz，Boc 保持不变，或用酸解脱去 Boc 而 Cbz 不受影响，因而两者能很好地搭配。

游离的氨基在 NaOH 或 NaHCO$_3$ 的存在条件下，在二氧六环、水的混合溶剂中很容易同 Boc$_2$O 反应得到 N-叔丁氧羰基氨基化合物。对水较为敏感的氨基衍生物，可采用 Boc$_2$O/TEA/MeOH 或 DMF 在 $40\sim50$℃下进行反应。有空间位阻的氨基酸，可以用 Boc$_2$O/Me$_4$NOH·5H$_2$O/CH$_3$CN 进行保护。

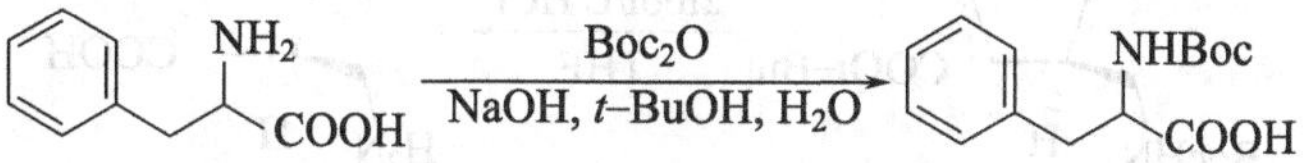

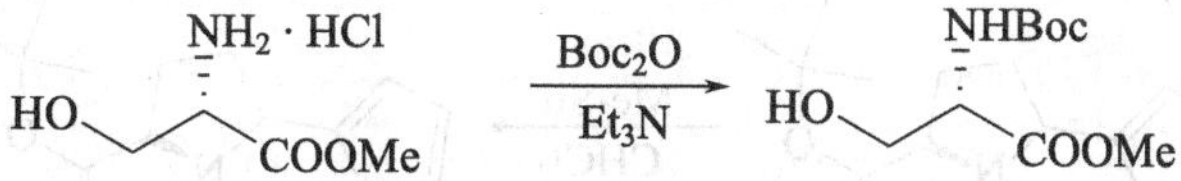

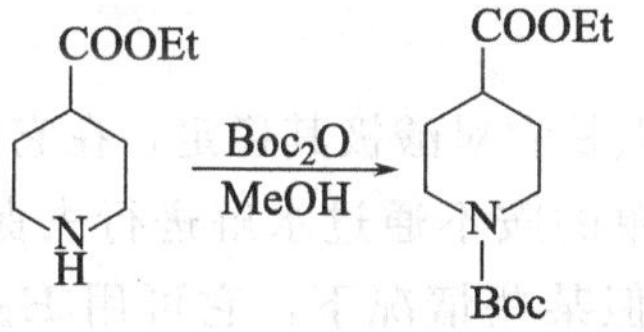

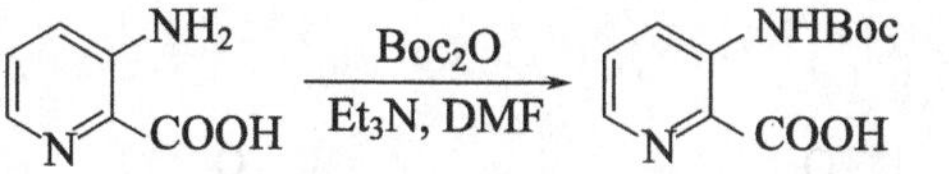

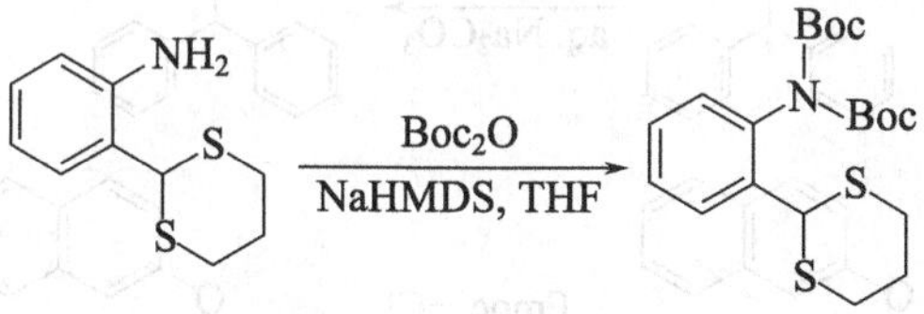

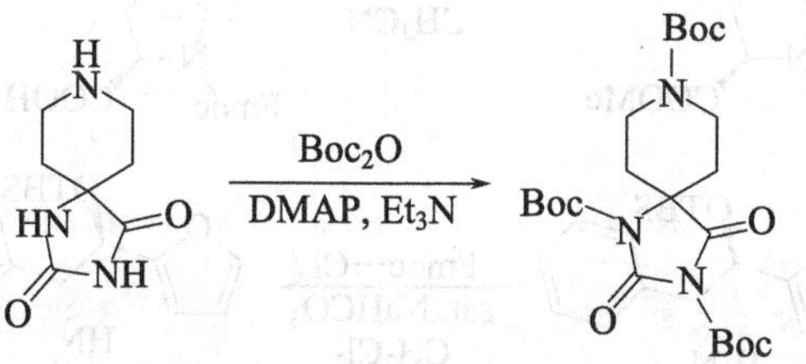

脱 Boc 的方法有很多，最常用的是 CF$_3$CO$_2$H 及其二氯甲烷溶液，其他的如：
① HCOOH、HCl、HBr、TsOH、MsOH 等强酸或者路易斯酸；② 硝酸铈（Ⅳ）铵或者
CeCl$_3$·7H$_2$O-NaI；③ SiO$_2$ 或者 TBAF（四丁基氟化铵）；④ HNO$_3$ 或者 H$_2$SO$_4$ 的二氯
甲烷溶液；⑤ 碱性条件下脱 Boc 保护基，Na$_2$CO$_3$/DME/H$_2$O 或者 K$_2$CO$_3$/MeOH/H$_2$O，
加热回流等。例如：

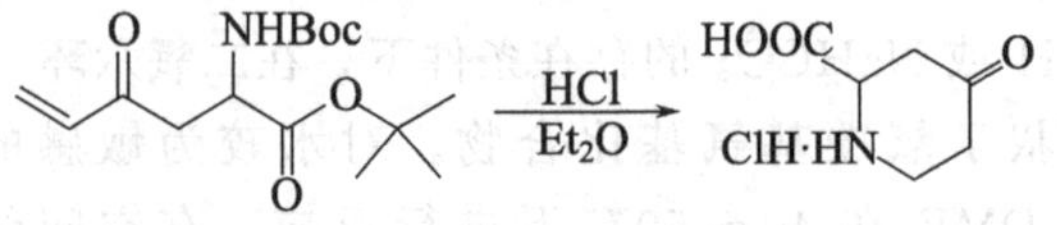

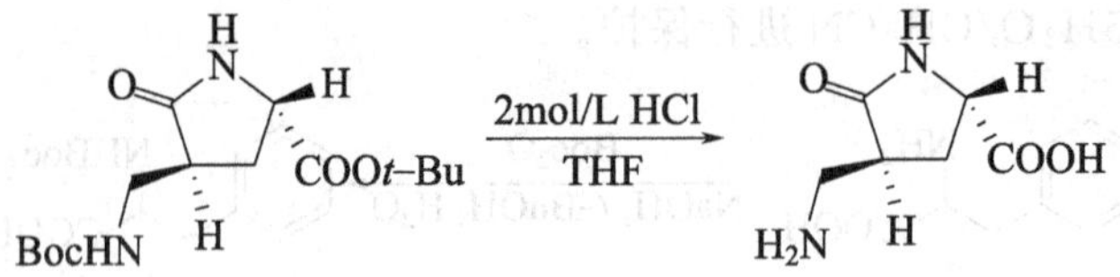

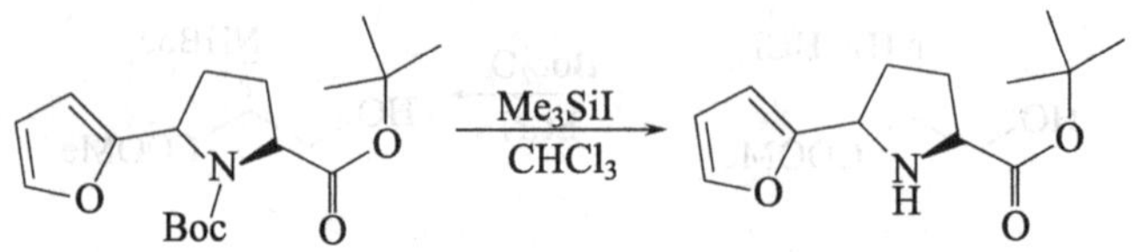

（3）芴甲氧羰基（Fmoc）

Fmoc 保护基的一个主要优点是它对酸极其稳定，在它的存在下，Boc 和苄基可去保护。
Fmoc 的其他优点是它较易由简单的胺不通过水解进行去保护，被保护的胺以游离碱释出。
一般而言，Fmoc 对氢化稳定，但某些情况下，它可用 H$_2$/Pd-C 在 AcOH 和 MeOH 中脱
去。Fmoc 保护基可与酸脱去的保护基搭配而用于液相和固相的肽合成。例如：

保护：

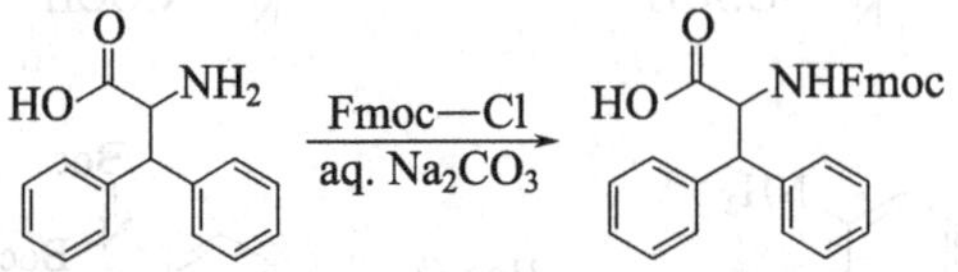

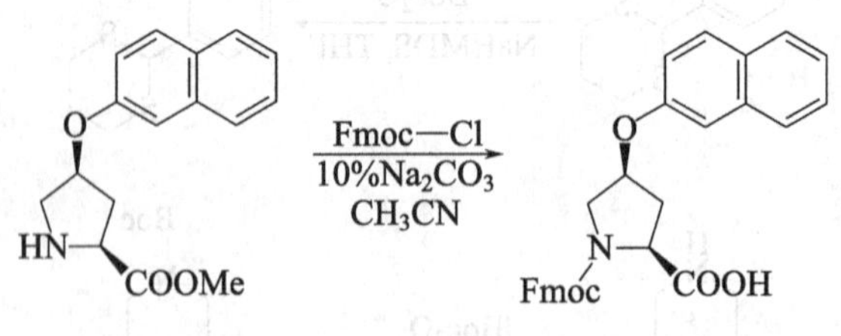

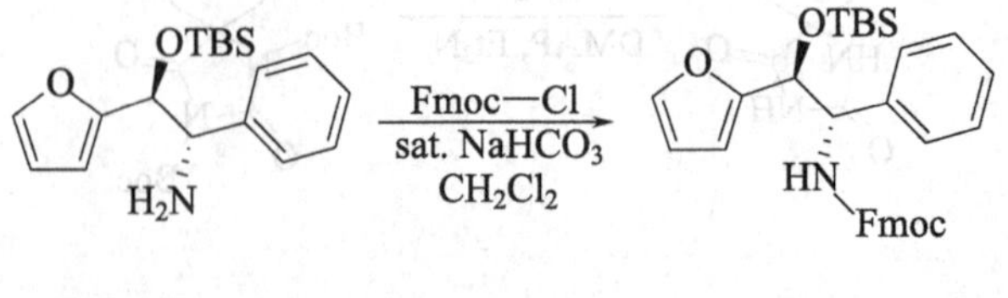

脱保护：

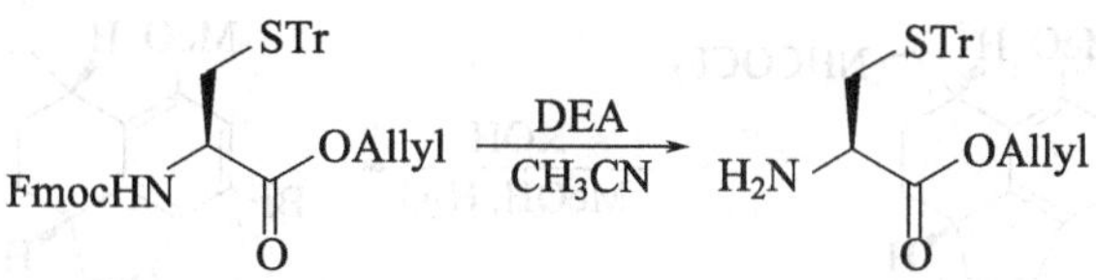

7.4.2 酰基类保护基

简单的酰胺通常由酰氯或酸酐制得。它们在酸性或碱性水解条件下特别稳定，通常要在强酸或强碱溶液中强烈加热才可水解。对简单的酰胺，从甲酰胺到乙酰胺到苯甲酰胺水解稳定性是增加的。卤乙酰衍生物对弱酸水解的不稳定性依取代基的不同增加次序为：乙酰基 < 氯乙酰基 < 二氯乙酰基 < 三氯乙酰基 < 三氟乙酰基。除此之外，还有邻苯二甲酰基、对甲苯磺酰基等等。

（1）三氟乙酰基（TFA）

TFA 是 Weygand 最先引入到多肽合成中的。三氟乙酰基可用三氟醋酸酐引入，在稀碱液中很容易脱去。TFA 保护的氨基酸或多肽在高真空下易于气化，因而能用于气相层析以检测消旋的程度和测定天然肽的排列顺序，而且由于含有 F，也可用 ^{19}F NMR 来检测合成肽的纯度、消旋程度以及类似物的鉴定等。

由于三氟醋酸酐同氨基酸反应时易生成噁唑烷酮而发生消旋，因此，在低温下在三氟酸醋酸溶液中用三氟醋酸酐进行酰化较好。$CF_3COOEt/Et_3N/MeOH$ 也是一种较好引入 TFA 基团的方法，且可在仲胺存在下，选择性地保护伯胺；在 TFAA/18-冠-6/Et_3N 中，伯胺与 18-冠-6 形成络合物，可选择性地酰化仲胺中；在仲胺存在下，CF_3COO-邻苯二甲酰亚胺也可选择性地将 TFA 基团引入到伯胺中。例如：

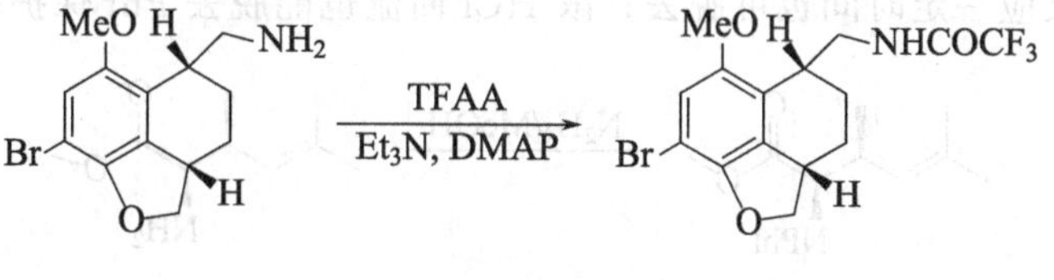

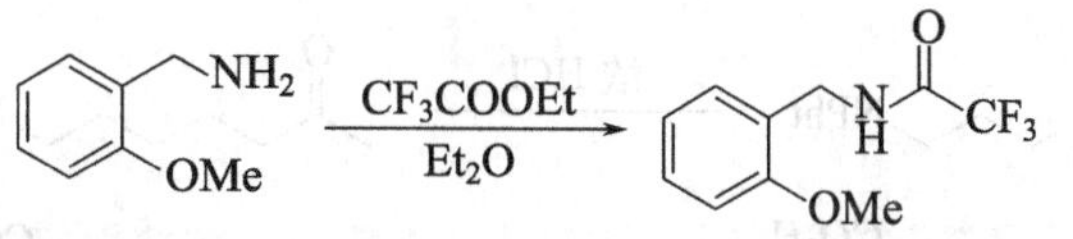

TFA 是较易脱保护的酰胺之一，它可以在水或乙醇水溶液中用 0.1～0.2mol/L NaOH 处理或者用 1mol/L 哌啶溶液处理，由于此方法脱 TFA 的条件温和，也适用于一些长链肽中的 TFA 的脱去；在 K_2CO_3 或 Na_2CO_3/MeOH/H_2O 条件下，TFA 可在甲基酯存在下于室温进行脱保护；也可在 NH_3/MeOH，HCl/MeOH 或通过相转移水解（KOH/Et_3Bn^+

Br$^-$/H$_2$O/CH$_2$Cl$_2$ 或乙醚）脱去。例如：

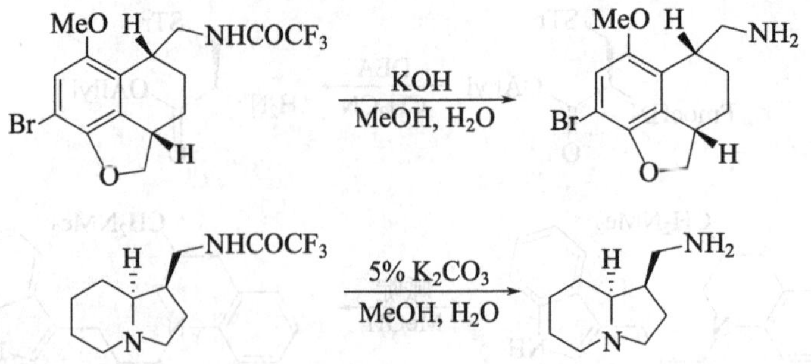

（2）邻苯二甲酰基（Pht）

同一般的酰基氨基酸比较，Pht-氨基酸在接肽时不易消旋，但它对碱不稳定，在碱皂化的条件下发生邻苯二甲酰亚胺环的开环生成邻羧基苯甲酰基衍生物。因此，当选用 Pht 作氨基保护基时，肽链的羧基末端则不能用甲酯（或乙酯）保护，而只能用苄酯或叔丁酯保护，以避免将来用皂化去酯的步骤。Pht 对催化氢解、HBr/HOAc 处理以及 Na/NH$_3$（液）还原（后处理的碱性条件需要避免）等均稳定，但很容易用肼处理脱去。例如：

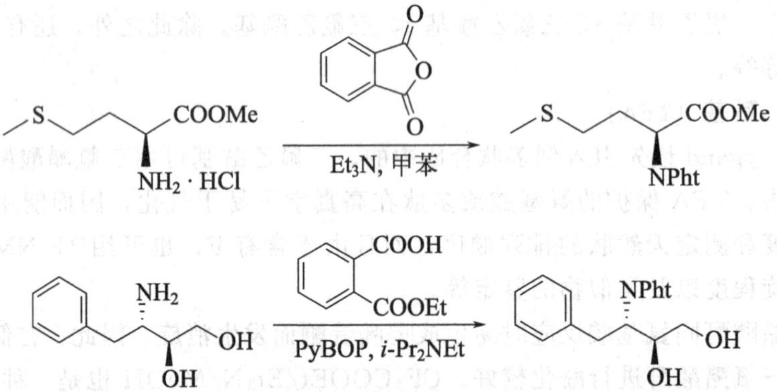

脱保护：Pht-氨基衍生物很容易用肼处理脱去。一般用水合肼的醇溶液回流数小时或用肼的水或醇溶液室温放置 1～2 天都可完全脱去 Pht 保护基。在此条件下 Cbz、Boc、甲酰基、Trt、Tos 等均可不受影响。在肼效果差的情况下，在 NaBH$_4$/i-PrOH-H$_2$O（6∶1）和 AcOH 中加热反应一定时间也可脱去；浓 HCl 回流也能脱去 Pht 保护基。例如：

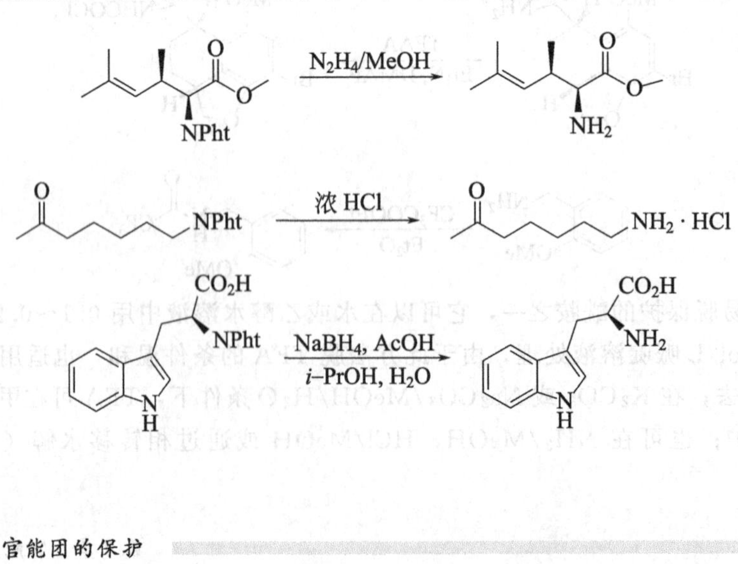

（3）对甲苯磺酰基（Tos 或 Ts）

对甲苯磺酰胺由胺和对甲苯磺酰氯在吡啶或水溶性碱存在下制得，它是最稳定的氨基保护基之一，对碱性水解和催化还原稳定。碱性较弱的胺如吡咯和吲哚形成的对甲苯磺酰胺比碱性更强的烷基胺所形成的对甲苯磺酰胺更易去保护，可以通过碱性水解去保护，而后者通过碱性水解去保护是不可能的。对甲苯磺酰胺一个很有吸引力的性质是这些衍生物的酰胺或氨基甲酸酯更容易形成结晶。除在早期作过 α-氨基酸的保护基外，一般都是用作碱性氨基酸的侧链保护基。例如：

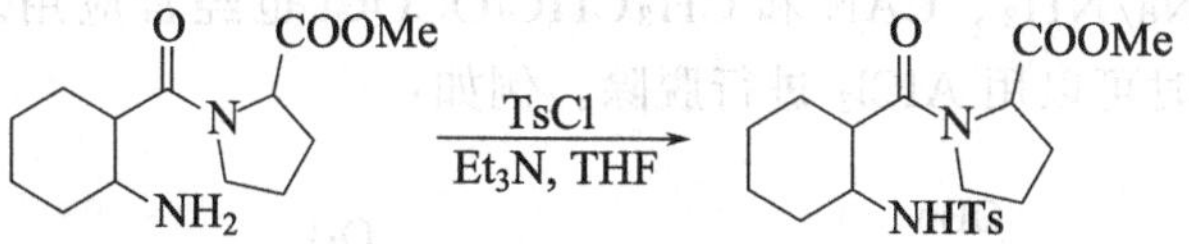

Ts 非常稳定，它经得起一般酸解（TFA 和 HCl 等）、皂化、催化氢解等多种条件的处理不受影响，常用萘钠、Na/NH₃（液）和 Li/NH₃（液）处理脱去；HBr/苯酚和 Mg/MeOH 也是比较好的去 Ts 的方法；HF/MeCN 回流也能脱去 Ts。例如：

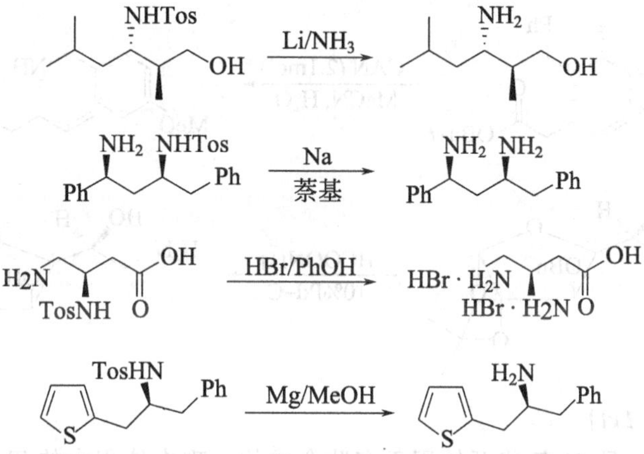

7.4.3 烷基类保护基

常见的烷基保护基主要有甲基、苄基及其同系物、三苯甲基（Trt）等。此类保护基生成的 N-烷基衍生物比较稳定，脱保护的难度很大。

（1）苄基（Bn）

Bn 是最稳定的氨基保护基之一，对大多数反应都是稳定的，因而很难脱除。常规加氢方法不易脱除，但可以通过 Na/NH₃ 进行脱除。在碱性（如 K₂CO₃、DIPEA、NaH、Et₃N 和 n-BuLi 等）条件下，使用苄溴或苄氯可以引入苄基，或者用 PhCHO/NaBH₄、NaBH₃CN 或 NaBH(OAc)₃ 进行还原胺化也可以引入苄基。例如：

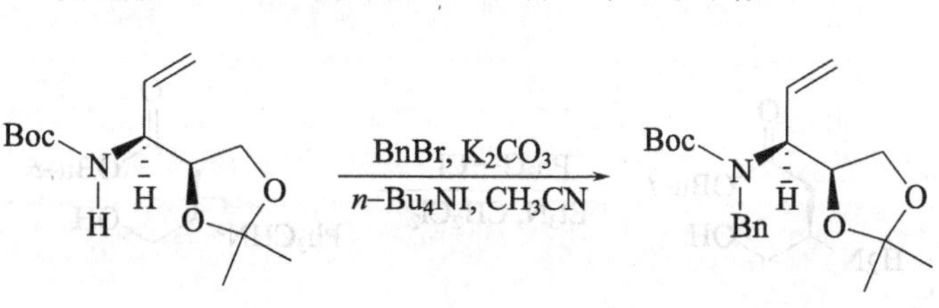

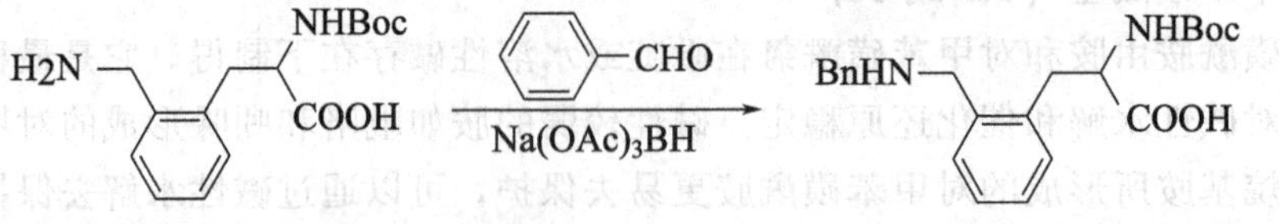

Bn 常用催化氢解脱去，如 $H_2/20\%Pd(OH)_2$-C、H_2/Pd-C、H_2/PdCl$_2$、Pd/HCOOH 或 Pd-C/HCOOH、Pd-C/HCOONH$_4$、Pd-C/NH$_2$NH$_2$ 或 Pd-C/环己烯作氢源转移氢化，而用 H_2/Pd-C 去保护通常很慢，但添加 Boc$_2$O 可促进 Bn 的离去。另外 CCl$_3$CH$_2$COCl/CH$_3$CN、Li/NH$_3$、Na/NH$_3$、CAN 和 CH$_3$CHClOCOCl 也经常应用。酰胺上的苄基一般较难用氢解脱除，此时可以用 AlCl$_3$ 进行脱除。例如：

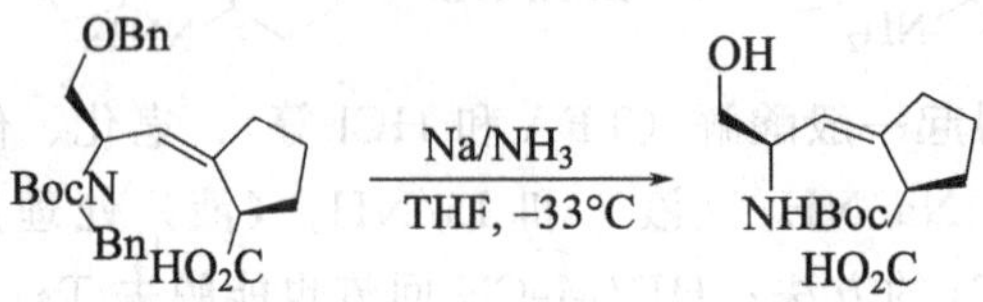

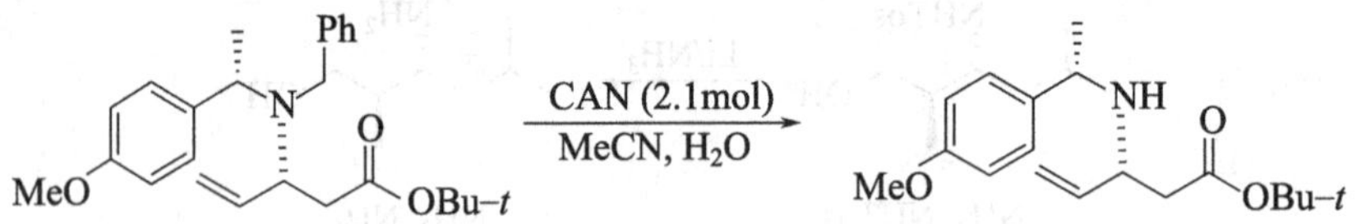

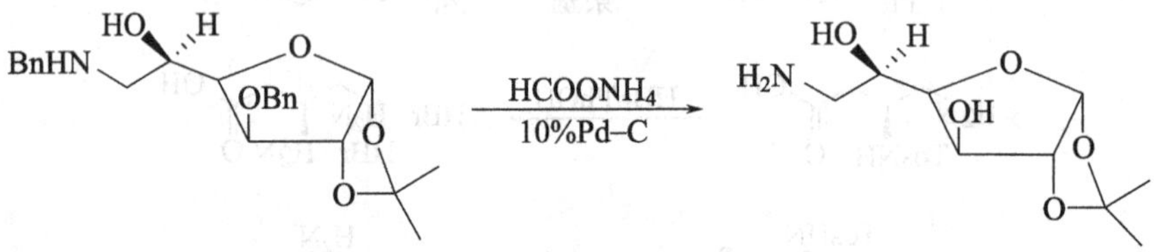

(2) 三苯甲基（Trt）

三苯甲基（Trt）是 50 年代开始用于多肽合成的，现在体积大的 Trt 被用于保护各种氨基，如氨基酸、青霉素、头孢霉素等。N-Trt-α-氨基酸的酯不能发生水解，需要较强的去保护条件，α-质子同样不易被脱去，这意味着，在分子中其他地方的酯可以选择性地水解。由于 Trt 有很大的立体位阻，除氨基酸侧链很小的 Trt-甘氨酸酯以外，一般的 Trt-氨基酸酯都难以皂化，而用很强烈的条件（如高温）则有引起消旋的危险。引入 Trt 常用（吡咯、吡唑和咪唑等可用类似反应）的方法有 Trt—Cl/Me$_3$SiCl/Et$_3$N 和 Trt—Cl/TMSCl/Et$_3$N 等。例如：

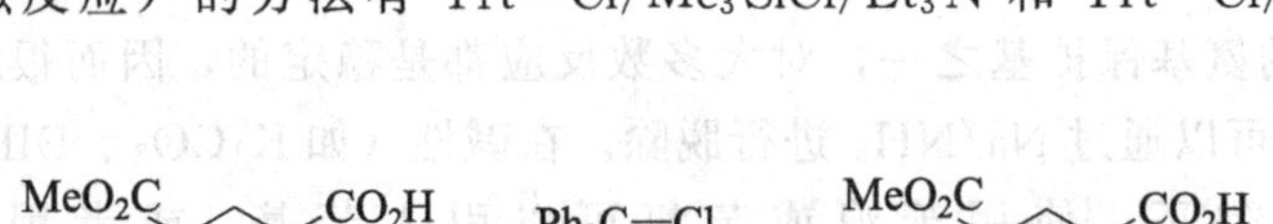

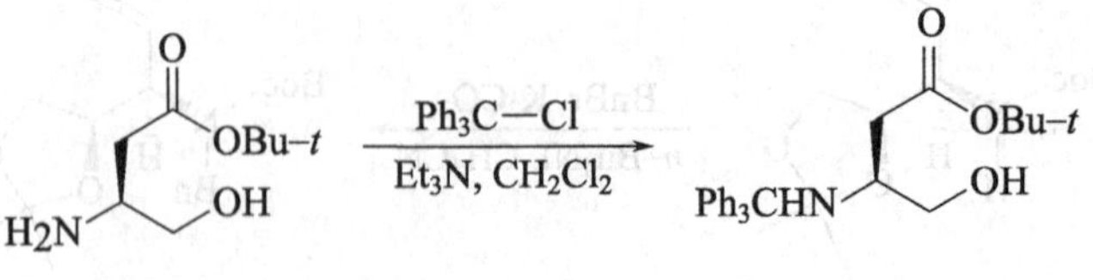

用酸很容易脱去 Trt，如用 HOAc 或 50%（或 75%）HOAc 的水溶液在 30℃或回流数分钟即可顺利除去 Trt。此条件下 N-Boc 和 O-Bu-t 可以稳定不动。其他如 HCl/MeOH、HCl/CHCl₃、HBr/HOAc 和 TFA 都能很方便地脱去 Trt。

催化氢解也可脱去 Trt，但脱去速率比 O-Bn 和 N-Cbz 要慢得多。根据所用试剂和脱去方法的不同，Trt 被分解所形成的产物也不同，例如：

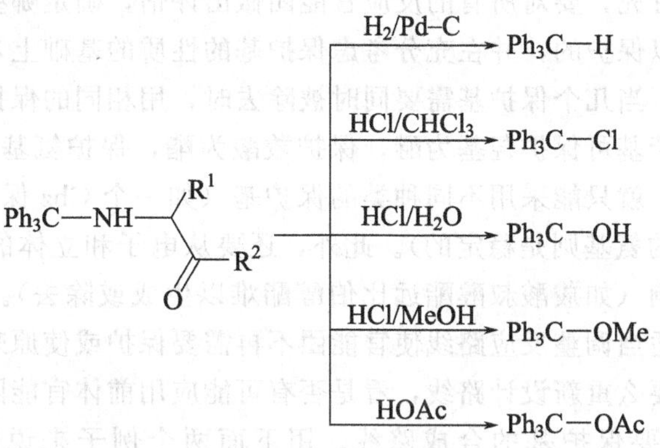

Trt 对酸的敏感程度还随所用的酸的不同而异，例如 Trt 对醋酸比较敏感，在 80% 的醋酸中，Trt 的脱除速率大约比 Boc 快 21000 倍，因而可以在 Boc 存在下选择性地脱去 Trt，如用 0.1mol/L HBr/HOAc 为试剂，Trt 的脱去速率反而慢于 Boc。例如：

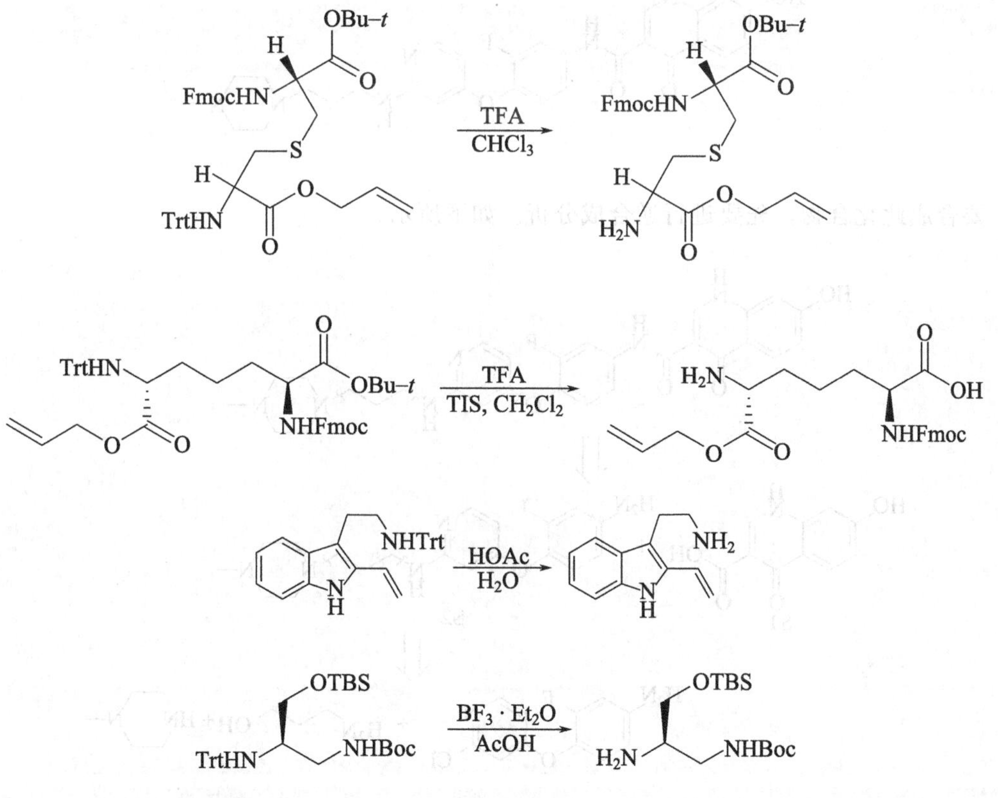

选择一个保护基时，必须仔细考虑到所有的反应物、反应条件及所设计的反应过程中会涉及的所有官能团。首先，要对所有的反应官能团做出评估，确定哪些在所设定的反应条件下是不稳定并需要加以保护的，并在充分考虑保护基的性质的基础上，选择能和反应条件相匹配的保护基。其次，当几个保护基需要同时被除去时，用相同的保护基来保护不同的官能团是非常有效的（如苄基可保护羟基为醚，保护羧酸为酯，保护氨基为氨基甲酸酯）。要选择性地去除保护基时，就只能采用不同种类的保护基（如一个 Cbz 保护的氨基可氢解除去，但对另一个 Boc 保护的氨基则是稳定的）。此外，还要从电子和立体的因素去考虑对保护的生成和去除速率的影响（如羧酸叔醇酯远比伯醇酯难以生成或除去）。最后，如果难以找到合适的保护基，要么适当调整反应路线使官能团不再需要保护或使原来在反应中会起反应的保护基成为稳定的；要么重新设计路线，看是否有可能应用前体官能团（如硝基，亚胺等）；或者设计出新的不需要保护基的合成路线。用下面两个例子来说明多官能团的保护基问题。

［例］

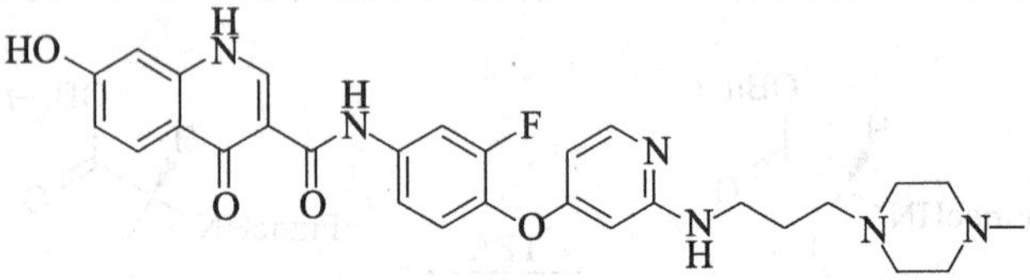

要合成此化合物，先要进行逆合成分析。如下所示：

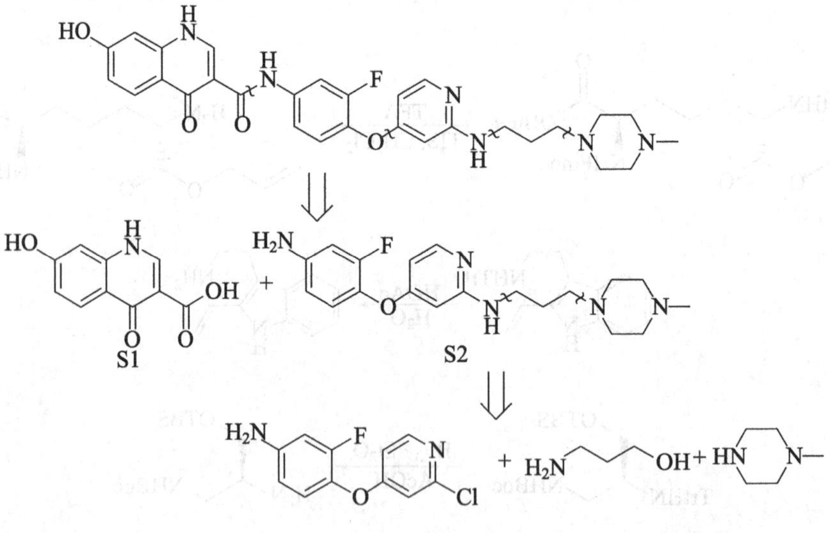

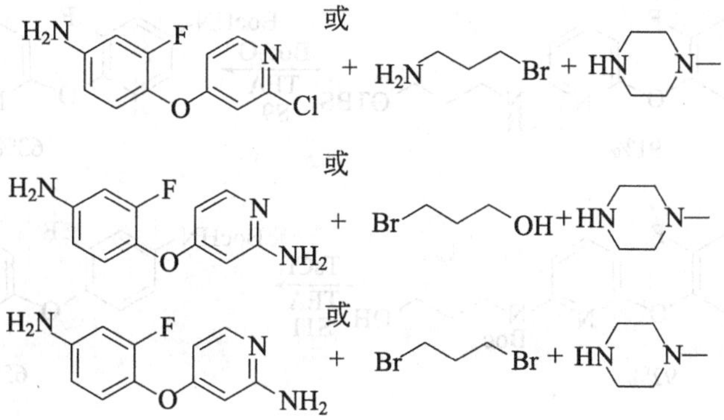

先把分子切分成两个部分化合物 1 和 2。2 再分为三个部分即二芳香醚、3-氨基-1-丙醇或 3-溴-1-丙胺或 3-溴-1-丙醇或 1，3-二溴丙烷、N-甲基哌嗪。这里选择其中一条合成路线来合成目标化合物。

化合物 1 的合成：

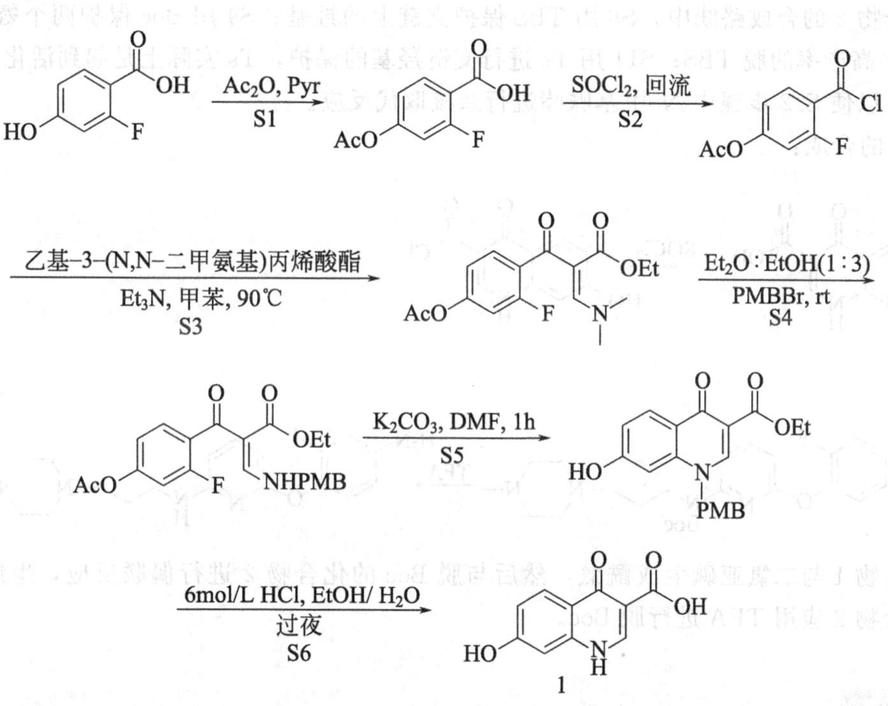

化合物 1 的合成路线中，步骤 1（S1）用醋酸酐对酚羟基进行保护；S4 步骤中脱 N 原子上的甲基，同时上 PMB 进行保护；S5 用 K$_2$CO$_3$ 进行脱乙酰基；S6 用 6mol/L 的 HCl 进行脱 PMB 保护基。

化合物 2 的合成：

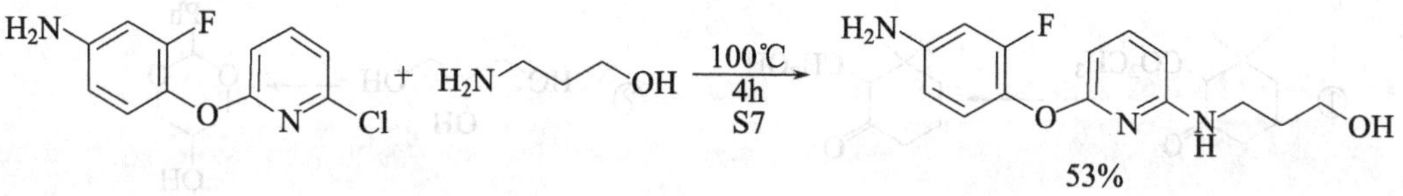

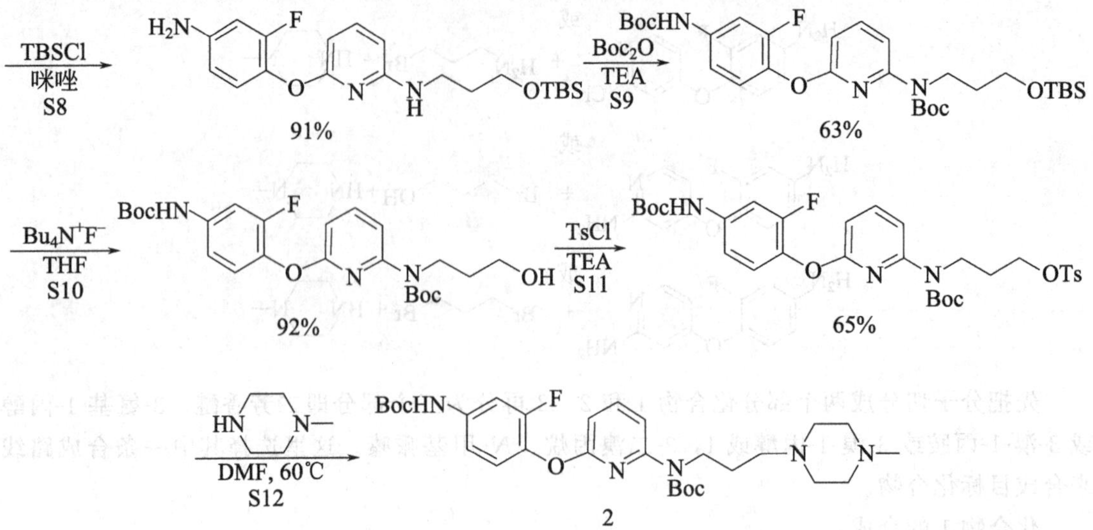

化合物 2 的合成路线中，S8 用 TBS 保护支链上的羟基；S9 用 Boc 保护两个氨基；S10 用 TBAF 高产率的脱 TBS；S11 用 Ts 进行支链羟基的保护，Ts 实际上是起到活化 C—O 键的作用，以便 S12 步骤中 N-甲基哌嗪进行亲核取代反应。

TM 的合成：

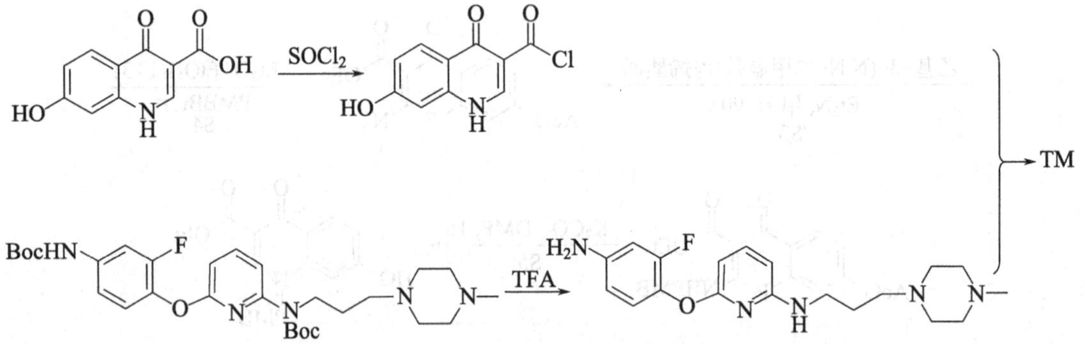

化合物 1 与二氯亚砜生成酰氯，然后与脱 Boc 的化合物 2 进行偶联反应，生成目标产物。化合物 2 应用 TFA 进行脱 Boc。

◎ 习题

1. 分别写出羟基、羰基、羧基及氨基的保护方法（不少于 5 种）。
2. 完成下列转化。

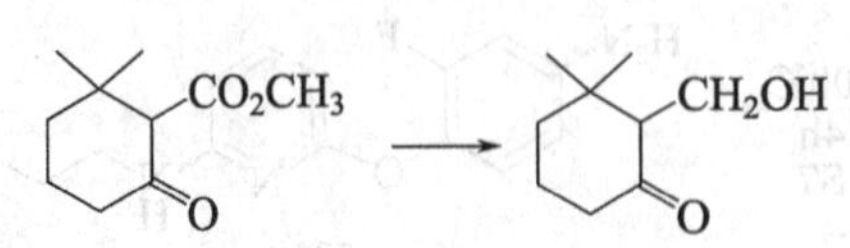

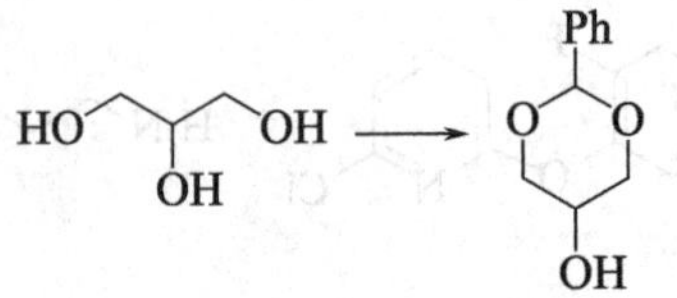

③ $H_2C{=}CH{-}CHO \longrightarrow HO{-}CH_2{-}CH(OH){-}CHO$

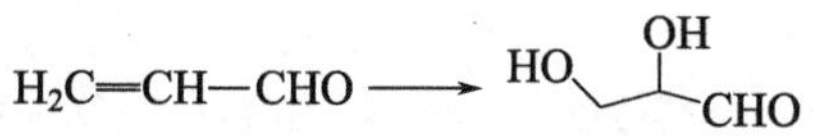

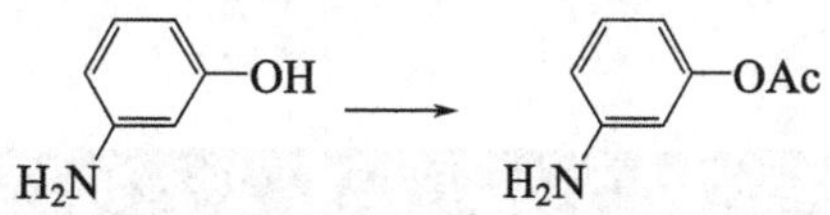

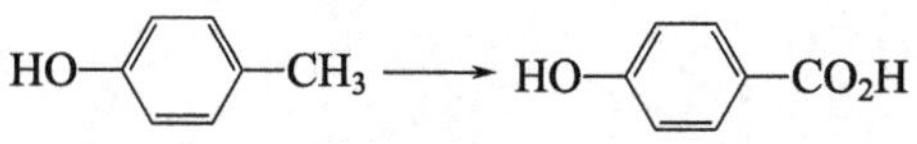

④

⑤ $HO{-}\langle\text{benzene}\rangle{-}CH_3 \longrightarrow HO{-}\langle\text{benzene}\rangle{-}CO_2H$

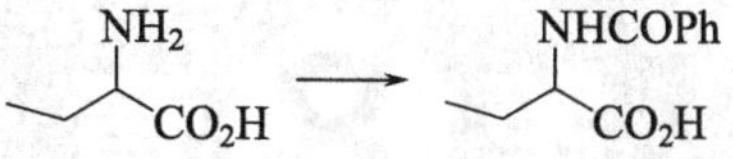

⑥

⑦ $H_2N{-}CH_2CH_2{-}CHO \longrightarrow H_2N{-}CH_2CH_2{-}CO_2H$

⑧ $Br{-}CH_2CH_2CH_2{-}OH \longrightarrow D{-}CH_2CH_2CH_2{-}OH$

3. 设计下列化合物的合成路线。

①

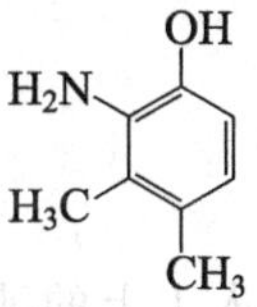

②

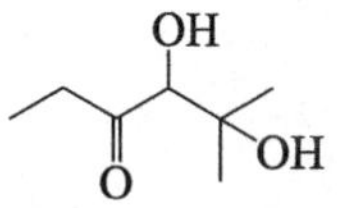

③ $HO{-}CH_2{-}C{\equiv}C{-}CO_2H$

④

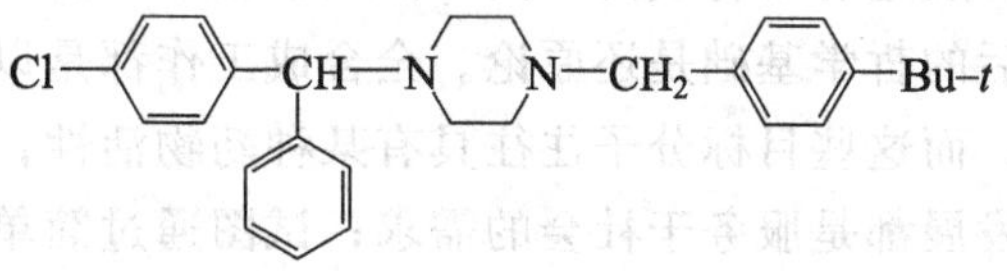

第 8 章

全合成实例分析

　　全合成是有机合成的一类，强调了获取天然产物目标分子的途径在人工上的纯粹性。全合成背后的哲学基础是还原论。全合成工作都是以自然界生物体中鉴定出的某种分子作为合成目标，而这些目标分子往往具有某种药物活性；全合成其实就是有机合成的一个分支，其产生和发展都是服务于社会的需求；试图通过简单易得的原材料，通过化学反应，来获得某种有用的、结构复杂又难以用其他途径获得的化合物。全合成的原料通常是容易从自然界中取得的化学物质，如糖类、石油化工产品等；而目标分子通常是具有特定药效的天然产物，或在理论上有意义的分子。

　　全合成根据工作的独立性可以分为"全合成（Total Synthesis）"、"半全合成（Semi Total Synthesis）"、"表全合成（Formal Total Synthesis）"三类。

　　① 全合成　从原料开始到最终产物的制备和反应路线全部都是由一个科研组独立设计完成的。技术含量最高的是全合成（往往也是成本最高的）。

　　② 半全合成　从自然界提取得到关键中间体，然后通过后续的化学修饰完成的全合成称为半全合成。比如很多甾醇类激素都是用从薯蓣里提取的薯蓣皂苷作原料合成的，再比如工业化的紫杉醇也是通过半全合成得到的。

　　③ 表全合成　又叫接力全合成（Relayed Total Synthesis），指反应路线有一部分是完全拷贝他人以及完成的工作而实现的全合成。比如伍德沃德的奎宁全合成就属于表全合成。因为他的合成到奎宁毒素就停止了；而从奎宁毒素到奎宁的转换在此之前已经被德国人拉贝实现。

　　当今全合成的意义，早已超过了以前为了验证生物活性或化学结构的目的，而已经成了试验和推广新化学反应，展示有机合成化学的精妙之处的场地。全合成的发展常会激励新机理、新催化剂和新技术的诞生。全合成中综合了很多有机反应的技巧，需要化学家对有机反应的熟练运用及相当程度的智慧。

　　有机合成历史上的重要事件：

　　1821 年，德国化学家弗里德里希·维勒（有机之父）合成尿素，有机合成的序幕开始拉开。

1902 年，德国化学家威尔斯泰德合成托品酮，象征着多步骤有机合成的开始。

1903 年，德国人 Gustaf Komppa 合成樟脑。第一个工业化的全合成例子。

1916 年，英国人罗宾逊超时代的提出并实施了仿生合成托品酮路线，标志着合成美学的萌芽，也是串联反应方法学的开端。

1950 年，美国化学家伍德沃德（开创了有机合成新时代的大师）合成奎宁，全合成概念的产生。这也给有机合成工作者打了一剂强心针，使人们克服了面对复杂天然产物的畏难心理。

1992 年，日本化学家岸义人（Yoshito Kishi）合成海葵毒素，极大地鼓舞了全世界的化学家，合成家们开始产生了"没有合成不出来的分子"的言论。

全合成一般从初始原料到目标分子需要多步反应，并且有多种方法来合成目标分子，怎样选择最优的合成路线是有机合成工作者必须考虑的问题。合成路线的设计与选择是有机合成中很重要的一个方面。一般情况下，合理的合成路线能够很快地得到目标化合物，而笨拙的合成路线虽然也能够最终得到目标化合物，但是浪费时间及增加合成成本，因此合成路线的选择与设计是一个全合成成功的关键。

合成路线的选择与设计应该以得到目标化合物的目的为原则，即如果得到的目标化合物是以工业生产为目的，则选择的合成路线应该以最低的合成成本为依据。一般情况下，简短的合成路线应该反应总收率较高，因而合成成本较低，而长的合成路线总收率较低，合成成本较高。但是，在有些情况下，较长的合成路线由于每步反应都有较高的收率，且所用的试剂较便宜，因而合成成本反而较低，而较短的合成路线由于每步反应收率较低，所用试剂价格较高，合成成本反而较高。所以，如果以工业生产为目的，则合成路线的选择与设计应该以计算出的和实际结果得到的合成成本最低为原则。

如果目标化合物是以基础研究为目的的，合成路线的选择与设计则有不同，设计的路线应尽量具有创造性，具有新的思想，所用的试剂应是新颖的，反应条件是创新的，这时考虑的主要问题不是合成成本的问题而是合成中的创造性问题。

如果合成的是系列化合物，则设计合成路线时，应该是共同的步骤越长越好，每个化合物只是在最后的合成步骤中不同，则这样的合成路线是较合理的和高效率的，可以在很短的时间内得到大量目标化合物。

每个目标化合物的合成路线一般有多步反应，为了避免杂质放大的问题，采用汇聚合成法合成目标产物较好。

有机合成路线的设计方法有两种。一是正推法，从确定的某种原料分子开始，逐步经过碳链的连接和官能团的引入来完成。首先要比较原料分子和目标化合物分子在结构上的异同，包括官能团和碳骨架两个方面的异同，然后设计出由原料分子转化为目标化合物分子的合成路线。二是逆推法，即逆合成分析法。从目标化合物分子逆推到原料分子，设计合理的合成路线的方法。在逆推过程中，需要逆向寻找到有机中间体，直至找到合适的起始原料。

设计有机合成路线应遵循的原则：

① 符合有机合成中原子经济性的要求。所选择的每个反应的副产物应尽可能少，所要得到的主产物的产率尽可能高且易于分离，避免采用副产物多且难分离的有机合成反应。

② 发生反应的条件要适宜，反应的安全系数要高，反应步骤尽可能少而简单。

③ 要按一定的反应顺序和规律引入官能团，必要时应采取一定的措施保护先引入的官能团。

④ 所选用的合成原料要价廉易得，所选用的试剂与催化剂要无公害性。

有机合成设计中经常会遇到选择性的问题，常见的选择性有化学选择性、区域选择性和立体选择性。

化学选择性（Chemoselectivity）指不使用保护或活化等策略，反应试剂对不同的官能团或处于不同化学环境的相同官能团进行选择性反应，或一个官能团在同一反应体系中可能生成不利官能团产物的控制情况。

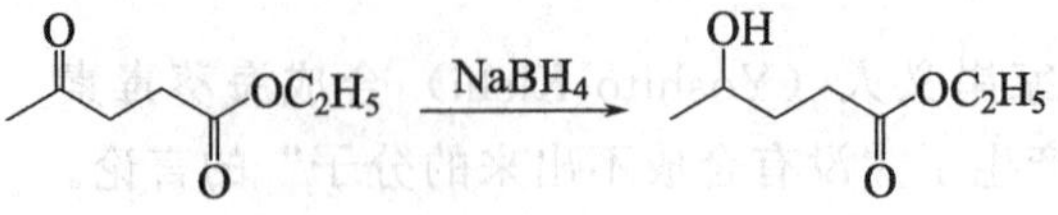

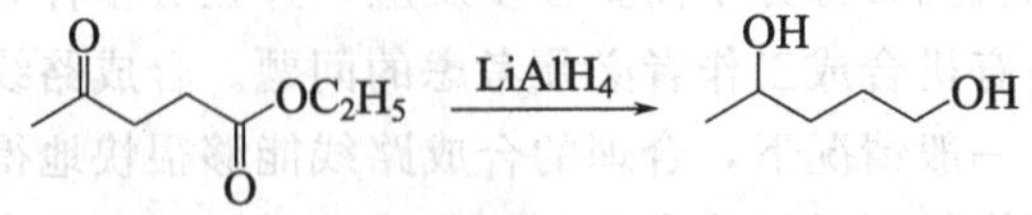

区域选择性（Regioselectivity）是指相同的官能团在同一分子的不同位置上起反应时，试剂只能与分子的某一特定位置作用，而不与其他位置上相同的官能团作用。选择性通常涉及羰基两个 α 位、烯丙基的 1，3 位、双键或者环氧两侧位置上的选择性以及 α，β-不饱和体系的 1，2-加成和 1，4-加成选择性反应等。例如：

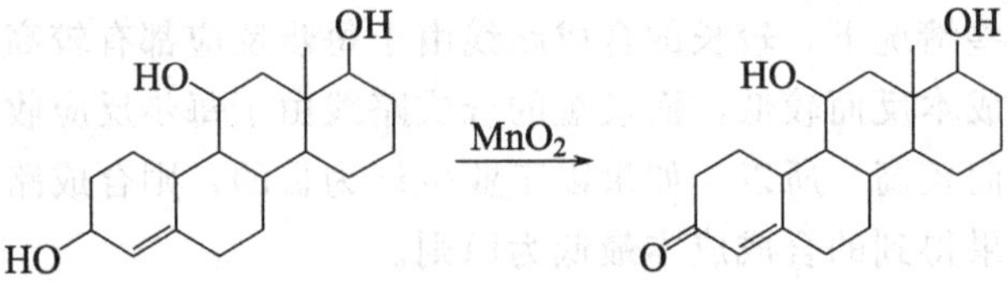

立体选择性反应是指反应产物中一个立体异构体是主要产物，包括顺反异构、对映异构及非对映异构体选择性等。立体专一性反应指的是反应生成单一立体化学结构的产物，例如：

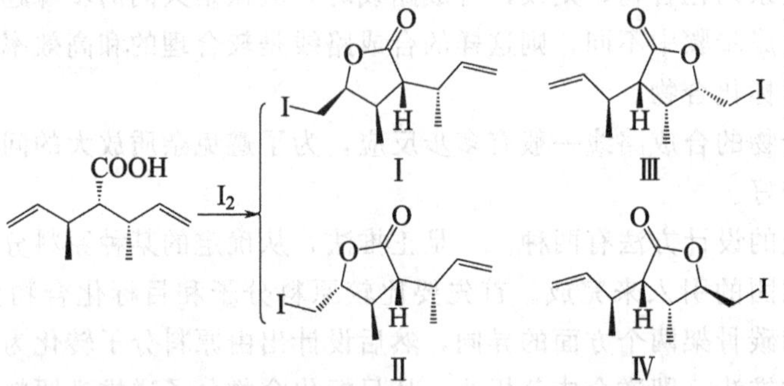

区域选择性：Ⅰ和Ⅲ、Ⅱ和Ⅳ；立体选择性：Ⅰ和Ⅱ、Ⅲ和Ⅳ。

通过对下面全合成反应实例的分析，来说明全合成的设计及逆合成分析在全合成反应中的重要性。

◉ 8.1 喜树碱的合成

喜树碱（camptothecin，缩写为 CPT）是从我国特有珙桐科植物喜树中分离得到的一种天然生物碱，其结构如下所示：

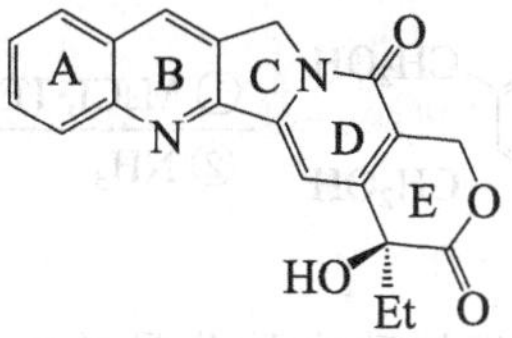

喜树碱

CPT 分子结构中含有 A、B、C、D、E 共 5 个环，其中 B、C、D、E 四个环是杂环，E 环是内酯且环上有一个手性碳，D 环是羟基吡啶，C 环是吡咯，A、B 环是喹啉结构，如何构建这 5 个环是其全合成的关键，怎样进行切断发现策略键是逆合成分析要解决的关键问题。

8.1.1 合成方法 1

逆合成分析：喜树碱的分子结构中有 5 个环，一个手性碳原子，怎样进行切断是关键。下面是逆合成分析路线之一，此合成路线的关键点有：①E 环上手性碳的形成；②D、E 环的构建；③C、D 环的连接。可以应用 Sharpless 不对称二羟基化反应构建 E 环上的手性碳生成目标产物；A、B 环是喹啉的分子结构，可以采用喹啉及其衍生物的合成方法来实现；C 环是吡咯环，可以借鉴含氮五元杂环的合成方法来构建。中间体 4 含有 E 环及潜在的 D 环，通过不饱和环内酯 7 和丁烯乙基醚来构建，不饱和环内酯 7 可由呋喃-3-甲醛得到。逆分析路线如下所示：

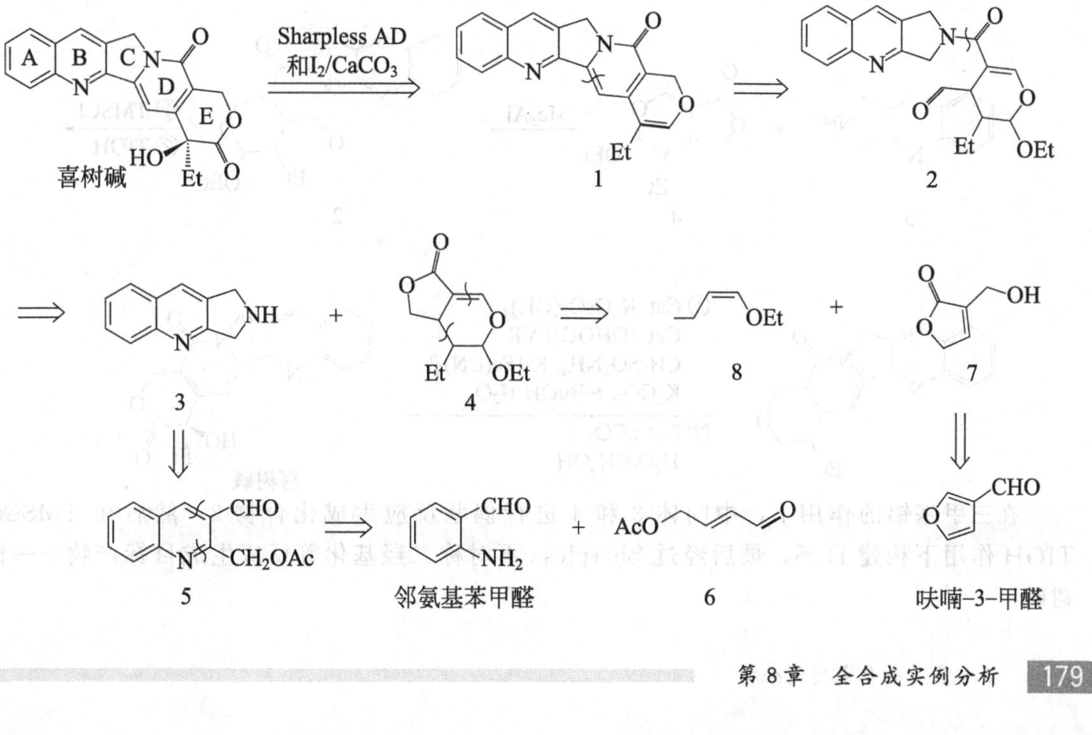

通过上述分析，此合成喜树碱的路线采取的是汇聚合成法，具体的合成路线如下。

（1）化合物 3 的合成

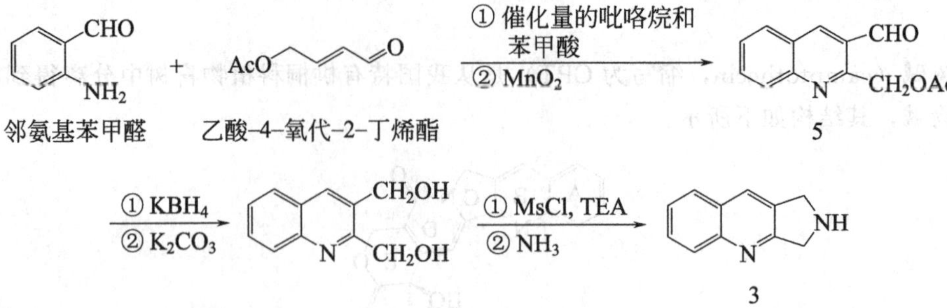

邻氨基苯甲醛与乙酸-4-氧代-2-丁烯酯在催化量的吡咯烷和苯甲酸及二氧化锰作用下生成喹啉衍生物——中间体 5，然后再用 KBH_4 进行还原，水解得到 2,3-二羟甲基喹啉，最后在 $MsCl/TEA$、NH_3 的作用下生成中间体 3。

（2）化合物 4 的合成

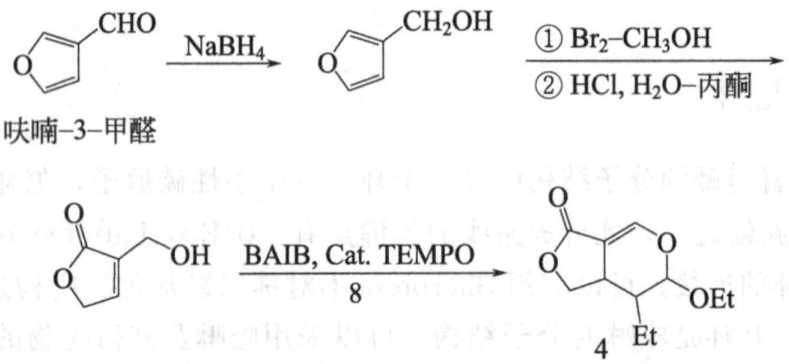

首先用硼氢化钠还原呋喃-3-甲醛得到 3-羟甲基呋喃，然后在 Br_2/甲醇作用下生成中间体 7，最后 7 在 BAIB、催化剂 TEMPO 的作用下与化合物 8 反应得到化合物 4。

（3）偶联反应合成喜树碱

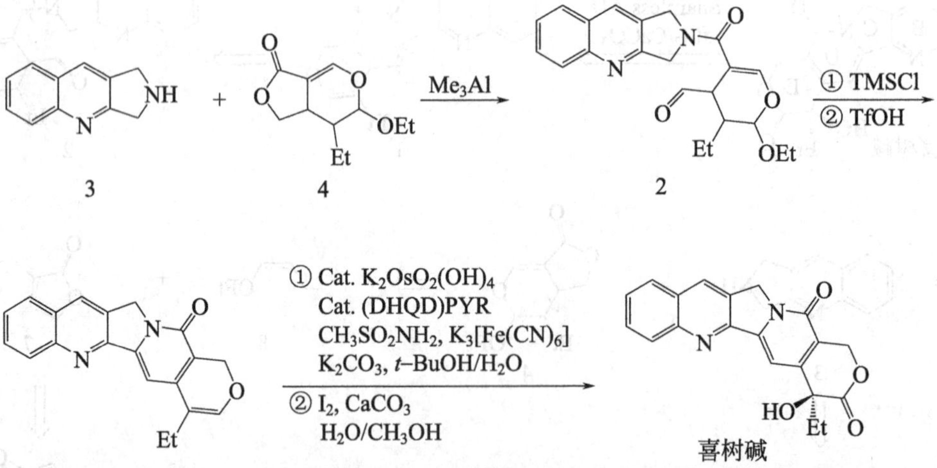

在三甲基铝的作用下，中间体 3 和 4 进行偶联反应生成化合物 2，然后在 TMSCl、TfOH 作用下构建 D 环，最后经过 Sharpless 不对称二羟基化等反应生成目标产物——喜树碱。

8.1.2 合成方法2

喜树碱分子还可以通过下列方式得到。以苯胺为原料，通过串联反应构建B、C环。

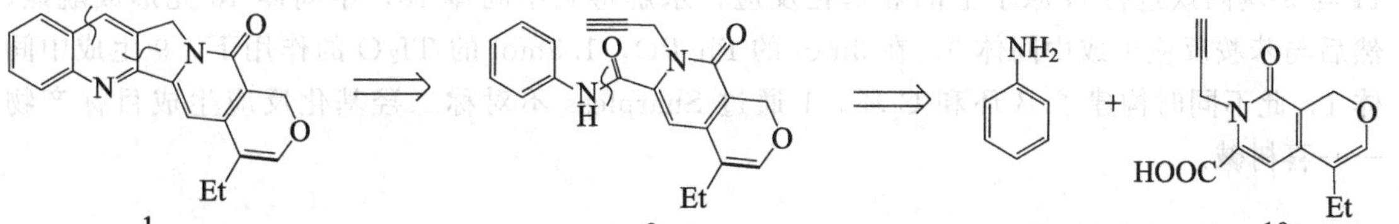

中间体10可以通过6-氯-2-羟基吡啶来合成。

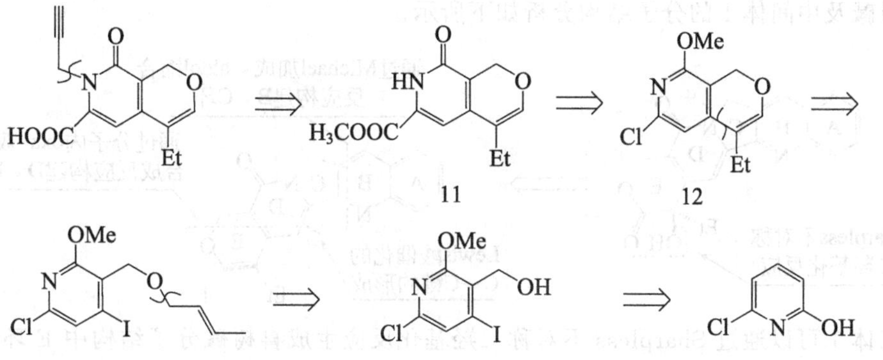

通过以上分析，本合成路线采用的是线性法合成喜树碱，具体合成路线如下：

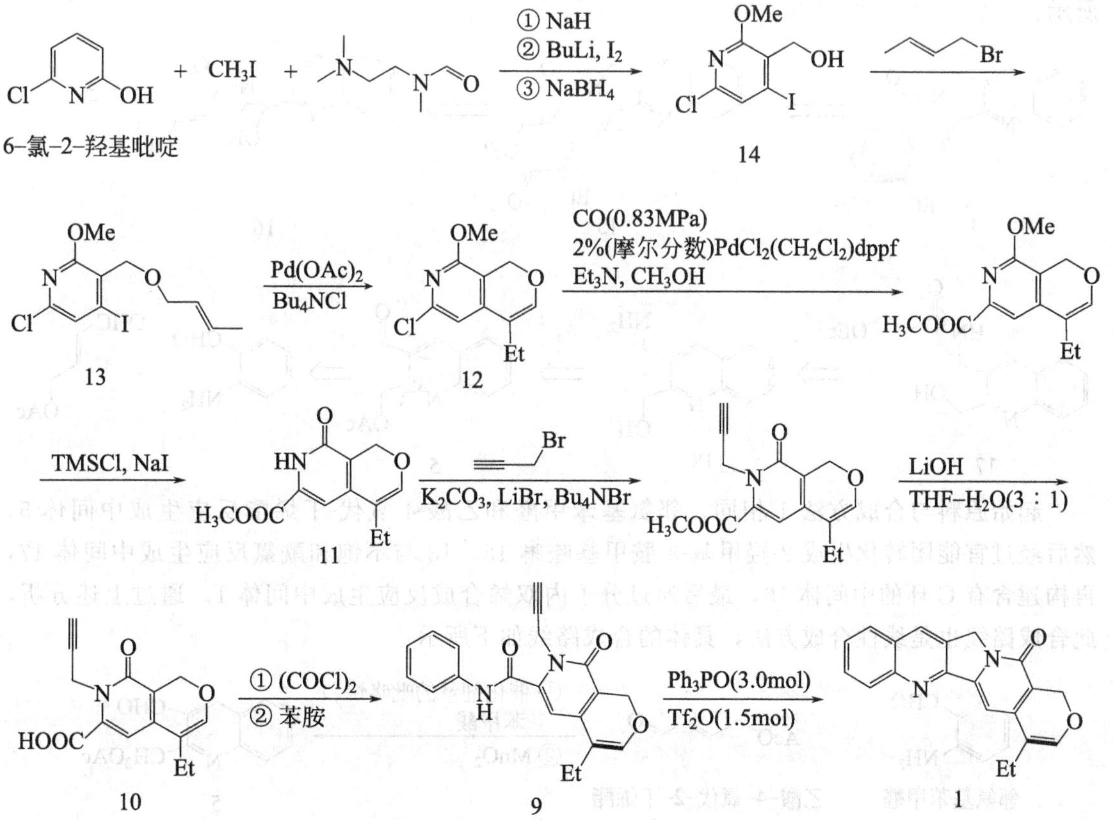

首先 6-氯-2-羟基吡啶与碘甲烷、甲酰胺反应生成中间体 14，然后 1-溴 2-丁烯在 NaH 作用下与 14 反应生成醚 13，中间体 13 在 Pd（OAc）$_2$ 催化下生成中间体 12，构建了 E 环。中间体 12 在催化剂的作用下与 CO 反应，再经过异构化生成中间体 11，在 Bu$_4$NCl 催化下，11 与 3-溴丙炔进行 N 原子上的烃基化反应，水解得到中间体 10，中间体 10 先形成酰氯，然后与苯胺反应生成中间体 9，在 3mol 的 Ph$_3$PO，1.5mol 的 Tf$_2$O 的作用下，9 生成中间体 1，此不同时构建了 B 环和 C 环。1 通过 Sharpless 不对称二羟基化反应生成目标产物——喜树碱。

8.1.3 合成方法 3

喜树碱及中间体 1 的分子结构分析如下所示。

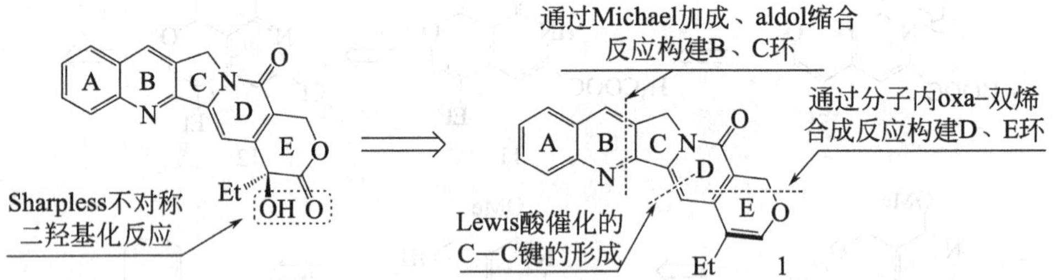

中间体 1 可以通过 Sharpless 不对称二羟基化反应生成喜树碱分子结构中 E 环上的手性中心碳原子；通过 Michael 加成和 aldol 缩合反应可以形成 B 环和 C 环；通过 Lewis 酸催化 C—C 键的形成反应及分子内 oxa-双烯合成反应来构建 D 环和 E 环。具体逆合成分析如下所示：

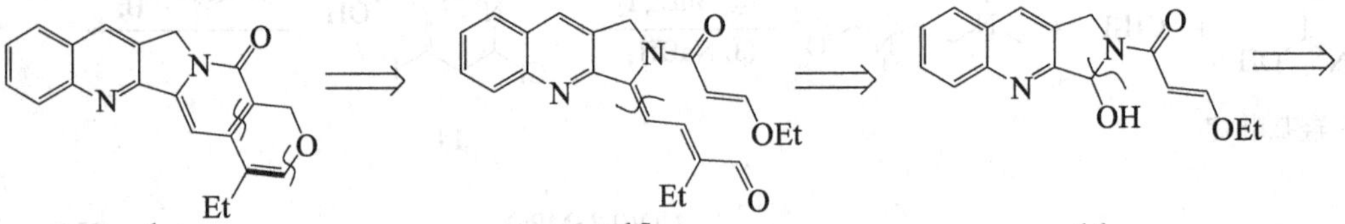

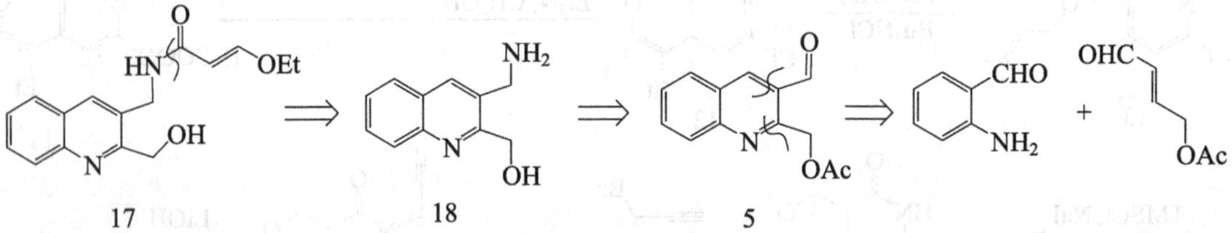

起始原料与合成方法 1 相同，邻氨基苯甲醛和乙酸-4-氧代-丁烯酯反应生成中间体 5，然后经过官能团转化生成 2-羟甲基-3-胺甲基喹啉 18，18 与不饱和酰氯反应生成中间体 17，再构建含有 C 环的中间体 16，最后通过分子内双烯合成反应生成中间体 1。通过上述分析，此合成路线也是线性合成方法，具体的合成路线如下所示：

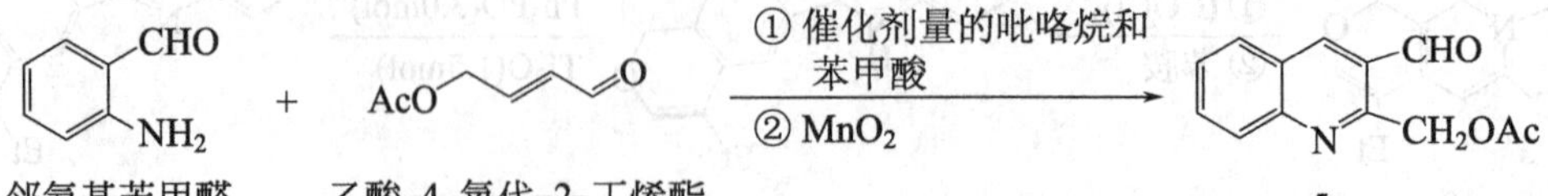

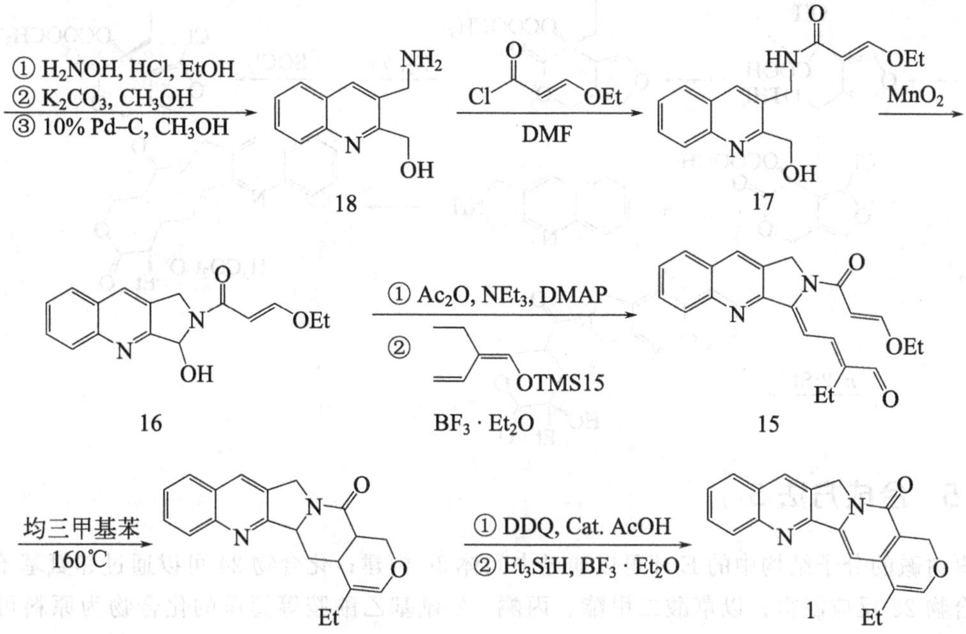

① H₂NOH, HCl, EtOH
② K₂CO₃, CH₃OH
③ 10% Pd–C, CH₃OH

18

DMF

17

MnO₂

16

① Ac₂O, NEt₃, DMAP
②

OTMS15

BF₃·Et₂O

15

均三甲基苯
160℃

① DDQ, Cat. AcOH
② Et₃SiH, BF₃·Et₂O

1

8.1.4 合成方法 4

与合成方法 1 相似，喜树碱可以分成两个部分，3 和 19。

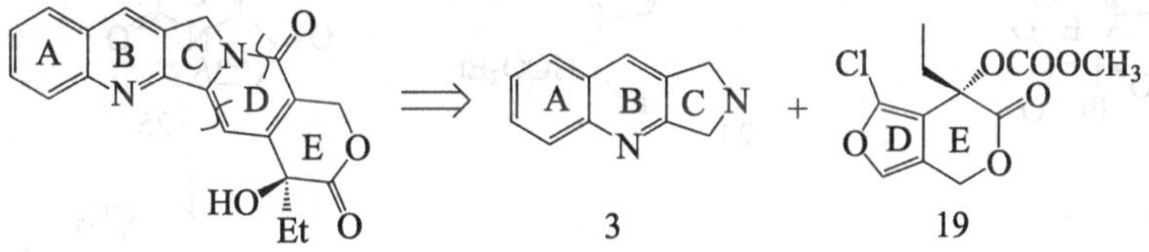

3   19

中间体 19 可以以 3，4-呋喃二羧酸为原料制得。

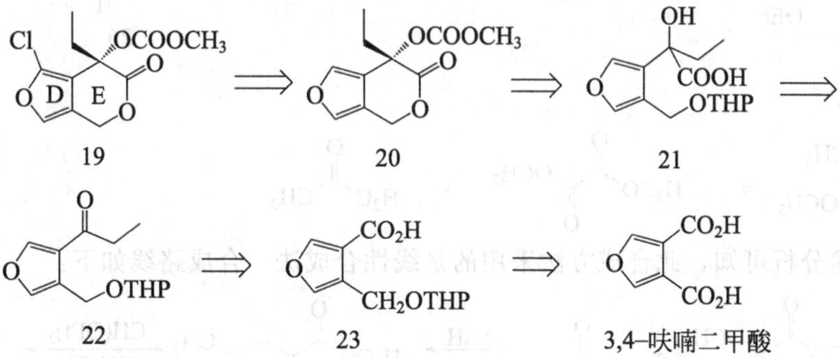

19   20   21

22   23   3,4-呋喃二甲酸

具体合成路线如下所示：

TBDMSCN

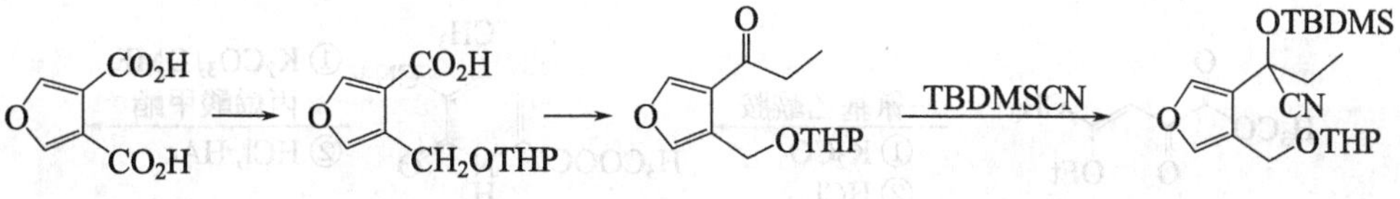

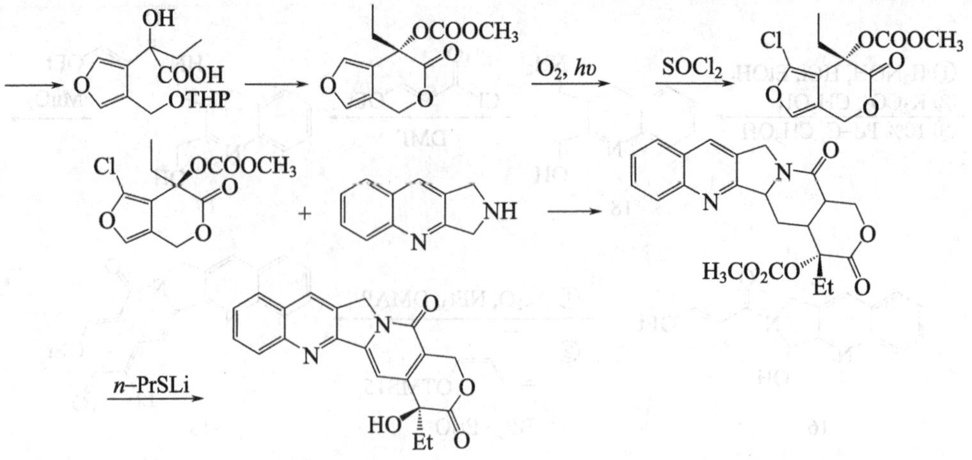

8.1.5　合成方法 5

　　喜树碱的分子结构中的 E 环可以通过中间体 24 构建；化合物 24 可以通过邻氨基苯甲醛与化合物 25 反应制得；以草酸二甲酯、丙酮、2-氰基乙酰胺等简单的化合物为原料可以合成中间体 25 的前体 24。其逆合成分析如下所示：

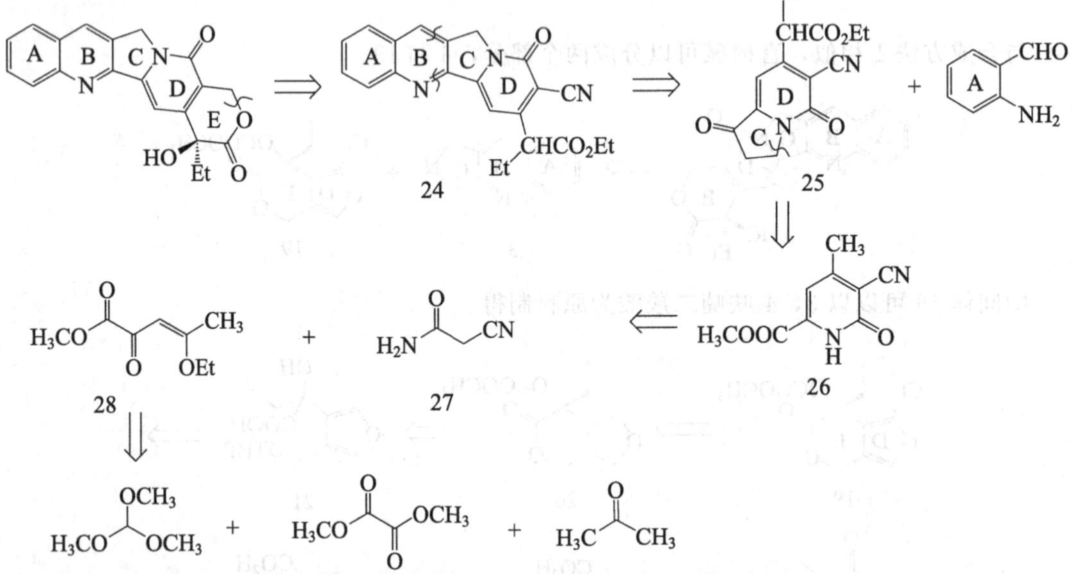

通过上述分析可知，此合成方法采用的是线性合成法，合成路线如下：

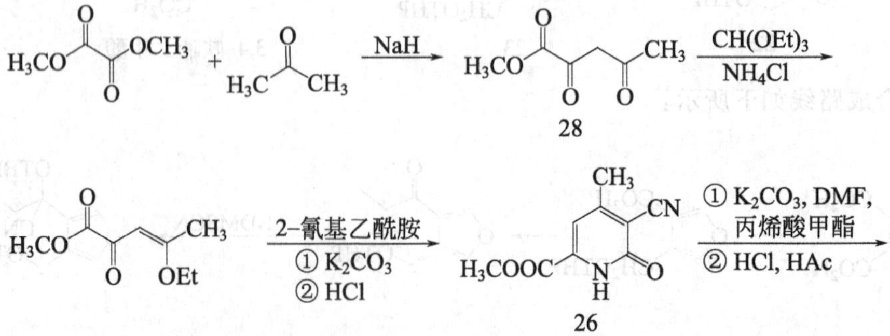

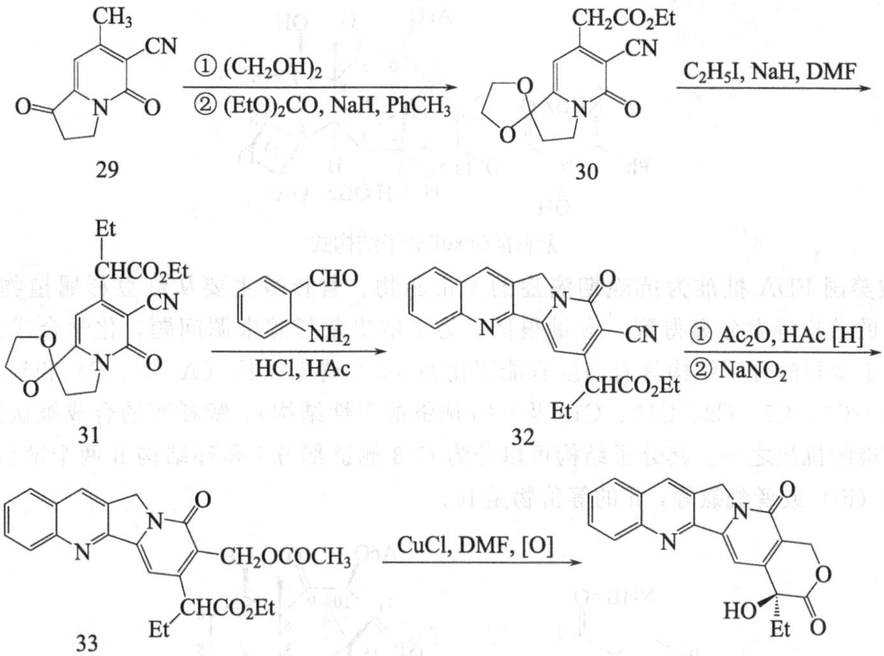

首先，在 NaH 作用下草酸二甲酯与丙酮反应生成化合物 28，28 烯醇化后与 2-氰基乙酰胺反应生成中间体 26，构建了 D 环；26 与丙烯酸甲酯反应生成化合物 29，构建了 C 环；29 先用乙二醇进行羰基保护，然后在 NaH 作用下与碳酸二乙酯作用生成化合物 30，中间体 30 在 NaH 作用下与碘乙烷发生烷基化反应生成中间体 31，31 与邻氨基苯甲醛反应生成化合物 32，构建了 B 环；中间体 32 在醋酸酐、亚硝酸钠的作用下生成化合物 33，中间体 33 在氯化亚铜作用下，再脱氢生成目标产物——喜树碱。

此合成路线中，B、C、D 环的形成都很简洁，合成的中心工作是围绕 E 环而展开的，其中形成化合物 31 是该路线的关键所在，这一步使得 20 位 C 原子活化，使后面的反应能顺利地进行，从而形成 20 位的季碳。这条路线的另一个特点是所用的试剂都很简单，合成中的分离方法主要是重结晶，几乎不用柱层析，总产率高达 18%。

通过喜树碱的全合成分析可以看到，一个目标化合物的合成有多种方法，每一种方法都有自己的优势，选择哪种方法或合成策略，要根据实际情况加以分析和判断，筛选合成路线短、反应条件温和、选择性高、环保安全的绿色合成路线是全合成的最高目标。

◎8.2 紫杉醇的合成

紫杉醇（taxol），别名泰素、紫素。化学名称 5β，20-环氧-1，2α，4，7β，10β，13α-六羟基紫杉烷-11-烯-9-酮-4，10-二乙酸酯-2-苯甲酸酯-13 [（$2'R$，$3'S$）-N-苯甲酰-3-苯基异丝氨酸酯]。1969 年，美国化学家 Wani 和 Wall 从太平洋红豆杉（Taxus Brevifolia Nutt）中分离得到紫杉醇（taxol），并于 1971 年确定了它的化学结构，结构式如下所示：

1979 年，Horwitz 发现紫杉醇具有独特的促进微管蛋白聚合以及抑制微管解聚的活性。临床上，紫杉醇具有多种抗癌活性，用于治疗晚期卵巢癌、乳腺癌、非小细胞肺癌等，于

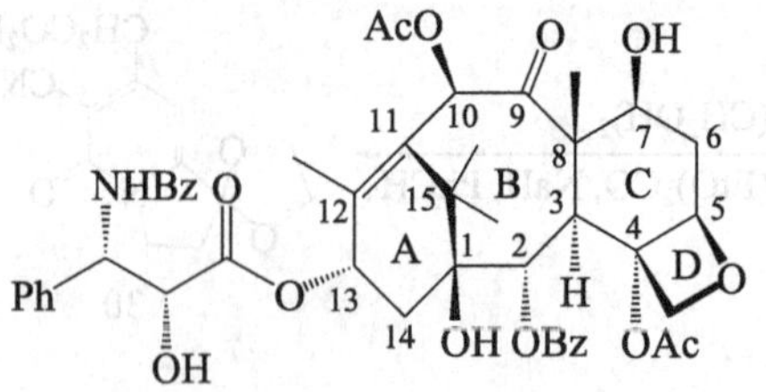

紫杉醇(taxol)分子结构式

1992 年被美国 FDA 批准为抗晚期癌症的上市药物。紫杉醇主要从红豆杉属植物（Taxus Species）的茎皮等中分离得到，含量很低。为了解决紫杉醇来源问题，化学合成方法尤为重要，由于紫杉醇分子结构具有高度官能团化的 6-8-6 骨架结构（A、B、C）和复杂的手性中心（C1～C5、C7、C8、C10、C13 及 C13 侧链的手性结构），紫杉醇的合成被认为是对化学家最困难的挑战之一。其分子结构可以分为 C13 侧链部分 i 和环结构 ii 两个部分，i 的等价物是酯（iii）或者酰氯等，ii 的等价物是 iv。

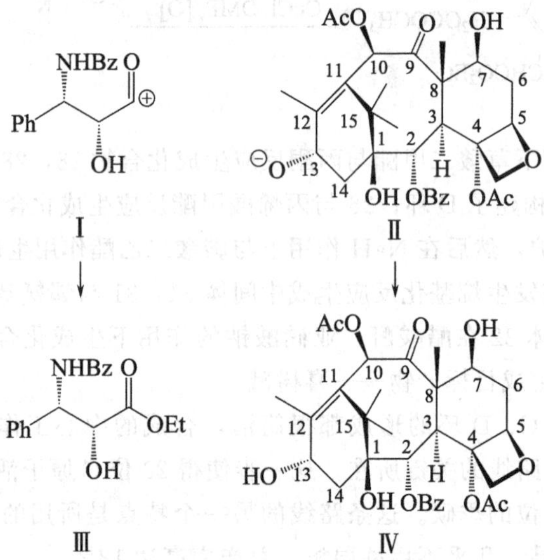

8.2.1 C13 侧链的合成

由于化合物 iv 是浆果赤霉素Ⅲ（baccatin-Ⅲ），而 baccatin-Ⅲ 可从极易再生的红豆杉针叶和小枝中分离得到，产率可达 0.1%，所以以浆果赤霉素Ⅲ为原料的半合成紫杉醇的方法尤为出色，可以用于工业生产。在半合成紫杉醇的反应中，C13 侧链的合成尤为重要。C13 侧链的结构可以通过下面三种化合物来形成。

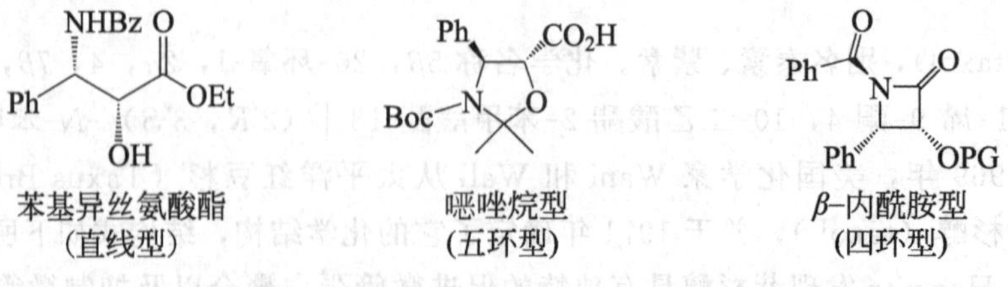

苯基异丝氨酸酯　　　　噁唑烷型　　　　β-内酰胺型
（直线型）　　　　　（五环型）　　　　（四环型）

8.2.1.1 直线型侧链的合成

① 以易得的手性环氧酯为原料，先后与叠氮化钠和苯甲酰氯反应生成叠氮物，再在 Zn/TMSCl 作用下进行还原、酰基迁移反应得到酰胺，最后酰胺脱保护得到了光学纯的紫杉醇侧链，合成路线如下：

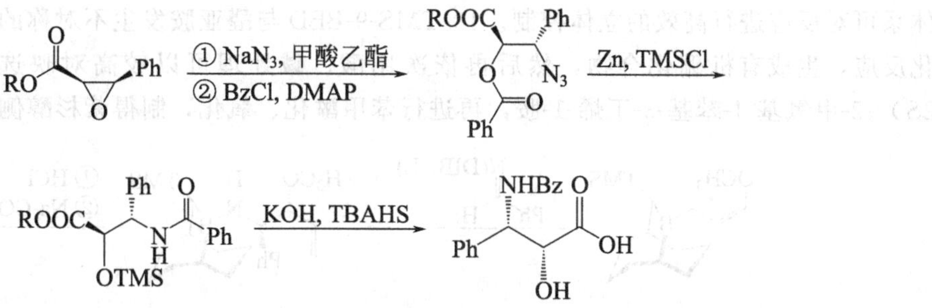

② 在（R）-脯氨酸的催化下，N-苄亚甲基苯酰胺和 2-苄氧基乙醛发生高对映选择性的缩合反应生成（2R，3S）-2-苄氧基-3-苯甲酰氨基-3-苯基丙醛，然后用亚氯酸钠（NaClO₂）氧化成酸，最后在 H₂/Pd-C 作用下脱苄基得到紫杉醇侧链的侧链。该方法简洁高效，对映选择性好，总收率高，而且产物仅需脱除苄基就可方便地生成紫杉醇侧链，合成路线如下：

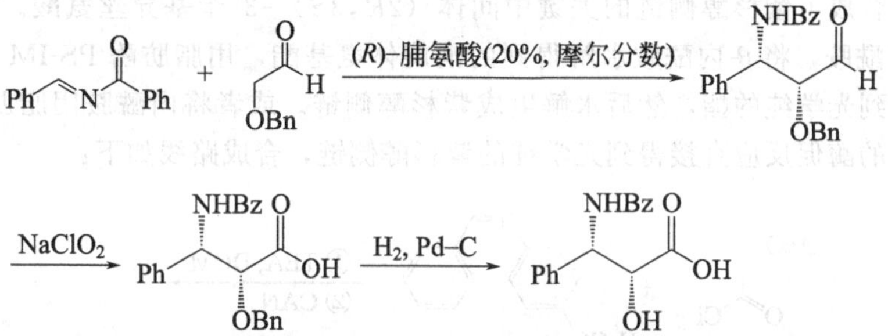

③ 利用手性 Bronsted 酸氧膦配体和 Rh₂(OAc)₄ 联合催化进行的对映选择性三组分反应，也是合成紫杉醇侧链的方法之一。重氮乙酸叔丁酯、2，4-二氯苄醇和亚胺三个组分在 Rh₂(OAc)₄ 和手性氧膦配体组成的催化体系催化下，对映选择性地生成酯，然后经甲酸铵/Pd-C 氢化脱苄基和重结晶后能以中等收率和高对映选择性地得到 α-羟基苯丙酸叔丁酯，最后采用常规的硅醚保护、苯甲酰化和脱保护得到紫杉醇侧链，合成路线下所示：

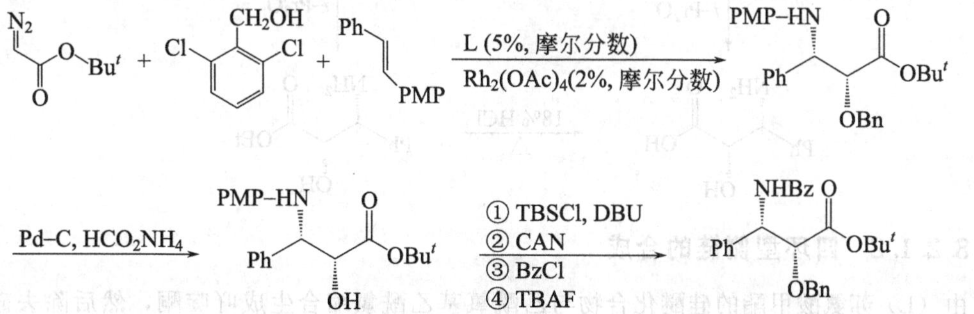

④ 不对称有机硼反应法。利用 10-三甲基硅-9-硼双环［3.3.2］癸烷（10-TMS-9-BD）体系可对反应进行高效的立体控制。10-TMS-9-BBD 与醛亚胺发生不对称的 γ-甲氧基烯丙基化反应，生成有机硼化合物，然后再依次用酸、碱处理可以较高对映选择性得到（1S，2S）-2-甲氧基-1-苯基-3-丁烯-1-胺，再进行苯甲酰化、氧化，制得紫杉醇侧链，如下所示：

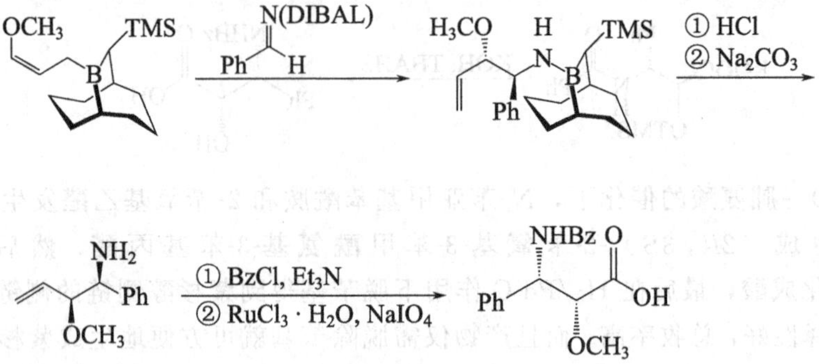

⑤ 在紫杉醇侧链的合成研究中，酶促反应也得到了很好的应用。可以利用酶促反应高对映选择性地合成了紫杉醇侧链的关键中间体（2R,3S）-3-苯基异丝氨酸。将酰氯与亚胺缩合形成 β-内酰胺，将 β-内酰胺水解得到的消旋体氨基酯，用脂肪酶 PS-IM 处理，可以以 47% 的收率得到光学纯的酯，然后水解生成紫杉醇侧链。或者将内酰胺用脂肪酶 CAL-B 处理，发生串联的酶促反应直接得到光学纯的紫杉醇侧链，合成路线如下：

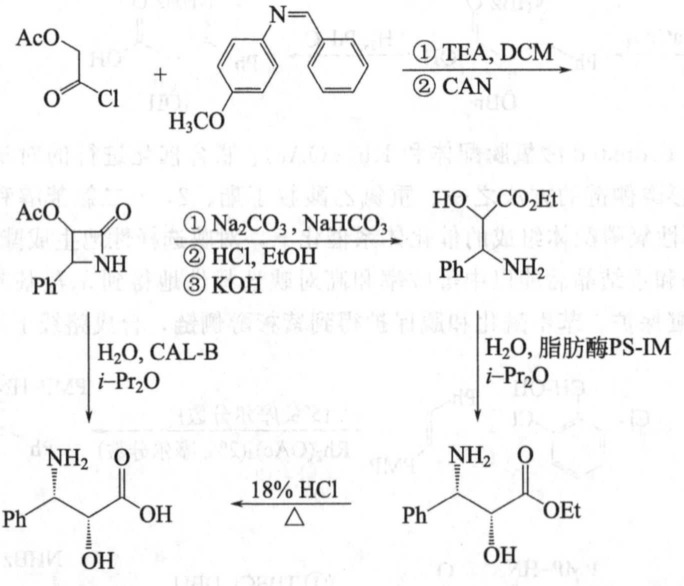

8.2.1.2 四环型侧链的合成

由（L)-苏氨酸甲酯的硅醚化合物与乙酰氧基乙酰氯缩合生成吖啶酮，然后除去硅醚基团，再进行甲磺酰化/消除、臭氧化及水解得化合物（3R,4S）-3-羟基-4-苯基氮杂环丁酮，然后用乙烯基乙醚对氮杂环丁酮上的羟基进行保护，最后经 Staudinger 反应引入苯甲酰基得到目标产物——（3R,4S）-N-苯甲酰-3-乙氧基甲氧基-4-苯基-2-吖啶酮。

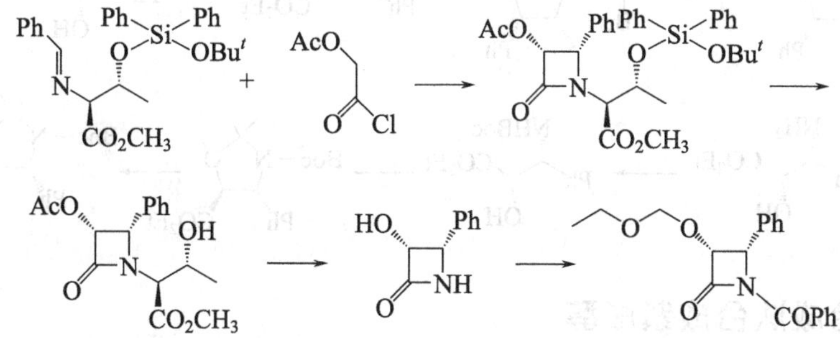

8.2.1.3 五环型侧链的合成——(4S,5R)-2,4-二苯基噁唑-5-羧酸

① 反-3-苯基-2,3-环氧丙酸叔丁酯经叠氮化开环，苯甲酰化、氢化及以氯化亚砜缩合而得到（4S,5R）-2,4-二苯基噁唑-5-羧酸酯，最后经 KOH 水解得到（4S,5R）-2,4-二苯基噁唑-5-羧酸。合成路线如下所示：

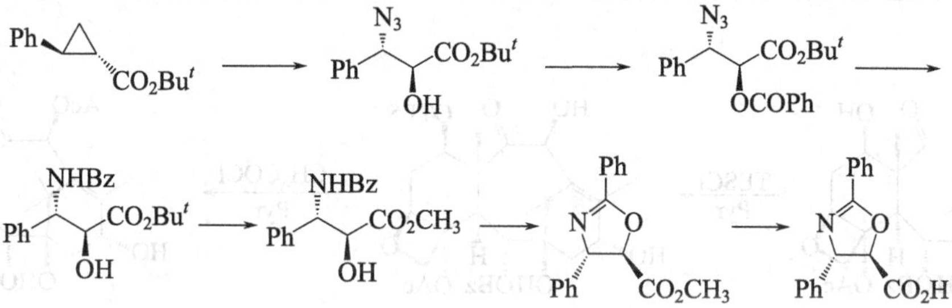

② 以(S)-苯甲基-(α-甲基苯甲基)锂胺与肉桂酸叔丁酯在手性催化剂作用下缩合生成外消旋物，再经氢化、置换和苯甲酰酰化得到(4S,5R)-2,4-二苯基噁唑-5-羧酸酯，最后经 KOH 水解得到(4S,5R)-2,4-二苯基噁唑-5-羧酸。合成路线如下所示：

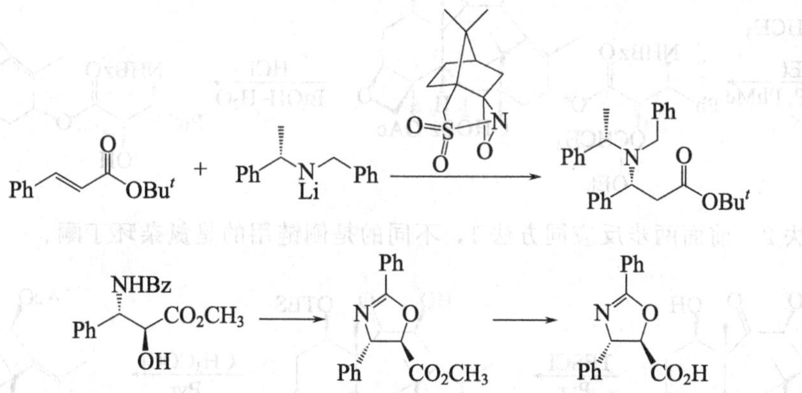

③ N,O-被保护的β-苯基异丝氨酸 (4S,5R)-3-溴乙酰-4-甲基-5-苯基-2-噁唑烷酮生成硼烯醇后和苯甲醛缩合，经乙醇锂置换及闭环生成环氧丙烷化合物，再经开环、氢化并用 Boc 保护氨基生成 N-Boc-β-苯基异丝氨酸乙酯，再用对甲苯磺酸吡啶盐（PTSP）闭环和水解生成目标化合物，合成路线如下所示：

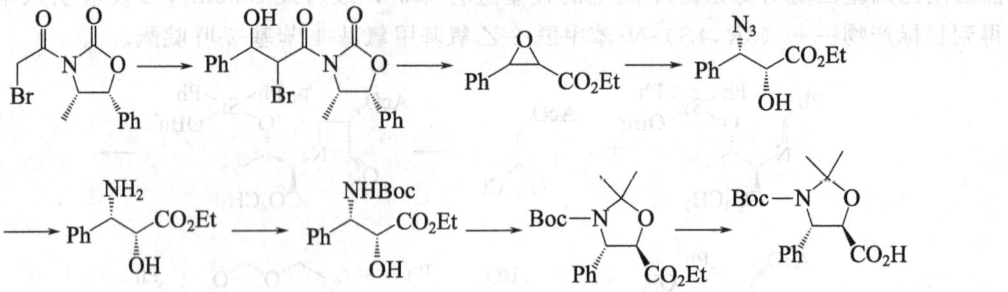

8.2.2 半合成法合成紫杉醇

由于浆果赤霉素Ⅲ和10-脱乙酰浆果赤霉素Ⅲ在植物中的含量相对较高，以二者为原料的紫杉醇的半合成方法如下：

① 方法1 以10-脱乙酰浆果赤霉素Ⅲ为原料，先用 TESCl 对 C7 上的羟基进行保护，然后用乙酰氯对 C10 上的羟基进行乙酰化反应，最后在 DPC、DMAP 的作用下与侧链进行偶联反应，在盐酸的作用下脱去侧链上羟基的保护基及 C7 上羟基的保护基 TES 得到紫杉醇。

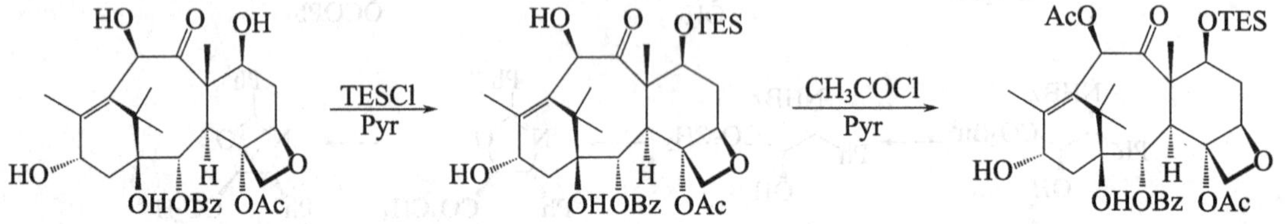

10-脱乙酰基浆果赤霉素Ⅲ

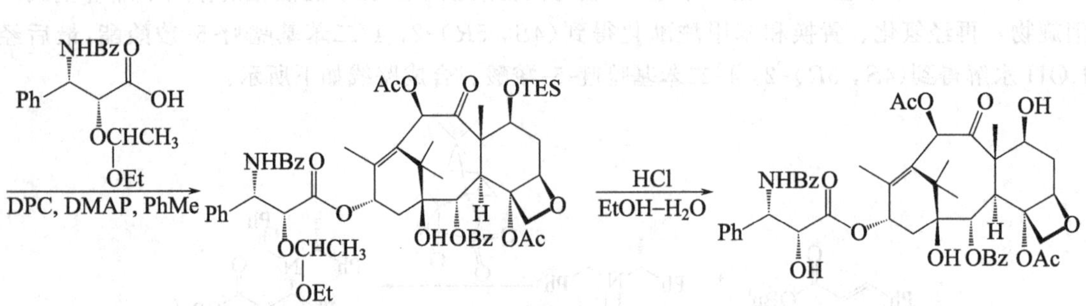

② 方法2 前面两步反应同方法1，不同的是侧链用的是氮杂环丁酮。

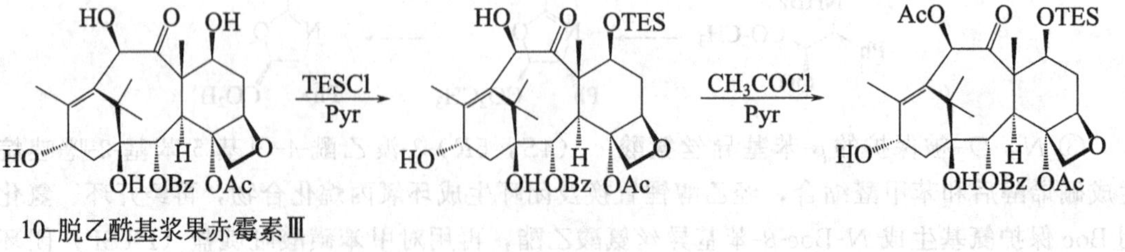

10-脱乙酰基浆果赤霉素Ⅲ

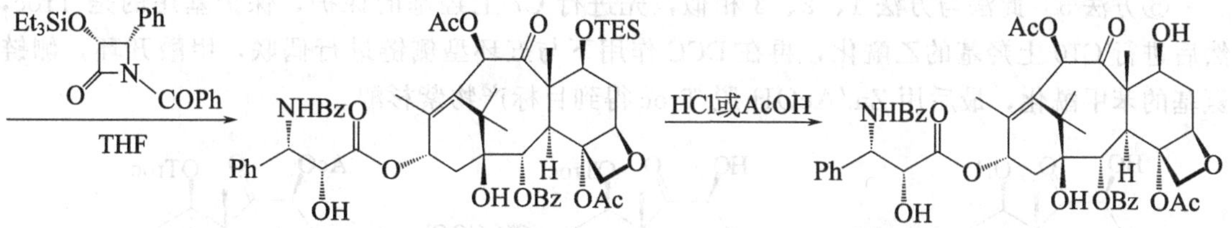

③方法 3　第一步与方法 1，2 相同，不同的地方是第二步用的是醋酸酐作为乙酰化试剂，侧链用的是五环型侧链，合成路线如下：

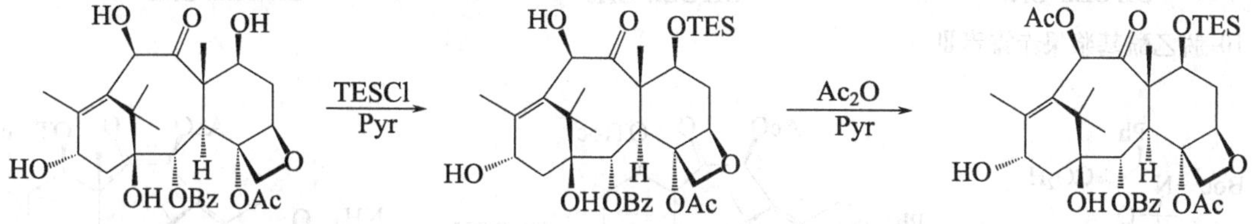

10-脱乙酰基浆果赤霉素Ⅲ

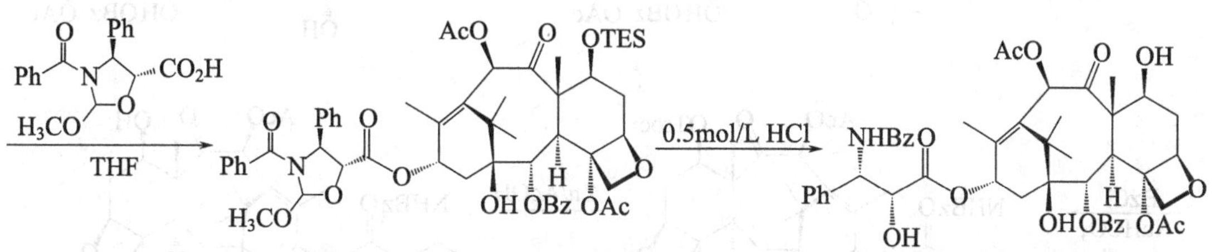

④方法 4　与以上方法不同，此方法第一步用三氯乙酸酐对 C7、C10 上的两个羟基进行保护，然后与五环型侧链进行偶联，再进行脱三氯乙酰基，在 CeCl₃ 催化下进行选择性的乙酰化——C10 上羟基的乙酰化，最后用甲酸进行侧链开环生成目标产物。

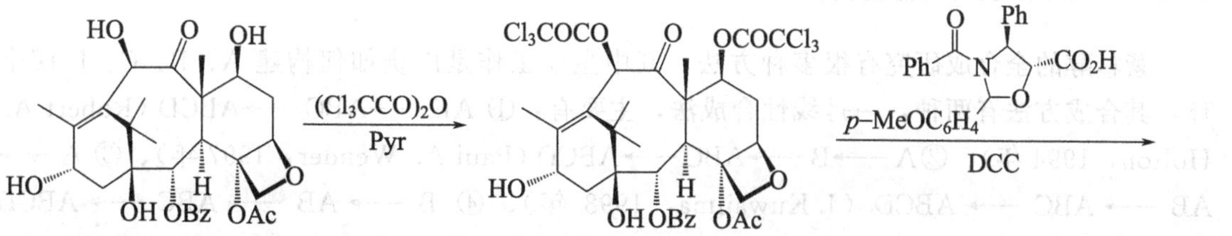

10-脱乙酰基浆果赤霉素Ⅲ

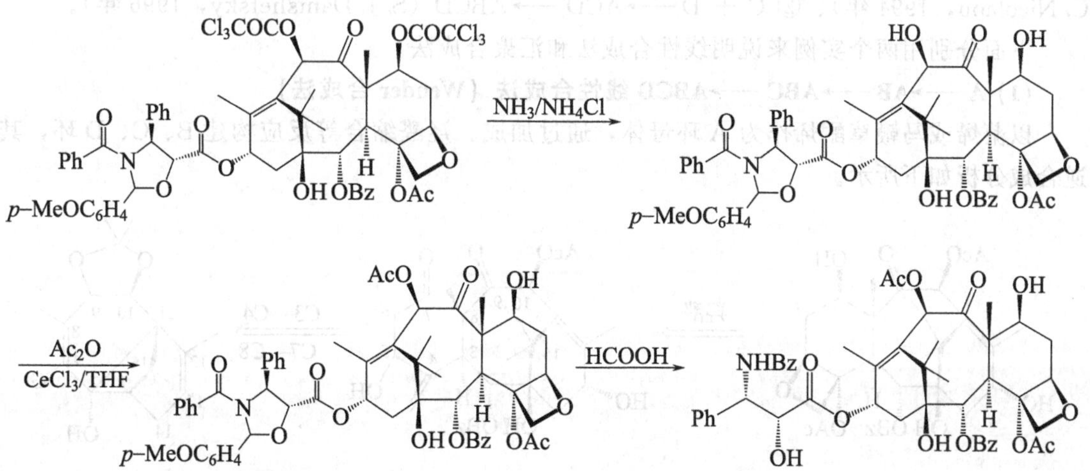

⑤方法 5　此法与方法 1、2、3 相似，先进行 C7 上羟基的保护，保护基用的是 Troc，然后进行 C10 上羟基的乙酰化，再在 DCC 作用下与五环型侧链进行偶联，甲酸开环，侧链氨基的苯甲酰化，最后用 Zn/AcOH 脱 Troc 得到目标产物紫杉醇。

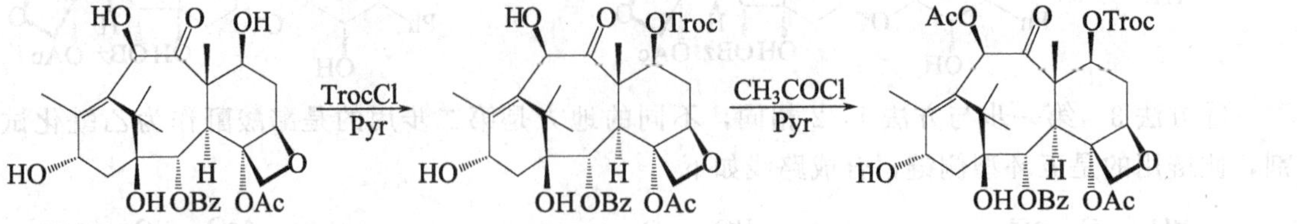

10-脱乙酰基浆果赤霉素Ⅲ

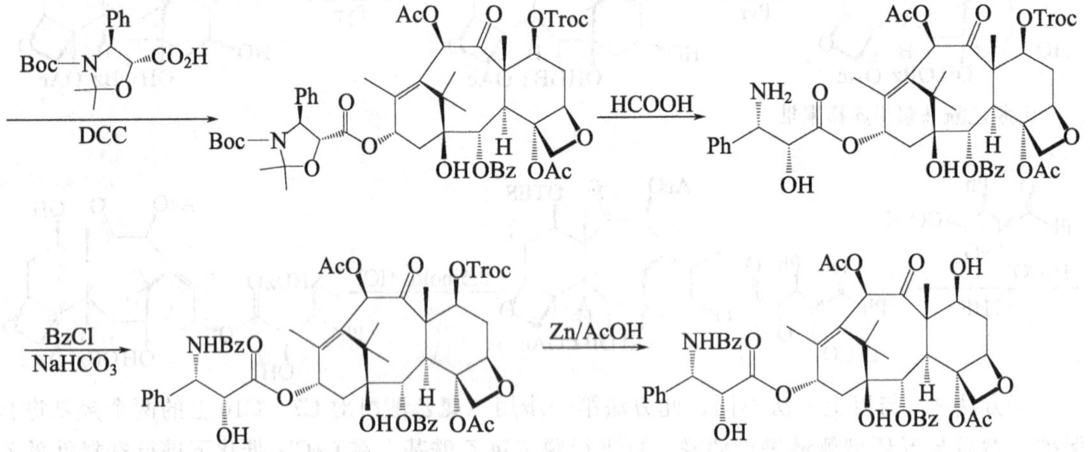

8.2.3　紫杉醇的全合成

紫杉醇的全合成研究有很多种方法，其中主要工作是围绕如何构建 A、B、C、D 四个环，其合成方法有两种，一是线性合成法，主要有：① AB ——→ABC ——→ABCD (Robert A. Holton，1994 年)、②A ——→B ——→ABC ——→ABCD (Paul A. Wender，1997 年)、③ A ——→ AB ——→ ABC ——→ ABCD (I. Kuwajima，1998 年)、④ B ——→ AB ——→ ABC ——→ ABCD (T. Mukaiyama，1998 年)；二是汇聚合成法，主要有：① A ＋ C ——→ABC ——→ABCD (K. C. Nicolaou，1994 年)、② C ＋ D ——→ACD ——→ABCD (S. J. Danishefsky，1996 年)。

下面分别用两个实例来说明线性合成法和汇聚合成法。

（1）A ——→AB ——→ABC ——→ABCD 线性合成法〔Wender 合成法〕

以蒎烯或马鞭草酮烯作为 A 环母体，通过加成、羟醛缩合等反应构建 B、C、D 环，其逆合成分析如下所示。

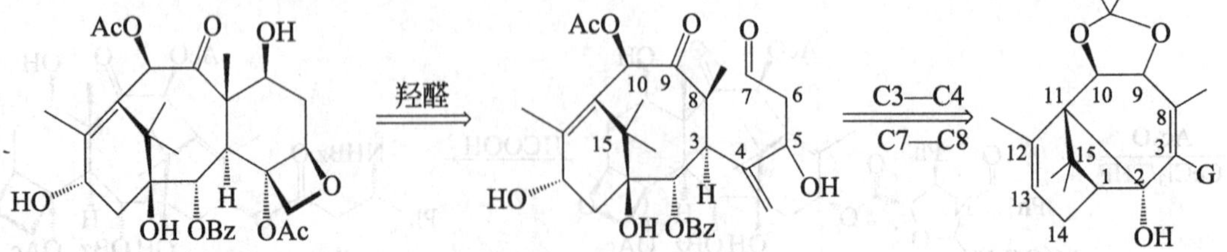

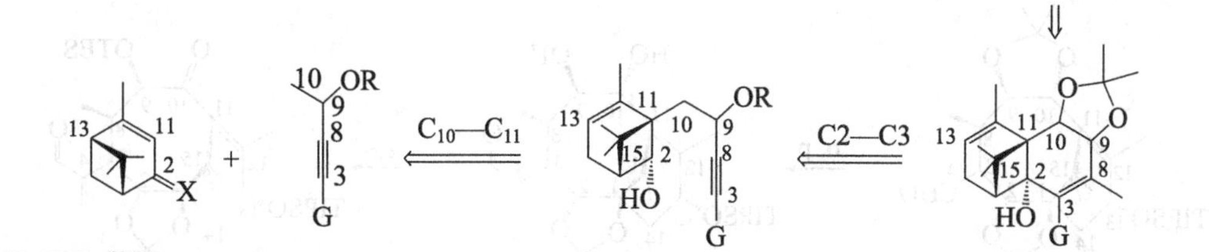

X=CH₂, 蒎烯
X=O, 马鞭草烯酮

首先以马鞭草烯酮为起始原料，先和1-溴-3-甲基-2-丁烯反应生成中间体2，然后与丙炔酸乙酯反应生成化合物4，4与二甲基酮锂反应形成二环化合物5，5经过氧化、还原及邻二羟基的保护、扩环等一系列反应，生成含有A、B二环的化合物9。9再经过氧化、邻二羟基的保护等反应生成化合物醛12。

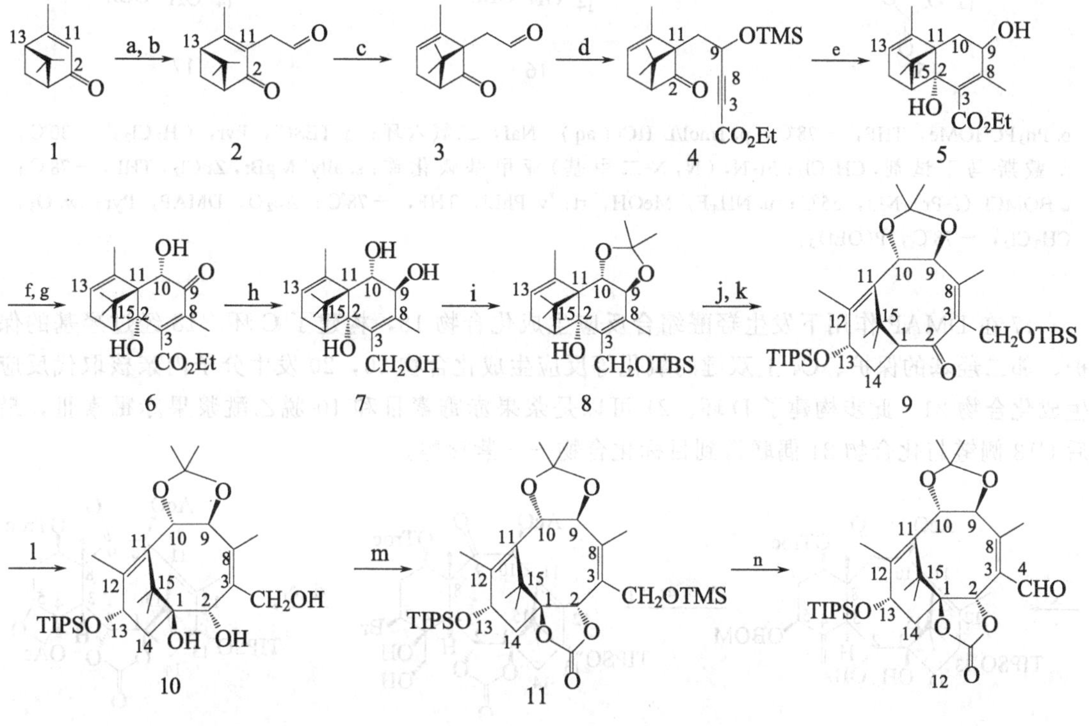

a. KOBuᵗ，1-溴-3-甲基-2-丁烯，DME，−78℃~ rt；b. O₃，CH₂Cl₂，MeOH；c. hν，MeOH；d. LDA，丙炔酸乙酯，THF，−78℃，TMSCl；e. Me₂CuLi，Et₂O，−78℃~ rt；AcOH，H₂O；f. RuCl₂（PPh₃）₃，NMO，丙酮；g. KHMDS，戴维斯氧杂吖丙啶，THF，−78~ −20℃；h. LiAlH₄，Et₂O；i. TBSCl，亚胺；PPTS，2-甲氧基丙烯，rt；j. m-CPBA，Na₂CO₃，CH₂Cl₂；k. DABCO（Cat.），CH₂Cl₂，△；TIPSOTf，2,6-二甲基吡啶，−78℃；l. KOBuᵗ，O₂，P（OEt）₃，THF，−40℃；NH₄Cl，MeOH，rt；NaBH₄；m. H₂，Crabtree's 催化剂 CH₂Cl₂，rt；TMS—Cl，吡啶，−78℃；三光气，0℃；n. PCC，4A分子筛，CH₂Cl₂。

为了构建C环，由化合物12出发，通过链增长、选择性保护、选择性氧化等一系列反应生成中间体17，17是构建C环的前体。

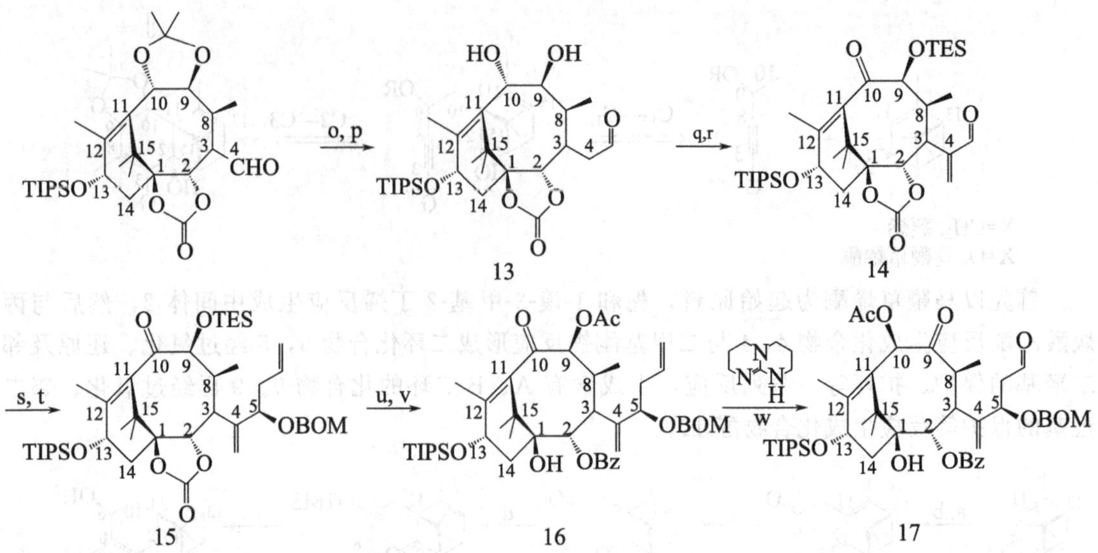

o. Ph₃PCHOMe，THF，−78℃；p. 1mol/L HCl（aq），NaI，二氧六环；q. TESCl，Pyr，CH₂Cl₂，−30℃；
r. 戴斯-马丁试剂，CH₂Cl₂；Et₃N，（N,N-二甲基）亚甲基碘化铵；s. allyl-MgBr，ZnCl₂，THF，−78℃；
t. BOMCl，(i-Pr)₂NEt，55℃；u. NH₄F，MeOH，rt；v. PhLi，THF，−78℃；Ac₂O，DMAP，Pyr；w. O₃，
CH₂Cl₂，−78℃，P(OEt)₃。

  17 在 DMAP 作用下发生羟醛缩合反应生成化合物 18，构建了 C 环。18 经过羟基的保护、邻二羟基的保护、C4 上双键的氧化等反应生成化合物 20，20 发生分子内亲核取代反应生成化合物 21，此步构建了 D 环。21 可以是浆果赤霉素Ⅲ和 10-脱乙酰浆果赤霉素Ⅲ，最后 C13 侧链与化合物 21 偶联得到目标化合物——紫杉醇。

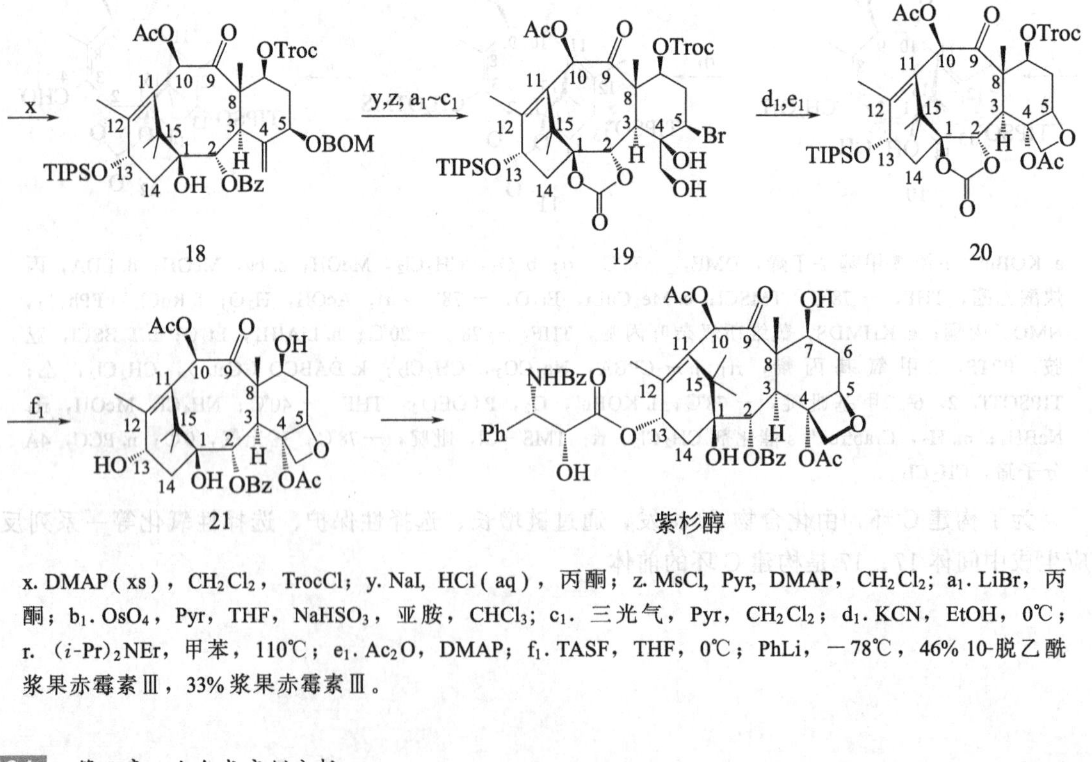

x. DMAP（xs），CH₂Cl₂，TrocCl；y. NaI，HCl（aq），丙酮；z. MsCl，Pyr，DMAP，CH₂Cl₂；a₁. LiBr，丙酮；b₁. OsO₄，Pyr，THF，NaHSO₃，亚胺，CHCl₃；c₁. 三光气，Pyr，CH₂Cl₂；d₁. KCN，EtOH，0℃；r. (i-Pr)₂NEr，甲苯，110℃；e₁. Ac₂O，DMAP；f₁. TASF，THF，0℃；PhLi，−78℃，46% 10-脱乙酰浆果赤霉素Ⅲ，33% 浆果赤霉素Ⅲ。

（2）A＋C——→ABC——→ABCD 汇聚合成法（Nicolaou 合成法）

化合物 2 作为 C 环的母体，通过羟基的保护、官能团的转换、还原、选择性地氧化等一系列反应合成中间体 7。

a. t-BuMe$_2$SiOTf（4mol），2，6-二甲基吡啶（4mol），4-DMAP（0.01mol），CH$_2$Cl$_2$，0℃ 4h；b. LiAlH$_4$（1.1mol），Et$_2$O，0℃，1 h；c. ① CSA（0.05mol），MeOH，CH$_2$Cl$_2$，25℃，1h；② t-BuPh$_2$SiCl（1.5mol），咪唑（1.6mol），DMF，25℃，6h；d. KH（1.2mol），Et$_2$O，n-Bu$_4$NI（Cat.），BnBr（1.2mol），25℃，2h；e. LiAlH$_4$（3mol），Et$_2$O，25℃，12h；f. 2，2-二甲氧基丙烷（5mol），CSA（0.1mol），CH$_2$Cl$_2$，25℃，7h；g. TPAP（0.05mol），NMO（1.5mol），CH$_3$CN，25℃，2h。

化合物 8 是 A 环的母体，其与中间体 7 进行偶联反应生成化合物 9，然后通过选择性氧化、还原等反应构建了 B 环，生成含有 A、B、C 三个环的中间体 13。

h. n-BuLi（2.05mol），THF，−78~ 25℃，冷却到 0℃加 7（1.0mol THF），0.5h；i. VO(acac)$_2$（0.03mol），t-BuOOH（3mol），4A 分子筛，（Cat.）. 苯，25℃，12h；j. LiAlH$_4$（3mol），Et$_2$O，25℃，7h；k. KH（3mol），HMPA/Et$_2$O（30/70），COCl$_2$（20% 苯，2mol），25℃，2h；l. TBAF（10mol），THF，25℃，7h；m. TPAP（0.05mol），NMO（3mol），CH$_3$CN/CH$_2$Cl$_2$（2：1），25℃，2h；n.（TiCl$_3$）$_2$-（DME）$_3$（10mol），Zn-Cu（20mol），DME，70℃，1h。

中间体 13 再经过 C10 位的乙酰化、C9 位的氧化、C5，C6 间双键的环氧化水解、官能保护及脱保护等一系列反应生成中间体 18，构建了最后一个 D 环，18 进行烯丙位选择性地氧化生成了浆果赤霉素Ⅲ（19）。最后化合物 19 与环丁酰胺（20）反应生成目标产物紫杉醇。

o. Ac_2O（1.5mol），4-DMAP（1.5mol），CH_2Cl_2，25℃，2h；p. TPAP（0.1mol），NMO（3mol），CH_3CN，25℃，2h；q. BH_3-THF（5.0mol），THF，0℃，2h，H_2O_2，$NaHCO_3$ 水溶液，0.5h；r. 浓 HCl，MeOH，H_2O，25℃，5h；s. Ac_2O（1.5mol），4-DMAP（1.5mol），CH_2Cl_2，25℃，0.5h；t. H_2，10%Pd（OH）$_2$/C，EtOAc，25℃，0.5h；u. Et_3SiCl（25mol），吡啶，25℃，12h；v. K_2CO_3（10mol），MeOH，0℃，15min；w. Me_3SiCl（10mol），吡啶（30mol），CH_2Cl_2，0℃，15min；x. Tf_2O（15mol），i-Pr_2NEt（30mol），CH_2Cl_2，25℃，0.5h；y. ①CSA（cat.），MeOH，25℃，10min，硅胶，CH_2Cl_2，25℃，4h；②Ac_2O（10mol），4-DMAP（20mol），CH_2Cl_2，25℃，4h；z. ①PhLi（5mol），THF，−78℃，10min；②PCC（30mol），NaOAc.，硅藻土，苯，回流，1h；③$NaBH_4$（10mol），MeOH，25℃，5h；④$NaN(SiMe_3)_2$（3.5mol），β-内酰胺（20），THF，0℃；⑤HF-吡啶，THF，25℃，1.5h。

◎ 8.3　维生素 B_1 的合成

维生素 B_1（vitamin B_1）又称硫胺素（thiamine）或抗神经炎维生素或抗脚气病维生素，为白色晶体，在有氧化剂存在时容易被氧化产生脱氢硫胺素，后者在有紫外光照射时呈现蓝色荧光。从 VB_1 分子的结构来看，其包含了一个嘧啶环和一个噻唑环，两个杂环是通过亚甲基相连在一起，怎样分开这两个杂环是合成成功与否的关键。亚甲基连在嘧啶环上，则是一个烯丙式结构的化合物，噻唑环上的 N 原子可以作为亲核试剂进攻亚甲基 C 原子发生亲核取代反应，进而很容易就把两个杂环连在一起。如果亚甲基与噻唑环相连，嘧啶与带有正电荷的亚甲基发生反应是很难实现的，所以此逆合成分析中策略键应是 C—N 键。

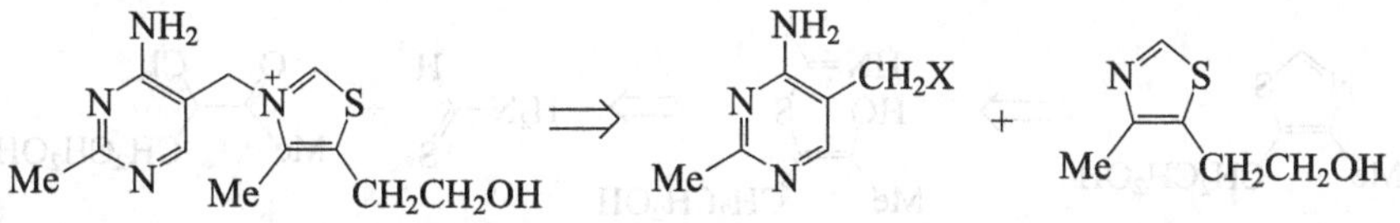

通过逆合成分析，VB$_1$ 的合成应该采取汇聚合成法。即分别合成嘧啶环和噻唑环，然后再通过亲核取代反应把二者连在一起。

（1）嘧啶环部分的合成

从嘧啶的分子结构来看，其含有 C=N 键，在有机合成反应中，构建 C=N 键的反应一般是羰基（ C=O ）与氨基（NH$_2$—）的缩合反应，这样把此嘧啶环拆开就得到了乙脒和1,3-二羰基化合物（如下所示）。1,3-二羰基化合物可以由甲酸酯和羟基丙酸酯缩合制得。

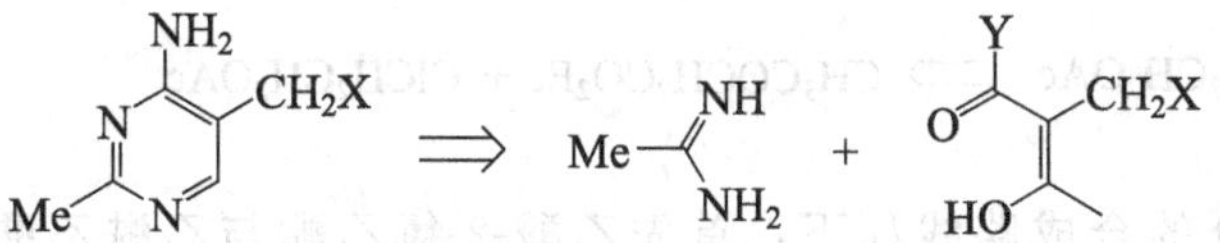

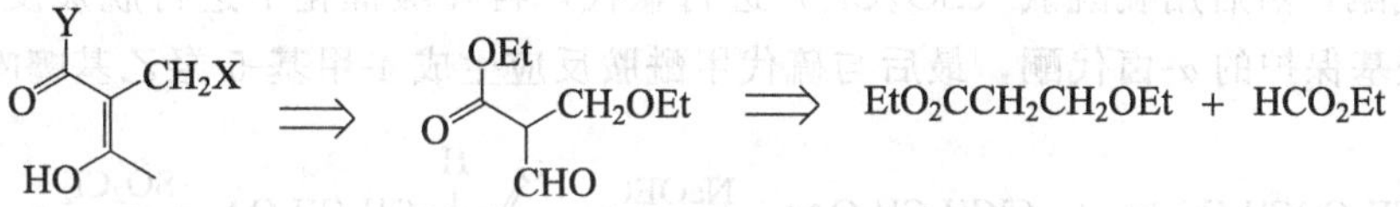

通过上述分析可知，嘧啶环的合成可以按照下面的合成路线来实现。首先，在金属钠的作用下，β-乙氧基丙酸乙酯与甲酸乙酯进行缩合反应生成1,3-二羰基化合物，然后在乙醇钠的作用下与乙脒盐酸盐反应生成5-乙氧基甲基-6-羟基-2-甲基嘧啶，在三氯氧磷的作用下，嘧啶环上的羟基变为氯，再进行氨解生成5-乙氧基甲基-6-氨基-2-甲基嘧啶，最后与稀盐酸作用生成目标产物——5-氯甲基-6-氨基-2-甲基嘧啶。

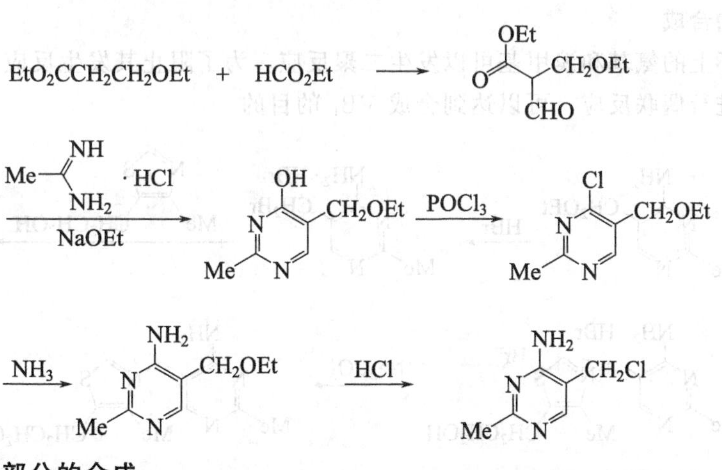

（2）噻唑环部分的合成

噻唑环也含有 C=N 键，同样可以考虑应用羰基和氨基缩合反应来形成。噻唑环上含有 S 原子，其带有孤电子对，具有亲核性，所以 C—S 键的形成可以通过 S 与卤代烃进行亲核取代反应来完成，噻唑环经过切断，可以得到一分子的硫代甲酰胺和一分子的 α-卤代酮。

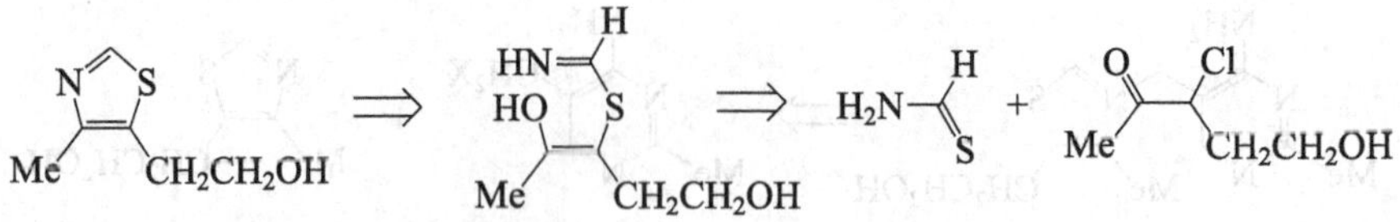

制备伯羟基 α-卤代酮需要考虑两个问题：一是区域专一性的引入卤原子；二是伯醇存在下引入卤原子时，伯醇必须进行保护，伯醇可以变为酯或硅醚等进行保护，而卤原子的区域选择性的引入可以通过活化 α-C 原子来实现，由于 α-卤代酮含有乙酰基，这是乙酰乙酸乙酯在有机合成中应用的一个特征标志，所以伯羟基 α-卤代酮可由乙酸-2-氯乙酯与乙酰乙酸乙酯反应生成。

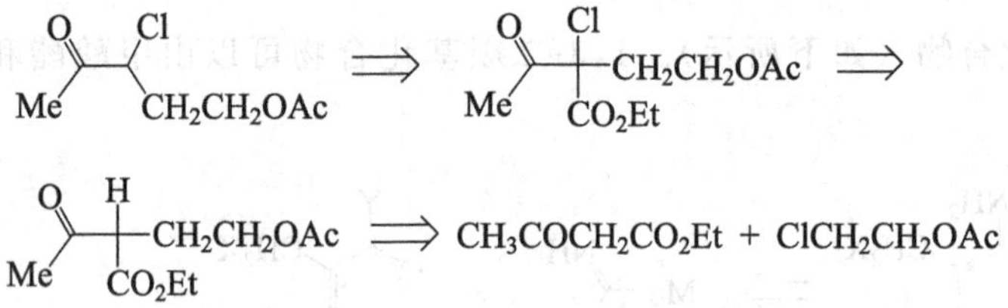

通过上述分析，噻唑部分的合成路线如下：首先乙酸-2-氯乙酯与乙酰乙酸乙酯反应，生成 α-卤代酮，然后用硫酰氯（SO$_2$Cl$_2$）进行氯代，再在酸催化下进行脱羧反应生成关键中间体伯羟基保护的 α-卤代酮，最后与硫代甲酰胺反应生成 4-甲基-5-羟乙基噻唑。

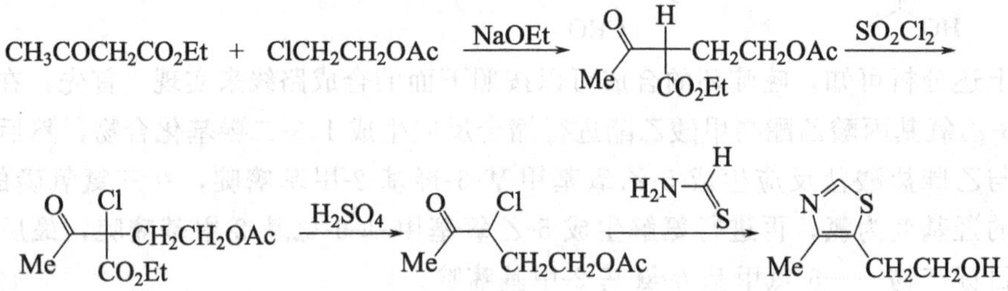

（3）VB$_1$ 的合成

由于嘧啶环上的氨基和溴甲基可以发生二聚反应，为了阻止其发生反应，应用其氢溴酸盐与噻唑部分进行偶联反应，可以达到合成 VB$_1$ 的目的。

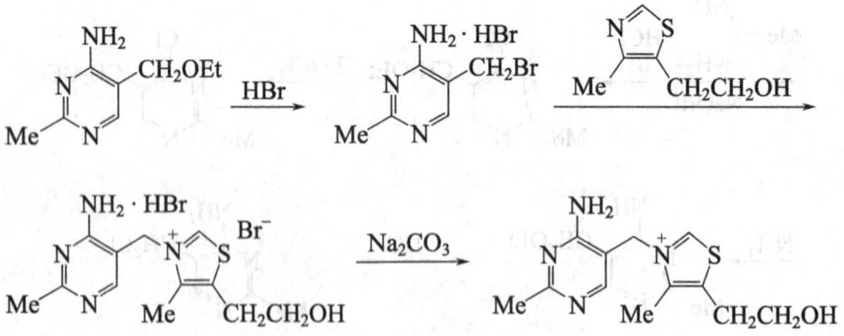

设计合成下列化合物。

前列腺素 E_2

β-桉叶油醇

灰黄霉素

麝香

[1] Rouke A, Chen J, Zhou J, Sundberg A. Process Design Chemistry. New York: Sterling and Son Inc. 2016.
[2] Inoue R. 张忠安. 有机合成. 北京: 中国科学技术出版社.
[3] 邢其毅等编. 基础有机化学. 上海: 高等教育出版社. 2001.
[4] 福山茂编. 有机化学. 东京: 东京化学同人, 《华东理工大学出版社》. 2012.
[5] Yan T L, Cui L S, et al. J Chem Am. Soc. 2015, 10: 978.
[6] Nicolaou K C, Sang X. Int J, et al. 1998, 10: 280.
[7] Gery C J, Woodhouse W M, et al. J Am Chem. Soc. 1956, 4: 350.
[8] Winter R M, et al. Inorg Chem Soc. 2016, 5: 720.
[9] Helso K A, Seaver G, Kim H L, et al. J Am Chem. Soc. 1989, 110: 2507.
[10] Sandusky S L, Hammer, et al. Angew Chem Int Ed Engl. 1998, 47: 1230.
[11] Wijdan A, Shestan Hall E, et al. The Chem Soc. 1997, 110: 978.
[12] Crowley C L, Peterman J A. Org Reac. 1997, 51: 1.
[13] Cuevas R E, Science. 1979, 17.
[14] Sullivan J S, et al. J N Tetrahedron. 1985, 41: 201.
[15] Brown J M, et al. Tetrahedron. 1971, 5: 20.
[16] Perkins M J. Radical Chemistry for Postgraduates. Oxford: Clinical Sciences Press. 1980.
[17] Shapiro M. Methods & Angew Chem Int Ed Engl. 1978, 8: 2370.
[18] Bakuzis P, Thomas O V, et al. J Am Chem Soc. 1978, 20: 6289.
[19] Yang S H, Zhang H, et al. J Med Chem. 1997, 30: 5340.
[20] Canham Nam K, Thoret Jak O, Viola Ferlin M, et al. Chem Cortisone Med Letters New Acta. 2005, 109: 207.

参 考 文 献

[1] Francis A Carey, Richard J Sundberg. *Advanced Organic Chemistry*, *Part B*: *Reaction and Synthesis*. Fifth Springer, Edition. **2010.**

[2] James R Hanson. *Organic Synthetic Methods*. 唐川江译. 北京：中国纺织出版社，**2007.**

[3] 谢如刚主编. 现代有机合成. 上海：华东理工大学出版社，**2007.**

[4] 檜山爲次郎，大嶋幸一郎主编. 有機合成化学. 东京：化学同人出版社，**2012.**

[5] Yao Z J, Chen D S, Xi J. *Chem Asian J*，**2015**，*10*：976.

[6] Nicolaou K C, Yang Z, Liu J J, et al. *Nature*，**1994**，*367*（17）：630.

[7] Corey E J, Weinshenker N M, Schaaf T K, Huber W. *J Am Chem Soc*，**1969**，*91*：5675.

[8] Wender Paul A, Badham Neil F, Conway Simon P. *J Am Chem Soc*，**1997**，*119*：2755.

[9] Holton R A, Somoza C, Kim H B, et al. *J Am Chem Soc*，**1994**，*116*：1597.

[10] Danishefsky S J, Masters, et al. *Angew Chem Int Ed Engl*，**1995**，*34*：1723.

[11] Wender A, Badham Neil F, et al. *J Am Chem Soc*，**1997**，*119*：2755.

[12] Cowden C J, Paterson I A. *Org React*，**1997**，51：1.

[13] Gawley R E, *Synthesis*，**1976**：777.

[14] Baldwin J E, Lusch M J. *Tetrahedron*，**1982**，*38*：2939.

[15] Groves J K. *Chem Soc Rev*，**1972**，*1*：73.

[16] Perkins M J. *Radical Chemistry*：*the Fundamentals*. Oxford：Oxford University Press，**2000.**

[17] Schuster M, Blechert S. *Angew Chem Int Ed Engl*，**1997**，*36*：2036.

[18] Beletskaya I P, Cheprakov A V. *Chem Rev*，**2000**，*100*：3009.

[19] Yang S D, Sun M, Zhang H Y, et al. *Chem Eur J*，**2011**，*17*：9566.

[20] Candeias Nuno R, Branco Luis C, Gois Pedro M P, Afonso Carlos A M, et al. *Chem Rev*，**2009**，*109*：2703.